移动与冲击载荷激励浮冰层的响应特性

张志宏　胡明勇　李宇辰　著

科学出版社
北京

内 容 简 介

本书在国内外研究成果的基础上，建立移动与冲击载荷激励浮冰层位移响应的理论数学模型、解析求解方法、数值计算方法和实验测试方法，系统阐述该领域的研究工作和最新发展，重点介绍移动载荷（如气垫船和潜艇等）激励浮冰层位移响应的临界速度、共振机理、影响因素及其在破冰方面的应用。全书共8章，包括绪论、移动载荷激励浮冰层位移响应的数学模型、移动载荷激励浮冰层位移响应的理论解法、冲击载荷激励浮冰层位移响应的理论解法、移动载荷破冰的边界元与有限差分混合方法、移动载荷破冰数值模拟的有限元方法应用、移动载荷激励仿冰材料位移响应的模型实验、水下航行潜艇破冰的理论与实验研究等内容。

本书物理概念清晰，理论方法严密，内容系统完整，可供力学、船舶、兵器、海洋、水利、航道等工程专业的高年级本科生和硕士研究生使用，也可供从事教学、科研和工程技术的相关人员参考。

图书在版编目（CIP）数据

移动与冲击载荷激励浮冰层的响应特性 / 张志宏，胡明勇，李宇辰著. 北京 ：科学出版社，2024. 6. -- ISBN 978-7-03-078897-9

Ⅰ. O32

中国国家版本馆 CIP 数据核字第 2024U6W722 号

责任编辑：王 晶 李 策 / 责任校对：高 嵘
责任印制：彭 超 / 封面设计：苏 波

科 学 出 版 社 出版
北京东黄城根北街 16 号
邮政编码：100717
http://www.sciencep.com
武汉市首壹印务有限公司印刷
科学出版社发行 各地新华书店经销
*
2024 年 6 月第 一 版 开本：787×1092 1/16
2024 年 6 月第一次印刷 印张：14 1/4
字数：363 000

定价：98.00 元

（如有印装质量问题，我社负责调换）

前言

结冰是寒冷地区水域中普遍存在的一种自然现象。坚固的浮冰层可以拓展作为交通运输通道，但浅水河道冰冻后引发的凌汛灾害、海域冰冻后航道的开通，以及核潜艇从极地深海冰盖下发射导弹或浮出冰面等则需要解决破冰的问题。研究移动与冲击载荷激励浮冰层的位移响应特性，掌握浮冰层位移响应的流-固耦合机制和影响因素，利用气垫船或水下潜艇等移动载荷形成的浮冰层聚能共振增幅效应，以及导弹撞击或机械振动等冲击载荷激励浮冰层产生大幅位移变形响应而使冰层破裂，从而形成安全可靠、新型有效的破冰方法，在民用和军事上都有重要的科学理论意义和工程应用价值。

全书共 8 章，系统介绍了近十年来作者在移动与冲击载荷激励浮冰层位移响应方面所开展的研究工作。第 1 章主要综述国外已取得的研究成果，重点介绍移动与冲击载荷在破冰方面的应用和研究进展。第 2 章基于弹性力学和流体力学基本理论，建立移动与冲击载荷激励浮冰层位移响应的理论数学模型。第 3 章考虑浮冰层和水层之间的耦合作用，对匀速和变速移动载荷激励浮冰层位移响应问题的数学模型进行理论求解。第 4 章针对定点和移动冲击载荷作用，通过积分变换方法，计算并获取浮冰层的位移响应特性。第 5 章主要针对纯水面、纯冰面、纯碎冰面等情况，基于边界元法与有限差分法相结合的数值计算方法，求解气垫船激励浮冰层的位移变化和应力分布，分析气垫船的破冰效率和影响因素。第 6 章针对较为复杂的水域边界，对移动载荷激励浮冰层的位移响应特性进行数值模拟，揭示浮冰层破裂的动态发展过程。第 7 章通过对仿冰薄膜材料进行系列模型实验，揭示移动气垫载荷激励仿冰材料位移响应的变化规律、影响因素以及聚能共振机理。第 8 章针对冰面下的潜艇运动，建立潜艇动压载荷的理论计算方法，并重点介绍俄罗斯利用潜艇运动激励浮冰层形成弯曲-重力波，从而实现破冰的理论和实验成果。

本书得以出版，首先感谢国家自然科学基金项目（51479202，12102475），以及“十三五”军队重点院校和重点学科专业建设项目对我们研究工作及本书出版的支持。此外，还要感谢海军工程大学力学研究团队中的郑学龄教授、顾建农教授、刘巨斌副教授、卢再华副教授、王冲副教授，他们分别在仿冰材料合成、测试系统研制、自主程序开发、商业软件应用、模型实验开展等方面做了大量卓有成效的工作，书中引用了他们的一些主要研究成果；其次，王安稳教授、郑波副教授在技术研究方案论证方面，博士研究生缪涛，硕士研究生鹿飞飞、丁志勇、王鲁峰、孙帮碧等在实验测试、数据处理、数值计算等方面做了大量工作。

沈阳理工大学姚俊教授、张辽远教授与我们开展了前期合作研究，并得到了他们的支持与协助。在此作者一并表示衷心的感谢。

目前国内关于移动与冲击载荷激励浮冰层响应方面的研究工作还不多，希望本书能起到抛砖引玉的作用。受作者水平所限，书中难免存在不足之处，敬请读者批评指正。

海军工程大学　张志宏　胡明勇

中国空气动力研究与发展中心　李宇辰

2023 年 6 月

目　录

第 1 章　绪论

第 2 章　移动载荷激励浮冰层位移响应的数学模型

第 5 章　移动载荷破冰的边界元与有限差分混合方法

第 6 章　移动载荷破冰数值模拟的有限元方法应用

第1章 绪论

1.1 研究背景及意义

结冰是寒冷地区水域中普遍存在的一种自然现象。在江、河、湖、海等水域冻结的浮冰层，可以拓展为交通运输通道，用于汽车、装甲车、列车等的通行甚至飞机的起飞和降落，也可掩盖北极、南极冰层下的战略核潜艇隐蔽航行，提升核潜艇发射弹道导弹的生存、威慑和打击能力。河道冰冻后引发的凌汛灾害、近岸海域冰冻后挤压海上结构物产生的破坏、海域冰冻后航道的开通，以及核潜艇从冰盖下发射导弹或上浮等均需要解决有效破冰的问题。另外，在海上建设大型浮式平台（或机场跑道），需要研究飞机在浮式平台起降时结构和流体的耦合响应问题，它与移动载荷在浮冰层上的运动有类似的响应特点。因此，研究移动与冲击载荷激励浮冰层的响应特性，掌握浮冰层位移变形的流-固耦合机制、影响因素及其承载能力，以确保车辆等移动载荷的安全运行，以及利用气垫船或水下潜艇等移动载荷形成的浮冰层聚能共振效应或爆炸产生的冲击载荷激励浮冰层大幅位移变形，发展新型有效的破冰方法，在民用和军事上都有重要的理论意义和工程应用价值。

1.1.1 冰面利用

最早穿越冰面的情况通常只涉及人和动物，而后将冰面拓展为运输通道以拖曳重型武器。在军用方面，1939～1940 年的冬天，苏联军队攻打芬兰海湾北海岸的维堡（旧称维伊普里）市，轻型坦克在浮冰层上行驶，为步兵穿越海冰提供掩护。1943 年第二次世界大战期间，迫于苏联军事力量的反攻，德国第 40 装甲兵团从高加索地区撤退时，横穿了塔甘罗格（Taganrog）的亚速（Azov）湾冰面，重型装甲机械选择陆路穿行，剩余的部分则是横穿了跨度长达 42 km 的危险冰面，在布满破裂孔洞的浮冰层下面有一些掉下去的军用巴士、卡车和装甲车辆[1]。

在 1939～1941 年的冬天里，侵华日军在我国东北地区的松花江冰面上铺设了铁轨，在厚度为 0.9～0.95 m 的浮冰层上，货运列车以 10～20 km/h 的平均速度完成穿越[2]，如图 1.1.1 所示。当列车穿越时对冰面的位移变形进行了测量，冰层位移变形的峰值最大约为 0.3 m。为使列车安全通过冰面，除了需要研究冰层厚度及其物理力学性能，还需要研究静载荷和移动载荷作用下冰层的不同极限承载能力。另外，日军还进行了飞机投弹轰炸冰面的破坏性实验。

图 1.1.1　松花江冰面上的铁轨和列车

在民用方面，飞机也可利用浮冰层实行起降作业，在冰层厚度为 2.3 m 的格陵兰岛（Greenland）北部的弗雷德里克・海德峡湾（Frederick E. Hyde Fd.）冰面上，Sinha[3]报告了多架波音 727 飞机成功着陆的情况，通过这种方式飞机携带了 350 t 的燃料和设备，用于锌铅矿的开采作业，飞机利用浮冰层代替陆地机场实现安全起降，可以认为是一种高效费比的合理可行的方案。

由于南极具有地缘、经济、安全等战略价值，目前世界强国主要采取开展科学考察的方式来发挥影响力，我国在南极建设有长城站、中山站、泰山站、昆仑站等科考站。南极大陆物资补给主要通过海上、航空运输来实现，美国、俄罗斯等国大力发展航空运输，在物资与人员投送方面相比于我国有明显的优势。在南极建设用于飞机起降的冰面跑道，发展南极航空运输网，将是我国由极地大国迈向极地强国的必经之路[4]。我国在南极冰层上起降的“雪鹰 601”固定翼飞机如图 1.1.2 所示。

图 1.1.2　“雪鹰 601”固定翼飞机

移动载荷相比于静载荷将会引起更大的浮冰层变形和应力变化。一辆运载木材的汽车穿越冰面时，由于冰面破裂而掉入冰窟[1]，如图 1.1.3 所示。在北极圈以南的卢平（Lupin）金矿，卡车司机需要携带 50 t 的燃油等补给材料穿越结冰的湖面，他们知道穿越冰面的危险，也意识到移动车辆所产生的波动可导致灾难性的后果，然而有时也会选择直接从冰面上冒险开过去，当车辆在浮冰层上产生的波动传输到浅水区域时，将会像海滩上的冲浪一样导致冰层大幅变形，此时车辆的速度、水域的深度和岸壁的形状等都会对浮冰层的破裂带来显著的影响。

图 1.1.3　掉入冰窟的运输车辆

从拓展交通运输通道的角度出发，需要研究不同移动载荷在浮冰层上运动的理论数学模型和数值预报方法，掌握浮冰层的位移响应特性、影响因素及其承载能力，以保障浮冰层上的汽车、装甲车以及飞机起降等移动载荷的运行安全。

1.1.2　破冰应用

无论是静载荷、移动载荷、冲击载荷，还是振动载荷，都有可能促使浮冰层变形和破裂。Gold[5]发现在某个特别的载荷移动速度（这里称为临界速度）下，移动载荷引起的浮冰层位移变形幅值相对于静载荷将提高 2.5 倍左右。预先研究并掌握移动载荷在冰面上的临界速度，并使移动载荷远离其临界速度运动，可以避免浮冰层的大幅变形和破裂，从而提高车辆等移动载荷通过浮冰层的安全性。移动载荷如浮冰面上运动的车辆、气垫船、飞机或冰层下运动的潜艇等，当它们以临界速度运动时，在冰-水系统中会激励形成弯曲-重力波（flexible gravity wave，FGW），使浮冰层的位移变形产生聚能共振增幅效应，从而导致浮冰层大幅变形而破裂。移动载荷和冲击载荷等引起的冰层破裂可应用于民用和军事领域。

1. 黄河凌汛破冰

凌汛是河道里的冰凌对水流运动产生阻碍作用而引起的一种涨水现象。近年来，我国冬季极寒气候频发，黄河内蒙古段处于黄河流域的最北端，纬度高，气温低（可达−30 ℃），每年通常有 3 个月左右的结冰封航期。当春季来临时，宁夏银川以北的内蒙古段及河南郑州以东的山东等部分河段，极易造成凌汛灾害。黄河发生凌汛灾害的主要河段如图 1.1.4 所示[6]。

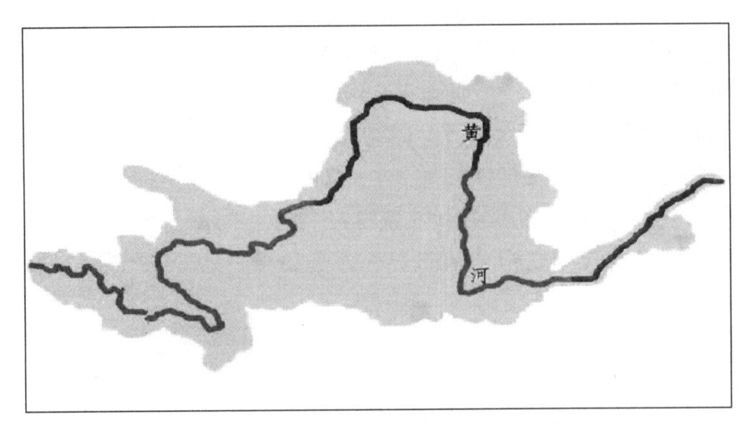

图 1.1.4　黄河发生凌汛灾害的主要河段[6]

由于特殊的地理位置、水文气象条件和河道特性，黄河宁蒙段几乎每年都发生凌汛。首先，宁蒙段河道海拔高程在千米以上，流向自南向北，宁夏段温度高，内蒙古段温度低，解冻开河时水流自宁夏段向内蒙古段发展；其次，宁蒙段呈“几”字形大弯曲，其间河道狭窄，坡度趋缓，浅滩迭出，解冻开河时，常在内蒙古段的弯曲和狭窄处产生凌汛。内蒙古段全长 843.5 km，沿岸分布着重要的工农业基地，如著名的河套平原和包头钢铁工业基地等，黄河凌汛灾害使人民生命财产遭受了重大损失[7]。例如，2008 年 3 月 20 日发生的凌汛，导致内蒙古鄂尔多斯市杭锦旗独贵塔拉奎素段黄河大堤发生两处溃堤，迫使万人转移，直接经济损失高达 9.35 亿元。黄河防凌年年进行，但几乎年年出险，且灾害频率和损失程度呈增加趋势。随着社会经济的发展，防凌减灾的压力越来越重，对防凌安全的要求越来越高。黄河防凌减灾不仅是一项民生工程，更是一项长期战略任务，防凌减灾对于黄河两岸的经济稳定发展极为重要。

另外，我国辽东湾、渤海湾、莱州湾、胶州湾冬季也会出现严重的冰冻灾害，它不仅会阻碍船舶的正常安全航行，影响海岛居民出行和生活补给，因浮冰造成的渔业养殖缺氧还会给渔民生产作业带来不利影响，而且不断冻结增厚的冰排相互挤压也有可能造成钻井平台等海洋结构物遭受破坏。因此，针对冰凌灾害，及时破冰除险成为每年防灾减灾的重要任务。

黄河内蒙古凌汛频发河段和近岸冰冻灾害频发海域水深较浅，无法使用破冰船破冰，而使用破冰船破冰时存在搁浅、损害船体结构等风险，因此目前我国破冰应急抢险还是以爆破方式为主，包括飞机空投炸弹、大炮轰击、人工抛投炸药包等[7, 8]。多年防凌实战经验表明，采用爆破方式虽然通常有效，但技术上也存在局限性：

（1）利用飞机投弹和大炮轰击破冰，受气象条件、冰凌位置等因素的影响大，在能见度不良及有桥梁等民用设施的河段，难以实施破冰作业。

（2）需要建立指挥所，修建炮兵阵地，飞机和火炮均为远距离投弹，破冰存在安全隐患；需要疏散弹着点附近 5 km 以内的群众，实施戒严，破冰成本高，影响大。

（3）利用人工抛投炸药包方式破冰，作业环境恶劣，安全性差，效率低。

除此之外，爆炸破冰还可能损坏河床，改变河道，并给生态环境带来不利影响。辽东湾、渤海湾、莱州湾等海域因渔业养殖和存在海洋结构物等也不宜采用爆炸方式破冰，因此对于黄河和近岸海域的冰凌灾害，亟须发展可靠、安全、环保、高效的破冰新方法。

近年来，利用航行气垫船破冰的优越性引起了人们的关注。气垫船能够安全越过冰面、碎冰、水面和滩涂，具有良好的两栖特性，其操纵灵活，航行速度快，对航行水深没有限制，特别适合于黄河和近海破冰作业。我国装备有大型、中型、小型三类气垫登陆船，担负应对多种安全威胁、完成多样化任务的重要职责，气垫船既可用于航道常态化破冰，也可用于发生冰凌灾害时应急破冰。气垫船破冰可以视为移动气垫载荷、冰层、水层之间相互作用的流-固耦合力学问题。对移动气垫载荷激励浮冰层的位移响应特性和临界速度进行研究，利用移动气垫载荷以临界速度航行时引起的浮冰层聚能共振增幅效应，促使浮冰层的拉压、弯曲超过其极限应力发生断裂而破冰，不仅对黄河和近海水域的破冰减灾防灾有重要意义，也可为我国从深蓝走向极地海域提供技术储备和理论支撑。

2. 极地潜艇破冰

目前，南极和北极作为世界上主要的极地冰区，具有重要的经济和军事价值，其特殊的地理位置、自然资源、战略意义备受世界各国关注。特别是北极作为美俄争夺的战略新高地，双方通过不断在北极圈内加强军力部署，试图夺取未来北极空域和水域的控制权。俄罗斯长期以来着力研制极地破冰船，加速航道开发，致力于谋取航道控制权，北极航道作为未来海上重要交通路线，具有重大战略价值。美国在 2013 年发布的《北极战略》等多份报告中指出，美国将积极发展北极地区的海军力量、部署先进通信装备、提升北极海域感知能力。我国在 2018 年由国务院新闻办公室发表的《中国的北极政策》白皮书中指出，需要积极应对北极变化带来的挑战，共同认识北极、保护北极、利用北极和参与治理北极，这为研究北极、科学考察、航道利用、资源开发、军事应用提供了政策依据。

北极气候寒冷，浮冰层厚且分布区域广，水中目标不易被卫星、侦察机、声呐、电磁等设备探测和发现，可为战略核潜艇的航行活动提供天然保护，有利于提高潜艇的隐蔽性和生存能力。北冰洋还是理想的潜射弹道导弹发射基地，美俄核潜艇经常在北冰洋下游弋，利用北冰洋的冰盖对潜艇的掩蔽作用进行各种军事活动，双方核潜艇都在北极进行了弹道导弹发射实验。例如，2009 年 7 月，俄罗斯的核潜艇在北极冰层下发射了两枚洲际弹道导弹并破冰而出，导弹穿过北极地区上空成功击中了预定目标。另外，2021 年 3 月 26 日，在俄罗斯海军“乌姆卡-2021”北极远征训练期间，三艘俄罗斯战略核潜艇同时完成了破冰上浮训练。据悉，三艘核潜艇同时在半径为 300 m 的区域内成功破开了厚度达 1.5 m 的冰层，如图 1.1.5 所示。俄罗斯核潜艇在北极发射导弹和破冰上浮震撼了欧美，表明俄罗斯在北极冰层下航行的核潜艇具有成熟的破冰技术，拥有其他国家无法阻止的核威慑和核反击力量，进而可以削弱其他国家的核武优势。

图 1.1.5 俄罗斯核潜艇浮出冰面

对于极地冰盖下航行的核潜艇，通常需要破冰上浮后发射弹道导弹。破冰上浮的传统方式是通过排出潜艇水舱的压载水产生正浮力，依靠潜艇自身对浮冰层施加静载荷来实现。然而，大厚度的浮冰层有可能损坏上浮潜艇的艇体结构及其艉舵等附件，尤其是冰冻严重的北极地区。因此，俄罗斯学者提出了利用水中做水平直线运动的潜艇，通过在冰-水系统中产生弯曲-重力波，激励浮冰层产生聚能共振增幅效应实现破冰的新方法，并为此进行了系统理论研究和模型实验，揭示了弯曲-重力波的形成机理和影响因素，验证了该破冰方法的科学性和有效性[9]。

我国南海资源丰富，经济、军事战略地位极其重要。超大型浮式结构物（very large floating structures，VLFS）或超大型浮式平台（very large floating platforms，VLFP）可作为海上飞机的起降跑道和军事基地，以及海洋资源的开采基地，对保障海洋安全和开发海洋资源有着重要作用。超大型浮式结构物的主要特点是水平尺度与高度的比值非常大，属于在水面上漂浮的极为扁平的柔性结构物，其位移响应有类似浮冰层的特点，开展超大型浮式结构物上移动载荷激励的水弹性响应问题的研究是近二十年来国际学术和工程界关注的热点，也可以认为是移动载荷激励浮冰层位移响应问题内容的拓展。图 1.1.6 为日本东京湾飞机起降大型浮式平台的原型结构[10]。

图 1.1.6　日本东京湾飞机起降大型浮式平台的原型结构

极地海域冰下作战相对于海上常规作战具有极大的优势。北冰洋下的核潜艇打击目标范围广，射程超过 1 万 km 的洲际导弹，可以攻击北半球的所有目标，而冰盖下的核潜艇几乎没有天敌，广阔的冰盖为核潜艇的隐蔽航行提供了有效保护。为有效提升我国核潜艇的战略核威慑与核打击作战能力，有必要进一步拓展核潜艇的两洋存在以及两极的远航活动，这需要研究冲击载荷和水下移动载荷作用下的浮冰层动态响应特性，预先掌握极地冰盖下潜射导弹安全穿越冰面的撞冰破冰技术，以及水下运动潜艇激励浮冰层大幅位移变形的有效破冰技术，确保在未来战争中我国核潜艇具有极地冰盖下的可靠核反击能力，这对维护我国主权、安全和发展利益具有重要战略意义。

1.2 研究发展概述

1.2.1 理论分析与数值计算

国外较早地开展了移动载荷激励浮冰层的位移响应特性以及临界速度的研究，从一维、二维方法拓展到三维方法，从线性到非线性计算，从冰层弹性假设到黏弹性处理，从频域到时域求解，从理论计算到实验研究，研究范围不断扩大，且计算精度不断提高。

理论研究通常将该问题简化为移动载荷、弹性或黏弹性平板、理想或黏性流体三者之间的相互作用。浮冰层可视为弹性或黏弹性平板材料，其变形可利用平板受力的位移响应动力学微分方程来描述，该方程实质上反映了牛顿第二定律的运用。当流体的作用简化为 Winkler 地基模型时（类似于弹簧），该问题最简单的物理描述是：移动载荷激励 Winkler 地基模型（无能量耗散）支撑的水平梁（一维）的位移响应问题。Timoshenko[11]对该数学问题进行了研究，假设任意载荷速度下稳态解存在，通过求解梁的动力学微分方程得到了临界速度以及载荷前后的位移波形表达式，并论述了群速度与相速度之间的关系，但没有验证假设的正确性。Mathews[12, 13]对移动载荷激励铁路轨道响应问题开展了类似研究，针对具有不同强度的载荷进行了研究，进而将移动载荷的惯性考虑其中并进行了求解，这部分内容也可参见 Kerr[14]的相关论述。上述理论求解均在无能量耗散条件下进行，但实际上梁的变形与能量耗散密切相关，所以将耗散项加入是必要的，Dörr[15]针对移动载荷作用下的无限长梁使用傅里叶（Fourier）变换的方法求解了带耗散项的微分方程，并分析了亚临界、临界以及超临界速度下耗散项对位移波形的影响。Kenney[16]也求解了上述问题，得到了不同速度范围下的波形表达式，并得到在移动载荷处于亚临界航速时，梁的位移响应曲线相对于载荷位置不对称、最大下陷位置滞后于载荷作用点位置的重要结论。

将上述一维问题扩展为二维问题，类似地可描述为：移动载荷激励 Winkler 地基模型支撑平板（二维）的位移响应问题。在薄板假设的前提下，Ivanov 等[17]分析了移动载荷作用下流体上浮板的变形问题，Livesley[18]使用双傅里叶变换求解了匀速移动载荷及矩形分布载荷作用下薄板的位移响应问题。Wilson[19, 20]基于水动力学理论，利用波浪中浮板的位移响应解及横向集中载荷作用下浮板的静态响应解来分析该问题。上述理论解法一个主要的缺陷是没有考虑流体的惯性。因此，为了准确地描述浮冰层的动态响应，需要应用流体力学方程考虑流-固之间的耦合作用。Kheysin[21-23]首次将流体力学方程应用于这类问题中，系统推导了载荷作用下浮冰层位移响应的微分方程，并通过积分变换的方法计算得到了定常移动点源和线源载荷激励无限大冰层响应的临界速度和位移的积分表达式。然而 Kheysin 在研究奇点积分时，没有正确分析各项的阶数（虽然对最后的结果影响很小），因而得出了点源移动载荷速度趋于临界速度时位移响应值为有限的错误结论。Nevel[24, 25]对移动圆形载荷引起的浮冰层变形进行了计算，并拓展了 Kheysin 的理论，他不仅指出了 Kheysin 分析中的错误，还通过近似分析方法得到了求解临界速度的深水公式及浅水公式。Bates 等[26]研究了黏弹性效应对浮冰层位移响应的影响，结果表明冰层的黏弹性将抑制冰层的位移响应幅值。Kerr[27]从纯数学的角度推导得出了临界速度为最小相速度的重要结论。Davys 等[28]推导了点源载荷激励浮冰层响应时不同波长尺度下的近似色散关系，给出了定常移动点源在远场引起冰层变形的渐近波形，分析了不同参数下的波峰形态，并发现当临界速度等于群速度时，波能将不断累积增大，当群速度大于相速度时载荷前方将产生波长短的弹性波，而当群速度小于相速度时载荷后方将产生波长长的重力波。Schulkes 等[29, 30]针对移动线源载荷扩展了上述工作，进一步考虑了浮冰层内存在压应力、冰层下存在流体密度分层等因素对冰面变形的影响，将浮冰层位移响应的积分式分成三部分分别进行求解，并对其求解方法进行了详细讨论（主要涉及奇点的处理、积分路径的选择等），再现了 Kheysin[21]的一些重要结论：当移动载荷以最小相速度运动时，冰层变形随 $t^{1/2}$（t 为时间）呈正比不断增大；当移动载荷以速度 $\sqrt{gH}$（其中，g 为重力加速度；H 为水深）运动时，冰层变形随 $t^{1/3}$ 呈正比不断增大。Hosking 等[31]基于麦克斯韦（Maxwell）黏弹性模型，采用双参数记忆函数描述冰层的阻尼耗散作用，对点源及线源载荷激励黏弹性浮冰层位移响应问题进行了进一步探讨，明确了冰层黏弹性对其位移响应的影响。

Bukatov 等[32]总结了前人的工作，将冰内压应力考虑其中，系统推导了载荷作用下冰层响应的数学模型，并针对分布载荷进行了计算。实际中移动载荷运动时通常会产生振动，Kheysin[22]、Nevel[24, 25]、Bukatov 等[33]针对固定振动载荷进行了研究，Mills[34]、Bukatov[35]、Bukatov 等[36]、Duffy[37]则是侧重于考虑不同形式的振动载荷，其中 Duffy[37]对集中线源载荷振动所引起的冰层响应分析是极具价值的。Strathdee 等[38]借鉴地震波分析手段，采用格林函数作为内核的傅里叶积分方法，对移动载荷激励有限厚度冰层响应问题进行了求解，得到了冰层变形的应变-应力分布，同时给出了冰层厚度划分定义的判别准则。Milinazzo 等[39]扩展了 Davys 等[28]的工作，针对矩形面源载荷推导得到了浮冰层位移响应的积分表达式，通过近似分析得到了特殊条件下的近似解，并给出了积分表达式的数值计算方法。计算结果表明，当载荷速度介于最小相速度和 $\sqrt{gH}$ 之间时，矩形面源载荷长宽比对浮冰层位移响应幅值的影响很大。此外，该计算结果不仅与 Davys 等[28]的理论分析结果一致，还与 Takizawa[40]的实验结果相吻合。Nugroho 等[41]针对点源和圆形面源载荷，求解了由静止瞬时过渡到定常移动时载荷激励浮冰层的响应特性，推导得到了含时间参数 t 的浮冰层位移响应积分表达式，并得到了与 Schulkes 等[30]不同的结论，即在临界速度下，随着时间 t 的增加，冰层变形以 $\ln t$ 的速率不断增大，而在速度为 $\sqrt{gH}$ 时，冰层变形以相对慢于 $t^{-1/3}$ 的速率衰减。此外，对于圆形面源载荷，令时间 t 趋于无穷，可以重新推导得到 Nevel[24, 25]的表达式。

自 20 世纪 90 年代以来，俄罗斯科学院远东分院 Kozin 教授领导的研究团队长期致力于移动载荷和冲击载荷激励浮冰层位移响应问题的研究，将移动载荷和冲击载荷分别等效为兰金体[42]和脉冲点源[43]，通过积分变换的方法计算了冰层的位移响应特性，并分析了不同冰层参数对水中潜艇紧急上浮破冰效果的影响[44]。在均匀水深无限宽冰层条件下，利用黏弹性理论模型计算了匀速移动载荷激励浮冰层的位移响应特性[45]。此外，基于积分变换方法还对气垫船在水面、冰面和碎冰面上航行的兴波阻力及波形特性进行了计算[46-49]。Dias 等[50]和 Părău 等[51]对有限水深浮冰层的线性和非线性稳态问题进行了深入研究，主要考虑亚临界航速时的二维孤立波问题，通过将非线性问题简化为 Schrödinger 方程，将弱非线性解与数值解进行比较，并将计算结果与 Takizawa[40, 52, 53]的实验结果进行对比，验证了计算方法的有效性。Miles 等[54]对加速运动载荷激励浮冰层响应问题的计算方法进行了细致研究，发现加速载荷情况下位移响应的求解不需要进行奇点处理，这使计算过程大为简化。Wang 等[55]针对载荷速度由静止瞬时过渡到定常移动时的情况，计算得到了临界速度下浮冰层的位移响应特性及位移幅值为有限的结论。Zhestkaya 等[56]使用有限元软件 MSC/NASTRAN 对简单边界条件下移动载荷引起的浮冰层响应进行了仿真计算。Bonnefoy 等[57]采用高阶谱（high order spectral，HOS）方法，考虑浮冰层弹性变形中的曲率变化，对移动点源激励冰层响应问题进行了理论推导，其计算结果与 Părău 等[51]的计算结果基本吻合，但前者适用于二维移动载荷问题，后者只适用于一维移动载荷问题。Părău 等[58]研究了无限水深条件下移动载荷激励浮冰层产生的三维稳态波形问题，通过求解非线性欧拉方程和数值计算得到了三维波形的分布特征。Pogorelova 等[59]考虑水深变化的情况，针对线源载荷的非定常运动问题，采用渐近分析方法和积分变换方法对浮冰层的位移响应进行了求解，分析了水深、冰层厚度、载荷（大小、密度、速度）等参数对冰层位移响应幅值的影响。

国内在移动载荷或冲击载荷激励浮冰层位移响应方面的研究较少。Lu 等[60]使用积分变换和驻相法，对有限深理想流体上的浮冰层在瞬态扰动下引起的位移响应产生的波系进行了渐近分析，并分析了水深对临界波数和最小群速度的影响。针对超大型浮式结构物建设的需要，基于积分变换方法，张辉等[61]解析研究了漂浮在无限深理想流体上的无限长弹性板受二维移动载荷作用下的变形特性及载荷所受的运动阻力。

美国、俄罗斯、加拿大、日本等国家对移动载荷作用于冰层的研究，更多地集中在如何利用浮冰层作为拓展交通运输通道、防止冰层大幅变形而破裂方面，从而为移动载荷安全通过浮冰层提供科学依据。不仅如此，俄罗斯还特别关注利用航行气垫船破冰、水下航行潜艇破冰、爆炸冲击载荷破冰和机械振动破冰等方面的研究和应用。对于定点的冲击载荷或振动载荷破冰，常见的处理方法是将该载荷简化为脉冲载荷、简谐载荷或三角载荷等不同形式，通过预先计算或者测量出浮冰层的固有频率，调整冲击或振动载荷频率使其接近冰层固有频率，促使浮冰层发生共振效应，不断增大冰层变形幅度，从而达到破冰的目的，其与运动载荷激励浮冰层实现聚能共振增幅效应形成弯曲-重力波的破冰机理不尽相同。针对冲击载荷作用于无限宽黏弹性薄冰层问题，Kozin 等[62-64]基于积分变换方法，Zhestkaya 等[65]基于有限元和有限差分混合算法，求解了冰层随时间和场点变化的位移响应问题，分析了载荷强度、冰层厚度、水深变化对冰层响应的影响，以及连续冲击载荷引起的冰层响应等问题。针对变频率、变强度机械振动载荷作用于无限宽黏弹性薄冰层问题，Kozin 等[66]基于积分变换方法，求解了黏弹性浮冰在简谐载荷作用下的稳态响应问题，计算分析了简谐载荷激励浮冰层的振动特性，得到了可使浮冰层振幅不断增大的共振频率。Brevdo 等[67, 68]基于积分变换和渐近分析方法，对有限厚度黏弹性冰层，在水域密度垂直分层、冰层表面存在风应力情况下，对均匀水深无限宽冰层的冲击响应和稳定性进行了研究，分析了简谐载荷引起冰水系统共振的频率和机理。结果表明，在简谐载荷作用下冰的黏弹性效应需要考虑，而水的黏性和压缩性对冰层的位移响应和失稳影响很小，可以忽略。

1.2.2 现场测试与模型实验

理论研究与数值计算在不断发展，相关的现场测试与模型实验研究也在不断发展。最早的实验[2]是在 1939～1941 年的冬季进行的，当时侵华日军在我国东北的松花江上铺设铁轨，通过列车运行开展了一系列现场实验，实验结果表明，冰层厚度为 0.9～0.95 m 时，小型列车以 10～20 km/h 的平均速度可以安全通过冰面，但当浮冰层位移幅值达到 0.3 m 时，冰层变形可能已超出其可恢复的极限。Wilson[19]开展了两次现场实验，一次是密歇根州的杉湖（Cedar Lake）实验，另外一次是明尼苏达州的米勒湖（Mille Lake）实验，由于早期的实验条件复杂且数据存在争议，这里仅以米勒湖实验为例进行说明。米勒湖冰层厚度为 0.6 m，水深 3～4 m，实验车辆通过冰面 14 次，速度为 2.6～17.9 m/s。通过实验数据拟合出了浮冰层最大位移公式并进行了修正，其修正公式与实验数据吻合较好。此外，该实验还得到了一些重要结论，如在移动载荷速度较慢时，冰层位移曲线类似于静载荷情况；冰层位移响应幅值随着载荷速度的增加而增加，在超过某特定速度（临界速度）后，冰层位移响应幅值开始减小，位移响应曲线变成波浪形态，短波在载荷前方，长波在载荷后方；冰层最大位移幅值变化所对应的位置，不会正好发生在移动载荷附近的下方等。此外，Wilson[20]还对霍普戴勒（Hopedale）的海冰进行了现场实验，进一步收集了许多珍贵的数据。总体而言，Wilson 的实验是极具意义的，也标志着对浮冰层上移动载荷的实验研究进入了新阶段。Anderson[69]使用飞机和卡车开展了类似于 Wilson 的现场实验，实验的主要目的是测量海冰的弹性模量，此外还拟合了浮冰层的位移响应曲线。

为了在冬季将冰封的水域拓展为交通通道，Gold[5]和 Kerr[70]分析了浮冰层对静载荷（移动载荷速度为零）及准静载荷（移动载荷速度极低）的承载能力，通过（准）静态载荷实验得到了冰层承载能力的近似计算表达式：$P=1.76\times10^5h^2$（式中，h 为冰层厚度，m；P 为冰层承载能力，kg），但在实际观测中冰层在 $P=3.5\times10^4h^2$ 时就有可能发生破裂，其原因可能是该关系式并不适用于高速载荷的情况，并认为在低速载荷下冰层破裂的相关因素为载荷速度、冰层质量、热应力以及疲劳度等。Eyre[71]在迪芬贝克湖（Diefenbaker Lake）开展了类似实验，湖水深度为 35 m，浮冰层厚度为 0.5～0.73 m，通过载荷速度与临界速度的比值将移动载荷下的冰层响应细分为 5 个阶段，并对每个阶段的响应特征进行了细致描述。Goodman 等[72]在南极洲麦克默多海峡（McMurdo Sound）海冰跑道上布置了 1200 个应变计，记录了 LC-130 型大力神飞机降落时的浮冰层响应数据。Beltaos[73]应用基于坡度传感器的新型位移测量仪器，在冰层厚度为 0.4～0.6 m 的约瑟夫湖（Joseph Lake）上进行了现场实验，将浮冰层位移响应曲线特性定性地分为 3 个阶段进行描述。至此，尽管当时人们对冰物理学科的认识较为薄弱，也存在如实验设备简陋、实验环境复杂、数据存在极大不确定性等不利因素，但不可否认的是，上述学者们的实验研究对于学科方向的发展是极具开创性的。

随着实验技术的发展，测试工作进入了更加现代化的阶段，其中最具代表性的当属 Takizawa[40, 52, 53, 74]和 Squire 等[1, 75]的实验。Takizawa 开展了两次现场实验，获取了大量实验数据，分析结果表明，存在一个特殊的移动载荷速度（临界速度），在该速度下浮冰层变形的下陷深度达到最大（约为静载荷引起的冰层变形下陷深度的 3 倍），而冰面下陷宽度减为最小。1978 年 2 月，Takizawa[74]首次在北海道佐吕间湖（Saroma Lake）开展了移动载荷激励浮冰层位移响应实验，冰层厚度为 0.15～0.17 m，盐度为 5.8‰～6‰，使用质量为 335 kg 的雪地车作为移动载荷，以 0 m/s、2.8 m/s、4.2 m/s、5.6 m/s、6.9 m/s、8.3 m/s、11.1 m/s、13.9 m/s 的速度总共完成了 62 次实验，从实验数据中发现了明显的冰层位移共振峰值，并找到了该值所对应的载荷运动速度（临界速度），且发现此值与 Kheysin[23]所导出的理论结果相吻合。1981 年 2 月 4 日～2 月 10 日，Takizawa[40, 52, 53]在北海道佐吕间湖的盐冰（盐度为 7.7‰）上开展了第二次实地实验，使用质量为 235 kg 和 240 kg 的两种雪地车作为移动载荷，采用三个位移测量仪进行测量，此次实验清晰地记录了不同速度下浮冰层位移曲线的变化，根据载荷速度和临界速度比值，Takizawa 将位移曲线定性地划分成 5 个阶段，并对每个阶段的图形特征进行了详细描述。此外，他还通过丰富的实验数据拟合了许多极具价值的特征曲线，如载荷速度与冰层最大下陷位移的关系曲线、载荷速度与冰层最大下陷宽度的关系曲线等。Takizawa 的实验数据翔实且质量较高，因此也常用于验证理论计算的有效性。例如，Milinazzo 等[39]采用 Takizawa[40]的实验参数，利用 1.23 m×0.48 m 均匀矩形面源载荷来等效实验用雪地车等方法，通过数值计算发现其计算结果与 Takizawa[40]的实验数据吻合良好。此外，Squire 等[75]利用湖冰也开展了类似的实验，得到了与 Takizawa[40, 52, 53, 74]一致的结论。

现场实冰实验不仅需要消耗大量的人力和物力，关键还在于冰层、水深、载荷强度等参数不易调整，测量结果受气象、环境等众多因素的限制和干扰，难以突出某一特定因素的影响，也难以获得规律性的认识，因此也有学者选择在实验室中开展模型实验。模型实验可为在不同参数条件下系统研究各种载荷激励仿冰材料的位移响应问题提供新的研究手段。Hinchey[76]和 Whitten 等[77]在加拿大纽芬兰纪念大学利用厚度为 26 mm 的泡沫聚苯乙烯作为仿冰材料，在长 50 m、宽 4.5 m、深 3 m 的水槽中开展模型实验，位移响应使用 6 个挠曲仪进行测量，实验中使用两种移动载荷，其中一种是基于气动管的载荷，另一种是基于滚轴的载荷，通过牵引装置可使移动载荷的最大速度达到 4 m/s，实验发现移动载荷的临界速度大约是 2 m/s。当载荷速度从小逐渐增大时，其运动阻力在临界速度之前保持相对稳定，在临界速度附近则急剧上升到峰值，之后逐渐回落下降。另外，Hinchey[76]和 Whitten 等[77]也使用厚度为 0.3 mm 的聚乙烯仿冰薄片进行了模型实验，移动载荷采用空气射流。

由俄罗斯科学院远东分院机械与冶金研究所、阿穆尔肖洛姆-阿莱赫姆国立大学两个机构的研究人员 Kozin、Pogorelova、Zemlyak 等组成的研究团队，利用实验室的冰水池开展了系列模型实验，研究水中潜艇运动激励浮冰层的位移响应机理以及潜艇的破冰能力和影响因素。模拟冰层的方法通常有两种：一种是采用低温条件下水面冻结的天然薄冰层；另一种是利用弹性薄膜或橡胶薄板浮于水面作为仿冰材料。Kozin 等[42]开展的模型实验使用弹性薄膜作为仿冰材料，研究水中潜艇模型近冰面匀速运动时所激励的浮冰层位移响应特性。另外，Kozin 等[78]研究了潜艇模型的兴波阻力特性，实验表明，潜艇模型在浮冰层下运动产生的兴波阻力要比自由液面（无冰）条件下的更大。Pogorelova 等[79]针对冰层下的运动潜艇开展了模型实验，实验用的天然淡水池长 10 m、宽 3 m、深 1 m，分别采用厚度为 3 mm 的天然薄冰层（由室温为−10～−15 ℃的自然环境冻结而成）和同样厚度的橡胶薄膜作为仿冰材料，两种潜艇模型缩尺比分别为 1/120 和 1/300，通过实验研究了水深和模型速度等参数对浮冰层位移变形幅值的影响。另外，Pogorelova 等[80]研究了潜艇模型变速运动的影响，实验结果表明，潜艇的加减速运动会对弯曲-重力波的波高产生弱化作用，而潜艇匀速运动时所激励的浮冰层变形幅值更大。Zemlyak 等[81]采用了缩尺比为 1/100 的三种潜艇光体模型进行实验，实验冰层系天然条件下水池中的淡水冻结而成，研究了潜艇（简化为回转体）长度、排水量对破冰效果的影响，并提出了浮冰层的位移波形斜率≥0.04 可以作为冰层破裂的准则。在此基础上，Zemlyak 等[82]进一步开展了具有不同外形特征的三种潜艇模型实验，研究结果表明，艇体线型、横截面形状以及艇体附体等外形因素，将对浮冰层中形成的弯曲-重力波及破冰效果产生不同的影响。

1.3 主要研究内容

气垫船、坦克、装甲车、汽车、列车、飞机、潜艇的运动，以及机械振动、高速射流、爆炸冲击、导弹撞击等都可视为冰-水系统中的移动载荷或冲击载荷。由于移动载荷和冲击载荷形式多样，本书关于移动与冲击载荷激励浮冰层响应特性的研究成果，既可用于军事也可用于民用。

全书共 8 章。第 1 章主要介绍国外关于移动与冲击载荷激励浮冰层响应的理论和实验研究成果，重点是移动与冲击载荷在破冰方面的应用，作为开展后续研究工作的基础。第 2 章主要基于弹性力学和流体力学基本理论，建立浮冰层、水层运动的控制方程，给出冰-水交界面、水底和岸壁等边界的边界条件以及非定常运动的初始条件，建立移动与冲击载荷激励浮冰层位移响应的理论数学模型。第 3 章首先从简单的文克勒基上梁和板的响应问题出发，进一步研究液体基和浮冰层的耦合作用，基于积分变换方法，对匀速和变速移动载荷激励浮冰层位移响应问题的理论模型进行求解，得到浮冰层大幅变形的临界速度、影响因素及其变化特征。第 4 章主要针对多种形式的定点和移动冲击载荷，基于积分变换方法，计算并获取浮冰层的位移响应特性、影响因素和变化规律。第 5 章主要针对纯水面、纯冰面、纯碎冰面等多种表面状况，基于边界元法与有限差分法相结合的数值计算方法，求解气垫船激励浮冰层的位移响应和应力分布等问题，分析冰-水系统的波形传播特征、冰层位移变化特性以及冰层内的应力分布特点，基于不同的破冰准则分析气垫船的破冰效率和影响因素。第 6 章主要是利用商业软件中的有限元方法，针对均匀水深、变水深、变截面直航道及等截面弯曲航道等水域边界，对移动载荷激励浮冰层的位移响应特性进行数值计算，揭示浮冰层破裂的动态发展过程，探讨边界形状对冰层位移响应特性的影响。第 7 章主要是在实验室条件下，通过研制的非接触式位移响应测试系统，对水槽中的仿冰薄膜材料进行系列实验，分析气垫载荷的速度、压强、高度和水深等参数对位移响应及临界速度的影响，揭示移动气垫载荷激励仿冰材料大幅位移变形的变化规律和聚能共振机理。第 8 章主要针对冰面下航行的典型潜艇，建立潜艇动压载荷的理论计算模型，计算并分析潜艇动压载荷在冰-水交界面上的分布特征，重点介绍俄罗斯在利用潜艇激励冰-水系统产生弯曲-重力波方面取得的理论和实验研究进展，为进一步应用潜艇实施有效破冰提供技术支撑。

参考文献

[1] Squire V A，Hosking R J，Kerr A D，et al. Moving Loads on Ice Plates[M]. The Netherlands：Kluwer Academic Publishers，1996.

[2] Kubo Y. Introductory Remarks on Iceological Engineering[M]. Tokyo：Hyokogaku-Kankokai-Tairyusha Publishing Company，1980.

[3] Sinha N K. Sea ice landing strip for Boeing-727 in northern Greenland[C]. The Fourteenth International Offshore Mechanics and Arctic Engineering Symposium，Copenhagen，1995：273-279.

[4] 孙波，唐学远，肖恩照，等. 南极机场冰雪跑道工程技术发展现状与展望[J]. 中国工程科学，2021，23（2）：161-168.

[5] Gold L W. Use of ice covers for transportation[J]. Canadian Geotechnical Journal，1971，8（2）：170-181.

[6] 张傲妲. 黄河内蒙段冰情特点及预报模型研究[D]. 呼和浩特：内蒙古农业大学，2011.

[7] 丁留谦，何秉顺，闫新光. 破冰防凌新技术探讨[J]. 中国防汛抗旱，2010，20（2）：19-24.

[8] 闫新光. 黄河破冰减灾应用研究[J]. 中国防汛抗旱，2011，21（1）：17-20.

[9] 梁云芳，季寒，赵桥生，等. 俄罗斯潜艇冰区航行试验技术进展[J]. 船舶物资与市场，2021，(1)：1-6.

[10] Alexey A. Hydroelastic analysis of very large floating structures[D]. The Netherlands：Delft University of Technology，2005.

[11] Timoshenko. Method of analysis of statical and dynamical stresses in rail[C]. Proceedings of the Second International Congress of Applied Mechanics，Zurich，1927：1-12.

[12] Mathews P M. Vibrations of a beam on elastic foundation I[J]. Zeitschrift Für Angewandte Mathematik Und Mechanik，1958，38：105-115.

[13] Mathews P M. Vibrations of a beam on elastic foundation II[J]. Zeitschrift Für Angewandte Mathematik Und Mechanik，1959，39：13-19.

[14] Kerr A D. Continuously supported beams and plates subjected to moving loads-a survey[J]. Solid Mechanics Archives，1981，6：401-449.

[15] Dörr J. Das schwingungsverhalten eines federnd gebetteten，unendlich langen balkens[J]. Ingenieur-Archiv，1948，16：287-298.

[16] Kenney J T. Steady-state vibrations of beam on elastic foundation for moving load[J]. Journal of Applied Mechanics，1954，21：359-364.

[17] Ivanov K E，Kobeko P P，Shulman A R. Deformation of an ice cover under moving loads[J]. Zhurnal Tekhnicheskoi Fiziki，1946，16：257-262.

[18] Livesley R K. Some notes on the mathematical theory of a loaded elastic plate resting on an elastic foundation[J]. The Quarterly Journal of Mechanics and Applied Mathematics，1953，6 (1)：32-44.

[19] Wilson J T. Coupling between moving loads and flexural waves in floating ice sheets[R]. Hanover：Cold Regions Research and Engineering Laboratory，1955.

[20] Wilson J T. Moving loads on floating ice sheets[R]. Michigan：University of Michigan Research Institute Report，1958.

[21] Kheysin D Y. Moving load on an elastic plate which floats on the surface of an ideal fluid[J]. Mechanics and Mechanical，1963，1：178-180.

[22] Kheysin D Y. On the problem of the elastic-plastic bending of an ice cover[J]. Arctic and Antarctica Science Research，1964，267：143-149.

[23] Kheysin D Y. Dynamics of floating ice covers[R]. Leningrad：U. S. Army Foreign Science and Technology Center，1967.

[24] Nevel D E. Moving loads on a floating ice sheet[R]. Hanover：Cold Regions Research and Engineering Laboratory，1970.

[25] Nevel D E. Vibration of a floating ice-sheet[R]. Hanover：Cold Regions Research and Engineering Laboratory，1970.

[26] Bates H F，Shapiro L H. Stress amplification under a moving load on floating ice[J]. Journal of Geophysical Research，1981，86：6638-6642.

[27] Kerr A D. The critical velocities of a load moving on a floating ice plate that is subjected to in-plane forces[J]. Cold Regions Science and Technology，1983，6：267-274.

[28] Davys J W，Hosking R J，Sneyd A D. Waves due to a steadily moving source on a floating ice plate[J]. Journal of Fluid Mechanics，1985，158：269-287.

[29] Schulkes R M S M，Hosking R J，Sneyd A D. Waves due to a steadily moving source on a floating ice plate. Part 2[J]. Journal of Fluid Mechanics，1987，180：297.

[30] Schulkes R M S M，Sneyd A D. Time-dependent response of floating ice to a steadily moving load[J]. Journal of Fluid Mechanics，1988，186：25-46.

[31] Hosking R J，Sneyd A D，Waugh D W. Viscoelastic response of a floating ice plate to a steadily moving load[J]. Journal of Fluid Mechanics，1988，196：409-430.

[32] Bukatov A E，Zharkov V V. Three-dimensional bending gravitational oscillations near moving pressure regions[J]. Journal of Applied Mechanics and Technical Physics，1989，30：490-497.

[33] Bukatov A E，Cherkesov L V. Transient vibrations of an elastic plate floating on a liquid surface[J]. Soviet Applied Mechanics，1970，6 (8)：878-883.

[34] Mills D A. On waves in a sea ice cover[R]. Adelaide：Horace Lamb Centre for Oceanographic Research Report 53，1972.

[35] Bukatov A E. Influence of a longitudinally compressed elastic plate on the nonstationary wave motion of a homogeneous liquid[J].

Fluid Dynamics，1981，15：687-693.

[36] Bukatov A E，Yaroshenko A A. Evolution of three-dimensional gravitationally warped waves during the movement of a pressure zone of variable intensity[J]. Journal of Applied Mechanics and Technical Physics，1986，27：676-682.

[37] Duffy D G. The response of floating ice to a moving，vibrating load[J]. Cold Regions Science and Technology，1991，20（1）：51-64.

[38] Strathdee J，Robinson W H，Haines E M. Moving loads on ice plates of finite thickness[J]. Journal of Fluid Mechanics，1991，226：37-61.

[39] Milinazzo F，Marvin S，Evans N W. A mathematical analysis of the steady response of floating ice to the uniform motion of a rectangular load[J]. Journal of Fluid Mechanics，1995，287：173-197.

[40] Takizawa T. Deflection of a floating sea ice sheet induced by a moving load[J]. Cold Regions Science and Technology，1985，11（2）：171-180.

[41] Nugroho W S，Wang K，Hosking R J，et al. Time-dependent response of a floating flexible plate to an impulsively started steadily moving load[J]. Journal of Fluid Mechanics，1999，381：337-355.

[42] Kozin V M，Pogorelova A V. Submarine moving close to ice surface conditions[J]. International Journal of Offshore and Polar Engineering，2008，18（4）：271-276.

[43] Kozin V M，Pogorelova A V. Dynamic response of an ice-covered fluid to a submerged impulsive point source[J]. International Journal of Offshore and Polar Engineering，2009，19（4）：317-319.

[44] Kozin V M，Chizhumov S D，Zemlyak V L. Influence of ice conditions on the effectiveness of the resonant method of breaking ice cover by submarines[J]. Journal of Applied Mechanics and Technical Physics，2010，51（3）：398-404.

[45] Kozin V M，Pogorelova A V. Effect of the viscosity properties of ice on the deflection of an ice sheet subjected to a moving load[J]. Journal of Applied Mechanics and Technical Physics，2009，50（3）：484-492.

[46] Kozin V M，Milovanova A V. The wave resistance of amphibian aircushion vehicles in broken ice[J]. Journal of Applied Mechanics and Technical Physics，1996，37（5）：634-637.

[47] Kozin V M，Pogorelova A V. Effect of broken ice on the wave resistance of an amphibian air-cushion vehicle in nonstationary motion[J]. Journal of Applied Mechanics and Technical Physics，1999，40（6）：1036-1041.

[48] Kozin V M，Pogorelova A V. Wave resistance of amphibian aircushion vehicles during motion on ice fields[J]. Journal of Applied Mechanics and Technical Physics，2003，44（2）：193-197.

[49] Kozin V M，Pogorelova A V. Variation in the wave resistance of an amphibian air-cushion vehicle moving over a broken-ice field[J]. Journal of Applied Mechanics and Technical Physics，2007，48（1）：80-84.

[50] Dias F，Părău E I. Response of a floating ice plate to a moving load[C]. International Offshore and Polar Engineering Conference，Kitakyushu，2002：833-840.

[51] Părău E I，Dias F. Nonlinear effects in the response of a floating ice plate to a moving load[J]. Journal of Fluid Mechanics，2002，460：281-305.

[52] Takizawa T. Field studies on response of a floating sea ice sheet to a steadily moving load[J]. Contributions from the Institute of Low Temperature Science A，1987，36：31-76.

[53] Takizawa T. Response of a floating sea ice sheet to a steadily moving load[J]. Journal of Geophysical Research：Oceans，1988，93（C5）：5100-5112.

[54] Miles J，Sneyd A D. The response of a floating ice sheet to an accelerating line load[J]. Journal of Fluid Mechanics，2003，497：435-439.

[55] Wang K，Hosking R J，Milinazzo F. Time-dependent response of a floating viscoelastic plate to an impulsively started moving load[J]. Journal of Fluid Mechanics，2004，521：295-317.

[56] Zhestkaya V D，Dzhabrailov M R. Numerical solution of the problem of motion of a load on a cracked ice sheet[J]. Journal of Applied Mechanics and Technical Physics，2008，49（3）：473-477.

[57] Bonnefoy F，Meylan M H，Ferrant P. Nonlinear higher-order spectral solution for a two-dimensional moving load on ice[J]. Journal of Fluid Mechanics，2009，621：215-242.

[58] Părău E I，Vanden-Broeck J M. Three-dimensional waves beneath an ice sheet due to a steadily moving pressure[J]. Philosophical Transactions，2011，369（1947）：2973-2988.

[59] Pogorelova A V，Kozin V M. Motion of a load over a floating sheet in a variable-depth pool[J]. Journal of Applied Mechanics and Technical Physics，2014，55（2）：335-344.

[60] Lu D Q，Le J C，Dai S Q. Flexural-gravity waves due to transient disturbances in an inviscid fluid of finite depth[J]. Journal of Hydrodynamics，2008，20（2）：131-136.

[61] 张辉，卢东强. 二维移动载荷引起漂浮板的非定常水弹性波阻和波形研究[J]. 水动力学研究与进展A辑，2013，28（5）：615-625.

[62] Kozin V M，Pogorelova A V. Effect of a shock pulse on a floating ice sheet[J]. Journal of Applied Mechanics and Technical Physics，2004，45（6）：794-798.

[63] Kozin V M，Pogorelova A V. Mathematical modeling of shock loading of a solid ice cover[J]. International Journal of Offshore and Polar Engineering，2006，16（1）：1-4.

[64] Kozin V M，Pogorelova A V. Unsteady effect of successive shock pulses on a floating sheet[C]. International Society of Offshore and Polar Engineers Pacific/Asia Offshore Mechanics Symposium，Bangkok，2008：10-14.

[65] Zhestkaya V D，Kozin V M. Numerical solution of the problem of the effect of a shock pulse on an ice sheet[J]. Journal of Applied Mechanics and Technical Physics，2008，49（2）：285-290.

[66] Kozin V M，Skripachev V V. Oscillations of an ice sheet under a periodically varying load[J]. Journal of Applied Mechanics and Technical Physics，1992，33（5）：746-750.

[67] Brevdo L. Neutral stability of，and resonances in，a vertically stratified floating ice layer[J]. European Journal of Mechanics-A/Solids，2003，22（1）：119-137.

[68] Brevdo L，Il'ichev A. Uni-modal destabilization of a visco-elastic floating ice layer by wind stress[J]. European Journal of Mechanics-A/Solids，2006，25（3）：509-525.

[69] Anderson D L. Preliminary results and review of sea ice elasticity and related studies[J]. Transactions of the Engineering Institute of Canada，1958，2：116-122.

[70] Kerr A D. The bearing capacity of floating ice plates subjected to static or quasi-static loads[J]. Journal of Glaciology，1976，17（76）：229-268.

[71] Eyre D. The flexural motions of a floating ice sheet induced by moving vehicles[J]. Journal of Glaciology，1977，19（81）：555-570.

[72] Goodman D J，Holdsworth R. Continuous surface strain measurements on sea ice and on Erebus Glacier Tongue，McMurdo Sound，Antarctica[J]. Antarctic Journal of the United States，1978，13：67-70.

[73] Beltaos S. Field studies on the response of floating ice sheets to moving loads[J]. Canadian Journal of Civil Engineering，1981，8（1）：1-8.

[74] Takizawa T. Deflection of a floating ice sheet subjected to a moving load[J]. Low Temperature Science A，1978，37：69-78.

[75] Squire V A，Robinson W H，Haskell T G，et al. Dynamic strain response of lake and sea ice to moving loads[J]. Cold Regions Science and Technology，1985，11（2）：123-139.

[76] Hinchey M J. Transport over floating ice sheets[C]. The Sixth International Offshore Mechanics and Arctic Engineering Symposium，Houston，1987：321-328.

[77] Whitten M J，Hinchey M J. Critical speed data for model floating ice roads and runways[J]. Canadian Aeronautics and Space Journal，1988，34：151-161.

[78] Kozin V M，Zemlyak V L. Study on wave resistance of a submarine moving under an ice sheet[C]. The Twenty-second International Offshore and Polar Engineering Conference，Greece，2012：1312-1314.

[79] Pogorelova A V，Zemlyak V L，Kozin V M. Moving of a submarine under an ice cover in fluid of finite depth[J]. Journal of Hydrodynamics，2019，31（3）：562-569.

[80] Pogorelova A V，Kozin V M，Zemlyak V L. Accelerating and decelerating moving of submarine under an ice cover[C]. The Twenty-eighth International Offshore and Polar Engineering Conference，Sapporo，2018：1504-1510.

[81] Zemlyak V L，Pogorelova A V，Kozin V M. Influence of peculiarities of the form of a submarine vessel on the efficiency of breaking ice cover[C]. The Twenty-third International Offshore and Polar Engineering Conference，Anchorage，2013：217-232.

[82] Zemlyak V L，Kozin V M，Baurin N O，et al. Influence of peculiarities of the form of a submarine vessel on the parameters of generated waves in the ice motion[C]. The Twenty-fourth International Offshore and Polar Engineering Conference，Busan，2014：1135-1140.

第2章 移动载荷激励浮冰层位移响应的数学模型

移动载荷激励浮冰层位移响应是一个复杂的流-固耦合问题，它涉及移动载荷、冰-水系统，以及水底、岸壁等边界之间的相互作用。为对该问题进行准确的数学描述，本章基于弹性力学基本理论，将浮冰层简化为黏弹性各向同性薄板，建立移动载荷激励浮冰层位移响应的振动方程；基于流体力学基本理论，将流体运动简化为理想流体做无旋运动，得到浮冰层下流体基运动应该满足的势流控制方程；同时给出冰-水交界面处的运动学和动力学条件、水底岸壁等边界处的不可穿透条件，以及非定常运动时冰-水系统的初始条件。上述所提及的浮冰层振动方程、流体基运动方程，以及相应的边界条件和初始条件，共同组成移动载荷激励浮冰层位移响应的理论数学模型。

2.1 弹性力学的基本方程

在一般空间固体力学问题中，包含15个未知量，即6个应力分量、6个应变分量和3个位移分量，而且它们都是坐标变量(x, y, z)的函数。在弹性体区域内部，根据静力学、几何学和物理学条件分别建立三组基本方程，并在边界上给定位移边界条件或应力边界条件，通过求解这些数学问题，得到应力、应变和位移分量[1]。

2.1.1 平衡微分方程

考虑微分体的静力学平衡条件，建立空间问题的平衡微分方程。在物体内部任取一点P，以此为顶点作一微小的平行六面体即单元体，其边长分别为dx、dy、dz，并使该单元体的边长分别与直角坐标系的x、y、z轴平行，如图2.1.1所示。单元体微小，因此可以认为单元体各截面上的应力是均匀分布的，并将每一面上的应力矢量分解为一个正应力和两个剪应力，它们分别与三个坐标轴平行。应力分量用两个下标字母表示，其中第一个下标字母表示作用面所垂直的坐标轴，第二个下标字母表示应力分量投影方向所对应的坐标轴。应力分量的正负号规定为：①若单元体某截面的外法线是沿着坐标轴正方向的，则该截面上的应力分量以沿坐标轴正方向为正，沿坐标轴负方向为负；②若单元体某截面的外法线是沿着坐标轴负方向的，则该截面上的应力分量以沿坐标轴负方向为正，沿坐标轴正方向为负。图中所示的应力分量全部按正的画出。

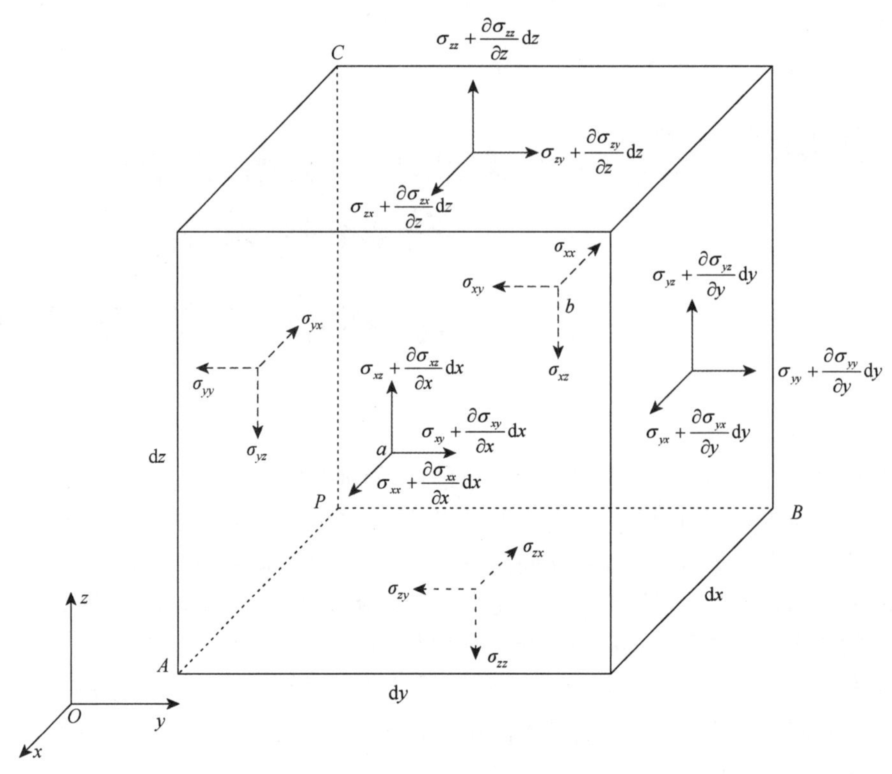

图 2.1.1　微分单元体

对弹性体而言，应力分量是位置坐标的连续函数，作用在这六面体两对应面上的应力分量应该具有微小的变化。若过点 P 垂直于 x 轴的微元平面（后面）作用的正应力是 σ_{xx}，根据泰勒级数展开，则作用在前面的正应力分量应当是 $\sigma_{xx}+\frac{\partial\sigma_{xx}}{\partial x}dx$，这里忽略二阶以上高阶小量，其余类推。以连接六面体前后两面中心的直线 ab 为矩轴，建立力矩平衡方程，可得

$$\left(\sigma_{yz}+\frac{\partial\sigma_{yz}}{\partial y}dy\right)dxdz\frac{dy}{2}+\sigma_{yz}dxdz\frac{dy}{2}-\left(\sigma_{zy}+\frac{\partial\sigma_{zy}}{\partial z}dz\right)dxdy\frac{dz}{2}-\sigma_{zy}dxdy\frac{dz}{2}=0$$

略去微量后，整理得

$$\sigma_{yz}=\sigma_{zy}$$

同样可以得出

$$\sigma_{zx}=\sigma_{xz},\ \sigma_{xy}=\sigma_{yx}$$

这里说明了剪（切）应力的互等性。

所以，在 9 个应力分量中只有 3 个正应力和 3 个剪应力，即 6 个应力分量是独立的。对弹性体而言，空间某点 P 的应力状态 σ 可表示为

$$\sigma=\begin{bmatrix}\sigma_{xx} & \sigma_{yx} & \sigma_{zx}\\ \sigma_{xy} & \sigma_{yy} & \sigma_{zy}\\ \sigma_{xz} & \sigma_{yz} & \sigma_{zz}\end{bmatrix} \tag{2.1.1}$$

单元体微小，因此可认为其体积力分量 $(\bar{f}_x,\bar{f}_y,\bar{f}_z)$ 是均匀分布的。以 x 轴为投影轴，建立 x 方向的受力平衡方程，得

$$\left(\sigma_{xx}+\frac{\partial\sigma_{xx}}{\partial x}\mathrm{d}x\right)\mathrm{d}y\mathrm{d}z-\sigma_{xx}\mathrm{d}y\mathrm{d}z+\left(\sigma_{yx}+\frac{\partial\sigma_{yx}}{\partial y}\mathrm{d}y\right)\mathrm{d}x\mathrm{d}z-\sigma_{yx}\mathrm{d}x\mathrm{d}z$$
$$+\left(\sigma_{zx}+\frac{\partial\sigma_{zx}}{\partial z}\mathrm{d}z\right)\mathrm{d}x\mathrm{d}y-\sigma_{zx}\mathrm{d}x\mathrm{d}y+\overline{f}_x\mathrm{d}x\mathrm{d}y\mathrm{d}z=0$$

同样可以列出 y 和 z 方向的受力平衡方程，将这三个方程分别整理后，得

$$\frac{\partial\sigma_{xx}}{\partial x}+\frac{\partial\sigma_{yx}}{\partial y}+\frac{\partial\sigma_{zx}}{\partial z}+\overline{f}_x=0 \tag{2.1.2a}$$

$$\frac{\partial\sigma_{xy}}{\partial x}+\frac{\partial\sigma_{yy}}{\partial y}+\frac{\partial\sigma_{zy}}{\partial z}+\overline{f}_y=0 \tag{2.1.2b}$$

$$\frac{\partial\sigma_{xz}}{\partial x}+\frac{\partial\sigma_{yz}}{\partial y}+\frac{\partial\sigma_{zz}}{\partial z}+\overline{f}_z=0 \tag{2.1.2c}$$

这就是空间问题的平衡微分方程。该方程描述弹性体内部任意一点的平衡，反映了应力分量与体积力之间的微分关系，是弹性力学的第一组基本方程，又称为纳维（Navier）方程。

2.1.2　几何方程

物体受力变形以后会产生应变。应变，是指物体各部分线段的长度改变和两线段夹角的改变。为了分析在物体某一点 P 的应变状态，分析图 2.1.1 中的线段 PA、PB、PC 在物体变形后的改变。各线段每单位长度的伸缩，即相对伸缩，称为线应变（或正应变）。各线段之间直角的改变量用弧度表示，称为剪（切）应变。应变通常用 ε 来表示。例如，ε_{xx} 表示 x 方向线段 PA 的线应变，其余类推，线应变以伸长时为正，缩短时为负，与正应力的正负号规定相对应。剪应变 ε_{xy} 表示两正方向的线段 PA 与 PB 之间直角的改变量，其余类推，剪应变以直角变小时为正，变大时为负，与剪应力的正负号规定相对应。线应变和剪应变都是无量纲量。

物体受力变形以后会产生位移。位移，就是位置移动的量。物体内任意一点的位移，可用它在 x、y、z 轴方向的三个投影分量 u、v、w 来表示，以沿坐标轴正方向为正，沿坐标轴负方向为负。根据微分线段上应变与位移之间的几何关系式建立几何方程。以平面问题为例，经过弹性体任意一点 P，沿 x 轴和 y 轴的正方向取微元长度的线段 $\mathrm{d}x$ 和 $\mathrm{d}y$，假设弹性体受力后，P、A、B 三点分布移至 P'、A'、B'，如图 2.1.2 所示。

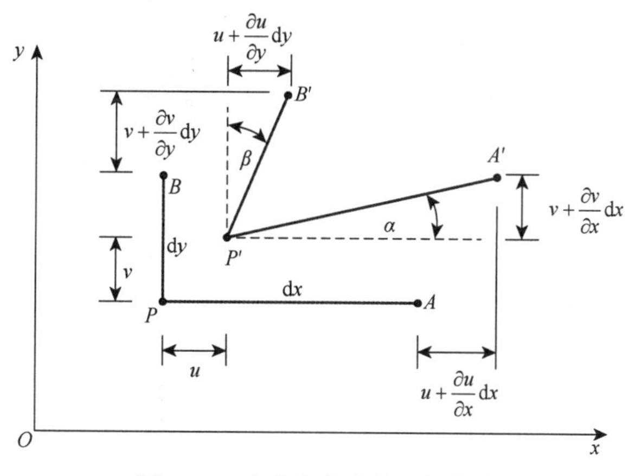

图 2.1.2　应变与位移的几何关系

设点 P 在 x 方向的位移为 u，根据泰勒级数展开，并略去二阶以上高阶小量，则点 A 在 x 方向的位移为 $u+\frac{\partial u}{\partial x}\mathrm{d}x$。因此，线段 PA 的线应变为 $\varepsilon_{xx}=\frac{\left(u+\frac{\partial u}{\partial x}\mathrm{d}x\right)-u}{\mathrm{d}x}=\frac{\partial u}{\partial x}$。同样，线段 PB 的线应变为 $\varepsilon_{yy}=\frac{\partial v}{\partial y}$，推广至空间问题时，有 $\varepsilon_{zz}=\frac{\partial w}{\partial z}$。

设点 P 在 y 方向的位移为 v，根据泰勒级数展开，并略去二阶以上高阶小量，则点 A 在 x 方向的位移为 $v+\frac{\partial v}{\partial x}\mathrm{d}x$。因此，线段 PA 的转角 $\alpha=\frac{\left(v+\frac{\partial v}{\partial x}\mathrm{d}x\right)-v}{\mathrm{d}x}=\frac{\partial v}{\partial x}$。同样，线段 PB 的转角 $\beta=\frac{\partial u}{\partial y}$。所以，线段 PA 与 PB 之间直角的改变（以减小时为正），也就是剪应变为 $\varepsilon_{xy}=\alpha+\beta$。推广至空间问题时，有 $\varepsilon_{xy}=\varepsilon_{yx}=\frac{\partial v}{\partial x}+\frac{\partial u}{\partial y}$，$\varepsilon_{yz}=\varepsilon_{zy}=\frac{\partial w}{\partial y}+\frac{\partial v}{\partial z}$，$\varepsilon_{zx}=\varepsilon_{xz}=\frac{\partial u}{\partial z}+\frac{\partial w}{\partial x}$。

所以，对弹性体而言，空间某点 P 的应变与位移的关系可表示为

$$\varepsilon=\begin{bmatrix}\varepsilon_{xx} & \varepsilon_{yx} & \varepsilon_{zx}\\ \varepsilon_{xy} & \varepsilon_{yy} & \varepsilon_{zy}\\ \varepsilon_{xz} & \varepsilon_{yz} & \varepsilon_{zz}\end{bmatrix}=\begin{bmatrix}\frac{\partial u}{\partial x} & \frac{\partial v}{\partial x}+\frac{\partial u}{\partial y} & \frac{\partial u}{\partial z}+\frac{\partial w}{\partial x}\\ \frac{\partial v}{\partial x}+\frac{\partial u}{\partial y} & \frac{\partial v}{\partial y} & \frac{\partial w}{\partial y}+\frac{\partial v}{\partial z}\\ \frac{\partial u}{\partial z}+\frac{\partial w}{\partial x} & \frac{\partial w}{\partial y}+\frac{\partial v}{\partial z} & \frac{\partial w}{\partial z}\end{bmatrix} \tag{2.1.3}$$

上述方程是弹性力学的第二组基本方程，即几何方程，其适用条件是要求弹性体具有连续性和小变形。当物体的位移分量完全确定时，应变分量即可完全确定。

2.1.3 物理方程

1. 弹性体

根据应变分量与应力分量之间的物理关系式，可以建立物理方程。以直杆为例，在拉伸或压缩时，直杆的主要变形是纵向尺寸的改变。若直杆受到的纵向应力为 σ，则根据胡克（Hooke）定律可以得知其纵向应变为 $\varepsilon=\sigma/E$，其中 E 为拉伸或压缩时材料的弹性模量，简称弹性模量或杨氏模量。同时，直杆的横向尺寸也会发生变化，这里用 ε' 表示其横向应变，根据材料实验结果，可以得知横向应变与纵向应变之间存在如下关系：

$$\varepsilon'=-\mu\varepsilon \tag{2.1.4}$$

式中，μ 为横向变形系数或泊松比，是一个无量纲量；负号表示纵向应变与横向应变异号，即轴向伸长时，横向缩短，而轴向缩短时，横向伸长。

对于三维各向同性材料，从受力的弹性材料中取一个单元体，设其上的主应力分别为 σ_1、σ_2 和 σ_3。该单元体在受力后，其各方向的尺寸都会发生改变，设沿三个方向的主应变为 ε_1、ε_2 和 ε_3。在求主应变 ε_1 时，可分别求出 σ_1、σ_2 和 σ_3 单独作用时引起该方向上的线应变，然后进行线性叠加得到。σ_1 单独作用时，引起 σ_1 方向的线应变为 $\varepsilon_1'=\sigma_1/E$；$\sigma_2$ 和 σ_3 单独作用时，

引起σ_1方向的线应变分别为$\varepsilon_1''=-\mu\sigma_2/E$、$\varepsilon_1'''=-\mu\sigma_3/E$。根据叠加原理，得

$$\varepsilon_1=\varepsilon_1'+\varepsilon_2''+\varepsilon_3'''=\frac{\sigma_1}{E}-\mu\frac{\sigma_2}{E}-\mu\frac{\sigma_3}{E}$$

利用同样方法，可以得到ε_2和ε_3。最后得到三个主应变的表达式为

$$\varepsilon_1=\frac{1}{E}[\sigma_1-\mu(\sigma_2+\sigma_3)],\quad \varepsilon_2=\frac{1}{E}[\sigma_2-\mu(\sigma_3+\sigma_1)],\quad \varepsilon_3=\frac{1}{E}[\sigma_3-\mu(\sigma_1+\sigma_2)] \tag{2.1.5}$$

对于非主单元体，各个面上既有正应力，又有剪应力，但在弹性范围内和小变形的情况下，线应变只与正应力有关，而与剪应力无关；剪应变只与剪应力有关，而与正应力无关。因此，沿σ_{xx}、σ_{yy}和σ_{zz}方向的线应变为

$$\varepsilon_{xx}=\frac{1}{E}[\sigma_{xx}-\mu(\sigma_{yy}+\sigma_{zz})],\quad \varepsilon_{yy}=\frac{1}{E}[\sigma_{yy}-\mu(\sigma_{zz}+\sigma_{xx})],\quad \varepsilon_{zz}=\frac{1}{E}[\sigma_{zz}-\mu(\sigma_{xx}+\sigma_{yy})] \tag{2.1.6}$$

此时，剪应变的表达式为

$$\varepsilon_{xy}=\frac{1}{G}\sigma_{xy},\quad \varepsilon_{yz}=\frac{1}{G}\sigma_{yz},\quad \varepsilon_{zx}=\frac{1}{G}\sigma_{zx} \tag{2.1.7}$$

式（2.1.6）和式（2.1.7）是弹性力学的第三组基本方程即物理方程。式中，G为剪切弹性模量。可见，在弹性范围内应变分量与应力分量之间存在简单的线性关系，这种关系也称为广义胡克定律。

在三个弹性常数E、G和μ之间，只有两个是独立的，它们之间存在如下关系：

$$G=\frac{E}{2(1+\mu)} \tag{2.1.8}$$

对完全弹性、均匀、各向同性材料，这些弹性常数不随位置、方向、应力或应变而变化。

对二维平面问题，有

$$\sigma_{zz}=0,\quad \sigma_{yz}=0,\quad \sigma_{zx}=0$$
$$\varepsilon_{yz}=0,\quad \varepsilon_{zx}=0$$

所以，式（2.1.6）和式（2.1.7）可简化为

$$\varepsilon_{xx}=\frac{1}{E}(\sigma_{xx}-\mu\sigma_{yy}),\quad \varepsilon_{yy}=\frac{1}{E}(\sigma_{yy}-\mu\sigma_{xx}),\quad \varepsilon_{zz}=-\frac{\mu}{E}(\sigma_{xx}+\sigma_{yy}) \tag{2.1.9}$$

$$\varepsilon_{xy}=\frac{2(1+\mu)}{E}\sigma_{xy} \tag{2.1.10}$$

上述方程是平面应力问题中的物理方程。

2. 黏弹性体

工程中遇到的大多数材料通常既有弹性又有黏性，在外力作用下，弹性和黏性的力学特征同时存在，这类材料称为黏弹性材料。与完全弹性材料不同，黏弹性材料的应变对应力的响应不是瞬时完成的，而是应变落后于应力。黏弹性材料的力学行为与时间历程有关，其特点是具有蠕变、松弛及迟滞等现象。线性黏弹性材料的本构关系，可用服从胡克定律的弹性元件和服从牛顿黏性定律的黏性元件的不同组合来表征[2]。弹性元件与黏性元件两者并联成为开尔文模型或称开尔文-沃伊特（Kelvin-Voigt）固体模型，该模型主要体现材料的蠕变现象；两元件串联则成为麦克斯韦（Maxwell）流体模型，该模型主要体现材料的应力松弛现象。

开尔文模型由一个弹簧元件和一个黏壶元件并联而成，如图 2.1.3 所示。

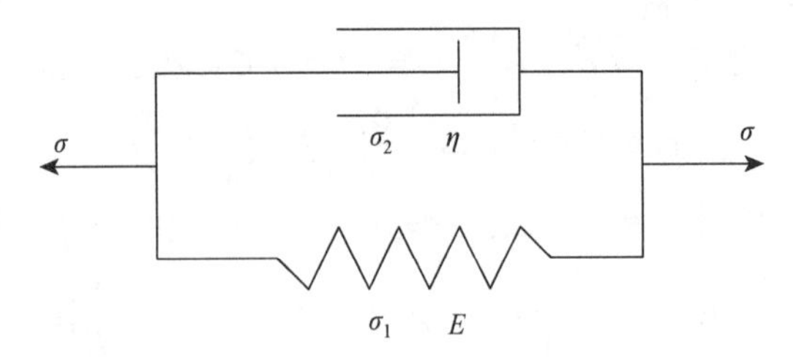

图 2.1.3 开尔文模型

以单轴黏弹性体受力为研究对象，设弹簧和黏壶元件的应力、应变分别为σ_1、ε_1和σ_2、ε_2，两者并联组合的模型的总应力、总应变分别为σ和ε。由并联特点可知，两个元件的应变应分别等于模型的总应变，而模型的总应力应等于两个元件的应力之和，即

$$\varepsilon_1 = \varepsilon_2 = \varepsilon \tag{2.1.11}$$

$$\sigma_1 + \sigma_2 = \sigma \tag{2.1.12}$$

对于弹簧元件，其应力、应变关系为

$$\sigma_1 = E\varepsilon_1 = E\varepsilon \tag{2.1.13}$$

对于黏壶元件，其应力、应变关系为

$$\sigma_2 = \eta\frac{\mathrm{d}\varepsilon_2}{\mathrm{d}t} = \eta\frac{\mathrm{d}\varepsilon}{\mathrm{d}t} \tag{2.1.14}$$

将式（2.1.13）和式（2.1.14）代入式（2.1.12），得

$$\sigma = E\varepsilon + \eta\frac{\mathrm{d}\varepsilon}{\mathrm{d}t} \tag{2.1.15}$$

式（2.1.15）即为开尔文模型的本构关系，其中，η为反映材料黏弹性的黏性系数。

类似地，可以导出麦克斯韦的本构关系式，以及多个弹簧或黏壶元件串、并联组成的更复杂的不同模型的本构关系式。

2.2 冰层振动基本方程

2.2.1 冰的基本特性

结冰是寒冷地区水域中普遍存在的一种自然现象。水是一种容易流动的物体，冰是水的固体形态，淡水冰通常是水分子呈六角形规则排列的结晶，由于压力不同也可以有其他晶体结构，水分子之间主要靠氢键作用连接在一起。在低于 4 ℃时水会出现反常的热缩冷胀现象，所以当水结冰时，冰的体积会比原来增大约 1/11，导致冰的密度低于水的密度而使冰浮于水面上。在常压条件下，淡水的结冰点和熔点为 0 ℃，当环境温度高于水的熔点时，冰开始融化变成液态水。而海水中含有多种盐，其中氯化钠是最主要的，海水中的盐度可以影响其凝固，随着盐度的增加，结冰点逐渐降低。例如，海水盐度为 33‰时，其结冰点为−1.9 ℃。海水结冰时，由于淡水冻结而将海水中的盐分排出并被包围在冰晶之间形成盐水泡，同时将来不及逸出的气体也包围在冰晶之间形成气泡。所以，海冰实际上是由淡水冰晶、盐水泡和气泡组成的混合物。在江河湖泊中冰的主要杂质是空气，有机和无机物质也可能存在于其中。显然，江河湖泊中冰的杂质成分与海冰有所不同，冰中盐、空气等杂质成分的含量将对其力学性能带来影响。例如，含有盐水泡的海冰不如淡水冰密实与坚硬，其抗压强度比淡水冰低，约为淡水冰的 3/4，而多年冰的盐分经过排析后降低了盐度，使其强度又比单年冰高。冰的抗压强度较大，而抗弯强度较小，一般为其抗压强度的 1/3 左右，所以冰层容易在受到弯曲应力时遭到破坏。

当冰遭受应力时，不仅会产生有如预期的瞬时弹性响应，同时还会产生与加载速率相关的蠕变等现象。如果应力除去后冰能恢复其原来的形状，那么冰被视为弹性的；如果卸载后冰的恢复过程是一个延迟过程，其应力不仅与当时的应变有关，而且与应变的变化历史有关，那么冰被视为黏弹性的。无论是拉伸还是压缩，在冰上作用恒定应力时所形成的应变通常包括瞬时弹性应变、延迟弹性应变，以及不可恢复的黏性应变成分。对于移动载荷激励冰的响应问题，若涉及的时间尺度小于振动周期的 1/2，即对于短时间（<10 s）及中等应变率（$<5\times10^{-5}\ \mathrm{s}^{-1}$）的情况，则黏性应变可不予考虑；对于大多数冰力学问题，包括移动载荷和短期静载荷下冰的承载能力，通常可只考虑瞬时和延迟弹性响应。通常，冰的力学性能受许多物理参数的影响，如晶粒尺寸、晶体结构、孔隙率（包括冰的盐度和空气含量等）、温度、时间、冰层厚度、密度、应力、应变、应变率、弹性模量、泊松比、拉压强度、弯曲强度等。关于冰的更多原子结构、物理特性和力学性能等内容，可参见 Squire 等[3]的论述。

2.2.2　冰层坐标系

若冰层水平方向的尺度远大于其厚度，则这种冰层符合薄板假定。为了建立载荷激励薄冰层变形的振动微分方程，建立大地坐标系 $O\text{-}xyz$，其中 Oxy 与冰层的中间平面（简称中面）重合，z 轴竖直向上，如图 2.2.1 所示。将厚度均匀为 h 的冰层单独作为研究对象，假设冰层上表面存在垂直于冰层且作用方向向下的纵向载荷绝对压强 p_{A}，下表面在流体基的支撑作用下，存在垂直于冰层且作用方向向上的分布载荷绝对压强 p_{W}。在上述载荷的作用下，它们所引起的应力、变形和位移，可以按薄板弯曲问题进行计算[4]。

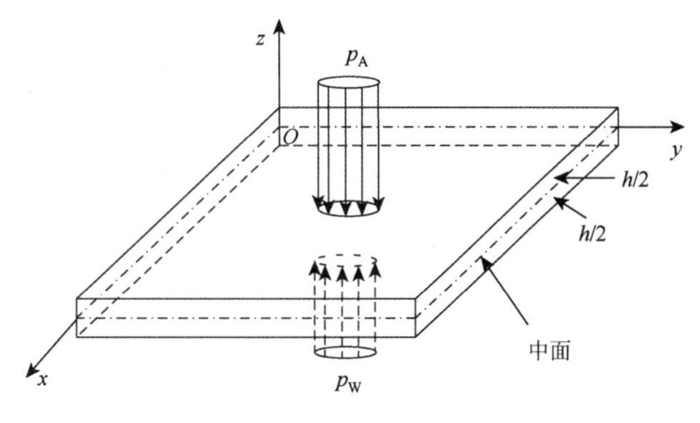

图 2.2.1　冰层及坐标系

2.2.3　冰层的位移和应变张量

当薄板弯曲时，中面所弯成的曲面，称为薄板弹性曲面，而中面内各点在垂直中面方向的位移，称为挠度。薄板的小挠度弯曲问题是按位移求解的，薄板的挠度是需要求解的基本未知函数。因此，需要把所有的其他物理量都用挠度来表示，并建立关于挠度的微分方程，即弹性曲面微分方程[5]。基于薄板的小挠度弯曲理论，对冰层变形进行如下假设。

（1）冰层中面上的所有点在变形过程中，沿水平方向上的位移始终为零。

（2）沿冰层中面法线方向上的正应力与其他应力相比属于小量，由该正应力引起的变形可忽略不计。

（3）原来垂直于中面的直线线元，在冰层弯曲过程中保持不伸缩，依然是垂直于中曲面的直线线元。

（4）在变形过程中，在与中面平行的各个平面内，不产生法向和切向应力，冰层内的应力呈平面应力状态。

（5）对于低频载荷激励的振动问题，冰层在弯曲过程中，旋转加速度很小，可以忽略不计。

基于上述假设，任取冰层内坐标为 (x,y,z) 的一点，如图 2.2.2 所示，在 t 时刻冰层变形后该点的位移分量为

$$u = z\varphi_x(x,y,t), \quad v = z\varphi_y(x,y,t), \quad w = w(x,y,t) \tag{2.2.1}$$

式中，$w(x,y,t)$ 为中面的垂向位移，即挠度；φ_x 为点 (x, y, z) 关于点 $(x, y, 0)$ 在 Oxz 平面内的转动角度；φ_y 为点 (x, y, z) 关于点 $(x, y, 0)$ 在 Oyz 平面内的转动角度。

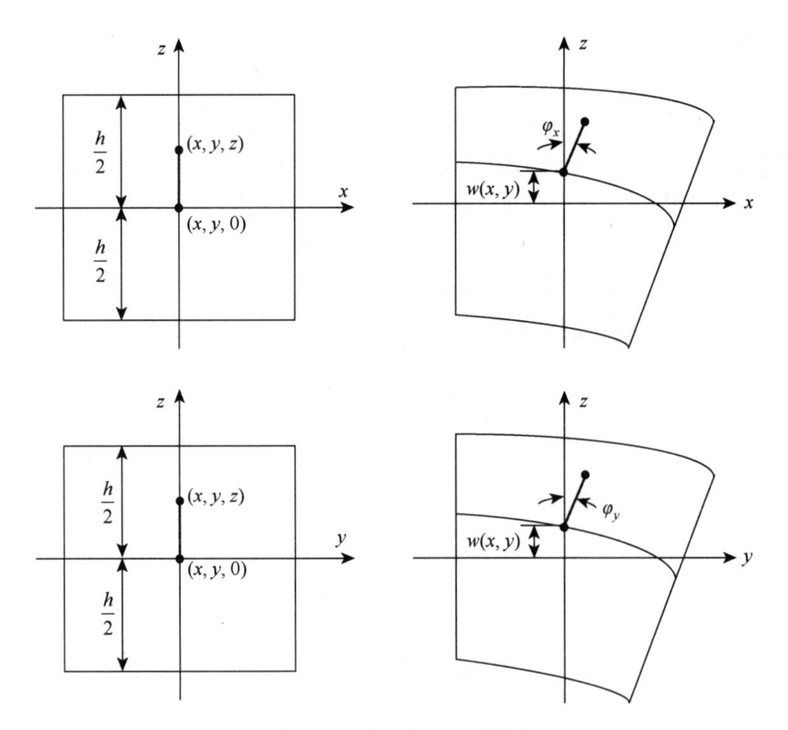

图 2.2.2 冰层变形示意图

冰层内部的应变分量为

$$\varepsilon_{xx} = \frac{\partial u}{\partial x} = z\frac{\partial \varphi_x}{\partial x}, \quad \varepsilon_{yy} = \frac{\partial v}{\partial y} = z\frac{\partial \varphi_y}{\partial y}, \quad \varepsilon_{zz} = \frac{\partial w}{\partial z} = 0$$

$$\varepsilon_{xy} = \varepsilon_{yx} = \frac{\partial u}{\partial y} + \frac{\partial v}{\partial x} = z\left(\frac{\partial \varphi_x}{\partial y} + \frac{\partial \varphi_y}{\partial x}\right), \quad \varepsilon_{yz} = \varepsilon_{zy} = \frac{\partial v}{\partial z} + \frac{\partial w}{\partial y} = \varphi_y + \frac{\partial w}{\partial y}, \quad \varepsilon_{zx} = \varepsilon_{xz} = \frac{\partial w}{\partial x} + \frac{\partial u}{\partial z} = \frac{\partial w}{\partial x} + \varphi_x$$

写成应变张量的形式为

$$\varepsilon=\begin{pmatrix} z\dfrac{\partial\varphi_x}{\partial x} & z\left(\dfrac{\partial\varphi_x}{\partial y}+\dfrac{\partial\varphi_y}{\partial x}\right) & \varphi_x+\dfrac{\partial w}{\partial x} \\ z\left(\dfrac{\partial\varphi_x}{\partial y}+\dfrac{\partial\varphi_y}{\partial x}\right) & z\dfrac{\partial\varphi_y}{\partial y} & \varphi_y+\dfrac{\partial w}{\partial y} \\ \varphi_x+\dfrac{\partial w}{\partial x} & \varphi_y+\dfrac{\partial w}{\partial y} & 0 \end{pmatrix} \tag{2.2.2}$$

2.2.4　冰层的运动微分方程

从薄冰层内取出一个平行六面体，其高度为 h，如图 2.2.3 所示。通过对截面上的应力积分可以得到相应的合力及合力矩。

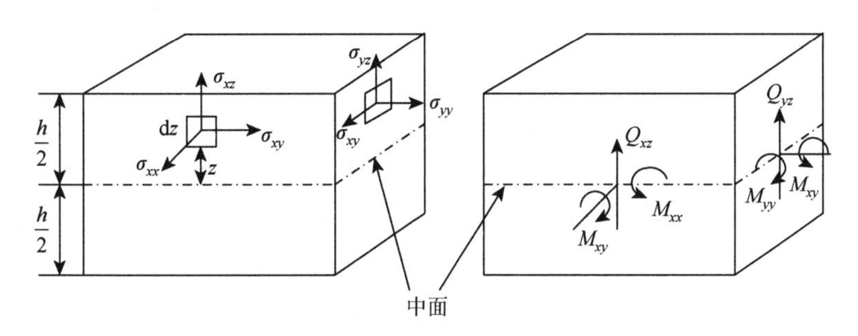

图 2.2.3　单位宽度截面上的受力

在 x 为常量的横截面上，作用有应力分量 σ_{xx}、σ_{xy} 和 σ_{xz}，因为 σ_{xx} 和 σ_{xy} 的大小与 z 成正比，所以它们在冰层全厚度上的代数和分别等于零。应力分量 σ_{xz} 只能合成为剪力，在每单位宽度上为

$$Q_{xz}=\int_{-h/2}^{h/2}\sigma_{xz}\mathrm{d}z \tag{2.2.3}$$

同理，在 y 为常量的横截面上，每单位宽度上应力分量 σ_{yz} 合成的剪力为

$$Q_{yz}=\int_{-h/2}^{h/2}\sigma_{yz}\mathrm{d}z \tag{2.2.4}$$

在每单位宽度的横截面上，应力分量 σ_{xx}、σ_{yy}、σ_{xy} 合成为弯矩 M_{xx}、M_{yy} 和扭矩 M_{xy}，即

$$M_{xx}=\int_{-h/2}^{h/2}\sigma_{xx}z\mathrm{d}z,\quad M_{yy}=\int_{-h/2}^{h/2}\sigma_{yy}z\mathrm{d}z,\quad M_{xy}=\int_{-h/2}^{h/2}\sigma_{xy}z\mathrm{d}z \tag{2.2.5}$$

根据牛顿第二定律，对沿 x 轴、y 轴、z 轴方向尺度为 dx、dy、h 的冰层微元建立受力平衡方程，得

$$(p_{\mathrm{W}}-p_{\mathrm{A}})\mathrm{d}x\mathrm{d}y-\rho_1 gh\mathrm{d}x\mathrm{d}y+\frac{\partial Q_{xz}}{\partial x}\mathrm{d}x\mathrm{d}y+\frac{\partial Q_{yz}}{\partial y}\mathrm{d}x\mathrm{d}y=\rho_1 h\mathrm{d}x\mathrm{d}y\frac{\partial^2 w}{\partial t^2} \tag{2.2.6}$$

式中，ρ_1 为冰层的密度；$(p_{\mathrm{W}}-p_{\mathrm{A}})\mathrm{d}x\mathrm{d}y$ 为载荷作用于冰层微元上下表面的作用力；$\rho_1 gh\mathrm{d}x\mathrm{d}y$ 为冰层微元体自身的重力；$\dfrac{\partial Q_{xz}}{\partial x}\mathrm{d}x\mathrm{d}y+\dfrac{\partial Q_{yz}}{\partial y}\mathrm{d}x\mathrm{d}y$ 为冰层微元横截面上的剪力合力；$\rho_1 h\mathrm{d}x\mathrm{d}y\dfrac{\partial^2 w}{\partial t^2}$

为冰层微元体所受到的惯性力。对于振动问题，这里挠度 $w = w(x, y; t)$ 与时间 t 有关。

化简式（2.2.6），得

$$(p_{\mathrm{W}} - p_{\mathrm{A}}) - \rho_1 gh + \frac{\partial Q_{xz}}{\partial x} + \frac{\partial Q_{yz}}{\partial y} = \rho_1 h \frac{\partial^2 w}{\partial t^2} \tag{2.2.7}$$

仍然取冰层微元体进行分析，微元体边长为 dx 和 dy，写出绕 x 轴的力矩平衡方程，得

$$-\frac{\partial M_{yy}}{\partial y}\mathrm{d}x\mathrm{d}y - \frac{\partial M_{xy}}{\partial x}\mathrm{d}x\mathrm{d}y + Q_{yz}\mathrm{d}x\mathrm{d}y = 0 \tag{2.2.8}$$

化简式（2.2.8），得

$$Q_{yz} = \frac{\partial M_{yy}}{\partial y} + \frac{\partial M_{xy}}{\partial x} \tag{2.2.9}$$

同理，写出绕 y 轴的力矩平衡方程，得

$$\frac{\partial M_{xx}}{\partial x}\mathrm{d}x\mathrm{d}y + \frac{\partial M_{xy}}{\partial y}\mathrm{d}x\mathrm{d}y - Q_{xz}\mathrm{d}x\mathrm{d}y = 0 \tag{2.2.10}$$

化简式（2.2.10），得

$$Q_{xz} = \frac{\partial M_{xx}}{\partial x} + \frac{\partial M_{xy}}{\partial y} \tag{2.2.11}$$

联立式（2.2.7）、式（2.2.9）和式（2.2.11），得到如下的冰层运动微分方程，即

$$(p_{\mathrm{W}} - p_{\mathrm{A}}) - \rho_1 gh + \frac{\partial^2 M_{xx}}{\partial x^2} + 2\frac{\partial^2 M_{xy}}{\partial x \partial y} + \frac{\partial^2 M_{yy}}{\partial y^2} = \rho_1 h \frac{\partial^2 w}{\partial t^2} \tag{2.2.12}$$

亦可写为

$$(p_{\mathrm{W}} - p_{\mathrm{A}}) - \rho_1 gh + \left(\frac{\partial^2}{\partial x^2}, \frac{\partial^2}{\partial y^2}, 2\frac{\partial^2}{\partial x \partial y}\right)\left(M_{xx}, M_{yy}, M_{xy}\right)^{\mathrm{T}} = \rho_1 h \frac{\partial^2 w}{\partial t^2} \tag{2.2.13}$$

式中，上标 T 表示矩阵的转置。

为将式（2.2.13）用弯矩和扭矩表示的微分方程明确为用挠度表示，尚需进一步建立冰层的本构关系以及位移与转角的关系。

2.2.5 冰层的本构关系

对于弹性冰层，其物理方程即本构关系为式（2.1.6）和式（2.1.7），即

$$\sigma_{xx} - \mu(\sigma_{yy} + \sigma_{zz}) = E\varepsilon_{xx}, \quad \sigma_{yy} - \mu(\sigma_{zz} + \sigma_{xx}) = E\varepsilon_{yy}, \quad \sigma_{zz} - \mu(\sigma_{xx} + \sigma_{yy}) = E\varepsilon_{zz}$$

$$\sigma_{xy} = \frac{E}{2(1+\mu)}\varepsilon_{xy}, \quad \sigma_{yz} = \frac{E}{2(1+\mu)}\varepsilon_{yz}, \quad \sigma_{zx} = \frac{E}{2(1+\mu)}\varepsilon_{zx} \tag{2.2.14}$$

式中，E 为冰层的弹性模量；μ 为泊松比。

薄冰层小挠度弯曲问题属于空间问题。由各应力的量阶对比可知，σ_{xx}、σ_{yy} 和 σ_{xy} 为主要应力，σ_{xz}、σ_{yz} 为次要应力，而 σ_{zz} 为更次要应力，应力分量 σ_{xz}、σ_{yz} 和 σ_{zz} 远小于其余三个应力分量，因此是次要的，它们所引起的应变可以忽略不计。因为不计 σ_{xz}、σ_{yz} 和 σ_{zz} 引起的应变，所以有 $\varepsilon_{xz} = 0$、$\varepsilon_{yz} = 0$、$\varepsilon_{zz} = 0$，即中面的法线在薄冰层弯曲时保持不伸缩，并且成为

弹性曲面的法线。由于 $\varepsilon_{zz}=\dfrac{\partial w}{\partial z}=0$，有 $w=w(x,y,t)$，即在 t 时刻垂向位移只是 (x,y) 的函数，不随 z 而改变。在计算时令 $\varepsilon_{zz}=0$、$\varepsilon_{xz}=0$、$\varepsilon_{yz}=0$，但在建立冰层受力平衡方程时，三个次要应力分量 σ_{xz}、σ_{yz} 和 σ_{zz} 本身是维持平衡所必须的，不能忽略不计。由于放弃了关于 ε_{zz}、ε_{xz} 和 ε_{yz} 的物理方程，薄冰层小挠度弯曲问题的物理方程可简化为

$$\sigma_{xx}-\mu\sigma_{yy}=E\varepsilon_{xx},\quad \sigma_{yy}-\mu\sigma_{xx}=E\varepsilon_{yy},\quad \sigma_{xy}=\frac{E}{2(1+\mu)}\varepsilon_{xy} \tag{2.2.15}$$

由式（2.2.15）解出应力分量后，得小挠度弯曲薄冰层的本构关系为

$$\sigma_{xx}=\frac{E}{1-\mu^2}(\varepsilon_{xx}+\mu\varepsilon_{yy}),\quad \sigma_{yy}=\frac{E}{1-\mu^2}(\varepsilon_{yy}+\mu\varepsilon_{xx}),\quad \sigma_{xy}=\frac{E}{2(1+\mu)}\varepsilon_{xy} \tag{2.2.16}$$

或写为如下形式：

$$\begin{pmatrix}\sigma_{xx}\\ \sigma_{yy}\\ \sigma_{xy}\end{pmatrix}=\frac{E}{1-\mu^2}\begin{pmatrix}1 & \mu & 0\\ \mu & 1 & 0\\ 0 & 0 & \dfrac{1-\mu}{2}\end{pmatrix}\begin{pmatrix}\varepsilon_{xx}\\ \varepsilon_{yy}\\ \varepsilon_{xy}\end{pmatrix} \tag{2.2.17}$$

式（2.2.17）是小挠度弯曲弹性薄冰层的本构关系。

已有的实验数据表明，对于移动载荷作用在浮冰层上产生的应力、应变和应变率，冰层模型大多数情况下可以采用线弹性理论描述，然而在某些情况下采用线黏弹性理论可使该模型得到改善。黏性的特点是物体受外力作用时，材料的变形和应力之间存在随时间变化的特性，即存在材料的蠕变或应力松弛等现象。黏弹性反映了材料在应力的作用下存在弹性固体和黏性流体的双重特性。

为使问题更具一般性，这里考虑冰层的黏弹性特性，假设冰层为黏弹性薄板。使用开尔文模型[2]来描述黏弹性薄冰层的本构方程，需要增加与时间 t 变化有关的应变率项，即

$$\sigma_{xx}=\frac{E}{1-\mu^2}\left(1+\tau\frac{\partial}{\partial t}\right)(\varepsilon_{xx}+\mu\varepsilon_{yy}) \tag{2.2.18a}$$

$$\sigma_{yy}=\frac{E}{1-\mu^2}\left(1+\tau\frac{\partial}{\partial t}\right)(\varepsilon_{yy}+\mu\varepsilon_{xx}) \tag{2.2.18b}$$

$$\sigma_{xy}=\frac{E}{2(1+\mu)}\left(1+\tau\frac{\partial}{\partial t}\right)\varepsilon_{xy} \tag{2.2.18c}$$

式中，τ 为冰层的延迟时间。

式（2.2.18）可写成如下形式：

$$\begin{pmatrix}\sigma_{xx}\\ \sigma_{yy}\\ \sigma_{xy}\end{pmatrix}=\frac{E}{1-\mu^2}\begin{pmatrix}1 & \mu & 0\\ \mu & 1 & 0\\ 0 & 0 & \dfrac{1-\mu}{2}\end{pmatrix}\left(1+\tau\frac{\partial}{\partial t}\right)\begin{pmatrix}\varepsilon_{xx}\\ \varepsilon_{yy}\\ \varepsilon_{xy}\end{pmatrix} \tag{2.2.19}$$

式（2.2.19）是小挠度弯曲黏弹性薄冰层的本构关系的一种形式。

联立式（2.2.2）和式（2.2.19），有

$$\begin{pmatrix} \sigma_{xx} \\ \sigma_{yy} \\ \sigma_{xy} \end{pmatrix} = \frac{E}{1-\mu^2} \begin{pmatrix} 1 & \mu & 0 \\ \mu & 1 & 0 \\ 0 & 0 & \frac{1-\mu}{2} \end{pmatrix} \left(1+\tau\frac{\partial}{\partial t}\right) \begin{pmatrix} z\frac{\partial \varphi_x}{\partial x} \\ z\frac{\partial \varphi_y}{\partial y} \\ z\left(\frac{\partial \varphi_x}{\partial y}+\frac{\partial \varphi_y}{\partial x}\right) \end{pmatrix} \tag{2.2.20}$$

将式（2.2.20）代入合力矩的表达式（2.2.5）中，可得

$$\begin{pmatrix} M_{xx} \\ M_{yy} \\ M_{xy} \end{pmatrix} = \frac{E}{1-\mu^2} \int_{-h/2}^{h/2} z^2 \mathrm{d}z \begin{pmatrix} 1 & \mu & 0 \\ \mu & 1 & 0 \\ 0 & 0 & \frac{1-\mu}{2} \end{pmatrix} \left(1+\tau\frac{\partial}{\partial t}\right) \begin{pmatrix} \frac{\partial \varphi_x}{\partial x} \\ \frac{\partial \varphi_y}{\partial y} \\ \frac{\partial \varphi_x}{\partial y}+\frac{\partial \varphi_y}{\partial x} \end{pmatrix} \tag{2.2.21}$$

记冰层的弯曲刚度为

$$D = \frac{Eh^3}{12(1-\mu^2)}$$

则式（2.2.21）可写为

$$\begin{pmatrix} M_{xx} \\ M_{yy} \\ M_{xy} \end{pmatrix} = D \begin{pmatrix} 1 & \mu & 0 \\ \mu & 1 & 0 \\ 0 & 0 & \frac{1-\mu}{2} \end{pmatrix} \left(1+\tau\frac{\partial}{\partial t}\right) \begin{pmatrix} \frac{\partial \varphi_x}{\partial x} \\ \frac{\partial \varphi_y}{\partial y} \\ \frac{\partial \varphi_x}{\partial y}+\frac{\partial \varphi_y}{\partial x} \end{pmatrix} \tag{2.2.22}$$

式中，M_{xx} 和 M_{yy} 为弯矩；M_{xy} 为扭矩。这里的弯矩和扭矩的量纲为 MLT^{-2}，是作用在薄冰层每单位宽度上的力矩。

2.2.6 位移和转角的关系

对于振动问题，下面建立随时间变化的位移函数 $w(x,y,t)$ 与转角 $\varphi_x(x,y,t)$、$\varphi_y(x,y,t)$ 之间的关系。冰层中曲面 $z=w(x,y,t)$ 的单位法线向量为

$$\boldsymbol{n} = \frac{\nabla[z-w(x,y,t)]}{|\nabla[z-w(x,y,t)]|} = \frac{-\frac{\partial w}{\partial x}\boldsymbol{i} - \frac{\partial w}{\partial y}\boldsymbol{j} + \boldsymbol{k}}{\sqrt{1+\left(\frac{\partial w}{\partial x}\right)^2+\left(\frac{\partial w}{\partial y}\right)^2}} \tag{2.2.23}$$

式中，$\nabla = \frac{\partial}{\partial x}\boldsymbol{i} + \frac{\partial}{\partial y}\boldsymbol{j} + \frac{\partial}{\partial z}\boldsymbol{k}$。

在小变形假设下，$\frac{\partial w}{\partial x}$ 和 $\frac{\partial w}{\partial y}$ 变化较小，所以式（2.2.23）可近似为

$$\boldsymbol{n}=-\frac{\partial w}{\partial x}\boldsymbol{i}-\frac{\partial w}{\partial y}\boldsymbol{j}+\boldsymbol{k} \tag{2.2.24}$$

对于垂直于中曲面的线元，其单位矢量为

$$\boldsymbol{l}=\frac{\sin\varphi_x\boldsymbol{i}+\sin\varphi_y\boldsymbol{j}+\boldsymbol{k}}{\sqrt{1+\sin^2\varphi_x+\sin^2\varphi_y}} \tag{2.2.25}$$

在小转角假设下，$\sin\varphi_x$ 和 $\sin\varphi_y$ 为小量，所以式（2.2.25）可近似为

$$\boldsymbol{l}=\varphi_x\boldsymbol{i}+\varphi_y\boldsymbol{j}+\boldsymbol{k} \tag{2.2.26}$$

由薄板小挠度弯曲变形假设可知，$\boldsymbol{n}=\boldsymbol{l}$，所以

$$\varphi_x=-\frac{\partial w}{\partial x},\quad \varphi_y=-\frac{\partial w}{\partial y} \tag{2.2.27}$$

2.2.7　用挠度表示的冰层振动微分方程

将式（2.2.27）代入式（2.2.20），得冰层内的应力分量与垂向位移的关系式为

$$\begin{pmatrix}\sigma_{xx}\\ \sigma_{yy}\\ \sigma_{xy}\end{pmatrix}=-\frac{Ez}{1-\mu^2}\begin{pmatrix}1 & \mu & 0\\ \mu & 1 & 0\\ 0 & 0 & \dfrac{1-\mu}{2}\end{pmatrix}\left(1+\tau\frac{\partial}{\partial t}\right)\begin{pmatrix}\dfrac{\partial^2 w}{\partial x^2}\\ \dfrac{\partial^2 w}{\partial y^2}\\ 2\dfrac{\partial^2 w}{\partial x\partial y}\end{pmatrix} \tag{2.2.28}$$

由于 w 不随 z 而改变，上述三个应力分量均与 z 的大小呈正比关系。

将式（2.2.27）代入式（2.2.22），得冰层横截面上的弯矩和扭矩分量与垂向位移的关系为

$$\begin{pmatrix}M_{xx}\\ M_{yy}\\ M_{xy}\end{pmatrix}=-D\begin{pmatrix}1 & \mu & 0\\ \mu & 1 & 0\\ 0 & 0 & \dfrac{1-\mu}{2}\end{pmatrix}\left(1+\tau\frac{\partial}{\partial t}\right)\begin{pmatrix}\dfrac{\partial^2 w}{\partial x^2}\\ \dfrac{\partial^2 w}{\partial y^2}\\ 2\dfrac{\partial^2 w}{\partial x\partial y}\end{pmatrix}$$

整理简化得

$$\begin{pmatrix}M_{xx}\\ M_{yy}\\ M_{xy}\end{pmatrix}=-D\left(1+\tau\frac{\partial}{\partial t}\right)\begin{pmatrix}\dfrac{\partial^2 w}{\partial x^2}+\mu\dfrac{\partial^2 w}{\partial y^2}\\ \mu\dfrac{\partial^2 w}{\partial x^2}+\dfrac{\partial^2 w}{\partial y^2}\\ (1-\mu)\dfrac{\partial^2 w}{\partial x\partial y}\end{pmatrix} \tag{2.2.29}$$

利用式（2.2.28）和式（2.2.29），消去 w，可以得到应力分量与弯矩、扭矩的关系为

$$\sigma_{xx}=\frac{12M_{xx}}{h^3}z,\quad \sigma_{yy}=\frac{12M_{yy}}{h^3}z,\quad \sigma_{xy}=\sigma_{yx}=\frac{12M_{xy}}{h^3}z$$

沿着薄冰层的厚度，可知应力分量σ_{xx}、σ_{yy}、σ_{xy}的最大值发生在冰面$z=\pm h/2$处，即

$$\left|\sigma_{xx}\right|_{z=\pm h/2}=\frac{6M_{xx}}{h^2},\quad \left|\sigma_{yy}\right|_{z=\pm h/2}=\frac{6M_{yy}}{h^2},\quad \left|\sigma_{xy}\right|_{z=\pm h/2}=\frac{6M_{xy}}{h^2}$$

式中，σ_{xx}、σ_{yy}和σ_{xy}是主要的应力分量，可见冰层最易在冰面处遭受拉伸、压缩或扭转破坏。

将式（2.2.29）代入式（2.2.13），得

$$(p_{\mathrm{W}}-p_{\mathrm{A}})-\rho_1 gh+\left(\frac{\partial^2}{\partial x^2},\frac{\partial^2}{\partial y^2},2\frac{\partial^2}{\partial x\partial y}\right)\begin{pmatrix}M_{xx}\\M_{yy}\\M_{xy}\end{pmatrix}=\rho_1 h\frac{\partial^2 w}{\partial t^2}$$

即

$$(p_{\mathrm{W}}-p_{\mathrm{A}})-\rho_1 gh-D\left(1+\tau\frac{\partial}{\partial t}\right)\left(\frac{\partial^2}{\partial x^2},\frac{\partial^2}{\partial y^2},2\frac{\partial^2}{\partial x\partial y}\right)\begin{pmatrix}\dfrac{\partial^2 w}{\partial x^2}+\mu\dfrac{\partial^2 w}{\partial y^2}\\ \mu\dfrac{\partial^2 w}{\partial x^2}+\dfrac{\partial^2 w}{\partial y^2}\\ (1-\mu)\dfrac{\partial^2 w}{\partial x\partial y}\end{pmatrix}=\rho_1 h\frac{\partial^2 w}{\partial t^2} \quad (2.2.30)$$

整理式（2.2.30），得

$$(p_{\mathrm{W}}-p_{\mathrm{A}})-\rho_1 gh-D\left(1+\tau\frac{\partial}{\partial t}\right)\left(\frac{\partial^4 w}{\partial x^4}+2\frac{\partial^4 w}{\partial x^2\partial y^2}+\frac{\partial^4 w}{\partial y^4}\right)=\rho_1 h\frac{\partial^2 w}{\partial t^2} \quad (2.2.31)$$

定义平面拉普拉斯（Laplace）算子：

$$\nabla^2=\frac{\partial^2}{\partial x^2}+\frac{\partial^2}{\partial y^2}$$

平面双调和算子：

$$\nabla^4=(\nabla^2)^2=\frac{\partial^4}{\partial x^4}+2\frac{\partial^4}{\partial x^2\partial y^2}+\frac{\partial^4}{\partial y^4}$$

代入式（2.2.31），有

$$D\left(1+\tau\frac{\partial}{\partial t}\right)\nabla^4 w+\rho_1 gh+\rho_1 h\frac{\partial^2 w}{\partial t^2}=p_{\mathrm{W}}-p_{\mathrm{A}} \quad (2.2.32)$$

式（2.2.32）即为外力作用下用挠度表示的薄冰层振动微分方程。该方程是薄冰层在垂向的受力平衡方程，即薄冰层每单位面积上所受的黏弹性力、重力以及载荷与惯性力相平衡。

若在冰面上除了有大气压强p_{a}，还有外加载荷相对压强分布$f(x,y,t)$，设该载荷方向垂直向下，则绝对压强$p_{\mathrm{A}}=p_{\mathrm{a}}+f(x,y,t)$。另外，在冰-水交界面上，冰层下方还要受到水的波动绝对压强p_{W}的作用，该压强方向垂直冰面向上，由此可得

$$p_{\mathrm{W}}-p_{\mathrm{A}}=\rho_1 gh-\rho_2 gw-\rho_2\left.\frac{\partial \Phi}{\partial t}\right|_{z=0}-f(x,y,t) \quad (2.2.33)$$

将式（2.2.33）代入式（2.2.32），得

$$D\left(1+\tau\frac{\partial}{\partial t}\right)\nabla^4 w+\rho_1 h\frac{\partial^2 w}{\partial t^2}+\rho_2 gw+\rho_2\left.\frac{\partial \Phi}{\partial t}\right|_{z=0}=-f(x,y,t) \quad (2.2.34)$$

式中，ρ_2为水的密度；Φ为水波运动速度势。

式（2.2.34）是浮冰层在外加载荷相对压强分布 $f(x,y,t)$ 的作用下，在 $z=0$ 处得到的冰层-水层系统之间用挠度表示的薄冰层的受迫振动微分方程，它是求解浮冰层挠度（垂向位移）的一个重要方程[3, 6-11]。

2.3　流体力学的基本方程

2.3.1　连续性微分方程

流体运动应该遵循质量守恒定律，即物质不能无缘无故地产生，也不能无缘无故地消失。连续性微分方程是质量守恒定律在流体力学中的具体体现。

1. 建立坐标系、取控制体

在流场中任取一点 $a(x,y,z)$，以该点为中心，作边长分别为 $\mathrm{d}x$、$\mathrm{d}y$、$\mathrm{d}z$ 的微分六面体，并使六面体的边长分别与直角坐标系的 x、y、z 轴平行，如图 2.3.1 所示。取该微分平行六面体为控制体，通过分析单位时间内流进、流出控制面的流体质量和控制体内流体质量的变化来建立连续性方程[12]。

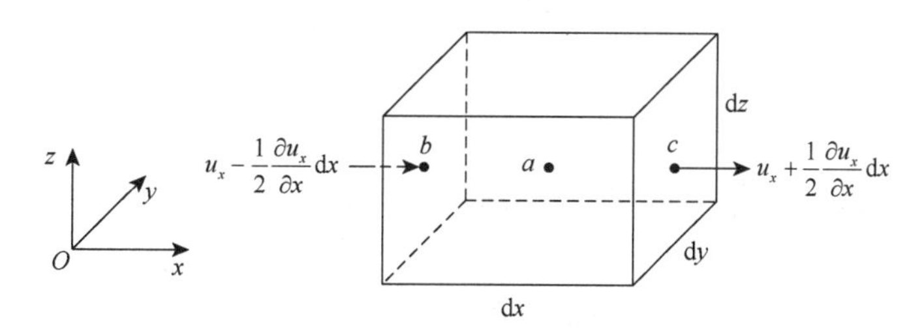

图 2.3.1　微元控制体的质量守恒

2. 质量守恒定律运用于控制体

（1）分析单位时间内从六个控制面净流入控制体的流体质量。设 t 时刻点 $a(x,y,z)$ 处的三个速度分量为 u_x、u_y、u_z，密度为 ρ，这些参数均为连续函数。根据泰勒级数展开并略去二阶以上高阶小量后，可得单位时间内从 x 方向净流入控制体的流体质量为

$$m_x=\left(\rho-\frac{1}{2}\frac{\partial\rho}{\partial x}\mathrm{d}x\right)\left(u_x-\frac{1}{2}\frac{\partial u_x}{\partial x}\mathrm{d}x\right)\mathrm{d}y\mathrm{d}z-\left(\rho+\frac{1}{2}\frac{\partial\rho}{\partial x}\mathrm{d}x\right)\left(u_x+\frac{1}{2}\frac{\partial u_x}{\partial x}\mathrm{d}x\right)\mathrm{d}y\mathrm{d}z=-\frac{\partial(\rho u_x)}{\partial x}\mathrm{d}x\mathrm{d}y\mathrm{d}z$$

同理，单位时间内从 y、z 方向净流入控制体的流体质量分别为

$$m_y=-\frac{\partial(\rho u_y)}{\partial y}\mathrm{d}x\mathrm{d}y\mathrm{d}z,\quad m_z=-\frac{\partial(\rho u_z)}{\partial z}\mathrm{d}x\mathrm{d}y\mathrm{d}z$$

所以，单位时间内从六个控制面净流入控制体的流体质量为

$$m_n=-\left[\frac{\partial(\rho u_x)}{\partial x}+\frac{\partial(\rho u_y)}{\partial y}+\frac{\partial(\rho u_z)}{\partial z}\right]\mathrm{d}x\mathrm{d}y\mathrm{d}z \tag{2.3.1}$$

（2）分析单位时间内控制体内流体质量的变化量。设流体流入控制体后导致控制体内流体

质量变化，由于控制体体积保持不变，则控制体内流体的密度就要发生变化。单位时间内控制体流体质量的变化量可以表示为

$$\lim_{\Delta t \to 0} \frac{\rho(x,y,z,t+\Delta t)\mathrm{d}x\mathrm{d}y\mathrm{d}z - \rho(x,y,z,t)\mathrm{d}x\mathrm{d}y\mathrm{d}z}{\Delta t} = \frac{\partial \rho}{\partial t}\mathrm{d}x\mathrm{d}y\mathrm{d}z \tag{2.3.2}$$

（3）建立连续性微分方程。单位时间内从六个控制面净流入控制体的流体质量，应该等于控制体内流体质量的变化量。将这一表述写成数学形式就是连续性微分方程，即

$$\frac{\partial \rho}{\partial t} + \frac{\partial(\rho u_x)}{\partial x} + \frac{\partial(\rho u_y)}{\partial y} + \frac{\partial(\rho u_z)}{\partial z} = 0 \tag{2.3.3}$$

或写成矢量形式：

$$\frac{\partial \rho}{\partial t} + \nabla \cdot (\rho \boldsymbol{u}) = 0 \tag{2.3.4}$$

式（2.3.3）为直角坐标系下流体运动的连续性微分方程的一般形式，可压缩流体或不可压缩流体、理想流体或黏性流体、定常流动或不定常流动均适用。

连续性微分方程还有其他几种特殊形式。

① 对于定常流动，$\frac{\partial \rho}{\partial t} = 0$，则连续性微分方程为

$$\frac{\partial(\rho u_x)}{\partial x} + \frac{\partial(\rho u_y)}{\partial y} + \frac{\partial(\rho u_z)}{\partial z} = 0 \tag{2.3.5}$$

或

$$\nabla \cdot (\rho \boldsymbol{u}) = 0 \tag{2.3.6}$$

② 对于不可压缩流体，$\rho =$ 常数，则连续性微分方程为

$$\frac{\partial u_x}{\partial x} + \frac{\partial u_y}{\partial y} + \frac{\partial u_z}{\partial z} = 0 \tag{2.3.7}$$

或

$$\nabla \cdot \boldsymbol{u} = 0 \tag{2.3.8}$$

2.3.2 欧拉运动微分方程

理想流体是没有黏性的流体。自然界中的实际流体都具有黏性，考虑流体的黏性，将会使许多流体力学问题因数学上的复杂性而难以求解。大量的理论和实验结果表明，有些流动忽略流体的黏性影响在工程中是允许的，相应问题的求解也因此而变得容易。所以，研究理想不可压缩流体的运动具有理论和实际的意义。

欧拉运动微分方程是牛顿第二定律针对理想流体的具体应用。由于其不计流体黏性，作用在流体上的表面力也只有法应力（压强），而无切应力。在流场中取边长为$\mathrm{d}x$、$\mathrm{d}y$、$\mathrm{d}z$的微分平行六面体进行受力分析，该微元体的中心为a，压强为p，密度为ρ，如图 2.3.2 所示。压强是空间点坐标的连续函数，因此根据泰勒级数展开并略去高阶小量后，得点b和点c上的压强分别为$p - \frac{1}{2}\frac{\partial p}{\partial x}\mathrm{d}x$和$p + \frac{1}{2}\frac{\partial p}{\partial x}\mathrm{d}x$。此外，用$f_x$、$f_y$、$f_z$表示单位质量流体的质量力沿三个坐标轴的分量，则微元六面体的质量力沿x轴的分力为$f_x \rho \mathrm{d}x\mathrm{d}y\mathrm{d}z$。

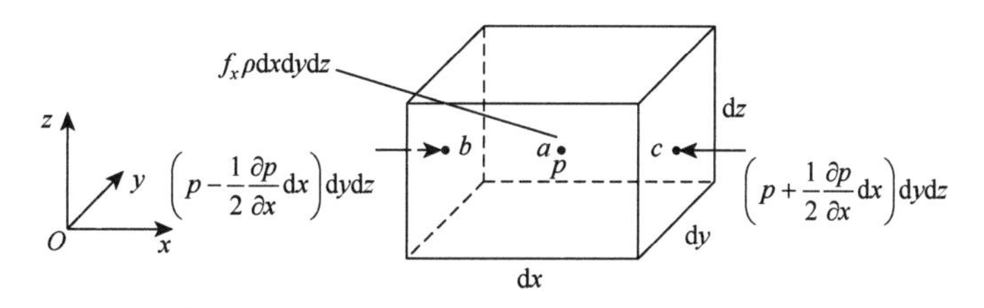

图 2.3.2　微元控制体的受力平衡

根据牛顿第二定律，在 x 方向有

$$\left(p-\frac{1}{2}\frac{\partial p}{\partial x}\mathrm{d}x\right)\mathrm{d}y\mathrm{d}z-\left(p+\frac{1}{2}\frac{\partial p}{\partial x}\mathrm{d}x\right)\mathrm{d}y\mathrm{d}z+f_x\rho\mathrm{d}x\mathrm{d}y\mathrm{d}z=\rho\mathrm{d}x\mathrm{d}y\mathrm{d}z\frac{\mathrm{d}u_x}{\mathrm{d}t}$$

化简得

$$f_x-\frac{1}{\rho}\frac{\partial p}{\partial x}=\frac{\mathrm{d}u_x}{\mathrm{d}t} \tag{2.3.9a}$$

同理，在 y 、 z 方向有

$$f_y-\frac{1}{\rho}\frac{\partial p}{\partial y}=\frac{\mathrm{d}u_y}{\mathrm{d}t} \tag{2.3.9b}$$

$$f_z-\frac{1}{\rho}\frac{\partial p}{\partial z}=\frac{\mathrm{d}u_z}{\mathrm{d}t} \tag{2.3.9c}$$

写成矢量形式为

$$\boldsymbol{f}-\frac{1}{\rho}\nabla p=\frac{\mathrm{d}\boldsymbol{u}}{\mathrm{d}t} \tag{2.3.10}$$

欧拉方法下的流体质点加速度可以展开为局部导数和变位导数两部分，即

$$\frac{\mathrm{d}\boldsymbol{u}}{\mathrm{d}t}=\frac{\partial \boldsymbol{u}}{\partial t}+(\boldsymbol{u}\cdot\nabla)\boldsymbol{u} \tag{2.3.11}$$

所以有

$$\boldsymbol{f}-\frac{1}{\rho}\nabla p=\frac{\partial \boldsymbol{u}}{\partial t}+(\boldsymbol{u}\cdot\nabla)\boldsymbol{u} \tag{2.3.12}$$

或在直角坐标系下写为

$$\begin{cases}f_x-\dfrac{1}{\rho}\dfrac{\partial p}{\partial x}=\dfrac{\partial u_x}{\partial t}+u_x\dfrac{\partial u_x}{\partial x}+u_y\dfrac{\partial u_x}{\partial y}+u_z\dfrac{\partial u_x}{\partial z}\\ f_y-\dfrac{1}{\rho}\dfrac{\partial p}{\partial y}=\dfrac{\partial u_y}{\partial t}+u_x\dfrac{\partial u_y}{\partial x}+u_y\dfrac{\partial u_y}{\partial y}+u_z\dfrac{\partial u_y}{\partial z}\\ f_z-\dfrac{1}{\rho}\dfrac{\partial p}{\partial z}=\dfrac{\partial u_z}{\partial t}+u_x\dfrac{\partial u_z}{\partial x}+u_y\dfrac{\partial u_z}{\partial y}+u_z\dfrac{\partial u_z}{\partial z}\end{cases} \tag{2.3.13}$$

式（2.3.13）即为理想流体运动微分方程，或称欧拉运动微分方程。该方程既适用于不可压缩流体，也适用于可压缩流体。

对于黏性流体，作用在流体上的表面力除了法应力（压强）外，还有切应力，因此在理想流体运动微分方程的基础上应该增加一项反映流体黏性效应的黏性项。对于不可压缩流体，下面直接给出黏性流体运动微分方程，即纳维-斯托克斯（Navier-Stokes，N-S）方程的表达形式为

$$\begin{cases} f_x - \dfrac{1}{\rho}\dfrac{\partial p}{\partial x} + \nu\left(\dfrac{\partial^2 u_x}{\partial x^2} + \dfrac{\partial^2 u_x}{\partial y^2} + \dfrac{\partial^2 u_x}{\partial z^2}\right) = \dfrac{\partial u_x}{\partial t} + u_x\dfrac{\partial u_x}{\partial x} + u_y\dfrac{\partial u_x}{\partial y} + u_z\dfrac{\partial u_x}{\partial z} \\ f_y - \dfrac{1}{\rho}\dfrac{\partial p}{\partial y} + \nu\left(\dfrac{\partial^2 u_y}{\partial x^2} + \dfrac{\partial^2 u_y}{\partial y^2} + \dfrac{\partial^2 u_y}{\partial z^2}\right) = \dfrac{\partial u_y}{\partial t} + u_x\dfrac{\partial u_y}{\partial x} + u_y\dfrac{\partial u_y}{\partial y} + u_z\dfrac{\partial u_y}{\partial z} \\ f_z - \dfrac{1}{\rho}\dfrac{\partial p}{\partial z} + \nu\left(\dfrac{\partial^2 u_z}{\partial x^2} + \dfrac{\partial^2 u_z}{\partial y^2} + \dfrac{\partial^2 u_z}{\partial z^2}\right) = \dfrac{\partial u_z}{\partial t} + u_x\dfrac{\partial u_z}{\partial x} + u_y\dfrac{\partial u_z}{\partial y} + u_z\dfrac{\partial u_z}{\partial z} \end{cases} \tag{2.3.14}$$

矢量形式为

$$\boldsymbol{f} - \frac{1}{\rho}\nabla p + \nu\nabla^2\boldsymbol{u} = \frac{\partial \boldsymbol{u}}{\partial t} + (\boldsymbol{u}\cdot\nabla)\boldsymbol{u} \tag{2.3.15}$$

注意，这里$\nabla^2 = \dfrac{\partial^2}{\partial x^2} + \dfrac{\partial^2}{\partial y^2} + \dfrac{\partial^2}{\partial z^2}$为三维的拉普拉斯算子；$\nu$为流体的运动黏性系数，$m^2/s$。

2.3.3 拉普拉斯方程及其基本解

1. 拉普拉斯方程

定义流体质点旋转角速度为

$$\boldsymbol{\omega}(x,y,z,t) = \frac{1}{2}\nabla\times\boldsymbol{u}$$

写成分量形式为

$$\begin{aligned} \omega_x &= \frac{1}{2}\left(\frac{\partial u_z}{\partial y} - \frac{\partial u_y}{\partial z}\right) \\ \omega_y &= \frac{1}{2}\left(\frac{\partial u_x}{\partial z} - \frac{\partial u_z}{\partial x}\right) \\ \omega_z &= \frac{1}{2}\left(\frac{\partial u_y}{\partial x} - \frac{\partial u_x}{\partial y}\right) \end{aligned} \tag{2.3.16}$$

若流体流动时$\boldsymbol{\omega}\neq 0$，则称流动有旋；若流体流动时$\boldsymbol{\omega}=0$，则称流动无旋。无旋流动是流体质点无旋转的运动，通常与理想流体的运动联系在一起。根据开尔文定理，理想正压流体在有势力的作用下，从静止或均流开始引起的流动都将是无旋的。这样，移动或冲击载荷激励冰层下的水波运动都可认为是无旋流动。在无旋的条件下，有速度势存在，根据连续性方程可得到速度势应该满足的拉普拉斯方程，该方程在数学上有成熟的求解方法，因此无旋流动是一种广泛应用的简化模型。

当流动无旋时，必定存在某个标量函数$\Phi(x,y,z,t)$，使速度场$\boldsymbol{u}=\nabla\Phi$，则该标量函数称为速度势。因此，无旋流动又称为有势流动（简称势流）。速度势在x、y、z上的方向导数等于速度的三个分量，即

$$u_x = \frac{\partial \Phi}{\partial x},\quad u_y = \frac{\partial \Phi}{\partial y},\quad u_z = \frac{\partial \Phi}{\partial z} \tag{2.3.17}$$

从数学的角度来看，由于引入了速度势，在求解速度场时，只需寻求一个标量函数即速度势Φ即可，而不必寻找速度的三个分量，从而减少了未知数的数目，使求解得到简化。根据不

可压缩流体应该满足的连续性微分方程式（2.3.7），将速度分量用速度势表示后，得

$$\frac{\partial^2 \Phi}{\partial x^2}+\frac{\partial^2 \Phi}{\partial y^2}+\frac{\partial^2 \Phi}{\partial z^2}=0 \tag{2.3.18}$$

式（2.3.18）即为理想不可压缩流体做无旋运动时应该满足的控制方程。

2. 空间势流基本解

凡是满足拉普拉斯方程的特解，均称为势流的基本解。拉普拉斯方程是线性方程，因此基本解的线性组合也一定满足该方程，若这种组合也满足流动问题的边界条件，则这一组合所叠加的基本解就是给定边值问题的唯一解。基本解通常代表均流、源汇、偶极子等特殊流动，这些流动的特点为：①在点源、点汇、偶极子处，基本解具有奇异性，因此这些基本解又称为奇点；②基本解在无穷远处具有速度和速度势的衰减特性。利用基本解的叠加，可以解决浮冰层下流体基的运动及物体外部的绕流等问题[13]。

基于空间势流的基本解叠加发展起来的边界元方法是计算流体力学的重要内容，边界元方法又称奇点分布法，其基本思想是选取源汇、偶极子、涡等奇点的基本解（或称为 Rankine 源格林函数）进行叠加，它们本身及线性叠加后的解均可满足拉普拉斯方程，但它们线性叠加后的解并不一定满足边界条件（如冰-水交界面、自由表面、潜艇表面、水底固壁等），可以通过数值计算调整奇点的强度来满足边界条件，从而得到流场的速度势。以下给出均流、源汇、偶极子几种基本解的速度势和流函数。

（1）均流。均流是流速 V 保持为常数的均匀流场。在直角坐标系下，若均流仅沿 x 轴负方向运动，则速度势表达式为

$$\Phi=-Vx+C，\quad \text{直角坐标系} \tag{2.3.19}$$

式中，常数 C 不影响速度的计算，通常可以忽略。

为了求解轴对称体的绕流问题，有时采用流函数比较方便，因为流函数使用的是第一类边界条件，可以直接反映物体的线型变化。根据直角坐标 (x,y,z)、柱坐标 (r,θ,z) 和球坐标 (R,θ,φ) 之间的转换关系，以及不同坐标系下的连续性方程表达式，在已知速度势的情况下，可以计算出柱坐标系和球坐标系下的流函数。均流的流函数为

$$\psi=-\frac{1}{2}Vr^2，\quad \text{柱坐标系} \tag{2.3.20}$$

$$\psi=-\frac{1}{2}VR^2\sin^2\theta，\quad \text{球坐标系} \tag{2.3.21}$$

（2）源汇。在直角坐标系中，设有一空间点源，置于坐标系原点处，其体积流量（或称点源强度）$q>0$，则点源速度势为

$$\Phi=-\frac{q}{4\pi r} \tag{2.3.22}$$

或写为

$$\Phi=-\frac{q}{4\pi\sqrt{x^2+y^2+z^2}}，\quad \text{直角坐标系} \tag{2.3.23}$$

若 $q<0$，则称为点汇，点汇与点源速度方向相反。

点源在柱坐标系和球坐标系下的流函数分别为

$$\psi=-\frac{qx}{4\pi\sqrt{x^2+r^2}},\quad 柱坐标系 \tag{2.3.24}$$

$$\psi=-\frac{q\cos\theta}{4\pi},\quad 球坐标系 \tag{2.3.25}$$

（3）偶极子。强度相等、无限靠近且满足 $\lim_{\delta l\to 0} q\delta l=m>0$ 的一对源汇称为偶极子，其中 δl 为源汇之间的距离，m 为偶极子强度。偶极子速度势可以通过源汇叠加得到，设点汇位于 x 轴的原点处，点源无限靠近于点汇，则偶极子速度势为

$$\Phi=-\frac{m}{4\pi}\frac{x}{\sqrt{(x^2+y^2+z^2)^3}},\quad 左汇右源 \tag{2.3.26a}$$

或

$$\Phi=\frac{m}{4\pi}\frac{x}{\sqrt{(x^2+y^2+z^2)^3}},\quad 左源右汇 \tag{2.3.26b}$$

式中，偶极子强度 m 具有方向性，由点汇指向点源。

类似地，得到坐标原点处偶极子在柱坐标系和球坐标系下的流函数为

$$\psi=\frac{m}{4\pi}\frac{r^2}{\sqrt{(x^2+r^2)^3}},\quad 柱坐标系，左汇右源 \tag{2.3.27a}$$

$$\psi=-\frac{m}{4\pi}\frac{r^2}{\sqrt{(x^2+r^2)^3}},\quad 柱坐标系，左源右汇 \tag{2.3.27b}$$

$$\psi=\frac{m}{4\pi}\frac{\sin^2\theta}{R},\quad 球坐标系，左汇右源 \tag{2.3.28a}$$

$$\psi=-\frac{m}{4\pi}\frac{\sin^2\theta}{R},\quad 球坐标系，左源右汇 \tag{2.3.28b}$$

2.3.4 拉格朗日积分

在不可压缩流体条件下，式（2.3.7）和式（2.3.13）共有四个方程，包含速度分量 u_x、u_y、u_z 及压强 p 四个未知参数（因为在重力场中，质量力 f_x、f_y、f_z 已知，且密度 ρ 为已知常数），方程组封闭。从理论上来讲，理想不可压缩流体的流动问题是完全可以解决的，而且在满足一定条件下，还可以将欧拉运动微分方程积分出来，得到便于工程实际使用的拉格朗日（Lagrange）积分和伯努利（Bernoulli）积分。

记

$$u^2=u_x^2+u_y^2+u_z^2$$

式中，u 为流体质点运动速度的量值大小。

欧拉运动微分方程可以用旋转角速度表示成如下形式：

$$f_x-\frac{1}{\rho}\frac{\partial p}{\partial x}-\frac{\partial}{\partial x}\left(\frac{u^2}{2}\right)=\frac{\partial u_x}{\partial t}+2(u_z\omega_y-u_y\omega_z) \tag{2.3.29a}$$

$$f_y-\frac{1}{\rho}\frac{\partial p}{\partial y}-\frac{\partial}{\partial y}\left(\frac{u^2}{2}\right)=\frac{\partial u_y}{\partial t}+2(u_x\omega_z-u_z\omega_x) \tag{2.3.29b}$$

$$f_z - \frac{1}{\rho}\frac{\partial p}{\partial z} - \frac{\partial}{\partial z}\left(\frac{u^2}{2}\right) = \frac{\partial u_z}{\partial t} + 2(u_y\omega_x - u_x\omega_y) \tag{2.3.29c}$$

写成矢量形式为

$$\boldsymbol{f} - \frac{1}{\rho}\nabla p - \nabla\left(\frac{u^2}{2}\right) = \frac{\partial \boldsymbol{u}}{\partial t} + 2(\boldsymbol{\omega}\times\boldsymbol{u}) \tag{2.3.30}$$

式（2.3.30）称为兰姆（Lamb）运动微分方程，该方程是欧拉运动微分方程的另一种表达形式，其优点是对于无旋流动，可使方程大大简化，便于进行后面的积分。

在质量力为重力时，有 $\boldsymbol{f} = \nabla(-gz)$，其中 g 为重力加速度；在流体不可压缩时，有 ρ =常数；在流动无旋时，有 $\boldsymbol{\omega} = 0$，且 $\boldsymbol{u} = \nabla\Phi$。此时，式（2.3.30）可化为

$$\nabla\left(\frac{\partial \Phi}{\partial t} + gz + \frac{p}{\rho} + \frac{u^2}{2}\right) = 0$$

积分后得到

$$\frac{\partial \Phi}{\partial t} + gz + \frac{p}{\rho} + \frac{u^2}{2} = C(t) \tag{2.3.31}$$

式（2.3.31）即为理想不可压缩流体在重力场中做无旋运动时的拉格朗日积分。式中，$C(t)$ 为积分常数，它是时间的函数，与空间坐标无关，对整个流场而言，在同一时刻该积分常数的值是一样的，而在不同的时刻，该积分常数的值有可能不同。

对于质量力仅有重力的定常不可压缩流体，还可将兰姆运动微分方程沿流线积分出来，从而得到积分的另外一种形式，即

$$gz + \frac{p}{\rho} + \frac{u^2}{2} = C_l \tag{2.3.32}$$

式（2.3.32）称为理想不可压缩流体在重力场中沿流线做定常运动时的伯努利积分，其中 C_l 为积分常数，它沿同一流线时为同一常数，而不同流线上的 C_l 可能不同。

拉格朗日积分与伯努利积分适用条件的共同点为：要求流体是理想不可压缩流体，质量力为重力。它们之间的不同点为：拉格朗日积分要求流动无旋，允许流动不定常、不必沿流线流动（在整个流场成立）；伯努利积分要求流动定常、沿同一流线流动，但允许流动有旋。

2.4　二维规则波基本理论

在讨论水波运动时，为简化数学问题的求解，可以进行合理简化：①忽略水的黏性，将水视为理想流体；②将水视为不可压缩流体，密度被认为是常数；③流体所受质量力只有重力。根据亥姆霍兹（Helmholtz）定理，理想不可压缩流体在重力作用下，从静止或均流开始的任何水波运动都是无旋运动。对于无旋运动，可以采用势流理论进行研究。为简单明了，这里只讨论二维规则波问题。

2.4.1　波浪运动的基本方程

波浪的主要特征参数为波幅 A、波长 λ 和周期 T，水底深度为 $z=-H$，水面方程为 $z=\zeta(x,t)$，如图 2.4.1 所示。

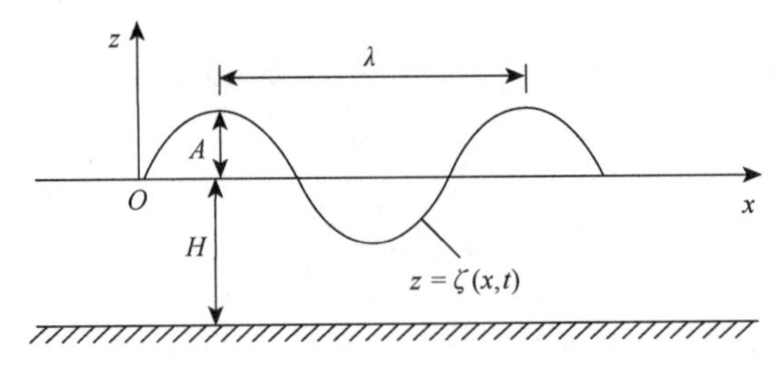

图 2.4.1　波浪的主要特征参数

波浪呈周期性运动，是不定常运动中的一种特例。因为假定波浪做无旋运动，所以存在随时间 t 变化的速度势 $\Phi(x,z,t)$，其满足拉普拉斯方程，即

$$\frac{\partial^2\Phi}{\partial x^2}+\frac{\partial^2\Phi}{\partial z^2}=0,\quad -H\leqslant z\leqslant\zeta;\quad -\infty<x<\infty \tag{2.4.1}$$

通过 $\Phi(x,z,t)$ 可确定流场速度分布，再根据拉格朗日积分式（2.3.31）得到流场压强分布。重写拉格朗日积分为

$$gz+\frac{p}{\rho}+\frac{u^2}{2}+\frac{\partial\Phi}{\partial t}=C(t) \tag{2.4.2}$$

为消去积分常数 $C(t)$，令

$$\Phi=\tilde{\Phi}-\frac{p_{\mathrm{a}}}{\rho}t+\int_0^t C(t)\mathrm{d}t \tag{2.4.3}$$

则式（2.4.2）可以写为

$$gz+\frac{p-p_{\mathrm{a}}}{\rho}+\frac{u^2}{2}+\frac{\partial\tilde{\Phi}}{\partial t}=0 \tag{2.4.4}$$

式（2.4.4）是拉格朗日积分的另一种形式，其中 p_{a} 为自由表面上的大气压强。式（2.4.4）在自由表面和液体内部（$-H\leqslant z\leqslant\zeta$，$-\infty<x<\infty$）均成立。

对计算速度场，有

$$u_x=\frac{\partial\Phi}{\partial x}=\frac{\partial\tilde{\Phi}}{\partial x},\quad u_z=\frac{\partial\Phi}{\partial z}=\frac{\partial\tilde{\Phi}}{\partial z} \tag{2.4.5}$$

说明 Φ 和新引入的 $\tilde{\Phi}$ 在计算速度时实质上是一样的，同样符合速度势的定义。

速度的平方 u^2 可用速度势 Φ 或 $\tilde{\Phi}$ 表达为

$$u^2=u_x^2+u_z^2=\left(\frac{\partial\Phi}{\partial x}\right)^2+\left(\frac{\partial\Phi}{\partial z}\right)^2=\left(\frac{\partial\tilde{\Phi}}{\partial x}\right)^2+\left(\frac{\partial\tilde{\Phi}}{\partial z}\right)^2 \tag{2.4.6}$$

拉普拉斯方程式（2.4.1）用速度势 $\tilde{\Phi}$ 可写为

$$\frac{\partial^2\tilde{\Phi}}{\partial x^2}+\frac{\partial^2\tilde{\Phi}}{\partial z^2}=0,\quad -H\leqslant z\leqslant\zeta;\quad -\infty<x<\infty \tag{2.4.7}$$

至此，得到了波浪运动应满足的拉普拉斯方程式（2.4.7）和拉格朗日积分式（2.4.4），它们共同构成了波浪运动的控制方程。由于数学上求解拉普拉斯方程比较简单，从而可以避免求解欧拉运动微分方程和连续性微分方程的困难。

2.4.2　波浪运动的边界条件

水波运动的边界，一般包括随时间变化的自由表面和固定不动的底部（有时还有侧向边界）。在固定不动的水底，求解拉普拉斯方程式（2.4.7）时只需提供一个运动学边界条件，但在自由表面上，不能只提供一个运动学边界条件，因为在求解波动问题之前，自由表面的位置是未知的，所以还需附加提出另一个边界条件，以同时确定自由表面位置和速度势，这个附加的边界条件就是动力学边界条件。

1. 水底不可穿透边界条件

在水深恒定的水底固体边界上，流体质点不能沿法线方向穿透水底。因此，其运动学边界条件为

$$u_z = \left.\frac{\partial \tilde{\Phi}}{\partial z}\right|_{z=-H} = 0 \tag{2.4.8}$$

式（2.4.8）意味着流体质点在底部边界上的法向分速度 u_z 等于零。

2. 自由表面上的动力学和运动学边界条件

自由表面上的动力学和运动学边界条件具体如下。

（1）动力学边界条件。动力学边界条件是指自由表面上的压强恒为大气压，即在 $z=\zeta(x,t)$ 上，处处有 $p=p_{\mathrm{a}}$。将此条件应用于式（2.4.4），得

$$\zeta = -\frac{1}{g}\left(\frac{u^2}{2}+\frac{\partial \tilde{\Phi}}{\partial t}\right)_{z=\zeta} \tag{2.4.9}$$

式（2.4.9）即为自由表面上的动力学边界条件。

（2）运动学边界条件。运动学边界条件是指自由面上的液体质点永远保持在自由面上。在 $z=\zeta(x,t)$ 上，有

$$u_z = \frac{\partial \zeta}{\partial t}+\frac{\partial \zeta}{\partial x}u_x \tag{2.4.10}$$

式中，u_x、u_z 分别为自由面上液体质点在 x 方向和 z 方向上的速度分量。

代入式（2.4.5），可得

$$\left.\frac{\partial \tilde{\Phi}}{\partial z}\right|_{z=\zeta} = \frac{\partial \zeta}{\partial t}+\left.\frac{\partial \tilde{\Phi}}{\partial x}\right|_{z=\zeta}\frac{\partial \zeta}{\partial x} \tag{2.4.11}$$

式（2.4.11）即为自由表面上的运动学边界条件。

2.4.3　波浪运动数学模型及其简化

1. 波浪运动问题的数学提法

归纳波浪运动的基本方程式（2.4.7）、式（2.4.4）以及边界条件式（2.4.8）、式（2.4.9）和式（2.4.11），将 $\tilde{\Phi}$ 重新记为 Φ，得到波浪运动问题的数学提法如下。

在流域内，有

$$\frac{\partial^2 \Phi}{\partial x^2}+\frac{\partial^2 \Phi}{\partial z^2}=0, \quad -H \leqslant z \leqslant \zeta; \quad -\infty < x < \infty \tag{2.4.12a}$$

在水底，有

$$\left.\frac{\partial \Phi}{\partial z}\right|_{z=-H}=0 \tag{2.4.12b}$$

在自由面上，有

$$\zeta=-\frac{1}{g}\left(\frac{u^2}{2}+\frac{\partial \Phi}{\partial t}\right)_{z=\zeta} \tag{2.4.12c}$$

$$\left.\frac{\partial \Phi}{\partial z}\right|_{z=\zeta}=\frac{\partial \zeta}{\partial t}+\left.\frac{\partial \Phi}{\partial x}\right|_{z=\zeta} \frac{\partial \zeta}{\partial x} \tag{2.4.12d}$$

在流域内，有

$$g z+\frac{p-p_{\mathrm{a}}}{\rho}+\frac{u^2}{2}+\frac{\partial \Phi}{\partial t}=0 \tag{2.4.12e}$$

通过求解上述波浪运动数学问题［式（2.4.12a）～式（2.4.12d）］中的速度势Φ，可由式（2.4.5）和式（2.4.12e）计算得到波浪运动的速度场和压力场。

2. 波浪运动数学问题的简化

波浪运动问题的求解存在两个困难：①自由表面上的边界条件是非线性的，尽管拉普拉斯方程是线性的，但整个数学问题仍是非线性的；②自由表面边界本身是待求的，即求解域本身是未知的。因此，为了便于求解上述数学问题，需要根据波动特征进行进一步简化。假定如下：①波浪是小振幅波（简称微幅波）；②对于微幅波，液体质点的运动速度缓慢，即u^2趋于0。

根据微幅波假设，可将$z=\zeta$的边界条件近似改为$z=0$时成立，且有$\partial \zeta / \partial x$趋于0。因此，自由面上运动学边界条件式（2.4.12d）可以简化为

$$\left.\frac{\partial \Phi}{\partial z}\right|_{z=0}=\frac{\partial \zeta}{\partial t} \tag{2.4.13}$$

自由面上的动力学边界条件式（2.4.12c）可以简化为

$$\zeta=-\left.\frac{1}{g} \frac{\partial \Phi}{\partial t}\right|_{z=0} \tag{2.4.14}$$

将式（2.4.13）和式（2.4.14）两个条件合在一起可以写为

$$\left.\frac{\partial \Phi}{\partial z}\right|_{z=0}+\left.\frac{1}{g} \frac{\partial^2 \Phi}{\partial t^2}\right|_{z=0}=0 \tag{2.4.15}$$

式（2.4.15）称为自由面边界上的综合条件。

通过对波浪运动数学问题进行简化，可以得知微幅波的速度势Φ应由下列方程和边界条件确定，即

$$
\begin{cases}
\dfrac{\partial^2 \Phi}{\partial x^2}+\dfrac{\partial^2 \Phi}{\partial z^2}=0 \quad -H \leqslant z \leqslant 0; \quad -\infty < x < \infty \\
\left.\dfrac{\partial \Phi}{\partial z}\right|_{z=-H}=0 \\
\zeta=-\left.\dfrac{1}{g} \dfrac{\partial \Phi}{\partial t}\right|_{z=0} \\
\left.\dfrac{\partial \Phi}{\partial z}\right|_{z=0}=\dfrac{\partial \zeta}{\partial t}
\end{cases} \tag{2.4.16}
$$

3. 波浪运动中的压强变化

记相对压强为

$$p_{\mathrm{e}}=p-p_{\mathrm{a}}$$

在求出上述数学问题的速度势后，即可利用微幅波的拉格朗日积分式（2.4.12e），得到波浪场中的相对压强为

$$p_{\mathrm{e}}=-\rho g z-\rho \frac{\partial \Phi}{\partial t} \tag{2.4.17}$$

式（2.4.17）等号右边第一项是静水压强，第二项是波浪引起的动水压强。

根据式（2.4.17），在自由表面 $z=\zeta(x,t)$ 上，近似有

$$p_{\mathrm{e}}=-\rho g \zeta-\left.\rho \frac{\partial \Phi}{\partial t}\right|_{z=0} \tag{2.4.18}$$

2.4.4　微幅波的速度势

微幅波的速度势就是求数学问题式（2.4.16）的解。采用分离变量法求解拉普拉斯方程时，由于波浪的周期性特征，可以假设

$$\Phi(x,z,t)=Z(z)\sin(kx-\omega t) \tag{2.4.19}$$

式中，$Z(z)$ 为关于 z 的待定函数；k 为波数；ω 为圆频率。

一般情况下，$\sin(kx-\omega t)\neq 0$，将式（2.4.19）代入拉普拉斯方程式（2.4.12a），得

$$Z''-k^2 Z=0 \tag{2.4.20}$$

式中，Z'' 为 Z 对 z 的二阶导数。

式（2.4.20）是常系数二阶齐次常微分方程，其通解为

$$Z=A_1 \mathrm{e}^{kz}+A_2 \mathrm{e}^{-kz} \tag{2.4.21}$$

式中，A_1 和 A_2 为任意常数。

将式（2.4.21）代入式（2.4.19），并利用式（2.4.16）中的第二式即水底边界条件，得

$$A_2=A_1 \mathrm{e}^{-2kH} \tag{2.4.22}$$

因此，速度势可以写为

$$\Phi=A_3 \cosh[k(z+H)]\sin(kx-\omega t) \tag{2.4.23}$$

式中，$A_3=2A_1\mathrm{e}^{-kH}$ 为一新常数。

将式（2.4.23）再代入式（2.4.16）的第三式，即自由面动力学边界条件，可得波面方程为

$$\zeta = A\cos(kx - \omega t) \tag{2.4.24}$$

式中，A 为微幅波的波幅，$A = \dfrac{A_3\omega\cosh(kH)}{g}$。

利用 A 和 A_3 的关系，速度势式（2.4.23）可以写为

$$\Phi = \frac{Ag}{\omega}\frac{\cosh[k(z+H)]}{\cosh(kH)}\sin(kx - \omega t) \tag{2.4.25}$$

式（2.4.25）为有限水深微幅波的速度势。

2.4.5　微幅波的色散方程

将式（2.4.25）代入自由面边界的综合条件式（2.4.15）中，得

$$\omega^2 = kg\tanh(kH) \tag{2.4.26}$$

式（2.4.26）为有限水深微幅波的色散方程。

对于无限水深情形，双曲正切函数 $\tanh(kH)$ 趋于 1，此时有

$$\omega^2 = kg \tag{2.4.27}$$

式（2.4.27）为无限水深微幅波的色散方程。

波浪的波形传播速度（简称相速度或波速）为

$$c = \frac{\lambda}{T} = \frac{\omega}{k} \tag{2.4.28}$$

式中，λ 为波长，$\lambda = 2\pi / k$；T 为波浪周期，$T = 2\pi / \omega$。

由式（2.4.28）和式（2.4.26）得到有限水深波速的公式为

$$c = \sqrt{\frac{g\lambda}{2\pi}\tanh\left(\frac{2\pi H}{\lambda}\right)} \tag{2.4.29}$$

式（2.4.29）表明，对于有限水深（$H =$ 常数），波浪传播速度 c 与波长 λ 有关，波长 λ 越大，波速 c 就越大，即大（长）波传播较快，小（短）波传播较慢。

对于相对水深 $H / \lambda \geqslant 1/2$ 的深水波，$\tanh(kH) \approx 1$，所以深水波速公式为

$$c \approx \sqrt{\frac{g\lambda}{2\pi}} \tag{2.4.30}$$

对于相对水深 $H / \lambda \leqslant 1/20$ 的浅水波，$\tanh(kH) \approx kH$，所以浅水波速公式为

$$c \approx \sqrt{gH} \tag{2.4.31}$$

由以上波速公式可以看出，当相对水深 $H / \lambda \geqslant 1/2$ 时，波速都与波长有关，这种波称为色散波。波速与波长无关的波称为非色散波，浅水波是非色散波。在重力场中，浅水波速只与水深有关。色散波与非色散波是水波动力学中的一个重要现象。

2.4.6　微幅波浪中的压强分布

将式（2.4.25）代入式（2.4.17）中，得到有限水深微幅波中的相对压强为

$$p - p_{\mathrm{a}} = \rho g\left\{\frac{\cosh[k(z+H)]}{\cosh(kH)}\zeta - z\right\} \tag{2.4.32}$$

式中，$\zeta = A\cos(kx - \omega t)$ 为波面方程。

对于无限水深情况，式（2.4.32）变为

$$p - p_{\mathrm{a}} = \rho g(\mathrm{e}^{kz}\zeta - z) \tag{2.4.33}$$

式（2.4.33）为无限水深微幅波中的相对压强计算公式。

2.5 冰水系统的边界条件和初始条件

设水的密度为 ρ_2，在冰-水交界面上，因为不存在空穴，所以有 $\zeta = w$，这里 ζ 和 w 分别为水面波形的起伏高度和冰层变形的垂向位移（挠度）。对于冰-水交界面，这里可以认为 w 既是水面的波幅，又是冰层的垂向位移，两者应该连续且相等。因此，根据拉格朗日积分式（2.4.18），自由表面上线性化后的动力学边界条件可用挠度表示为

$$p - p_{\mathrm{a}} = -\rho_2 g w - \rho_2 \left.\frac{\partial \Phi}{\partial t}\right|_{z=0} \tag{2.5.1}$$

式中，p 为自由面上的绝对压强；p_{a} 为当地大气压强。

若移动气垫载荷具有的压强分布为 $f(x,y,t)$，则冰面上遭受的气垫载荷绝对压强为 p_{A}，且

$$p_{\mathrm{A}} = p_{\mathrm{a}} + f(x,y,t) \tag{2.5.2}$$

若计及冰层自身产生的压强，则可得在冰-水交界面处应满足的动力学边界条件为

$$p_{\mathrm{W}} - (p_{\mathrm{a}} + \rho_1 g h) = -\rho_2 g w - \rho_2 \left.\frac{\partial \Phi}{\partial t}\right|_{z=0}$$

或

$$p_{\mathrm{W}} = p_{\mathrm{a}} + \rho_1 g h - \rho_2 g w - \rho_2 \left.\frac{\partial \Phi}{\partial t}\right|_{z=0} \tag{2.5.3}$$

式中，p_{W} 为冰-水交界面处水的绝对压强；ρ_1 为冰的密度。

根据式（2.4.13），得冰-水交界面处应该满足的线性化运动学条件为

$$\left.\frac{\partial \Phi}{\partial z}\right|_{z=0} = \frac{\partial w}{\partial t} \tag{2.5.4}$$

在无穷远处的边界上，冰-水系统应该满足振动衰减条件，即

$$w = 0,\quad \nabla w = 0,\quad |x| \to \infty \tag{2.5.5}$$

在水底或其他岸边固壁上，流体应该满足不可穿透条件，即

$$\left.\frac{\partial \Phi}{\partial z}\right|_{z=-H} = 0 \tag{2.5.6}$$

此外，振动还应该满足相应的初始条件。若初始状态处于静止，则有

$$w\big|_{t=0} = \left.\frac{\partial w}{\partial t}\right|_{t=0} = 0,\quad \nabla \Phi\big|_{t=0} = 0 \tag{2.5.7}$$

参 考 文 献

[1] 徐芝纶. 弹性力学简明教程[M]. 5 版. 北京：高等教育出版社，2018.

[2] 袁丽，程红梅，李福林，等. 黏弹性力学[M]. 徐州：中国矿业大学出版社，2020.

[3] Squire V A，Hosking R J，Kerr A D，et al. Moving Loads on Ice Plates[M]. The Netherlands：Kluwer Academic Publishers，1996.

[4] 李宇辰. 移动载荷激励冰层聚能共振增幅效应与临界速度研究[D]. 武汉：海军工程大学，2018.

[5] 徐芝纶. 弹性力学-上册[M]. 5 版. 北京：高等教育出版社，2016.

[6] Nevel D E. Moving loads on a floating ice sheet[R]. Hanover：Cold Regions Research and Engineering Laboratory，1970.

[7] Milinazzo F，Shinbrot M，Evans N W. A mathematical analysis of the steady response of floating ice to the uniform motion of a rectangular load[J]. Journal of Fluid Mechanics，1995，287：173-197.

[8] Kozin V M，Milovanova A V. The wave resistance of amphibian aircushion vehicles in broken ice[J]. Journal of Applied Mechanics and Technical Physics，1996，5（37）：634-637.

[9] 刘巨斌，张志宏，张辽远，等. 气垫船兴波破冰问题的数值计算[J]. 华中科技大学学报（自然科学版），2012，40（4）：91-95.

[10] 张志宏，顾建农，王冲，等. 航行气垫船激励浮冰响应的模型实验研究[J]. 力学学报，2014，46（5）：655-664.

[11] Hu M Y，Zhang Z H. Displacement response analysis of a floating ice plate under a triangular pulse load[J]. Journal of Applied Mechanics and Technical Physics，2017，58（4）：710-716.

[12] 张志宏，顾建农. 流体力学[M]. 北京：科学出版社，2015.

[13] 张志宏，顾建农，邓辉. 舰船水压场[M]. 北京：科学出版社，2016.

第3章 移动载荷激励浮冰层位移响应的理论解法

本章以移动载荷激励液体基上的浮冰层位移响应问题为研究背景，从简单的文克勒（Winkler）基上梁和板的响应问题出发，通过求解梁和板的弯曲振动微分方程，获取不同速度条件下移动载荷激励梁和板的位移响应特征。进一步考虑液体基和浮冰层的耦合作用，建立液体基上弹性薄板的振动微分方程，结合流体运动的控制方程和初边值条件，利用 Fourier 积分变换的方法，对匀速载荷激励浮冰层位移响应问题的理论模型进行求解，得到临界速度以及位移响应的影响因素和变化特征。在此基础上，建立一维线源变速运动载荷作用下的冰层位移响应理论模型，采用 Fourier-Laplace 积分变换方法对冰层位移响应问题进行求解，研究线源载荷变速运动对冰层位移响应的影响。

3.1 匀速移动载荷激励文克勒基上梁和板的响应

3.1.1 载荷和基的基本形式

气垫船、坦克、装甲车、汽车、列车、飞机、潜艇的运动，以及机械振动、高速射流、爆炸冲击、导弹撞击等都可视为冰-水系统中的移动载荷或冲击载荷。冰面上的载荷根据分布形态可以分为点载荷、线载荷和面载荷，根据运动形式可以分为运动载荷（如匀速、变速、瞬时启动的运动载荷）和冲击载荷（如定点的或移动的脉冲、三角、正弦冲击载荷）等。载荷分布和运动形式不同，其所激励浮冰层的响应特性也将随之发生变化。

在静态或准稳态载荷的作用下，流体基可以简化为弹性的文克勒基，但对于涉及移动载荷的运动问题，有必要使用耦合流体基的运动方程。

在静态或准静态的载荷问题中，浮冰层可被视为放置在具有紧密间隔的无质量的弹簧即文克勒基上，冰下方的静水浮力与冰层的局部位移成正比，因此文克勒基可以反映弹簧的力学行为，此时流体的惯性可以忽略。当浮冰层受到动态载荷作用时，浮冰层下方的流体运动和惯性将变得重要，因此必须将流体力学的运动方程用于流体基上，计入流体基对浮冰层的动力学作用。文克勒基的流体静力学响应只是流体动力学响应的一种特殊情况。

移动载荷激励下的浮冰层响应问题涉及冰层振动方程和流体基方程的耦合求解。以下先对比较简单的文克勒基上梁和板的响应问题进行回顾，其中数学建模、求解方法和力学特征是进一步深入开展流体基上浮冰层响应研究的理论基础。

3.1.2　文克勒基上的梁

在梁上施加载荷后，对简单的弹性地基上梁的动态响应问题进行分析。当放置在弹性地基上的梁承受横向载荷而发生变形时，弹性地基将对梁作用一定的分布反力，即弹性抗力。弹性地基最简单的计算模型是文克勒基[1]，如图 3.1.1 所示，这种地基对梁所施反力与梁的挠度成正比而方向相反。

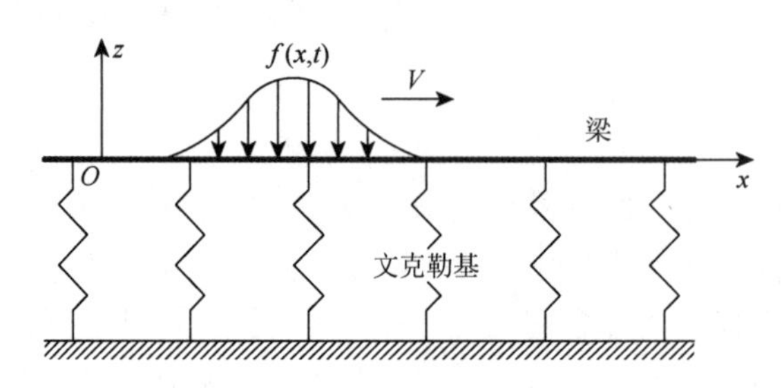

图 3.1.1　文克勒基上的梁

在文克勒基上，计及梁的惯性并忽略梁和基的黏性阻尼作用，描述梁上某一点挠度的经典弯曲方程[2]为

$$EI\frac{\partial^4 w}{\partial x^4}+m\frac{\partial^2 w}{\partial t^2}+\gamma w=-f(x,t) \tag{3.1.1}$$

式中，w 为梁的垂直位移；EI 为梁的弯曲刚度，其中 E 为弹性模量，I 是横截面积为 A 的梁的惯性矩，对于矩形梁，有 $I=bh^3/12=Ah^2/12$；m 为单位长度梁的质量，$m=\rho' A$；γ 为文克勒基模量；$f(x,t)$ 为移动分布载荷的重量。

这里设有一个质量为 M，重量为 $P=Mg$ 的集中载荷，作用力方向垂直向下，则式（3.1.1）可以写为

$$EI\frac{\partial^4 w}{\partial x^4}+m\frac{\partial^2 w}{\partial t^2}+\gamma w=-P\delta(x,t) \tag{3.1.2}$$

式中，$\delta(x,t)$ 为狄拉克（Dirac）广义函数（该函数仅在移动载荷位置 x 处为非零值）。

现在考虑无限长梁上振动自由波的传播特性，设自由波的波形表达式为

$$w(x,t)=w_0\exp[\mathrm{i}(kx-\omega t)] \tag{3.1.3}$$

式中，w_0 为振幅；k 为波数；ω 为圆频率。

将式（3.1.3）代入式（3.1.2）右端项为零的齐次方程中，得

$$(EIk^4-m\omega^2+\gamma)w_0\exp[\mathrm{i}(kx-\omega t)]=0$$

由于 x、t 的任意性，当上述方程成立时，要求第一个括号中的项必须为 0，即

$$EIk^4-m\omega^2+\gamma=0$$

由相速度定义 $c=\omega/k$，得

$$c=\sqrt{\frac{EI}{m}k^2+\frac{\gamma}{mk^2}} \tag{3.1.4}$$

当c满足式（3.1.4）时，可知式（3.1.3）是对应于式（3.1.2）的齐次方程的解。式（3.1.3）表示的是一个振幅为w_0、波长为$\lambda = 2\pi / k$以及相速度为$c = \omega / k$的无限波列。式（3.1.4）所反映的相速度与波数的关系即色散关系，如图 3.1.2 中的实线所示。此外，图 3.1.2 中还有两条虚线，一条代表式（3.1.4）中的线性分量$k\sqrt{EI/m}$，该分量反映梁的刚度特征；另一条代表式（3.1.4）中的双曲线分量$k^{-1}\sqrt{\gamma/m}$，该分量反映文克勒基的硬度特征。

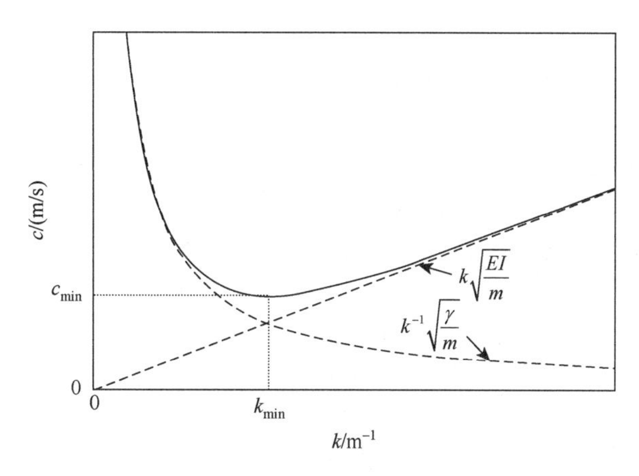

图 3.1.2　相速度与波数的关系

由图 3.1.2 可以看出，对于存在的对应于式（3.1.3）的任何类型的波列均有波速$c > c_{\min}$，这里$c_{\min}$为最小相速度。根据式（3.1.4），由$\mathrm{d}c / \mathrm{d}k = 0$，得到最小相速度所对应的波数和波长分别为

$$k_{\min} = \sqrt[4]{\frac{\gamma}{EI}}, \quad \lambda_{\min} = 2\pi\sqrt[4]{\frac{EI}{\gamma}}$$

此时，最小相速度可以明确为

$$c_{\min} = \sqrt[4]{\frac{4\gamma EI}{m^2}} \tag{3.1.5}$$

由图 3.1.2 分析可知，当波数$k \to \infty$即波长$\lambda \to 0$，或者当$k \to 0$即波长$\lambda \to \infty$时，对应的相速度$c \to \infty$。而当相速度$c > c_{\min}$时，在该相速度下将会存在两列波长不同的波同时传播。这是因为存在两个恢复力的作用：①梁的刚度，用弯曲刚度系数EI来表征，其对应波列的波数较大，波长较短；②地基的硬度，用文克勒基模量γ来表征，其对应波列的波数较小，波长较长。文克勒基上梁的自由波的传播速度，由梁的刚度和地基的硬度共同耦合影响确定。当梁下无基存在即当$\gamma = 0$时，式（3.1.3）对应的自由波传播的波长只与梁的弯曲刚度和质量有关，此时，对于波速$c > 0$的波列，每个波速只对应一个波数，即该波速下只有波长相同的一列波的传播。

假定集中载荷P以均匀速度V在无限长的文克勒基的梁上做水平运动，忽略载荷初始启动时的非定常效应，因此将梁的位移响应视为定常状态。梁的弯曲模式对于随载荷移动的观测者是稳定的，这表明偏微分方程式（3.1.2）可以在移动坐标系中转化为常微分方程。在大地坐标系Oxz中，引入随载荷运动的动坐标系OXZ，如图 3.1.3 所示。

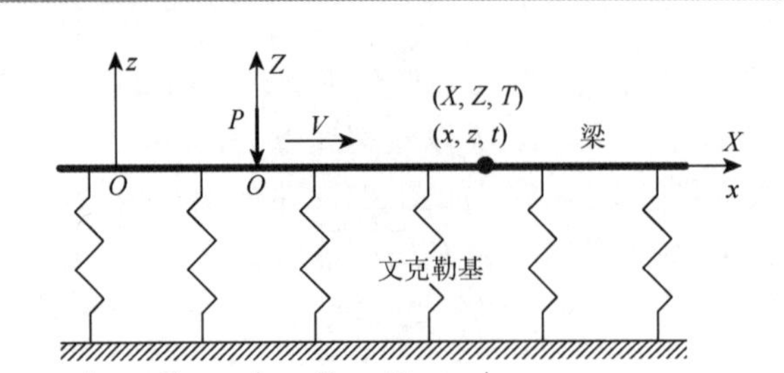

图 3.1.3　文克勒基梁上移动载荷的动坐标系

在大地坐标系和动坐标系中，针对梁上同一点的位置和时间变量存在如下关系：

$$X = x - Vt, \quad Z = z, \quad T = t \tag{3.1.6}$$

由此得到这两个坐标系下挠度 $w(x,t)$ 和 $w(X,T)$ 的偏微分关系为

$$\frac{\partial w}{\partial x} = \frac{\partial w}{\partial X}\frac{\partial X}{\partial x} = \frac{\partial w}{\partial X}, \quad \frac{\partial^4 w}{\partial x^4} = \frac{\partial^4 w}{\partial X^4}$$

$$\frac{\partial w}{\partial t} = \frac{\partial w}{\partial X}\frac{\partial X}{\partial t} + \frac{\partial w}{\partial T}\frac{\partial T}{\partial t} = -V\frac{\partial w}{\partial X} + \frac{\partial w}{\partial T}$$

$$\frac{\partial^2 w}{\partial t^2} = \frac{\partial\left(-V\dfrac{\partial w}{\partial X} + \dfrac{\partial w}{\partial T}\right)}{\partial X}\frac{\partial X}{\partial t} + \frac{\partial\left(-V\dfrac{\partial w}{\partial X} + \dfrac{\partial w}{\partial T}\right)}{\partial T}\frac{\partial T}{\partial t} = V^2\frac{\partial^2 w}{\partial X^2} - 2V\frac{\partial^2 w}{\partial X\partial T} + \frac{\partial^2 w}{\partial T^2}$$

在动坐标系下，集中载荷激励梁的位移响应波形是稳定的，即梁的挠度 w 与时间无关。所以，由式（3.1.2）可以得到关于 $w(X)$ 的具有常系数的常微分方程如下：

$$EI\frac{\mathrm{d}^4 w}{\mathrm{d}X^4} + mV^2\frac{\mathrm{d}^2 w}{\mathrm{d}X^2} + \gamma w = -P\delta(X) \tag{3.1.7}$$

式（3.1.7）等号右端为集中载荷位于 X 处的重量。

记

$$\alpha^2 = \frac{mV^2}{4EI}, \quad \beta^4 = \frac{\gamma}{4EI}$$

则方程（3.1.7）的齐次形式为

$$\frac{\mathrm{d}^4 w}{\mathrm{d}X^4} + 4\alpha^2\frac{\mathrm{d}^2 w}{\mathrm{d}X^2} + 4\beta^4 w = 0$$

当 $\alpha^2 < \beta^2$ 时，有 $V < c_{\min}$，这里的 $c_{\min} = \sqrt[4]{4\gamma EI/m^2}$ 为自由波形的最小相速度；当 $\alpha^2 = \beta^2$ 时，有 $V = c_{\min}$；当 $\alpha^2 > \beta^2$ 时，有 $V > c_{\min}$。

求解式（3.1.7）最简单的方法是设其等式右端为 0，并在 $X = 0$ 处应用匹配条件来体现集中载荷 P 的作用，并在定解时进一步利用 $X \to \infty$、梁的挠度 $w \to 0$ 的条件。

当 $\alpha^2 < \beta^2$ 即 $V < \sqrt[4]{4\gamma EI/m^2}$ 时，通过求解式（3.1.7），得载荷前后区域的波形分别为

$$w_{\mathrm{a}}(X) = -\frac{P\mathrm{e}^{-k_1 X}}{4EIk_1k_2(k_1^2 + k_2^2)}[k_2\cos(k_2X) + k_1\sin(k_2X)], \quad X \geqslant 0 \tag{3.1.8}$$

$$w_{\mathrm{b}}(X) = -\frac{P\mathrm{e}^{k_1 X}}{4EIk_1k_2(k_1^2 + k_2^2)}[k_2\cos(k_2X) - k_1\sin(k_2X)], \quad X < 0 \tag{3.1.9}$$

其中，

$$k_1=\sqrt{\beta^2-\alpha^2}\,,\quad k_2=\sqrt{\beta^2+\alpha^2}$$

在动坐标系下，上述波形是关于集中载荷位置对称分布的。

在大地坐标系下，利用式（3.1.6），可得 t 时刻移动载荷前后区域的波形分别为

$$w_{\mathrm{a}}(x,t)=-\frac{P\mathrm{e}^{-k_1(x-Vt)}}{4EIk_1k_2(k_1^2+k_2^2)}\{k_2\cos[k_2(x-Vt)]+k_1\sin[k_2(x-Vt)]\}\,,\quad x\geqslant Vt \tag{3.1.10}$$

$$w_{\mathrm{b}}(x,t)=-\frac{P\mathrm{e}^{k_1(x-Vt)}}{4EIk_1k_2(k_1^2+k_2^2)}\{k_2\cos[k_2(x-Vt)]-k_1\sin[k_2(x-Vt)]\}\,,\quad x<Vt \tag{3.1.11}$$

当移动载荷的速度 $V<\sqrt[4]{4\gamma EI/m^2}$ 时，式（3.1.10）和式（3.1.11）的波形可以给出定性描述，如图 3.1.4 所示。

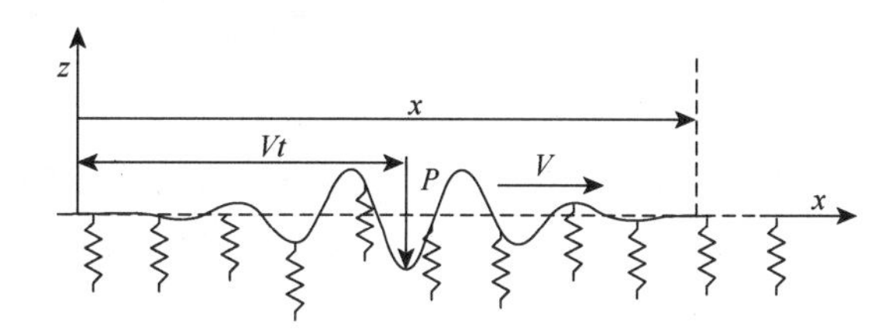

图 3.1.4　集中载荷运动在 t 时刻处所激励的梁的挠度曲线

当 $x=Vt$ 时，由式（3.1.10）或式（3.1.11）得移动集中载荷处梁的挠度为

$$w(Vt,t)=-\frac{P}{4EIk_1(k_1^2+k_2^2)}=-\frac{P}{8EI\sqrt{\dfrac{\gamma}{4EI}}\sqrt{\sqrt{\dfrac{\gamma}{4EI}}-\dfrac{mV^2}{4EI}}} \tag{3.1.12}$$

对于静止集中载荷，有 $V=0$，所以式（3.1.12）退化为

$$w(0,0)=-\frac{P}{8EI\beta^3}=-\frac{P}{2\sqrt[4]{4EI\gamma^3}} \tag{3.1.13}$$

当 $V>0$ 时，有 $w(Vt,t)/w(0,0)>1$，即移动载荷引起的梁的挠度大于静止载荷引起的挠度。根据式（3.1.12），当集中载荷运动速度 V 接近于 $\sqrt[4]{4\gamma EI/m^2}$ 时，将会导致梁的挠度 $w\to\infty$，将这个速度定义为临界速度，即

$$V_{\mathrm{c}}=\sqrt[4]{\frac{4\gamma EI}{m^2}} \tag{3.1.14}$$

可见，这里的临界速度 V_{c} 与最小相速度 $c_{\min}$ 表达式相同。在临界速度下，梁的挠度趋于无穷大，主要原因是在式（3.1.14）中没有计及梁和基的阻尼作用及能量的耗散效应。

比较式（3.1.12）和式（3.1.13），再代入式（3.1.14）后可得

$$\frac{w(Vt,t)}{w(0,0)}=\frac{1}{\sqrt{1-(\alpha/\beta)^2}}=\frac{1}{\sqrt{1-(V/V_{\mathrm{c}})^2}} \tag{3.1.15}$$

式（3.1.15）反映了随着速度增大，集中载荷处梁的挠度增大，该式仅在 $0\leqslant V<V_{\mathrm{c}}$ 的情况下有效。

当 $V>V_{\mathrm{c}}$ 时，通过对上述文克勒基梁的挠度问题进一步求解和分析，可以发现在移动载荷 P 的两侧出现波长不同的有限长波列，除了在波的前缘和尾缘处，两列波的振幅和波长分

别保持不变，但载荷后面波的波长大于前面波的波长，且波动范围随时间的增加而线性增加。因此，超临界速度运动的集中载荷所激励的文克勒基上梁的波动呈现不稳定的状态，前行波和尾随波的波动总范围随时间增加，梁和基的势能和动能也随之增加，这个能量的增加量等于移动载荷在水平方向上所做的功，如图 3.1.5 所示。

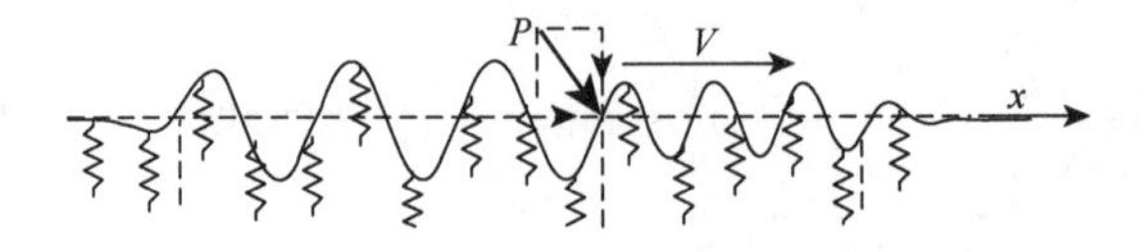

图 3.1.5　集中载荷超临界速度运动时梁的挠度曲线

3.1.3　文克勒基上的板

类似梁的分析，将一维梁向二维文克勒基上板的响应问题进行拓展，如图 3.1.6 所示。计及板的惯性并忽略板和基的黏性阻尼作用，由式（2.2.34）可得板受移动载荷 $f(x,y,t)$ 作用下的垂向挠度 $w(x,y,t)$ 的基本微分方程为

$$D\nabla^4 w+\rho' h\frac{\partial^2 w}{\partial t^2}+\gamma w=-f(x,y,t) \tag{3.1.16}$$

式中，∇^4 为平面双调和算子，且有 $\nabla^4=(\nabla^2)^2=(\partial^2/\partial x^2+\partial^2/\partial y^2)^2$；$D$ 为板的弯曲刚度，$D=Eh^3/[12(1-\mu^2)]$；ρ' 为板的密度；h 为板的厚度；γ 为文克勒基模量。

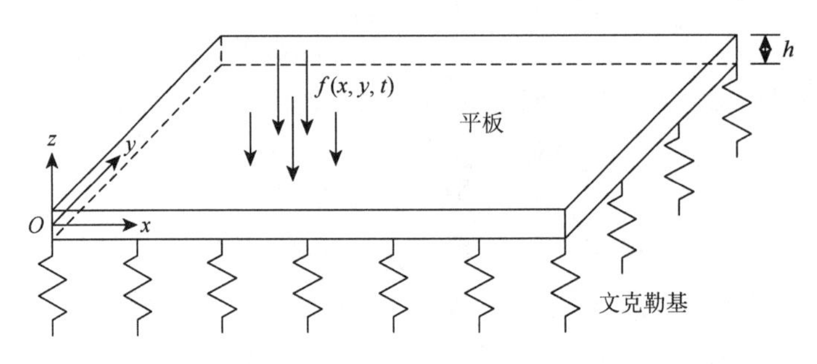

图 3.1.6　文克勒基上的板

已知自由波的波形表达式为

$$w(x,t)=w_0\exp[\mathrm{i}(kx-\omega t)]$$

对于式（3.1.16）中 $f(x,y,t)$ 为零的齐次方程，以自由波的波形表达式代入后，可以得到

$$Dk^4-\rho' h\omega^2+\gamma=0$$

由相速度定义 $c=\omega/k$，得

$$c=\sqrt{\frac{D}{\rho' h}k^2+\frac{\gamma}{\rho' hk^2}} \tag{3.1.17}$$

通过与式（3.1.4）比较可知，式（3.1.17）中是用 D 代替了 EI，用单位面积板的质量 $\rho' h$ 代替了 m。根据式（3.1.17），由 $\mathrm{d}c/\mathrm{d}k=0$，得到最小相速度所对应的波数和波长分别为

$$k_{\min}=\sqrt[4]{\frac{\gamma}{D}},\quad \lambda_{\min}=2\pi\sqrt[4]{\frac{D}{\gamma}}$$

此时，最小相速度为

$$c_{\min}=\sqrt[4]{\frac{4\gamma D}{(\rho' h)^2}} \tag{3.1.18}$$

类似图 3.1.2 可知，自由波形为式（3.1.3）的波列只有在相速度满足 $c\geqslant c_{\min}$ 时才存在。

假设载荷在固定高度以匀速 V 运动，则不存在垂向加速度，对于沿 x 轴方向移动的集中载荷 P 作用下的无限平板，式（3.1.16）变为

$$D\nabla^4 w+\rho' h\frac{\partial^2 w}{\partial t^2}+\gamma w=-P\delta(x-Vt)\delta(y) \tag{3.1.19}$$

忽略载荷初始启动时的瞬时效应，进而将板的挠曲线视为随载荷一起移动并转化为定常的状态。在大地坐标系 $O\text{-}xyz$ 中，引入随载荷运动的动坐标系 $O\text{-}XYZ$，则在空间同一点上，存在如下关系：

$$X=x-Vt,\quad Y=y,\quad Z=z,\quad T=t \tag{3.1.20}$$

类似式（3.1.7）的推导，利用式（3.1.20），可以得到大地坐标系和动坐标系下挠度 $w(x,t)$ 和 $w(X,T)$ 的偏微分关系为

$$\frac{\partial w}{\partial x}=\frac{\partial w}{\partial X},\quad \frac{\partial^4 w}{\partial x^4}=\frac{\partial^4 w}{\partial X^4}$$

$$\frac{\partial w}{\partial y}=\frac{\partial w}{\partial Y},\quad \frac{\partial^4 w}{\partial y^4}=\frac{\partial^4 w}{\partial Y^4}$$

$$\frac{\partial^4 w}{\partial x^2\partial y^2}=\frac{\partial^4 w}{\partial X^2\partial Y^2}$$

$$\frac{\partial w}{\partial t}=-V\frac{\partial w}{\partial X}+\frac{\partial w}{\partial T},\quad \frac{\partial^2 w}{\partial t^2}=V^2\frac{\partial^2 w}{\partial X^2}-2V\frac{\partial^2 w}{\partial X\partial T}+\frac{\partial^2 w}{\partial T^2}$$

在动坐标系下，若集中载荷激励板的位移响应波形是稳定的，则板的挠度 w 与时间 T 无关，有

$$\nabla^4 w(x,y)=\nabla^4 w(X,Y),\quad \frac{\partial w}{\partial t}=-V\frac{\partial w}{\partial X},\quad \frac{\partial^2 w}{\partial t^2}=V^2\frac{\partial^2 w}{\partial X^2} \tag{3.1.21}$$

在动坐标系下，式（3.1.19）可以转化为与时间无关的定常微分方程，即

$$D\nabla^4 w+\rho' hV^2\frac{\partial^2 w}{\partial X^2}+\gamma w=-P\delta(X)\delta(Y) \tag{3.1.22}$$

这里的平面双调和算子 ∇^4 是关于 X 和 Y 的，且 $w=w(X,Y)$。

Livesley[3]利用双重 Fourier 变换方法，求解了匀速移动的分布矩形载荷作用下板的挠度方程式（3.1.22），得到挠度 $w\to\infty$ 时的移动载荷的临界速度为

$$V_{\mathrm{c}}=\sqrt[4]{\frac{4\gamma D}{(\rho' h)^2}} \tag{3.1.23}$$

通过式（3.1.23）与式（3.1.18）的比较，有 $V_{\mathrm{c}}=c_{\min}$。这里说明移动载荷的临界速度即为自由波的最小相速度。

3.2 匀速移动载荷激励液体基上浮冰层的响应

3.2.1 理论模型

设有限水深表面上覆盖有无限大浮冰层，冰层厚度为h，冰密度为ρ_1，水深为H，水密度为ρ_2。以航行气垫船破冰为研究背景，冰面上分布有水平速度恒为V的均布移动气垫载荷，气垫作用力为P，相对压强分布为p，作用力方向垂直向下。建立随载荷一起运动的动坐标系$O\text{-}xyz$，Oxy与冰层中性面重合，z轴垂直向上。$z=0$为冰层中性面，$z=-H$为定常深度水底，如图3.2.1所示。

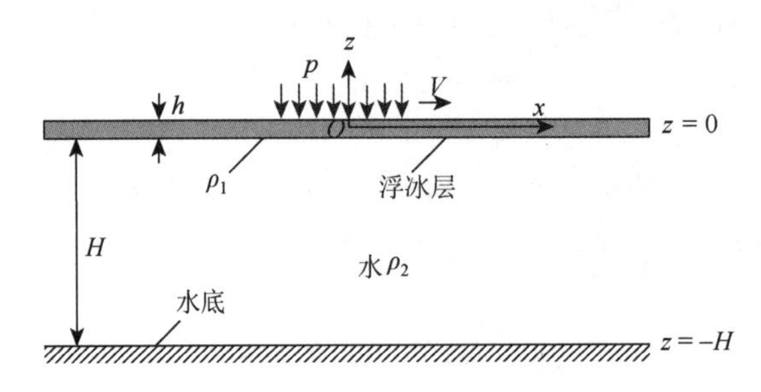

图3.2.1　浮冰层上的匀速移动载荷

假设浮冰层为各向同性、匀质、厚度均匀的弹性薄板，冰层垂向振动位移幅值与波长相比为小量，流体基为水，水的运动可视为理想不可压缩流体做无旋运动，因此存在流体运动的速度势函数$\varPhi$。在大地坐标系下，已知外力作用下用挠度表示的薄冰层振动微分方程为式（2.2.32），即

$$D\left(1+\tau\frac{\partial}{\partial t}\right)\nabla^4 w+\rho_1 gh+\rho_1 h\frac{\partial^2 w}{\partial t^2}=p_{\mathrm{W}}-p_{\mathrm{A}} \tag{3.2.1}$$

不计浮冰层的黏性作用，可取$\tau=0$。这里气垫载荷的绝对压强为$p_{\mathrm{A}}=p_{\mathrm{a}}+p$，其中$p_{\mathrm{a}}$为大气压强。根据式（2.5.3），可知在冰-水交界面处应满足的动力学边界条件为

$$p_{\mathrm{W}}=p_{\mathrm{a}}+\rho_1 gh-\rho_2 gw-\rho_2\left.\frac{\partial\varPhi}{\partial t}\right|_{z=0} \tag{3.2.2}$$

将式（3.2.2）代入式（3.2.1），得到大地坐标系下计及流体基耦合作用的薄冰层振动微分方程为

$$D\nabla^4 w+\rho_1 h\frac{\partial^2 w}{\partial t^2}+\rho_2 gw+\rho_2\left.\frac{\partial\varPhi}{\partial t}\right|_{z=0}=-p(x,y,t) \tag{3.2.3}$$

根据大地坐标系和动坐标系的关系[4]或式（3.1.21），有

$$\frac{\partial}{\partial t}=-V\frac{\partial}{\partial x},\quad \frac{\partial^2}{\partial t^2}=V^2\frac{\partial^2}{\partial x^2}$$

所以，在随气垫载荷匀速移动的动坐标系下[2, 5-8]，式（3.2.3）可以写为

$$D\nabla^4 w(x,y)+\rho_1 hV^2\frac{\partial^2 w(x,y)}{\partial x^2}+\rho_2 gw(x,y)-\rho_2 V\left.\frac{\partial\varPhi(x,y)}{\partial x}\right|_{z=0}=-p(x,y) \tag{3.2.4}$$

式中，$w(x,y)$ 为冰层垂向位移（挠度）；D 为冰层弯曲刚度，$D = Eh^3/[12(1-\mu^2)]$，其中 E 为弹性模量，μ 为泊松比；g 为重力加速度；$p(x,y)$ 为气垫相对压强；∇^4 为平面双调和算子。

设均匀分布的矩形气垫压强 $p_1(x,y)$ 和圆形气垫压强 $p_2(x,y)$ 分别为

$$p_1(x,y) = \begin{cases} \dfrac{P}{4a_0 b_0}, & |x| \leqslant a_0; |y| \leqslant b_0 \\ 0, & \text{其他} \end{cases} \tag{3.2.5a}$$

$$p_2(x,y) = \begin{cases} \dfrac{P}{\pi R^2}, & x^2 + y^2 \leqslant R^2 \\ 0, & \text{其他} \end{cases} \tag{3.2.5b}$$

式中，a_0、b_0 分别为矩形气垫载荷半长和半宽；R 为圆形气垫载荷半径。

浮冰层下水的势流运动应满足 Laplace 方程，即

$$\frac{\partial^2 \Phi}{\partial x^2} + \frac{\partial^2 \Phi}{\partial y^2} + \frac{\partial^2 \Phi}{\partial z^2} = 0 \tag{3.2.6}$$

在冰-水交界面处的运动学条件为冰和水的垂向速度连续，即

$$\left.\frac{\partial \Phi}{\partial z}\right|_{z=0} = -V\frac{\partial w}{\partial x} \tag{3.2.7}$$

在水底应满足的运动学条件为固壁法向不可穿透条件，即

$$\left.\frac{\partial \Phi}{\partial z}\right|_{z=-H} = 0 \tag{3.2.8}$$

式（3.2.4）～式（3.2.8）共同构成了匀速移动载荷激励液体基浮冰层垂向位移响应问题的控制方程和边界条件。

3.2.2　模型求解

1. 积分变换

基于积分变换方法对上述理论模型进行求解，以冰层挠度为例，采用的二维 Fourier 变换对形式如下：

$$w_{\mathrm{F}}(l,m) = \int_{-\infty}^{\infty}\int_{-\infty}^{\infty} w(x,y)\mathrm{e}^{\mathrm{i}(lx+my)}\mathrm{d}x\mathrm{d}y \tag{3.2.9}$$

$$w(x,y) = \frac{1}{4\pi^2}\int_{-\infty}^{\infty}\int_{-\infty}^{\infty} w_{\mathrm{F}}(l,m)\mathrm{e}^{-\mathrm{i}(lx+my)}\mathrm{d}l\mathrm{d}m \tag{3.2.10}$$

对式（3.2.4）～式（3.2.8）进行 Fourier 变换，并令 $k^2 = l^2 + m^2$，整理得到

$$Dk^4 w_{\mathrm{F}} - \rho_1 h l^2 V^2 w_{\mathrm{F}} + \rho_2 g w_{\mathrm{F}} - \mathrm{i}\rho_2 V l \left.\Phi_{\mathrm{F}}\right|_{z=0} = -p_{\mathrm{F}} \tag{3.2.11}$$

$$\frac{\partial^2 \Phi_{\mathrm{F}}}{\partial z^2} - k^2 \Phi_{\mathrm{F}} = 0 \tag{3.2.12}$$

$$\left.\frac{\partial \Phi_{\mathrm{F}}}{\partial z}\right|_{z=0} = -\mathrm{i}lVw_{\mathrm{F}} \tag{3.2.13}$$

$$\left.\frac{\partial \Phi_{\mathrm{F}}}{\partial z}\right|_{z=-H}=0 \tag{3.2.14}$$

式中，Φ_{F}、p_{F} 为 $\Phi(x,y,z)$ 和 $p(x,y)$ 的二维 Fourier 变换式。

2. 位移求解

已知式（3.2.12）的通解为 $\Phi_{\mathrm{F}}=C_1\mathrm{e}^{-kz}+C_2\mathrm{e}^{kz}$，将该通解代入边界条件式（3.2.13）和式（3.2.14）中，可以确定常数 C_1 和 C_2，即

$$C_1=-\frac{\mathrm{i}lVw_{\mathrm{F}}}{k(1+\mathrm{e}^{2kH})},\quad C_2=-\frac{\mathrm{i}lVw_{\mathrm{F}}}{k(1-\mathrm{e}^{-2kH})}$$

整理后可得

$$\Phi_{\mathrm{F}}=-\frac{\mathrm{i}lVw_{\mathrm{F}}}{k}\frac{\cosh[k(H-z)]}{\sinh(kH)} \tag{3.2.15}$$

将式（3.2.15）代入式（3.2.11）后，得

$$Dk^4w_{\mathrm{F}}-\rho_1 hV^2l^2w_{\mathrm{F}}+\rho_2 gw_{\mathrm{F}}-\rho_2\coth(kH)\frac{V^2l^2}{k}w_{\mathrm{F}}=-p_{\mathrm{F}}$$

所以，

$$w_{\mathrm{F}}=-p_{\mathrm{F}}\left[Dk^4-\rho_1 hV^2l^2+\rho_2 g-\rho_2\coth(kH)\frac{V^2l^2}{k}\right]^{-1} \tag{3.2.16}$$

定义特征长度：

$$\ell=\sqrt[4]{\frac{D}{\rho_2 g}} \tag{3.2.17}$$

定义无量纲量：

$$F_{\mathrm{H}}=\frac{V}{\sqrt{gH}},\quad \bar{\eta}=\frac{\rho_1 h}{\rho_2\ell} \tag{3.2.18}$$

并记

$$a=1+k^4\ell^4,\quad b=F_{\mathrm{H}}^2kH[\coth(kH)+\bar{\eta}k\ell] \tag{3.2.19}$$

则式（3.2.16）简化为

$$w_{\mathrm{F}}=-\frac{p_{\mathrm{F}}}{\rho_2 g(a-bl^2/k^2)} \tag{3.2.20}$$

对式（3.2.20）进行 Fourier 逆变换得到

$$w(x,y)=-\frac{1}{4\pi^2\rho_2 g}\int_{-\infty}^{\infty}\int_{-\infty}^{\infty}\frac{p_{\mathrm{F}}\mathrm{e}^{-\mathrm{i}(lx+my)}}{q(k)}\mathrm{d}l\mathrm{d}m \tag{3.2.21}$$

式中，$q(k)=a-bl^2/k^2$。

（1）矩形载荷。对于矩形载荷[5]，利用 Fourier 变换式（3.2.9）和式（3.2.5a），得

$$p_{\mathrm{F}}(l,m)=\int_{-\infty}^{\infty}\int_{-\infty}^{\infty}p(x,y)\mathrm{e}^{\mathrm{i}(lx+my)}\mathrm{d}x\mathrm{d}y=\frac{P}{4a_0b_0}\int_{-a_0}^{a_0}\mathrm{e}^{\mathrm{i}lx}\mathrm{d}x\int_{-b_0}^{b_0}\mathrm{e}^{\mathrm{i}my}\mathrm{d}y$$

即

$$p_{\mathrm{F}}=P\frac{\sin(a_0l)\sin(b_0m)}{a_0lb_0m} \tag{3.2.22}$$

所以，将式（3.2.22）代入式（3.2.21），得移动矩形载荷引起的冰层垂向位移为

$$w(x,y)=-\frac{P}{4\pi^2\rho_2 g}\int_{-\infty}^{\infty}\int_{-\infty}^{\infty}\frac{\sin(a_0 l)\sin(b_0 m)}{a_0 l b_0 m}\frac{\mathrm{e}^{-\mathrm{i}(lx+my)}}{a-bl^2/k^2}\mathrm{d}l\mathrm{d}m \tag{3.2.23}$$

（2）圆形载荷。对于圆形载荷[6]，采用极坐标形式。令 $l=k\cos\varphi$ ，$m=k\sin\varphi$ ；$x=r\cos\theta$ ，$y=r\sin\theta$ 。利用 Fourier 变换式（3.2.9）和式（3.2.5b），类似地得到

$$p_{\mathrm{F}}=\frac{P}{\pi R^2}\int_{-\infty}^{\infty}\int_{-\infty}^{\infty}\mathrm{e}^{\mathrm{i}(lx+my)}\mathrm{d}x\mathrm{d}y=\frac{P}{\pi R^2}\int_0^R r\mathrm{d}r\int_0^{2\pi}\mathrm{e}^{\mathrm{i}kr\cos(\theta-\varphi)}\mathrm{d}\theta \tag{3.2.24}$$

因为 $\mathrm{Im}\left[\int_0^{2\pi}\mathrm{e}^{\mathrm{i}kr\cos(\theta-\varphi)}\mathrm{d}\theta\right]=0$ ，所以有

$$\int_0^{2\pi}\mathrm{e}^{\mathrm{i}kr\cos(\theta-\varphi)}\mathrm{d}\theta=\left(\int_0^{\pi/2}+\int_{\pi/2}^{\pi}+\int_{\pi}^{3\pi/2}+\int_{3\pi/2}^{2\pi}\right)\cos[kr\cos(\theta-\varphi)]\mathrm{d}\theta$$

利用变量代换，得

$$\int_{\pi/2}^{\pi}\cos[kr\cos(\theta-\varphi)]\mathrm{d}\theta=\int_0^{\pi/2}\cos[kr\sin(t-\varphi)]\mathrm{d}t,\quad t=\theta-\pi/2$$

$$\int_{\pi}^{3\pi/2}\cos[kr\cos(\theta-\varphi)]\mathrm{d}\theta=\int_0^{\pi/2}\cos[kr\cos(t-\varphi)]\mathrm{d}t,\quad t=\theta-\pi$$

$$\int_{3\pi/2}^{2\pi}\cos[kr\cos(\theta-\varphi)]\mathrm{d}\theta=\int_0^{\pi/2}\cos[kr\sin(t-\varphi)]\mathrm{d}t,\quad t=\theta-3\pi/2$$

所以有

$$\int_0^{2\pi}\mathrm{e}^{\mathrm{i}kr\cos(\theta-\varphi)}\mathrm{d}\theta=2\int_0^{\pi/2}\{\cos[kr\cos(\theta-\varphi)]+\cos[kr\sin(\theta-\varphi)]\}\mathrm{d}\theta$$

又因为

$$\int_0^{\pi/2}\cos[kr\cos(\theta-\varphi)]\mathrm{d}\theta=\int_0^{\pi/2}\cos(kr\cos\theta)\mathrm{d}\theta+\int_0^{\varphi}\cos(kr\cos\theta)\mathrm{d}\theta-\int_0^{\varphi}\cos(kr\sin\theta)\mathrm{d}\theta$$

$$\int_0^{\pi/2}\cos[kr\sin(\theta-\varphi)]\mathrm{d}\theta=\int_0^{\pi/2}\cos(kr\sin\theta)\mathrm{d}\theta+\int_0^{\varphi}\cos(kr\sin\theta)\mathrm{d}\theta-\int_0^{\varphi}\cos(kr\cos\theta)\mathrm{d}\theta$$

所以有

$$\int_0^{2\pi}\mathrm{e}^{\mathrm{i}kr\cos(\theta-\varphi)}\mathrm{d}\theta=2\int_0^{\pi/2}[\cos(kr\cos\theta)+\cos(kr\sin\theta)]\mathrm{d}\theta \tag{3.2.25}$$

根据《数学手册》[9]，有

$$\mathrm{J}_n(z)=\frac{(0.5z)^n}{\sqrt{\pi}\Gamma(n+0.5)}\int_0^{\pi}\cos(z\cos\theta)\sin^{2n}\theta\mathrm{d}\theta \tag{3.2.26}$$

$$\mathrm{J}_0(z)=\frac{1}{\pi}\int_0^{\pi}\cos(z\cos\theta)\mathrm{d}\theta \tag{3.2.27}$$

式中，J_n 和 J_0 为第一类 n 阶和零阶贝塞尔函数；Γ 为伽马函数。

因为

$$\int_0^{\pi}\cos(z\cos\theta)\mathrm{d}\theta=(\int_0^{\pi/2}+\int_{\pi/2}^{\pi})\cos(z\cos\theta)\mathrm{d}\theta=\int_0^{\pi/2}[\cos(z\cos\theta)+\cos(z\sin\theta)]\mathrm{d}\theta$$

所以有

$$\mathrm{J}_0(kr)=\frac{1}{\pi}\int_0^{\pi/2}[\cos(kr\cos\theta)+\cos(kr\sin\theta)]\mathrm{d}\theta \tag{3.2.28}$$

比较式（3.2.25）和式（3.2.28），得

$$\int_0^{2\pi}\mathrm{e}^{\mathrm{i}kr\cos(\theta-\varphi)}\mathrm{d}\theta=2\pi\mathrm{J}_0(kr) \tag{3.2.29}$$

所以得

$$p_{\mathrm{F}}=\frac{2P}{R^2}\int_0^R \mathrm{J}_0(kr)r\mathrm{d}r$$

根据贝塞尔函数性质：

$$\int_0^R \mathrm{J}_0(kr)r\mathrm{d}r=\frac{R\mathrm{J}_1(kR)}{k}$$

有

$$p_{\mathrm{F}}=2P\frac{\mathrm{J}_1(kR)}{kR} \tag{3.2.30}$$

式中，J_1 为第一类一阶贝塞尔函数。

由式（3.2.21）和式（3.2.30），得到移动圆形载荷引起的冰层垂向位移为

$$w(r,\theta)=-\frac{1}{4\pi^2\rho_2 g}\int_0^\infty\int_0^{2\pi}\frac{p_{\mathrm{F}}\mathrm{e}^{-\mathrm{i}kr\cos(\theta-\varphi)}}{a-b\cos^2\varphi}k\mathrm{d}k\mathrm{d}\varphi$$

即

$$w(r,\theta)=-\frac{P}{2\pi^2\rho_2 g}\int_0^\infty\int_0^{2\pi}\frac{\mathrm{J}_1(kR)}{kR}\frac{\mathrm{e}^{-\mathrm{i}kr\cos(\theta-\varphi)}}{a-b\cos^2\varphi}k\mathrm{d}k\mathrm{d}\varphi \tag{3.2.31}$$

在圆形载荷中心 $r=0$，$\theta=0$ 处，记冰层垂向位移为 $w_0=w(0,0)$，则式（3.2.31）退化的结果与 Nevel[6]对点源载荷引起的冰层变形进行累加得到的圆形载荷结果相同，即

$$w_0=-\frac{P}{2\pi^2\rho_2 g}\int_0^\infty\frac{\mathrm{J}_1(kR)}{kR}k\mathrm{d}k\int_0^{2\pi}\frac{\mathrm{d}\varphi}{a-b\cos^2\varphi} \tag{3.2.32}$$

因为

$$\int_0^{2\pi}\frac{\mathrm{d}\varphi}{a-b\cos^2\varphi}=\frac{2\pi U(a-b)}{\sqrt{a(a-b)}}$$

所以，得到圆形载荷中心的冰层垂向位移为

$$w_0=-\frac{P}{\pi\rho_2 g}\int_0^\infty\frac{\mathrm{J}_1(kR)}{kR}\frac{U(a-b)}{\sqrt{a(a-b)}}k\mathrm{d}k \tag{3.2.33}$$

式中，$U(a-b)$ 为单位步函数，且有

$$U(a-b)=\begin{cases}0, & a\leqslant b\\ 1, & a>b\end{cases}$$

（3）点源载荷。对矩形或圆形分布载荷引起的冰层变形，可以分别采用式（3.2.23）和式（3.2.31）计算。当矩形或圆形分布载荷的气垫面积趋于零时，可退化为点源载荷引起的冰层变形，这里记其变形为 $w_1=w(0,0)$。根据贝塞尔函数性质，有

$$\mathrm{J}_\nu(x)=\frac{x^\nu}{2^\nu\Gamma(1+\nu)},\quad x\to 0$$

$$\frac{\mathrm{J}_1(kR)}{kR}=\frac{1}{2},\quad R\to 0$$

由此可得

$$w_1=-\frac{P}{2\pi\rho_2 g}\int_0^\infty\frac{U(a-b)}{\sqrt{a(a-b)}}k\mathrm{d}k \tag{3.2.34}$$

3.2.3　奇点法求临界速度

利用奇点法推导临界速度的任意水深公式，再采用近似分析法得出临界速度的浅水近似公式及深水近似公式。

1. 任意水深公式

以圆形载荷或点源载荷为例，已知

$$\ell=\sqrt[4]{\frac{D}{\rho_2 g}},\quad F_{\mathrm{H}}=\frac{V}{\sqrt{gH}},\quad \bar{\eta}=\frac{\rho_1 h}{\rho_2 \ell},\quad \bar{H}=H/\ell$$

定义无量纲量

$$\xi=k\ell,\quad \bar{R}=R/\ell$$

则由式（3.2.19）得

$$a=1+\xi^4,\quad b=\frac{V^2\xi}{g\ell}[\coth(\xi\bar{H})+\xi\bar{\eta}] \tag{3.2.35}$$

将式（3.2.35）代入式（3.2.33）得到

$$w_0=\frac{-P}{\pi\rho_2 g\ell^2}\int_0^\infty\frac{\mathrm{J}_1(\xi\bar{R})}{\bar{R}}\frac{U(a-b)}{\sqrt{a(a-b)}}\mathrm{d}\xi \tag{3.2.36}$$

已知 a、b 均为 ξ 的函数，在速度 V 等其他参数一定的情况下，在 a、b（取为 b_1、b_2、b_3）随 ξ 而变化的曲线之间至少存在以下三种关系，如图 3.2.2 所示。当 $a=b$ 且 $\partial a/\partial\xi=\partial b/\partial\xi$ 时，式（3.2.33）或式（3.2.36）的被积函数存在奇异性，此时冰层垂向位移的计算结果趋于无穷大，而将所对应的速度定义为移动载荷的临界速度 V_{c}。

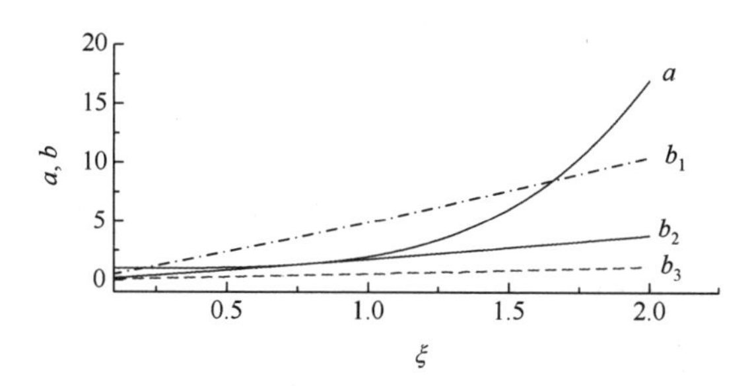

图 3.2.2　a 和 b 的关系

由 $a=b$ 时 $V=V_{\mathrm{c}}$，得到

$$\frac{V_{\mathrm{c}}^2}{g\ell}=\frac{1+\xi^4}{\xi}\frac{\tanh(\xi\bar{H})}{1+\xi\bar{\eta}\tanh(\xi\bar{H})} \tag{3.2.37}$$

由 $\partial a/\partial\xi=\partial b/\partial\xi$ 时 $V=V_{\mathrm{c}}$，得到

$$4\xi^3=\frac{V_{\mathrm{c}}^2}{g\ell}\{\coth(\xi\bar{H})+\xi\bar{H}[1-\coth^2(\xi\bar{H})]+2\xi\bar{\eta}\} \tag{3.2.38}$$

将式（3.2.37）代入式（3.2.38），得

$$4\xi^3=\frac{1+\xi^4}{\xi}\left\{2-\frac{1-\xi\bar{H}[\tanh(\xi\bar{H})-\coth(\xi\bar{H})]}{1+\xi\bar{\eta}\tanh(\xi\bar{H})}\right\}$$

即

$$\frac{1-3\xi^4}{1+\xi^4}=-1+\frac{1-\xi\bar{H}[\tanh(\xi\bar{H})-\coth(\xi\bar{H})]}{1+\xi\bar{\eta}\tanh(\xi\bar{H})} \tag{3.2.39a}$$

或

$$\frac{2(1-\xi^4)}{1+\xi^4}=\frac{1-\xi\bar{H}[\tanh(\xi\bar{H})-\coth(\xi\bar{H})]}{1+\xi\bar{\eta}\tanh(\xi\bar{H})} \tag{3.2.39b}$$

对式（3.2.39b）进一步整理，得

$$\frac{2\xi\bar{H}}{\sinh(2\xi\bar{H})}-2\xi\bar{\eta}\tanh(\xi\bar{H})\frac{1-\xi^4}{1+\xi^4}=\frac{2\xi\bar{H}}{\sinh(2\xi\bar{H})}-\xi\bar{\eta}\tanh(\xi\bar{H})\frac{1-\xi\bar{H}[\tanh(\xi\bar{H})-\coth(\xi\bar{H})]}{1+\xi\bar{\eta}\tanh(\xi\bar{H})}$$

$$=\frac{2\xi\bar{H}}{\sinh(2\xi\bar{H})}-1+\xi\bar{H}[\tanh(\xi\bar{H})-\coth(\xi\bar{H})]+\frac{1-\xi\bar{H}[\tanh(\xi\bar{H})-\coth(\xi\bar{H})]}{1+\xi\bar{\eta}\tanh(\xi\bar{H})}$$

即

$$\frac{2\xi\bar{H}}{\sinh(2\xi\bar{H})}-2\xi\bar{\eta}\tanh(\xi\bar{H})\frac{1-\xi^4}{1+\xi^4}=-1+\frac{1-\xi\bar{H}[\tanh(\xi\bar{H})-\coth(\xi\bar{H})]}{1+\xi\bar{\eta}\tanh(\xi\bar{H})} \tag{3.2.40}$$

综合式（3.2.39a）和式（3.2.40），得

$$\frac{1-3\xi^4}{1+\xi^4}=\frac{2\xi\bar{H}}{\sinh(2\xi\bar{H})}-2\xi\bar{\eta}\tanh(\xi\bar{H})\frac{1-\xi^4}{1+\xi^4} \tag{3.2.41}$$

式（3.2.41）是一个关于 ξ 的超越方程，可以通过迭代方法求解。

利用已知的水深、冰层厚度等数据，根据式（3.2.41）可以求出参数 ξ，将其代入式（3.2.37），即可得到任意水深情况下移动载荷激励浮冰层大幅响应的临界速度为

$$V_c=\sqrt{\frac{g\ell(1+\xi^4)\tanh(\xi\bar{H})}{\xi[1+\xi\bar{\eta}\tanh(\xi\bar{H})]}} \tag{3.2.42}$$

式中，g 为重力加速度；$\bar{H}=\frac{H}{\ell}$，H 为水深；$\ell=\sqrt[4]{\frac{D}{\rho_2 g}}$，$D$ 为冰层弯曲刚度，ρ_2 为水密度；$\bar{\eta}=\frac{\rho_1 h}{\rho_2\ell}$，$\rho_1$ 为冰密度，h 为冰层厚度。

由式（3.2.42）可以看出，运动载荷作用于冰层的临界速度与冰层厚度、水深、冰和水的密度及冰层的弹性模量有关，与点源强度或圆形载荷强度及其作用半径等因素无关。特别地，如果运用气垫船开展黄河破冰，由于黄河冰层厚度较小，通常有 $0\leqslant\bar{\eta}\leqslant 0.1$。

2. 浅水近似公式

当水深较浅时，进一步导出浅水临界速度计算公式，并将浅水临界速度另记为 V_s。根据式（3.2.21）和式（3.2.35），有

$$a=1+\xi^4,\quad b=\frac{V_s^2\xi}{g\ell}[\coth(\xi\bar{H})+\xi\bar{\eta}],\quad q(k)=a-\frac{bl^2}{k^2} \tag{3.2.43}$$

即

$$q(\xi)=1+\xi^4-\frac{V_s^2}{gH}[\coth(\xi\bar{H})+\xi\bar{\eta}]\frac{H^2l^2}{\xi\bar{H}}$$

其中，

$$\xi=k\ell,\quad \bar{\eta}=\frac{\rho_1 h}{\rho_2\ell},\quad \ell=\sqrt[4]{\frac{D}{\rho_2 g}},\quad \bar{H}=\frac{H}{\ell}$$

利用泰勒级数展开，可知 $\coth(\xi\bar{H})=\frac{1}{\xi\bar{H}}+\frac{\xi\bar{H}}{3}-\frac{(\xi\bar{H})^3}{45}+$ 高阶小量。注意到 Nevel[6]近似取 $\coth(\xi\bar{H})\to\frac{1}{\xi\bar{H}}$，Squire 等[2]近似取 $\coth(\xi\bar{H})\to\left(\frac{1}{\xi\bar{H}}+\frac{\xi\bar{H}}{3}\right)$，由于计算结果精度不够，需保留 $\coth(\xi\bar{H})$ 作泰勒级数展开后的 $O[(\xi\bar{H})^3]$ 量阶项，以适用更大的浅水范围。如果采用 Squire 等[2]的做法，将导致水深较大时的计算结果与准确结果相比偏小，但若近似取 $\coth(\xi\bar{H})\to\left[\frac{1}{\xi\bar{H}}+\frac{\xi\bar{H}}{3}-\frac{(\xi\bar{H})^3}{45}\right]$，则会导致计算结果与准确结果相比偏大，因此这里取两者平均值折中计算，即取

$$\coth(\xi\bar{H})\approx\frac{1}{\xi\bar{H}}+\frac{\xi\bar{H}}{3}-\frac{(\xi\bar{H})^3}{90}\tag{3.2.44}$$

将式（3.2.44）代入式（3.2.43），得

$$q(\xi)=1+\xi^4-Fr_H^2\left[\frac{1}{\xi\bar{H}}+\frac{\xi\bar{H}}{3}-\frac{(\xi\bar{H})^3}{90}+\xi\bar{\eta}\right]\frac{H^2l^2}{\xi\bar{H}}\tag{3.2.45}$$

式中，$Fr_H=V_s/\sqrt{gH}$。

当 $a=b$，$l=k$ 时，有 $q(\xi)=0$，位移响应积分式（3.2.21）存在奇异性，此时对应的冰层变形为无限大。根据

$$q(\xi)=1+\xi^4-Fr_H^2\left(\frac{1}{\xi^2\bar{H}^2}+\frac{1}{3}-\frac{\xi^2\bar{H}^2}{90}+\frac{\bar{\eta}}{\bar{H}}\right)\xi^2\bar{H}^2=0$$

或

$$\left(1+\frac{Fr_H^2\bar{H}^4}{90}\right)\xi^4-\left(\frac{1}{3}+\frac{\bar{\eta}}{\bar{H}}\right)Fr_H^2\bar{H}^2\xi^2+1-Fr_H^2=0\tag{3.2.46}$$

可知式（3.2.46）的 ξ 存在 4 个根，令判别式

$$\varDelta=\left[\left(\frac{1}{3}+\frac{\eta}{\bar{H}}\right)\bar{H}^2Fr_H^2\right]^2-4\left(\frac{Fr_H^2\bar{H}^4}{90}+1\right)(1-Fr_H^2)=0\tag{3.2.47}$$

式（3.2.47）决定了式（3.2.46）解的结构，特别是当 $\varDelta=0$ 时，$q(\xi)$ 在区域 $(0,\infty)$ 的积分存在实双零点，此时 Fr_H 对应的冰层变形是无界的。

为简化计算，设

$$a_1^2=\left(\frac{1}{3}+\frac{\bar{\eta}}{\bar{H}}\right)\bar{H}^2,\quad b_1=\frac{\bar{H}^4}{90}$$

则式（3.2.47）可写为

$$(a_1^4+4b_1)Fr_{\mathrm{H}}^4+(4-4b_1)Fr_{\mathrm{H}}^2-4=0$$

求解上述方程，并舍去负值，得

$$Fr_{\mathrm{H}}^2=\frac{2}{1-b_1+\sqrt{(1+b_1)^2+a_1^4}}$$

即

$$\frac{V_{\mathrm{s}}}{\sqrt{gH}}=\sqrt{\frac{2}{1-b_1+\sqrt{(1+b_1)^2+a_1^4}}}$$

进而得浅水条件下的移动载荷临界速度的近似公式[10]为

$$V_{\mathrm{s}}=\sqrt{\frac{2gH}{1-\frac{\bar{H}^4}{90}+\sqrt{\left(1+\frac{\bar{H}^4}{90}\right)^2+\left(\frac{1}{3}+\frac{\bar{\eta}}{\bar{H}}\right)^2\bar{H}^4}}} \tag{3.2.48}$$

式中，H 为水深；g 为重力加速度；$\bar{H}=\dfrac{H}{\ell}$，$\ell=\sqrt[4]{\dfrac{D}{\rho_2 g}}$，$D$ 为冰层弯曲刚度，ρ_2 为水密度；$\bar{\eta}=\dfrac{\rho_1 h}{\rho_2 \ell}$，$\rho_1$ 为冰密度，h 为冰层厚度。

另外，对极浅水长波有 $\bar{H}\to 0$，由式（3.2.48）可得

$$V_{\mathrm{s}}\approx\sqrt{gH} \tag{3.2.49}$$

式（3.2.49）是冰-水系统中存在的另一个临界速度，它与冰层参数无关，仅体现液体重力波的能量传播速度[8]。

3. 深水近似公式

当 $\bar{H}\to\infty$ 即水深较大时，近似有 $\dfrac{2\xi\bar{H}}{\sinh(2\xi\bar{H})}\to 0$，$\tanh(\xi\bar{H})\to 1$。对冰层而言，若取 $\bar{\eta}\approx 0.1\sqrt[4]{h}$，则当 $0\leqslant h\leqslant 1\,\mathrm{m}$ 时，有 $0\leqslant\bar{\eta}\leqslant 0.1$；若取 $\bar{\eta}=0$，则可由式（3.2.41）得零点 $\xi_0=\sqrt[4]{1/3}=0.76$。将式（3.2.41）在 ξ_0 处展开，近似可得

$$\xi=\xi_0\left[1-\frac{2\xi_0\bar{H}}{3\sinh(2\xi_0\bar{H})}\right] \tag{3.2.50}$$

将式（3.2.50）代入式（3.2.42），并将此时的临界速度记为 V_{d}，整理后得到深水条件下移动载荷临界速度的近似公式为

$$V_{\mathrm{d}}=\left[\frac{4g\ell\tanh(\xi_0\bar{H})}{3\xi_0}\right]^{1/2}\left[1-\frac{\xi_0\bar{H}}{3\sinh(2\xi_0\bar{H})}-\frac{\bar{\eta}\xi_0}{2}\tanh(\xi_0\bar{H})\right] \tag{3.2.51}$$

对于无限水深情况，有

$$V_{\mathrm{d}}=\left(\frac{4g\ell}{3\xi_0}\right)^{1/2}\left(1-\frac{\bar{\eta}\xi_0}{2}\right) \tag{3.2.52}$$

式中，$\xi_0=\sqrt[4]{1/3}$。

3.2.4　能量法求临界速度

气垫载荷运动时，存在使浮冰层变形幅值达到最大的临界速度[10]。用冰层位移 w 代替水面起伏 ζ，在大地坐标系下，沿 x 轴正向传播的冰层振动二维波形记为

$$w = w_0 \mathrm{e}^{\mathrm{i}(kx-\omega t)}$$

式中，w_0 为振幅；k 为波数；ω 为圆频率。

由式（2.4.16）可知，水层应满足的控制方程为 $\nabla^2 \Phi = 0$。水底不可穿透条件为 $\left.\frac{\partial \Phi}{\partial z}\right|_{z=-H} = 0$，冰-水交界面处的运动学条件为 $\frac{\partial w}{\partial t} = \left.\frac{\partial \Phi}{\partial z}\right|_{z=0}$，由此可解得 $\Phi(x,z,t) = -\frac{\mathrm{i}\omega w}{k\sinh(kH)}\cosh k(z+H)$。忽略冰层的黏弹性，考虑冰层的自由振动，即令 $\tau = 0$ 及 $p = 0$，由式（3.2.3）可解得冰层自由振动的色散关系为

$$\omega^2 = \frac{Dk^5 + \rho_2 kg}{\rho_1 kh + \rho_2 \coth(kH)}$$

进一步得冰层自由振动波形传播的相速度 c 和群速度 c_{g} 分别为

$$c = \sqrt{\frac{Dk^4 + \rho_2 g}{k[\rho_1 kh + \rho_2 \coth(kH)]}} \tag{3.2.53}$$

$$c_{\mathrm{g}} = \frac{5Dk^4 + \rho_2 g}{2\sqrt{(Dk^5 + \rho_2 kg)[\rho_1 kh + \rho_2 \coth(kH)]}} - \frac{[\rho_1 h - \rho_2 H/\sinh^2(kH)]\sqrt{Dk^5 + \rho_2 kg}}{2[\rho_1 kh + \rho_2 \coth(kH)]^{3/2}} \tag{3.2.54}$$

因为 $c_{\mathrm{g}} = \frac{\mathrm{d}\omega}{\mathrm{d}k} = \frac{\mathrm{d}(ck)}{\mathrm{d}k} = \frac{k\mathrm{d}c}{\mathrm{d}k} + c$，所以当 $\frac{\mathrm{d}c}{\mathrm{d}k} = 0$ 时，定义冰层振动的相速度 c 为最小相速度 $c_{\min}$，且该相速度与群速度相等，即有 $c_{\min} = c_{\mathrm{g}}$。

群速度 c_{g} 代表冰-水系统振动时的波能传播速度，当载荷以 $c_{\min}$ 运动时，表明在相对于载荷运动的坐标系下，冰-水系统能量传播的群速度为零，即载荷施加于冰-水系统的能量不能离开载荷辐射出去。在气垫载荷的连续作用下，冰-水系统中的波能将不断累积，冰层振动变形的振幅将不断增大，从而产生聚能共振增幅效应，导致冰层内部的拉压应力和弯曲应力将超过冰层的极限应力，进而导致冰层断裂。此时，载荷的运动速度即为临界速度，且有 $V_{\mathrm{c}} = c_{\min} = c_{\mathrm{g}}$，该临界速度也称为第一临界速度 V_{c1}。

当波数 $k \to 0$ 即波长 $\lambda \to \infty$ 时，根据式（3.2.53）和式（3.2.54），可以得到冰-水系统波形传播相速度和群速度相等的另外一种情况，且 $c = c_{\mathrm{g}} \approx \sqrt{gH}$，此结果对应于第二临界速度 V_{c2}，这与奇点法所得结论一致。

3.2.5　计算结果与分析

1. 实验结果验证

Takizawa[11]和 Squire 等[12]分别开展了移动载荷引起的浮冰层变形现场实验，获得了使浮冰层产生大幅变形的临界速度。Takizawa 的实验参数为 $E = 5.1\times 10^8$ Pa，$\mu = 1/3$，$h = 0.17$ m，

$H=6.8\ \mathrm{m}$，$\rho_1=900\ \mathrm{kg/m^3}$，$\rho_2=1026\ \mathrm{kg/m^3}$；且$\ell=2.2\ \mathrm{m}$，$\bar{H}=3.1$，$\bar{\eta}=0.068$。Squire 等的实验参数为$E=4.2\times10^9\ \mathrm{Pa}$，$\mu=1/3$，$h=1.6\ \mathrm{m}$，$H=350\ \mathrm{m}$，$\rho_1=917\ \mathrm{kg/m^3}$，$\rho_2=1024\ \mathrm{kg/m^3}$；且$\ell=20.0\ \mathrm{m}$，$\bar{H}=17.5$，$\bar{\eta}=0.072$。采用上述实验参数，在不同水深条件下，利用临界速度的任意水深公式（3.2.42）、浅水近似公式（3.2.48）和深水近似公式（3.2.51）分别进行计算[10]。

在$H=6.8\ \mathrm{m}$时，Takizawa 的临界速度实验结果为$5.8\pm0.2\ \mathrm{m/s}$。计算结果分别为$V_\mathrm{c}=5.93\ \mathrm{m/s}$、$V_\mathrm{s}=5.82\ \mathrm{m/s}$、$V_\mathrm{d}=5.85\ \mathrm{m/s}$，三种计算结果比较接近，且与实验结果符合良好，如图 3.2.3 所示。

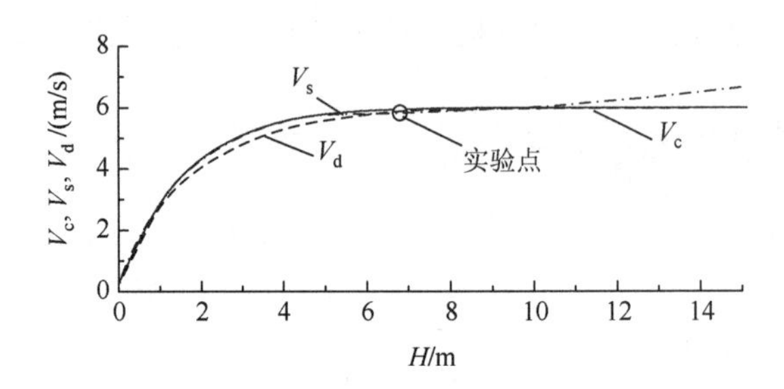

图 3.2.3　临界速度与水深的关系（Takizawa 实验参数）

在$H=350\ \mathrm{m}$时，Squire 等的临界速度实验结果为$18\pm0.5\ \mathrm{m/s}$。通过任意水深公式和深水近似公式计算得到的临界速度分别为$V_\mathrm{c}=18.07\ \mathrm{m/s}$和$V_\mathrm{d}=18.05\ \mathrm{m/s}$，计算结果与实验结果符合良好，如图 3.2.4 所示。

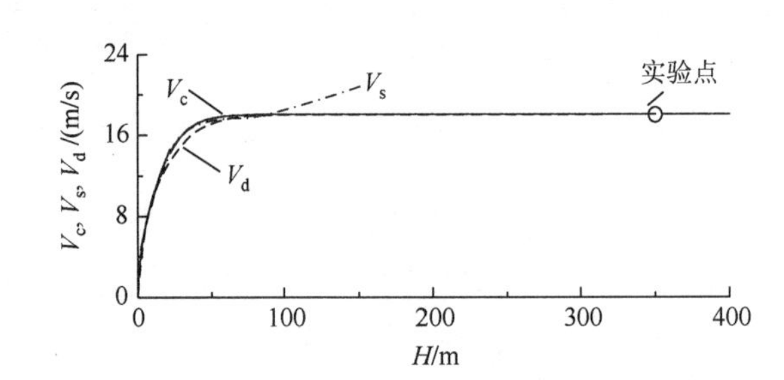

图 3.2.4　临界速度与水深的关系（Squire 等实验参数）

对图 3.2.3 和图 3.2.4 进行综合分析可知，当$\bar{H}<1.5$时，利用浅水近似公式与任意水深公式计算得到的临界速度符合较好，可以采用解析的浅水近似公式进行计算；在水深较浅时，临界速度随着水深的增加迅速增加。当$\bar{H}>5.0$时，深水近似公式与任意水深公式计算结果符合较好，可以采用解析的深水近似公式计算，Squire 等[12]的实验条件介于这个水深范围；在水深较大时，临界速度随着水深的增加基本保持不变。当$1.5\leqslant\bar{H}\leqslant5.0$时，临界速度随着水深的增加缓慢增加，拟采用任意水深公式计算，Takizawa[11]的实验条件介于这个水深范围。

2. 奇点法与能量法计算结果对比

作为能量法算例和冰水系统振动能量的机理分析，采用 Squire 等[12]的实验参数，根据式（3.2.53）和式（3.2.54）计算相速度c和群速度c_g，它们随波数的变化曲线如图 3.2.5 所示。曲线交叉点A_1对应的计算值$c_{\min 1}=18.07\ \mathrm{m/s}$，实验值$c_{\min 1}=18\pm0.5\ \mathrm{m/s}$，可见计算结果与实验结果一致。当 $k \to 0$ 时，可以计算得到冰-水系统波动传播的相速度和群速度相等，且 $c = c_g \to \sqrt{gH}$，它们与冰层参数无关，仅体现液体重力波的效应。这说明，对长波而言，还存在另一个使冰-水系统产生聚能共振增幅效应的临界速度 $\sqrt{gH}$，这里对应于图中的点 A_2。当移动载荷速度 V_{c2}（该速度定义为第二临界速度）接近于浅水重力波的传播速度 $\sqrt{gH}$ 时，由于波动能量的不断累积，也会在冰-水系统中产生共振增幅效应，类似浅水航道中船前孤立波的形成特点，将在移动气垫载荷前方的冰层上引起很大的上凸变形。当 $k \to \infty$ 时，可以计算得到冰-水系统波动传播的相速度为 $c \to k\sqrt{D/(\rho_1 h)}$，群速度为 $c_g \to 2k\sqrt{D/(\rho_1 h)} = 2c$，它们与水层参数无关，仅体现冰层固体的弹性波效应。此时，波能传播的群速度始终大于波形传播的相速度，因此起支配作用的弹性波及其波动能量将会在移动载荷的前方传播。对短波而言，在冰-水系统中不可能存在产生聚能共振增幅效应的移动载荷临界速度。

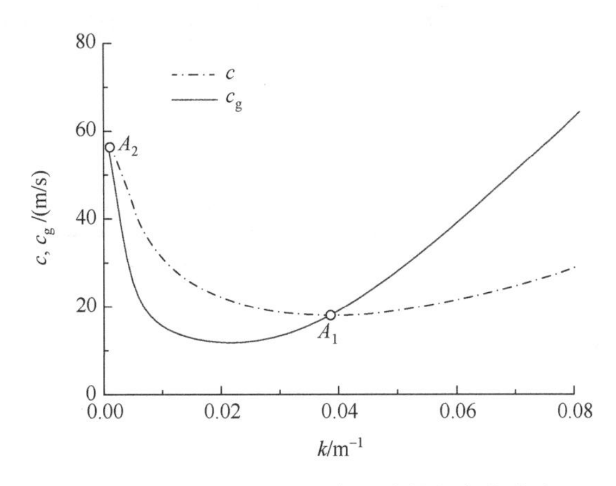

图 3.2.5　相速度和群速度随波数的变化曲线

进一步对奇点法和能量法计算结果进行比较。计算参数同文献[11]和[12]的实验参数，根据式（3.2.53）和式（3.2.54）进行计算，在不同水深情况下分别得到相速度和群速度随波数的变化曲线，根据相速度和群速度曲线的交点即可获得临界速度，并将所得结果与奇点法式（3.2.42）所得到的临界速度计算结果进行比较。结果表明，运用能量法与奇点法得到的临界速度具有较好的一致性，如图 3.2.6（a）和（b）所示。利用奇点法确定临界速度，对应的是冰层变形无穷大时的奇异性解；利用能量法确定临界速度，对应的则是与冰-水系统波能传递速度相同时形成冰层聚能增幅效应的移动载荷运动速度。

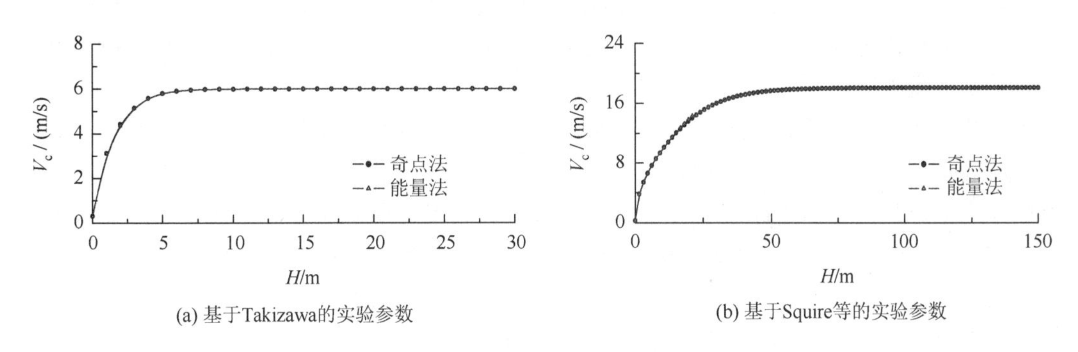

(a) 基于Takizawa的实验参数　　(b) 基于Squire等的实验参数

图 3.2.6　奇点法与能量法计算结果比较

3. 临界速度影响因素分析

针对黄河冬季实际冰层厚度情况，运用临界速度式（3.2.42）、式（3.2.48）和式（3.2.51）分别进行计算。冰层厚度分别取 $h = 0.2\ \text{m}$、$0.5\ \text{m}$、$0.8\ \text{m}$，其余参数取 $E = 5\times10^9\ \text{Pa}$，$\mu = 1/3$，$\rho_1 = 900\ \text{kg/m}^3$，$\rho_2 = 1000\ \text{kg/m}^3$，计算结果如图 3.2.7 所示。对于不同厚度的冰层，水深较小时临界速度曲线趋于重合且与水深变化关系密切，说明浅水条件下水深对临界速度的影响更大。在水深相同时，临界速度随冰层厚度的增加而增加，但增加的趋势有所减缓。在冰层厚度相同时，临界速度随水深增加由迅速增加、缓慢增加过渡到基本保持不变，最终趋于一临界速度的上限值。在黄河冰层厚度为 0.8 m 时，计算的临界速度上限值为 14.5 m/s，属于气垫船的运行速度范围，能够满足气垫船的实际运行工况。

另外，计算结果还表明，由于黄河内蒙古段水深较小，所以采用解析的浅水近似公式估算临界速度具有准确快捷的特点。

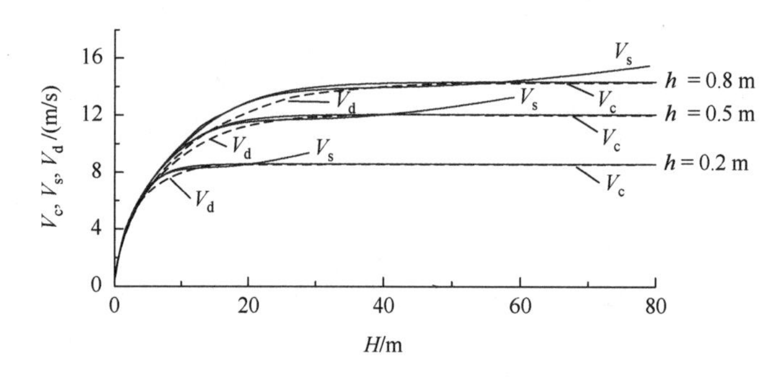

图 3.2.7　临界速度与水深和冰层厚度的关系

4. 位移响应影响因素分析

利用式（3.2.36）进行数值计算，获取不同载荷强度、冰层厚度、水深和载荷作用半径条件下冰层的位移变形与载荷运动速度的关系，计算条件与图 3.2.7 情况相同，计算结果如图 3.2.8 所示。

由图 3.2.8（a）～（d）可以看出，在不同的计算条件下，均存在一个共同的规律，即当载荷运动速度较小时，冰层变形随着载荷运动速度的增大缓慢增大；当载荷运动速度接近于临界速度时，冰层变形迅速增大，并在临界速度点处冰层变形趋于无穷，之后随着载荷运动速度的增大，冰层变形快速减小；当载荷运动速度进一步增大时，其引起的冰层变形甚至可以小于静载荷引起的冰层变形。

不同载荷强度作用下，冰层的位移变形随着载荷强度的增大呈现线性增大的变化，因此增加气垫船吨位有利于破冰，但对临界速度基本没有影响，如图 3.2.8（a）所示。同一载荷作用于不同厚度的冰层时，随着冰层厚度的减小，其临界速度有所减小，但冰层变形呈非线性大幅增加，如图 3.2.8（b）所示。水域深度不同时，移动载荷的临界速度随着水深的增大而增大，但增大趋势有所减缓，如图 3.2.8（c）所示。在载荷吨位相同时，载荷作用半径增大将导致冰层位移变形减小，但临界速度基本保持不变，如图 3.2.8（d）所示。

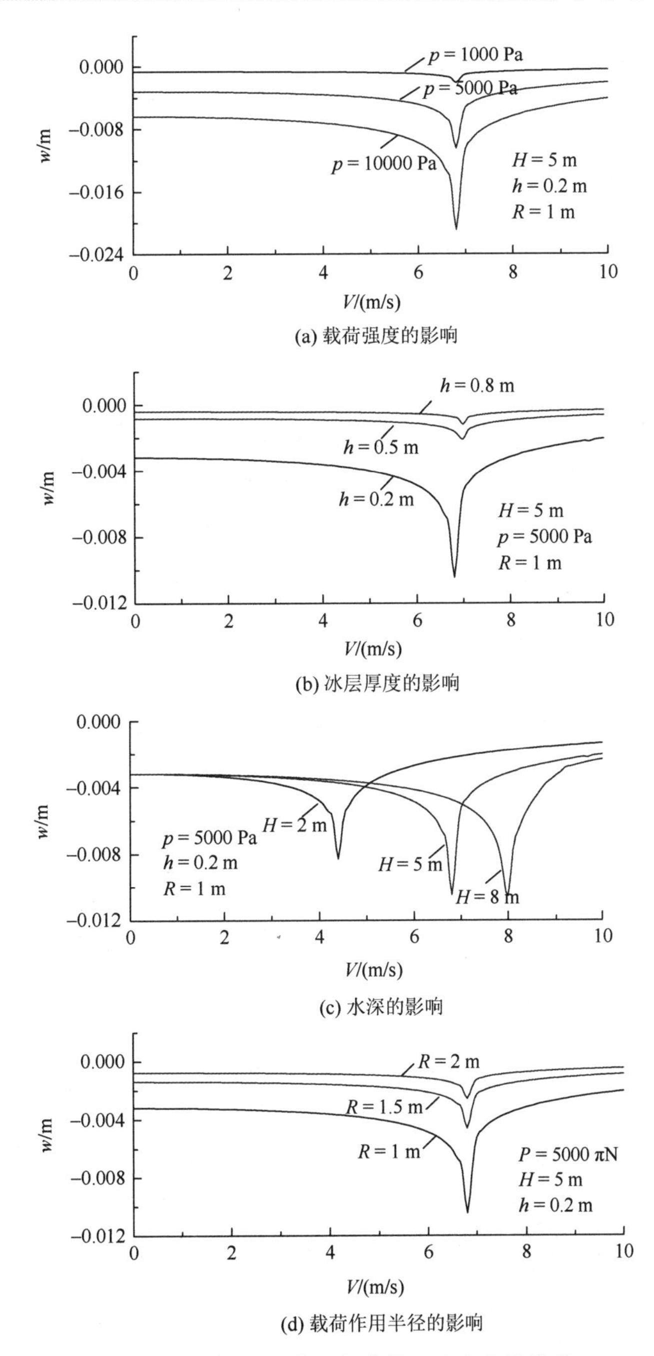

(a) 载荷强度的影响

(b) 冰层厚度的影响

(c) 水深的影响

(d) 载荷作用半径的影响

图 3.2.8　冰层位移变形与载荷运动速度的关系

3.3　变速移动载荷激励液体基上浮冰层的响应

3.3.1　理论模型

3.2 节研究表明，匀速移动载荷会在冰-水系统中激起弯曲-重力波，以临界速度运动时通过对冰-水系统不断补充能量可以引起浮冰层的聚能共振增幅效应，从而达到利用气垫船破冰的目的。然而在实际运营时，气垫船往往还可能存在变速运动。例如，在利用临界速度破冰时就存在一段从静止开始加速至临界速度的非定常变速过程，目前对于变速移动载荷激励浮冰层响应的变化规律还不甚清楚，因此需要进一步深入研究[13, 14]。本节以冰面上的一维移动载荷为研究对象，假设有一无限大浮冰层覆盖于水面之上，冰面上的集中载荷强度恒定为P，该载荷从初始静止状态做变速运动，直至速度达到 V 后，再以恒定速度 V 继续向前运动。已知冰层厚度为h，冰密度为ρ_1，水深为H，水密度为ρ_2。建立大地坐标系$O\text{-}xyz$，Oxy与冰层中性面重合，z轴垂直向上，$z=0$为冰层中性面，$z=-H$为定常深度水底，如图 3.3.1 所示。

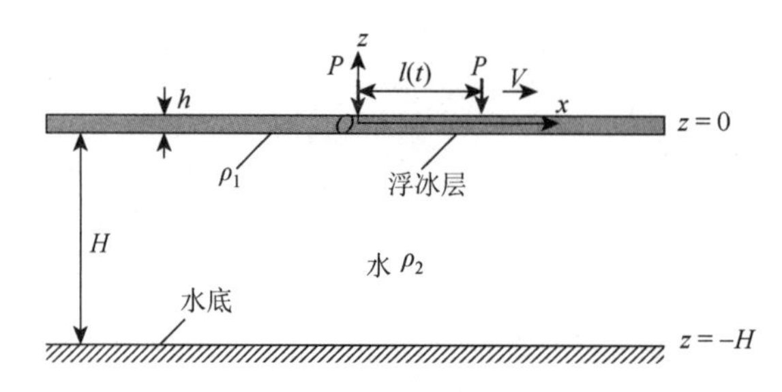

图 3.3.1　浮冰层上的变速移动载荷

假设移动载荷从初始静止状态变速运动到速度V后，再以恒定速度V运动，假设载荷运动时间为t，运动距离为$l(t)$，则有

$$l(t)=\begin{cases} l_{\mathrm{A}}(t), & 0\leqslant t<T \\ l_{\mathrm{A}}(T)+V(t-T), & t\geqslant T \end{cases} \tag{3.3.1}$$

式中，T为线源载荷从静止运动到速度 V 所需的时间；$l_{\mathrm{A}}(t)$为该时间内运动的位移。

假设冰层为各向同性、匀质、厚度均匀的弹性薄板，不计浮冰层黏性。水为理想不可压缩流体，做无旋运动，速度势为$\varPhi$。已知大地坐标系下计及流体基耦合作用的薄冰层振动微分方程式为

$$D\nabla^4 w+\rho_1 h\frac{\partial^2 w}{\partial t^2}+\rho_2 g w+\rho_2\left.\frac{\partial \varPhi}{\partial t}\right|_{z=0}=-p(x,y,t)$$

对于一维移动线源载荷，其所引起的浮冰层位移响应和流场运动与y的方向无关，即有$\partial/\partial y=0$，$\nabla^4=\partial^4/\partial x^4$，$w=w(x,t)$，$\varPhi=\varPhi(x,z,t)$，$p=p(x,t)$，所以式（3.2.3）可简化为

$$D\frac{\partial^4 w}{\partial x^4}+\rho_1 h\frac{\partial^2 w}{\partial t^2}+\rho_2 g w+\rho_2\left.\frac{\partial \varPhi}{\partial t}\right|_{z=0}=-p(x,t) \tag{3.3.2}$$

式中，D为冰层弯曲刚度；g为重力加速度。

对于集中移动载荷，有$p(x,t)=P\delta[x-l(t)]$。为简化计算，进一步忽略浮冰层的惯性项$\rho_1 h\partial^2 w/\partial t^2$，则式（3.3.2）变为

$$D\frac{\partial^4 w}{\partial x^4}+\rho_2\left(gw+\left.\frac{\partial \varPhi}{\partial t}\right|_{z=0}\right)=-P\delta[x-l(t)] \tag{3.3.3}$$

冰层下，流体运动可由二维的 Laplace 方程进行描述：

$$\frac{\partial^2 \varPhi}{\partial x^2}+\frac{\partial^2 \varPhi}{\partial z^2}=0,\quad -\infty<x<\infty;-H\leqslant z\leqslant 0 \tag{3.3.4}$$

在冰-水交界面和水底处的边界条件分别为

$$\left.\frac{\partial \Phi}{\partial z}\right|_{z=0}=\frac{\partial w}{\partial t} \tag{3.3.5a}$$

$$\left.\frac{\partial \Phi}{\partial z}\right|_{z=-H}=0 \tag{3.3.5b}$$

在无穷远处，还应该满足浮冰层垂向振动位移为零的边界条件。

在$t=0$时，浮冰层和流体处于静止状态，其初始条件可写为

$$w=\frac{\partial w}{\partial t}=0, \quad \nabla \Phi=0 \tag{3.3.6}$$

至此，式（3.3.3）～式（3.3.6）组成的初边值问题构成了研究变速载荷激励冰层位移响应的理论数学模型。

3.3.2　模型求解

在上述初边值问题中，涉及一组 4 阶偏微分方程。首先，采用积分变换的方法对其进行降阶；其次，结合边界条件和初始条件确定积分变换后的解；最后，利用相应的逆变换求解冰层的位移响应。

引入 Fourier-Laplace 变换为

$$\Phi_{\mathrm{F}}=\int_{-\infty}^{\infty} \mathrm{e}^{-\mathrm{i}kx} \mathrm{d}x \int_{0}^{\infty} \mathrm{e}^{-st} \Phi \mathrm{d}t \tag{3.3.7}$$

$$w_{\mathrm{F}}=\int_{-\infty}^{\infty} \mathrm{e}^{-\mathrm{i}kx} \mathrm{d}x \int_{0}^{\infty} \mathrm{e}^{-st} w \mathrm{d}t \tag{3.3.8}$$

$$p_{\mathrm{F}}=\int_{-\infty}^{\infty} \mathrm{e}^{-\mathrm{i}kx} \mathrm{d}x \int_{0}^{\infty} \mathrm{e}^{-st} p \mathrm{d}t \tag{3.3.9}$$

式中，Φ_{F}、w_{F}、p_{F}分别为Φ、w、p的 Fourier-Laplace 变换；k和s为积分变换的参变量。

分别对式（3.3.3）～式（3.3.5）进行上述积分变换，并利用式（3.3.6），得

$$s\left.\Phi_{\mathrm{F}}\right|_{z=0}+\left(g+\frac{Dk^{4}}{\rho_{2}}\right) w_{\mathrm{F}}=-\frac{p_{\mathrm{F}}}{\rho_{2}} \tag{3.3.10}$$

$$\frac{\partial^{2} \Phi_{\mathrm{F}}}{\partial z^{2}}-k^{2} \Phi_{\mathrm{F}}=0, \quad -H \leqslant z \leqslant 0 \tag{3.3.11}$$

$$\frac{\partial \Phi_{\mathrm{F}}}{\partial z}=s w_{\mathrm{F}}, \quad z=0 \tag{3.3.12a}$$

$$\frac{\partial \Phi_{\mathrm{F}}}{\partial z}=0, \quad z=-H \tag{3.3.12b}$$

式（3.3.11）的通解为$\Phi_{\mathrm{F}}=C_{1}\mathrm{e}^{-kz}+C_{2}\mathrm{e}^{kz}$，将该通解代入式（3.3.12）中，整理可得

$$C_{1}=\frac{s w_{\mathrm{F}}}{k(\mathrm{e}^{2kH}-1)}, \quad C_{2}=\frac{s w_{\mathrm{F}} \mathrm{e}^{2kH}}{k(\mathrm{e}^{2kH}-1)}$$

所以有

$$\Phi_{\mathrm{F}}=\frac{s w_{\mathrm{F}}}{k \sinh(kH)} \cosh[k(z+H)] \tag{3.3.13}$$

对集中移动载荷进行相应积分变换，得

$$p_{\mathrm{F}}=\int_{-\infty}^{\infty} P \delta[x-l(t)] \mathrm{e}^{-\mathrm{i}kx} \mathrm{d}x \int_{0}^{\infty} \mathrm{e}^{-st} \mathrm{d}t=P \int_{0}^{\infty} \mathrm{e}^{-st-\mathrm{i}kl(t)} \mathrm{d}t$$

将式（3.3.13）代入式（3.3.10），有

$$w_{\mathrm{F}} = -\frac{p_{\mathrm{F}} k \tanh(kH)}{\rho_2 (s^2 + k^2 c_1^2)} \tag{3.3.14}$$

式中，$c_1 = \sqrt{\dfrac{Dk^4 + \rho_2 g}{k \rho_2 \coth(kH)}}$。

对式（3.3.14）先进行 Laplace 逆变换，得

$$L^{-1}[w_{\mathrm{F}}] = L^{-1}\left[\int_0^{\infty} \frac{-P\tanh(kH)\mathrm{e}^{-\mathrm{i}kl(t)}}{\rho_2 c_1} \frac{kc_1}{s^2 + k^2 c_1^2} \mathrm{e}^{-st} \mathrm{d}t\right]$$

注意到

$$L^{-1}\left[\int_0^{\infty} \frac{-P\tanh(kH)\mathrm{e}^{-\mathrm{i}kl(t)}}{\rho_2 c_1} \mathrm{e}^{-st} \mathrm{d}t\right] = \frac{-P\tanh(kH)\mathrm{e}^{-\mathrm{i}kl(t)}}{\rho_2 c_1}$$

$$L^{-1}\left[\frac{kc_1}{s^2 + k^2 c_1^2}\right] = \sin(kc_1 t)$$

利用卷积定理，可得

$$L^{-1}[w_{\mathrm{F}}] = \frac{-P\tanh(kH)\mathrm{e}^{-\mathrm{i}kl(t)}}{\rho_2 c_1} \sin(kc_1 t)$$

即

$$L^{-1}[w_{\mathrm{F}}] = \int_0^{t} \frac{-P\tanh(kH)\mathrm{e}^{-\mathrm{i}kl(\tau)}}{\rho_2 c_1} \sin[kc_1(t-\tau)]\mathrm{d}\tau$$

再进行 Fourier 逆变换，得

$$w(x,t) = F^{-1}[L^{-1}[w_{\mathrm{F}}]] = \frac{1}{2\pi}\int_{-\infty}^{\infty} \mathrm{e}^{\mathrm{i}kx}\mathrm{d}k \int_0^{t} \frac{-P\tanh(kH)\mathrm{e}^{-\mathrm{i}kl(\tau)}}{\rho_2 c_1} \sin[kc_1(t-\tau)]\mathrm{d}\tau$$

所以，载荷变速运动下激励浮冰层位移响应的积分表达式为

$$w(x,t) = -\frac{P}{2\pi\rho_2}\int_0^{t}\mathrm{d}\tau\int_{-\infty}^{\infty} \frac{\tanh(kH)}{c_1} \sin[kc_1(t-\tau)]\mathrm{e}^{\mathrm{i}k[x-l(\tau)]}\mathrm{d}k \tag{3.3.15}$$

考虑匀速运动载荷时，有 $l(\tau) = V\tau$，式（3.3.15）变为

$$w(x,t) = -\frac{P}{2\pi\rho_2}\int_{-\infty}^{\infty} \frac{\tanh(kH)}{c_1} \mathrm{e}^{\mathrm{i}k(x-Vt)}\mathrm{d}k \int_0^{t} \mathrm{e}^{\mathrm{i}kV(t-\tau)} \sin[kc_1(t-\tau)]\mathrm{d}\tau \tag{3.3.16}$$

利用换元法，式（3.3.16）右端单积分可写为

$$\int_0^{t} \mathrm{e}^{\mathrm{i}kV(t-\tau)} \sin[kc_1(t-\tau)]\mathrm{d}\tau = \int_0^{t} \mathrm{e}^{\mathrm{i}kV\tau} \sin(kc_1\tau)\mathrm{d}\tau \tag{3.3.17}$$

利用积分式：

$$\int \mathrm{e}^{a\tau}\sin(b\tau)\mathrm{d}\tau = \frac{1}{a^2+b^2}\mathrm{e}^{a\tau}[a\sin(b\tau) - b\cos(b\tau)]$$

进一步整理得式（3.3.17）右端为

$$\int_0^{t} \mathrm{e}^{\mathrm{i}kV\tau}\sin(kc_1\tau)\mathrm{d}\tau = \frac{\mathrm{e}^{\mathrm{i}kVt}[\mathrm{i}V\sin(kc_1 t) - c_1\cos(kc_1 t)] + c_1}{k(c_1^2 - V^2)} = -\frac{1}{2k}\left[\frac{\mathrm{e}^{\mathrm{i}k(c_1+V)t} - 1}{c_1 + V} + \frac{\mathrm{e}^{\mathrm{i}k(V-c_1)t} - 1}{c_1 - V}\right] \tag{3.3.18}$$

将式（3.3.18）逐步回代到式（3.3.15）中，得到匀速运动载荷激励浮冰层位移响应的表达式，即

$$w(x,t)=\frac{P}{4\pi\rho_2}\int_{-\infty}^{\infty}\frac{\tanh(kH)}{kc_1}\left[\frac{e^{ik(c_1+V)t}-1}{c_1+V}+\frac{e^{ik(V-c_1)t}-1}{c_1-V}\right]e^{ik(x-Vt)}dk \tag{3.3.19}$$

式（3.3.19）与匀速移动载荷条件下 Schulkes 等[15]导出的冰层位移响应表达式相同。

由于式（3.3.15）被积函数的复杂性，需要采用数值方法对其进行计算，重新整理该式得

$$w(x,t)=-\frac{P}{2\pi\rho_2}\int_{-\infty}^{\infty}Qe^{ikx}dk \tag{3.3.20}$$

式中，$Q=J\tanh(kH)/c_1$，其中 $J=\int_0^t\sin[kc_1(t-\tau)]e^{-ikl(\tau)}d\tau$。

以下考察Q中积分部分J的计算方法。对于初速度为零的载荷匀加速运动，当加速度为a时，有$l(\tau)=a\tau^2/2$，所以有

$$\begin{aligned}J&=\frac{1}{2i}\int_0^t e^{-ika\tau^2/2}[e^{ikc_1(t-\tau)}-e^{-ikc_1(t-\tau)}]d\tau\\&=\frac{1}{2i}\left[e^{ikc_1t}\int_0^t e^{-i(ka\tau^2/2+kc_1\tau)}d\tau-e^{-ikc_1t}\int_0^t e^{-i(ka\tau^2/2-kc_1\tau)}d\tau\right]\\&=\frac{1}{2i}e^{i\alpha^2\gamma^2}\left[e^{ikc_1t}\int_0^t e^{-i\gamma^2(\tau+\alpha)^2}d\tau-e^{-ikc_1t}\int_0^t e^{-i\gamma^2(\tau-\alpha)^2}d\tau\right]\end{aligned}$$

式中，$\alpha=c_1/a$；$\gamma=\sqrt{ka/2}$。

通过换元法，得

$$J=\frac{1}{2\gamma i}e^{i\beta^2}\left\{e^{ikc_1t}\left[\int_0^{\gamma(t+\alpha)}e^{-i\tau^2}d\tau-\int_0^{\beta}e^{-i\tau^2}d\tau\right]-e^{-ikc_1t}\left[\int_0^{\gamma(t-\alpha)}e^{-i\tau^2}d\tau+\int_0^{\beta}e^{-i\tau^2}d\tau\right]\right\}$$

式中，$\beta=\alpha\gamma$。

为计算上述J中的积分项，定义如下函数：

$$F(x)=\int_0^x e^{-i\tau^2}d\tau \tag{3.3.21}$$

利用换元法，式（3.3.21）也可写为

$$F(x)=\sqrt{\frac{\pi}{2}}\int_0^{x\sqrt{2/\pi}}\left[\cos\left(\frac{\pi t^2}{2}\right)-i\sin\left(\frac{\pi t^2}{2}\right)\right]dt \tag{3.3.22}$$

根据菲涅耳（Fresnel）积分[9]的定义，有

$$C(x)=\int_0^x\cos\left(\frac{\pi t^2}{2}\right)dt,\quad S(x)=\int_0^x\sin\left(\frac{\pi t^2}{2}\right)dt$$

所以，式（3.3.22）可写为

$$F(x)=\sqrt{\frac{\pi}{2}}\left[C\left(x\sqrt{\frac{2}{\pi}}\right)-iS\left(x\sqrt{\frac{2}{\pi}}\right)\right] \tag{3.3.23}$$

由此得

$$J=\frac{e^{i\beta^2}}{2\gamma i}\left(e^{ikc_1t}\{F[\gamma(t+\alpha)]-F(\beta)\}-e^{-ikc_1t}\{F[\gamma(t-\alpha)]+F(\beta)\}\right) \tag{3.3.24}$$

式中，$\alpha=c_1/a$；$\beta=\alpha\gamma$；$\gamma=\sqrt{ka/2}$。

将式（3.3.24）代入式（3.3.20），得

$$w(x,t) = -\frac{P}{2\pi\rho_2}\int_{-\infty}^{\infty}\frac{J\tanh(kH)}{c_1}\mathrm{e}^{\mathrm{i}kx}\mathrm{d}k \tag{3.3.25}$$

至此，对于匀加速运动载荷情况，浮冰层的位移响应可以通过上述数值积分完成。

3.3.3 计算结果与分析

由于缺乏变速移动载荷作用下冰层位移响应的理论计算结果及实验结果可供验证，本节采用 Takizawa[11]的匀速移动载荷实验参数（$h = 0.17$ m，$H = 6.8$ m，$\rho_1 = 900$ kg/m^3，$\rho_2 = 1026$ kg/m^3，$E = 5.1\times10^8$ Pa，$\mu = 1/3$）进行计算，并与其获得的实验结果进行对比[16]，结果如图 3.3.2 所示。

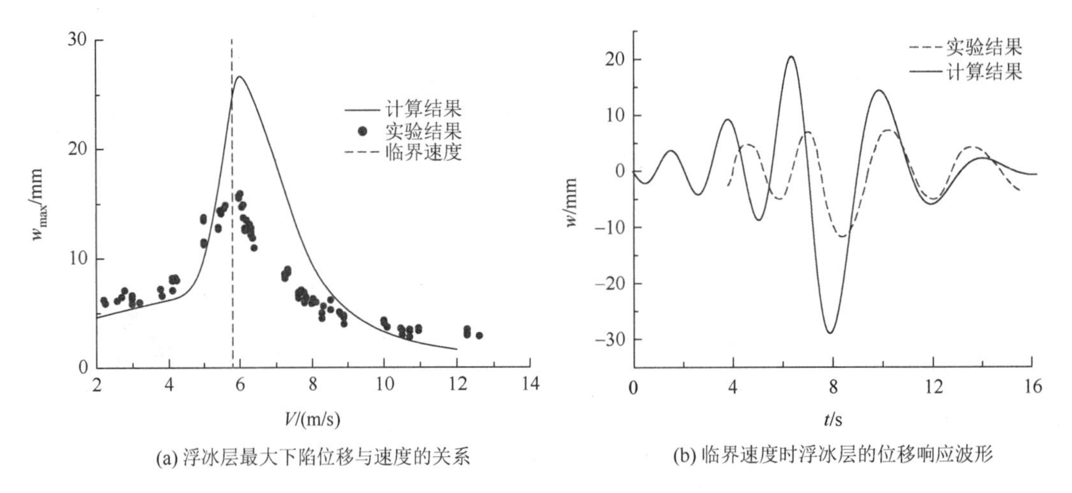

(a) 浮冰层最大下陷位移与速度的关系　　(b) 临界速度时浮冰层的位移响应波形

图 3.3.2　计算结果与实验结果比较

由图 3.3.2（a）可以看出，利用式（3.3.19）计算所得到的冰层最大下陷位移与载荷速度，在亚临界速度和超临界速度下与实验数据比较吻合，仅在临界速度附近误差较大；计算所得到的临界速度大小不仅与实验数据吻合，而且与临界速度的浅水计算公式（3.2.48）所得到的结果相一致；除此之外，当载荷速度逐步增大至临界速度时，冰层位移响应的幅值不断增大，超过临界速度后，冰层位移响应的幅值又大幅减小，且在超临界速度下冰层位移响应幅值小于亚临界速度情况，这些都与实验所得规律相一致。由图 3.3.2（b）可以看出，利用式（3.3.19）计算所得到的临界速度下冰层位移响应波形与实验波形定性一致，尽管在幅值上偏差较大，但载荷前后的弹性波系和重力波系都与实验波形的变化特点类似。

上述计算结果产生偏差的原因主要有以下四个方面：①实验数据是距离移动载荷横向 1 m 处所测得的结果，而计算结果是按载荷行进路线正下方的位置进行计算的，两者之间的场点位置不尽相同；②理论计算将移动载荷简化为一维线源载荷，而 Takizawa[11]的实验雪地车具有一定尺度（长 2.34 m，宽 0.79 m），将实验雪地车的质量等效为一维线源载荷强度，虽然简化了理论模型和计算，但会引起偏差；③理论建模中对液体和冰层采用的是线性微幅波动理论和弹性薄板振动理论，而移动载荷以临界速度运动时所激励的液体基上的冰层大幅位移变形存在的非线性效应没有考虑；④理论计算中将冰层简化为均匀弹性薄板，而移动载荷所激励的冰层大幅位移变形存在的黏性耗散效应没有计及，因此临界速度附近理论计算所得到的冰层位移响应幅值结果偏大。综上分析，尽管计算结果与实验结果有一定的偏差，但整体上可以反映移动载荷激励浮冰层的位移响应特性，用于确定移动载荷的临界速度。

下面以匀加速载荷为例，针对我国黄河结冰期冰层的典型参数（水密度为 1000 kg/m^3，冰层密度为 900 kg/m^3，弹性模量为 5 GPa，泊松比为 1/3），初步探讨匀加速载荷作用下冰层位移响应的特征。

1. 同一加速度加速至不同速度时的冰层位移响应

针对黄河冬季实际水文情况，取冰层厚度 $h = 0.2$ m，水深 $H = 5$ m。根据计算浅水临界速度的近似公式（3.2.48）可以得到临界速度约为 7 m/s，令气垫压强 $p = 3000$ Pa，移动载荷加速度为 $a = 0.5$ m/s^2，使其分别加速至 1 m/s（亚临界速度）、7 m/s（临界速度），通过上述计算可以得到如图 3.3.3 所示的结果。由计算结果可以看出，冰层位移响应的波形特征与移动载荷的速度大小密切相关。当移动载荷以恒定的加速度加速至 1 m/s（亚临界速度）时，由于此时移动载荷速度较小，冰层位移响应的波形与静载荷作用下的情况类似，载荷两侧波形几乎对称（图中横坐标的原点处表示载荷所在位置），冰层最大下陷位置基本位于载荷处；以同样的加速度加速至 7 m/s（临界速度）时，载荷前方将出现周期较短、幅值逐渐衰减的波系，载荷后方将出现周期较长、幅值较小的波系，冰层最大下陷位移的幅值相比于亚临界速度情况则大幅增加，并且冰层最大下陷位置位于载荷后方（而非载荷正下方），这些现象与匀速载荷作用下冰层位移响应的特征类似。

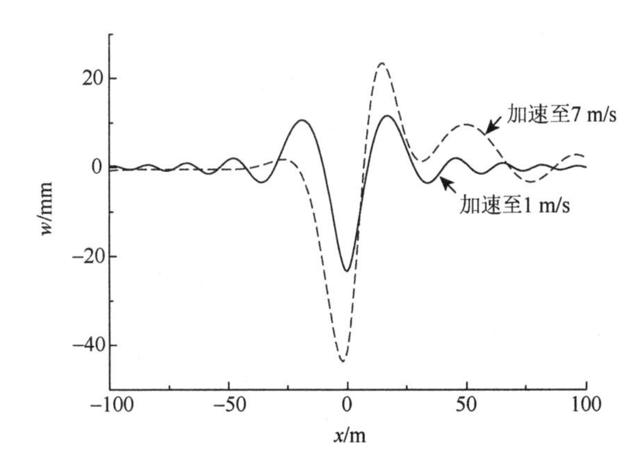

图 3.3.3　加速至不同速度下的冰层位移响应

2. 不同加速度加速至临界速度时的冰层位移响应

令移动载荷加速度分别为 0.5 m/s^2、0.7 m/s^2、1 m/s^2，使其分别加速至临界速度 7 m/s，其余参数与前面相同，其计算结果如图 3.3.4 所示。由图可见，移动载荷加速度的大小对冰层最大下陷位移影响不大，但载荷前方的弹性波和后面的重力波存在明显差异。当移动载荷加速度为 0.5 m/s^2 时，其冰层最大下陷位移的幅值最大；而随着移动载荷加速度逐步增加至 1 m/s^2，其冰层最大下陷位移的幅值反而逐步减小。造成这种现象的原因可能是：当加速度一定时，较小的加速度对应的加速时间较长，载荷移动速度在临界速度附近持续的时间也相对较长，因此移动载荷累积冰层振动的能量增加，从而导致冰层最大下陷位移的幅值变大。由此可以得出结论，若要求气垫船在加速过程段也能有效破冰，并要求尽可能快地加速至临界速度，气垫船的加速度并非越大越好，而是存在一个最优加速度，后面将会作进一步讨论。

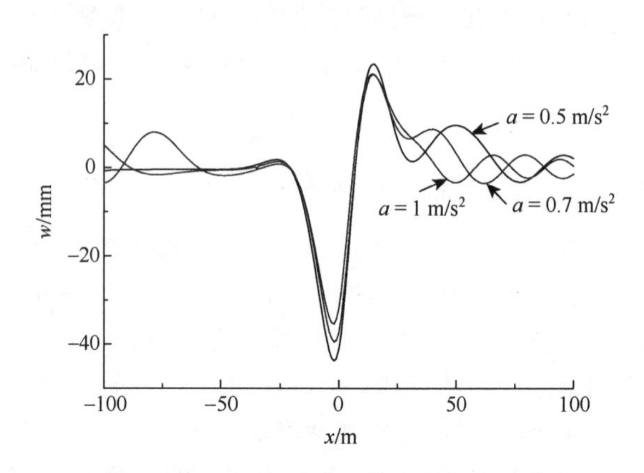

图 3.3.4　不同加速度下的冰层位移响应

3. 浮冰层厚度对冰层位移响应的影响

针对黄河冬季实际结冰情况，取冰层厚度分别为 0.2 m、0.5 m 和 0.8 m，水深 $H = 5\ \mathrm{m}$，其余参数保持不变。根据浅水临界速度计算公式计算发现，在浅水条件下，临界速度的大小对冰层厚度的变化不太敏感，其临界速度计算结果仍约为 7 m/s。假设移动载荷的加速度 $a = 0.5\ \mathrm{m/s^2}$，使其加速至该临界速度并重新进行计算，其结果如图 3.3.5 所示。计算结果表明，随着冰层厚度逐渐变薄，载荷前方波系的周期逐渐减小，对应的冰层最大下陷位移的幅值则逐渐增大。上述计算结果与实际物理现象一致。

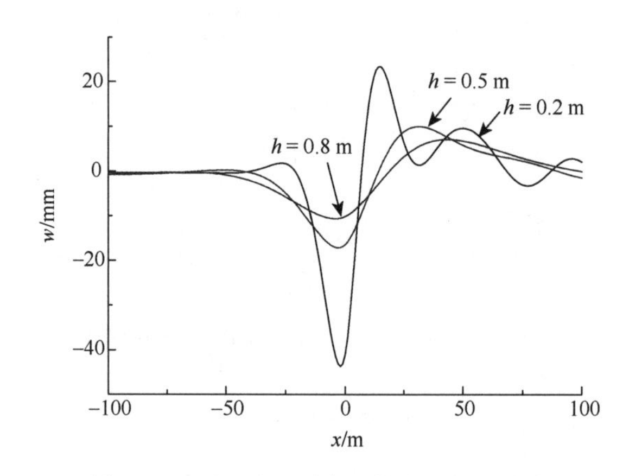

图 3.3.5　不同冰层厚度下的冰层位移响应

4. 水深对浮冰层位移响应的影响

针对黄河河道实际情况，取水深分别为 2 m、5 m、8 m，冰层厚度 $h = 0.2$ m，其余参数保持不变。根据浅水临界速度计算公式计算得到临界速度分别为 4.4 m/s、6.8 m/s 和 7.9 m/s，假设移动载荷加速度 $a = 0.5\ \mathrm{m/s^2}$，使其加速至上述三个临界速度并重新进行计算，结果如图 3.3.6

所示。由图可以看出，三种水深条件下，其冰层位移响应的波形类似，但最大下陷位移的幅值变化明显。造成此现象的主要原因在于：水深越深，其对应的临界速度越大，当移动载荷加速度不变时，临界速度越大，加速的时间越长，加速过程中积聚的波能越大，因此冰层变形最大下陷位移的幅值也就越大。

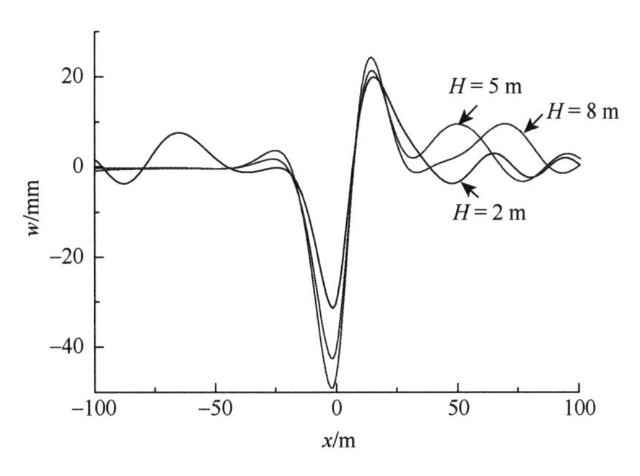

图 3.3.6　不同水深下的冰层位移响应

5. 移动载荷加速度大小对破冰效率的影响

为了提高破冰效率，希望移动载荷在加速至临界速度前的过程中也能破冰，并且希望移动载荷能尽快加速至临界速度并以临界速度破冰。根据 Pogorelova 等[17]提出的破冰准则，只有当冰层位移波形斜率 $\beta=\max\left|\partial w/\partial x\right|\geqslant 0.04$ 时，在浮冰层上才会出现一个主要的破裂点，之后在载荷继续作用下冰层破裂点会进一步扩大，直至冰层完全破裂。基于该准则，为探究移动载荷加速度大小与破冰效率间的关系，改变移动载荷加速度的取值，并取冰层厚度 $h=0.15\,\mathrm{m}$，水深 $H=8\,\mathrm{m}$，载荷压强 $p=12\,\mathrm{kPa}$，其余参数保持不变，对式（3.3.25）关于 x 求偏导并代入参数进行计算，得到移动载荷加速度与冰层位移波形斜率的关系，如图 3.3.7 所示。对于本次计算工况，可以发现 $a\approx 0.8\,\mathrm{m/s^2}$ 时对应于 $\beta=0.04$，为最优破冰加速度，移动载荷以该加速度航行不仅可以在加速过程段激励冰层大幅变形以达到破冰的目的，而且能使移动载荷尽快加速至临界速度以实现持续破冰。

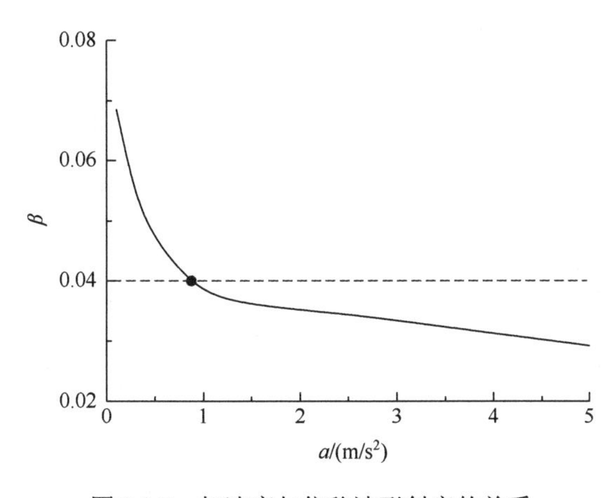

图 3.3.7　加速度与位移波形斜率的关系

参 考 文 献

[1] 徐芝纶. 弹性力学简明教程[M]. 5版. 北京：高等教育出版社，2018.

[2] Squire V A，Hosking R J，Kerr A D，et al. Moving Loads on Ice Plates[M]. The Netherlands：Kluwer Academic Publishers，1996.

[3] Livesley R K. Some notes on the mathematical theory of a loaded elastic plate resting on an elastic foundation[J]. Quarterly Journal of Mechanics and Applied Mathematics，1953，6：32-44.

[4] 张志宏，顾建农，邓辉. 舰船水压场[M]. 北京：科学出版社，2016.

[5] Milinazzo F，Shinbrot M，Evans N W. A mathematical analysis of the steady response of floating ice to the uniform motion of a rectangular load[J]. Journal of Fluid Mechanics，1995，287：173-197.

[6] Nevel D E. Moving loads on a floating ice sheet[R]. Hanover：Cold Regions Research and Engineering Laboratory，1970.

[7] 刘巨斌，张志宏，张辽远，等. 气垫船兴波破冰问题的数值计算[J]. 华中科技大学学报（自然科学版），2012，40（4）：91-95.

[8] 张志宏，顾建农，王冲，等. 航行气垫船激励浮冰响应的模型实验研究[J]. 力学学报，2014，46（5）：655-664.

[9] 《数学手册》编写组. 数学手册[M]. 北京：高等教育出版社，1979.

[10] 张志宏，鹿飞飞，丁志勇，等. 匀速移动载荷激励浮冰层大幅响应的临界速度[J]. 华中科技大学学报（自然科学版），2016，44（2）：107-111.

[11] Takizawa T. Response of a floating sea ice sheet to a steadily moving load[J]. Journal of Geophysical Research：Oceans，1988，93（C5）：5100-5112.

[12] Squire V A，Robinson W H，Haskell T G，et al. Dynamic strain response of lake and sea ice to moving loads[J]. Cold Regions Science and Technology，1985，11（2）：123-139.

[13] Miles J，Sneyd A D. The response of a floating ice sheet to an accelerating line load[J]. Journal of Fluid Mechanics，2003，497：435-439.

[14] Wang K，Hosking R J，Milinazzo F. Time-dependent response of a floating viscoelastic plate to an impulsively started moving load[J]. Journal of Fluid Mechanics，2004，521：295-317.

[15] Schulkes R M S M，Sneyd A D. Time-dependent response of floating ice to a steadily moving load[J]. Journal of Fluid Mechanics，1988，186：25-46.

[16] 李宇辰，张志宏，丁志勇，等. 变速移动载荷激励浮冰层的位移响应特性[J]. 华中科技大学学报（自然科学版），2017，45（3）：117-121，132.

[17] Pogorelova A V，Kozin V M. Motion of a load over a floating sheet in a variable-depth pool[J]. Journal of Applied Mechanics and Technical Physics，2014，55（2）：335-344.

第4章 冲击载荷激励浮冰层位移响应的理论解法

本章主要研究冲击载荷激励浮冰层位移响应问题，从简单的定点单位脉冲载荷（如物体撞击）激励浮冰层响应问题开始，通过建立浮冰层在脉冲载荷作用下的动力学方程，结合流体运动的控制方程和边界条件，利用汉克尔（Hankel）变换和 Laplace 变换对脉冲载荷作用下冰层位移响应问题的理论模型进行求解，得到其位移响应的解析解和变化特征。在此基础上，建立定点三角脉冲载荷（如爆炸冲击）、正弦载荷（如机械振动）作用下冰层位移响应理论模型，并运用积分变换方法进行理论求解，研究分析这些载荷作用下的浮冰层动力学响应规律，最后拓展到求解移动脉冲载荷作用下浮冰层的动力学响应问题。

4.1 单位脉冲载荷激励浮冰层的位移响应

4.1.1 理论模型

设有限水深表面上覆盖有无限宽浮冰层，冰层厚度为h，浮冰层密度为ρ_1，水密度为ρ_2。建立如图 4.1.1 所示的直角坐标系$O\text{-}xyz$，Oxy平面与冰层底面重合，z轴垂直向上。对应的柱坐标系为(r,θ,z)，由于是无限宽浮冰层，位移响应参数与变量θ无关。$z=-H$为冰层下水的深度，$b_1=\rho_1 h/\rho_2$为冰层浸入水中的深度，H_1为水深，$H=H_1-b_1$。

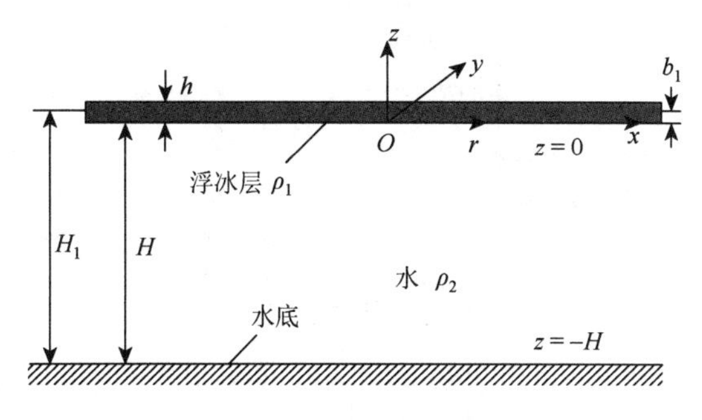

图 4.1.1　浮冰层坐标系

假设冰层是无限大的、均匀各向同性的黏弹性材料，冰的密度和厚度为常数。在$t=0$时刻，在浮冰层上作用一个脉冲载荷 Y。由式（2.2.34）和文献[1]～[4]可知，脉冲载荷作用下浮冰层

的动力学方程为

$$D\left(1+\tau\frac{\partial}{\partial t}\right)\nabla^4 w+\rho_1 h\frac{\partial^2 w}{\partial t^2}+\rho_2 g w+\rho_2\frac{\partial\Phi}{\partial t}\Big|_{z=0}=YU(r_0-r)\delta(t) \tag{4.1.1}$$

式中，D 为冰层的弯曲刚度，$D=Eh^3/[12(1-\mu^2)]$，其中 E 为弹性模量，μ 为泊松比；τ 为冰层材料的延迟时间；∇^4 为平面双调和算子，即 $\nabla^4=(\partial^2/\partial x^2+\partial^2/\partial y^2)^2$；$g$ 为重力加速度；w 为冰层的挠度（垂向位移）；$U(r_0-r)$ 为赫维赛德（Heaviside）单位阶跃函数，其中 r_0 为载荷作用半径；δ 为 Dirac 函数。

浮冰层的初始条件为 $w|_{t=0}=0$，$\partial w/\partial t|_{t=0}=0$。水的运动可视为理想不可压缩流体做无旋运动，因此存在速度势 $\Phi(r,z,t)$，在冰-水交界面上应满足的线性化运动学条件为

$$\frac{\partial\Phi}{\partial z}\Big|_{z=0}=\frac{\partial w}{\partial t} \tag{4.1.2}$$

在水底应满足的沿法向不可穿透条件为

$$\frac{\partial\Phi}{\partial z}\Big|_{z=-H}=0 \tag{4.1.3}$$

4.1.2 模型求解

对 r 开展零阶 Hankel 变换[5-7]，则 w 和 Φ 的 Hankel 变换的表达式为

$$\begin{cases} w_{\mathrm{H}}(\xi,t)=\int_0^\infty r w(r,t)\mathrm{J}_0(\xi r)\mathrm{d}r \\ \Phi_{\mathrm{H}}(\xi,z,t)=\int_0^\infty r\Phi(r,z,t)\mathrm{J}_0(\xi r)\mathrm{d}r \end{cases} \tag{4.1.4}$$

式中，$w_{\mathrm{H}}(\xi,t)$ 和 $\Phi_{\mathrm{H}}(\xi,z,t)$ 分别为 $w(r,t)$ 和 $\Phi(r,z,t)$ 的 Hankel 变换式，以下简记为 w_{H} 和 Φ_{H}；ξ 为 Hankel 变换参数；$\mathrm{J}_0(\xi r)$ 为第一类零阶贝塞尔函数。

假设 $\Phi_{\mathrm{H}}(\xi,z,t)$ 可表示为

$$\Phi_{\mathrm{H}}(\xi,z,t)=A_1\mathrm{e}^{-\xi z}+B_1\mathrm{e}^{\xi z} \tag{4.1.5}$$

式中，A_1 和 B_1 为 ξ 和 t 的未知函数。

对式（4.1.2）和式（4.1.3）关于 r 进行 Hankel 变换得

$$\begin{cases} \dfrac{\partial\Phi_{\mathrm{H}}(\xi,z,t)}{\partial z}\Big|_{z=0}=\dot{w}_{\mathrm{H}} \\ \dfrac{\partial\Phi_{\mathrm{H}}(\xi,z,t)}{\partial z}\Big|_{z=-H}=0 \end{cases} \tag{4.1.6}$$

将式（4.1.5）代入式（4.1.6）中得

$$\begin{cases} A_1=\dfrac{\dot{w}_{\mathrm{H}}\mathrm{e}^{-2\xi H}}{\xi(1-\mathrm{e}^{-2\xi H})} \\ B_1=\dfrac{\dot{w}_{\mathrm{H}}}{\xi(1-\mathrm{e}^{-2\xi H})} \end{cases} \tag{4.1.7}$$

将式（4.1.7）代入式（4.1.5）中得

$$\Phi_{\mathrm{H}}(\xi,z,t)=\frac{\dot{w}_{\mathrm{H}}(\mathrm{e}^{-2\xi H}\mathrm{e}^{-\xi z}+\mathrm{e}^{\xi z})}{\xi(1-\mathrm{e}^{-2\xi H})} \tag{4.1.8}$$

当 $r_0 \to 0$ 时，对式（4.1.1）关于 r 进行 Hankel 变换得

$$m(\xi)\ddot{w}_{\mathrm{H}} + k(\xi)\dot{w}_{\mathrm{H}} + c(\xi)w_{\mathrm{H}} = \frac{Y}{2\pi}\delta(t) \tag{4.1.9}$$

式中，$\dot{w}_{\mathrm{H}} = \dfrac{\partial w_{\mathrm{H}}}{\partial t}$；$\ddot{w}_{\mathrm{H}} = \dfrac{\partial^2 w_{\mathrm{H}}}{\partial t^2}$，且有

$$\begin{cases} k(\xi) = D\tau\xi^4 \\ m(\xi) = \rho_1 h + \dfrac{\rho_2}{\xi\tanh(\xi H)} \\ c(\xi) = D\xi^4 + \rho_2 g \end{cases} \tag{4.1.10}$$

下面用 k 表示 $k(\xi)$，用 m 表示 $m(\xi)$，用 c 表示 $c(\xi)$。记 $w_{\mathrm{H}}(\xi,t)$ 的 Laplace 变换式为 $\tilde{w}(\xi,t)$，Laplace 变换参数为 s，且复数 $s=\sigma_1+\mathrm{i}\omega_1$。Laplace 变换及其反演公式为

$$\tilde{w}(\xi,s) = \int_0^\infty w_{\mathrm{H}}(\xi,t)\exp(-st)\mathrm{d}t \tag{4.1.11}$$

$$w_{\mathrm{H}}(\xi,t) = \frac{1}{2\pi\mathrm{i}}\int_{\sigma_1-\mathrm{i}\infty}^{\sigma_1+\mathrm{i}\infty} \tilde{w}(\xi,s)\exp(st)\mathrm{d}s \tag{4.1.12}$$

对式（4.1.9）两边进行 Laplace 变换，并利用浮冰层初始条件，得

$$\tilde{w}(\xi,s) = \frac{Y}{2\pi(ms^2+ks+c)} \tag{4.1.13}$$

对式（4.1.13）进行 Laplace 逆变换，得

$$w_{\mathrm{H}} = \begin{cases} \dfrac{Y}{2\pi\sqrt{cm-k^2/4}}\exp\left(-\dfrac{kt}{2m}\right)\sin\left(\dfrac{t}{m}\sqrt{cm-k^2/4}\right), & cm-k^2/4>0 \\ \dfrac{Y}{2\pi\sqrt{k^2/4-cm}}\exp\left(-\dfrac{kt}{2m}\right)\sinh\left(\dfrac{t}{m}\sqrt{k^2/4-cm}\right), & cm-k^2/4<0 \\ \dfrac{Yt}{2\pi m}\exp\left(-\dfrac{kt}{2m}\right), & cm-k^2/4=0 \end{cases} \tag{4.1.14}$$

对式（4.1.14）进行 Hankel 逆变换，则可得到

$$w(r,t) = \int_0^\infty w_{\mathrm{H}}\xi\mathrm{J}_0(\xi r)\mathrm{d}\xi \tag{4.1.15}$$

式（4.1.15）与文献[1]和[2]采用 Fourier 和 Laplace 变换方法得到的结果一致。

4.1.3　计算结果与分析

采用聚合物仿冰材料板进行计算，获取脉冲载荷作用下浮冰板在 $r=0$ m 处的垂向位移随时间的变化。仿冰板材料弹性模量 $E=5$ GPa，泊松比 $\mu=1/3$，密度 $\rho_1=2200$ kg/m^3，仿冰板厚度取 $h=0.5\sim2$ m，延迟时间取 $\tau=0.05\sim5$ s，水深取 $H=3\sim30$ m，水密度 $\rho_2=1000$ kg/m^3，脉冲载荷强度 $Y=-10^7$ kg/s。

由图 4.1.2 可以看出，仿冰板最大振幅在 1.5 m 左右，衰减时间为 15 s 左右。当延迟时间取值增大或仿冰板的厚度增加时，仿冰板位移变形的振幅将减小，而振动周期延长。在其他参数不变的条件下，取 $h=0.5$ m，$\tau=0.69$ s，依次改变水深。计算结果表明，当水深增加时，仿冰板振幅将增大，而振动周期缩短，如图 4.1.3 所示。

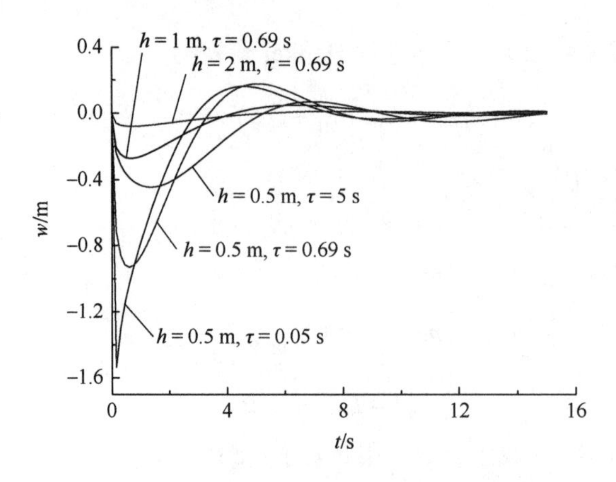

图 4.1.2　冰层延迟时间和厚度对位移响应的影响

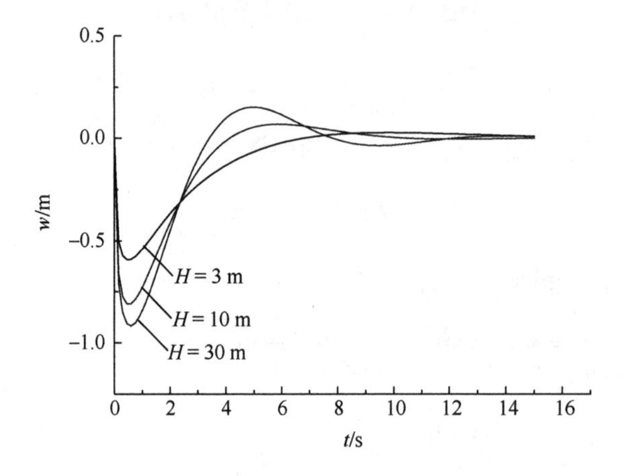

图 4.1.3　水深对冰层位移响应的影响

当 $H=11\,\mathrm{m}$、$h=0.5\,\mathrm{m}$、$\tau=0.69\,\mathrm{s}$ 时，图 4.1.4 中的曲线分别代表 $t=2$ s、5 s、10 s、15 s 时冰层振动波形的传播情况。可以看出，在载荷作用点 $r=0$ m 处，振动波幅最大，随后振动波形向外传播且波幅随时间衰减，载荷作用点的波幅约在 15 s 后衰减到几乎为 0。

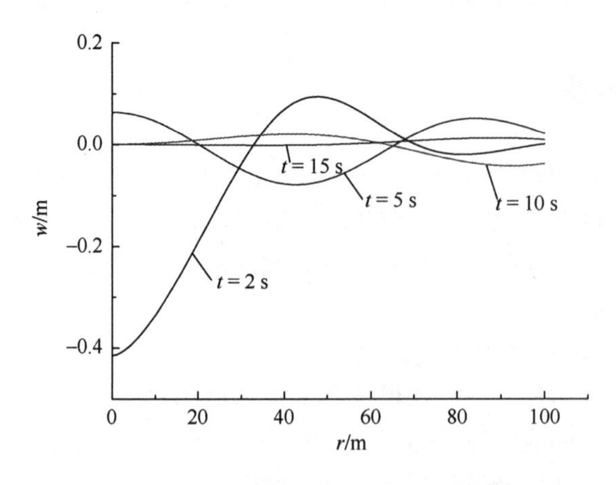

图 4.1.4　不同时刻冰层振动波形随径向的变化曲线

关于水底存在斜坡岸壁的情况，文献[6]建立了脉冲荷载激励浅水黏弹性浮冰层位移响应的理论模型，并对缓坡岸壁和陡坡岸壁两种情况进行了积分求解和数值计算，分别计算了不同冰层厚度、深度、斜底坡度等因素对浮冰层位移响应的影响。计算结果表明，水深增加、冰层厚度减小均可使冰层位移响应幅值增大；斜底坡度的存在可以引起冰-水系统振动能量的累积，有利于激励冰层位移响应幅值的增大和振动频率的提高，水深越浅，斜底坡度对位移响应的影响越大。

4.2　三角脉冲载荷激励浮冰层的位移响应

4.1 节研究了浮冰层在单位脉冲载荷作用下的位移响应问题，单位脉冲载荷在实际工程中很难实现，因此其是一种简化的理想化模型。针对实际工程中更为复杂的脉冲载荷形态，本节将其近似等价为三角脉冲载荷，通过建立三角脉冲载荷作用下的浮冰层动力学响应方程，结合流体运动的控制方程和边界条件，利用 Hankel 变换和 Laplace 变换对三角脉冲载荷作用下的浮冰层位移响应问题进行求解，从而得到浮冰层的位移响应、影响因素和变化规律，为冲击载荷破冰提供理论依据和技术支持。

4.2.1　理论模型

为建立三角脉冲载荷激励浮冰层的理论模型，仍然采用 4.1.1 节的假定和图 4.1.1 的记法。浮冰层的初始条件、边界条件与 4.1.1 节相同，而三角脉冲载荷作用下浮冰层的动力学方程[8, 9]为

$$D\left(1+\tau\frac{\partial}{\partial t}\right)\nabla^4 w+\rho_1 h\frac{\partial^2 w}{\partial t^2}+\rho_2 g w+\rho_2\frac{\partial \Phi}{\partial t}\Big|_{z=0}=F(r)f(t) \tag{4.2.1}$$

式中，$f(t)$ 为三角脉冲载荷分布；$F(r)=\dfrac{U(r_0-r)}{\pi r_0^{\ 2}}$，其中 r_0 为载荷作用半径，$U(r_0-r)$ 为 Heaviside 单位阶跃函数；其他符号含义同式（4.1.1）。

$f(t)$ 的分布形态如图 4.2.1 所示，且可用分段函数表示为

$$f(t)=\begin{cases}0, & t<0\\ \dfrac{bt}{a}, & 0\leqslant t<a\\ -\dfrac{bt}{a}+2b, & a\leqslant t<2a\\ 0, & t\geqslant 2a\end{cases} \tag{4.2.2}$$

用阶跃函数 $U(t)$ 构造分段函数 $f(t)$，得

$$f(t)=\frac{bt}{a}[U(t)-U(t-a)]+\left(-\frac{bt}{a}+2b\right)[U(t-a)-U(t-2a)] \tag{4.2.3}$$

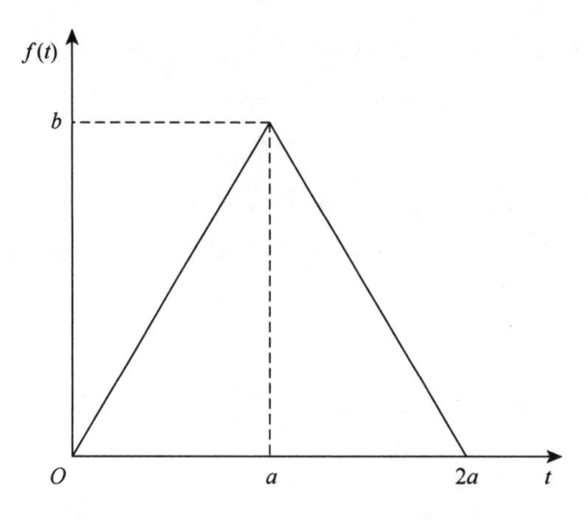

图 4.2.1 三角脉冲载荷分布形态

4.2.2 模型求解

利用式（4.1.4）对边界条件进行 Hankel 变换，类似地可得式（4.1.8），与式（4.2.3）同时代入式（4.2.1）中进行 Hankel 变换，得

$$m(\xi)\ddot{w}_{\mathrm{H}}+k(\xi)\dot{w}_{\mathrm{H}}+c(\xi)w_{\mathrm{H}}=\frac{\mathrm{J}_1(\xi r_0)}{\pi\xi r_0}f(t) \tag{4.2.4}$$

式中，$\mathrm{J}_1(\xi r_0)$为第一类一阶贝塞尔函数；$m(\xi)$、$k(\xi)$、$c(\xi)$的含义同式（4.1.10）。

假设三角脉冲载荷作用面积很小，因此有$\lim\limits_{r_0\to 0}\frac{\mathrm{J}_1(\xi r_0)}{\pi\xi r_0}=\frac{1}{2\pi}$，代入式（4.2.4），得

$$m\ddot{w}_{\mathrm{H}}+k\dot{w}_{\mathrm{H}}+cw_{\mathrm{H}}=\frac{f(t)}{2\pi} \tag{4.2.5}$$

对式（4.2.5）进行 Laplace 变换，得

$$\tilde{w}(\xi,s)=\tilde{w}_{1\mathrm{s}}\tilde{w}_{2\mathrm{s}} \tag{4.2.6}$$

其中，

$$\tilde{w}_{1\mathrm{s}}=\frac{b(1-2\mathrm{e}^{-as}+\mathrm{e}^{-2as})}{as^2} \tag{4.2.7}$$

$$\tilde{w}_{2\mathrm{s}}=\frac{1}{2\pi(ms^2+ks+c)} \tag{4.2.8}$$

对式（4.2.7）进行 Laplace 逆变换，得

$$w_{1\mathrm{t}}=f(t) \tag{4.2.9}$$

式中，$w_{1\mathrm{t}}$为$\tilde{w}_{1\mathrm{s}}$的 Laplace 逆变换式，可以看出$w_{1\mathrm{t}}$等于$f(t)$。

对式（4.2.8）进行 Laplace 逆变换，得

$$w_{2t}=\begin{cases}\dfrac{e^{k_1t}-e^{k_2t}}{2\pi m(k_1-k_2)}, & cm-k^2/4<0\\ \dfrac{te^{-\frac{kt}{2m}}}{2\pi m}, & cm-k^2/4=0\\ \dfrac{1}{2\pi\sqrt{cm-k^2/4}}e^{-\frac{kt}{2m}}\sin\left(\dfrac{t}{m}\sqrt{cm-k^2/4}\right), & cm-k^2/4>0\end{cases}\tag{4.2.10}$$

式中，w_{2t} 为 $\tilde{w}_{2s}$ 的 Laplace 逆变换式；$k_1=-\dfrac{k}{2m}+\sqrt{\dfrac{k^2}{4m^2}-\dfrac{c}{m}}$；$k_2=-\dfrac{k}{2m}-\sqrt{\dfrac{k^2}{4m^2}-\dfrac{c}{m}}$。

利用分段函数的卷积性质，分三种情况对式（4.2.6）进行 Laplace 逆变换。

（1）当 $cm-k^2/4<0$ 时，有

$$w_H=\begin{cases}p_1C_1, & 0\leqslant t<a\\ p_1(C_2+C_3), & a\leqslant t<2a\\ p_1(C_2+C_4), & t\geqslant 2a\end{cases}\tag{4.2.11}$$

其中，

$$p_1=\frac{b}{2\pi ma(k_1-k_2)}$$

$$C_1=\frac{(e^{k_1t}-1)k_2^2-k_1k_2^2t+k_1(1-e^{k_2t}+k_2t)}{k_1^2k_2^2}$$

$$C_2=\frac{e^{k_1t}}{k_1^2}-\frac{e^{k_1(t-a)}(1+ak_1)}{k_1^2}-\frac{e^{k_2t}}{k_2^2}+\frac{e^{k_2(t-a)}(1+ak_2)}{k_2^2}$$

$$C_3=\frac{e^{k_1(t-a)}(ak_1-1)}{k_1^2}+\frac{e^{k_2(t-a)}(1-ak_2)}{k_2^2}+\frac{1-2ak_1+k_1t}{k_1^2}-\frac{1-2ak_2+k_2t}{k_2^2}$$

$$C_4=\frac{e^{k_1(t-2a)}}{k_1^2}+\frac{e^{k_1(t-a)}\left(ak_1-1\right)}{k_1^2}-\frac{e^{k_2(t-2a)}}{k_2^2}+\frac{e^{k_2(t-a)}(1-ak_2)}{k_2^2}$$

（2）当 $cm-k^2/4>0$ 时，有

$$w_H=\begin{cases}p_2e^{-vt}D_1, & 0\leqslant t<a\\ p_2[e^{-vt}(D_2-D_3)+(D_4-D_5)], & a\leqslant t<2a\\ p_2[e^{-vt}(D_2-D_3)+(D_6+D_7)], & t\geqslant 2a\end{cases}\tag{4.2.12}$$

其中，

$$p_2=\frac{b}{2\pi mau(u^2+v^2)^2}$$

$$u=\sqrt{\frac{c}{m}-\frac{k^2}{4m^2}},\quad v=\frac{k}{2m}$$

$$D_1=e^{vt}u[t(u^2+v^2)-2v]+2uv\cos(ut)+(v^2-u^2)\sin(ut)$$

$$D_2=e^{av}u[a(u^2+v^2)-2v]\cos[(a-t)u]+2uv\cos(ut)$$

$$D_3=e^{av}[v^2(av-1)+u^2(1+av)]\sin[(a-t)u]-(v^2-u^2)\sin(ut)$$

$$D_4=u[2v+(2a-t)(u^2+v^2)]+e^{(a-t)v}\{-u[2v+a(u^2+v^2)]\}\cos[(t-a)u]$$

$$D_5=[u^2(av-1)+v^2(1+av)]\sin[(t-a)u]$$

$$D_6=\mathrm{e}^{(2a-t)v}\{2uv\cos[(t-2a)u]+(v^2-u^2)\sin[(t-2a)u]\}$$

$$D_7=\mathrm{e}^{(a-t)v}\{-u[2v+a(u^2+v^2)]\cos[(t-a)u]-[u^2(av-1)+v^2(1+av)]\sin[(t-a)u]\}$$

（3）当 $cm-k^2/4=0$ 时，有

$$w_{\mathrm{H}}=\begin{cases}p_3\mathrm{e}^{-vt}[2+tv+\mathrm{e}^{vt}(tv-2)], & 0\leqslant t<a\\ p_3\mathrm{e}^{-vt}\left(2+tv-\mathrm{e}^{vt}\{2+v[t-2a+a(a-t)v]\}\right) & \\ +p_3\left(2+2av-tv-\mathrm{e}^{(a-t)v}\{2+v[t+a(t-a)v]\}\right), & a\leqslant t<2a\\ p_3\mathrm{e}^{-vt}\left(2+tv-\mathrm{e}^{vt}\{2+v[t-2a+a(a-t)v]\}\right) & \\ +p_3\mathrm{e}^{(a-t)v}\{\mathrm{e}^{av}(2-2av+tv)-2-v[t+a(t-a)v]\}, & t\geqslant 2a\end{cases}\tag{4.2.13}$$

式中，$p_3=\dfrac{b}{2\pi mav^3}$。

利用式（4.1.15）对上述 w_{H} 进行 Hankel 逆变换，即可得到浮冰层位移响应函数 $w(r,t)$。

4.2.3 计算结果与分析

1. 载荷特性参数的影响

设仿冰材料浮板弹性模量 E=4.1 MPa，泊松比 $\mu=0.45$，密度 $\rho_1=2200\ \mathrm{kg/m^3}$，延迟时间 $\tau=0.69\ \mathrm{s}$，厚度 $h=0.001\ \mathrm{m}$；水深 $H=1.2\ \mathrm{m}$，水密度 $\rho_2=1000\ \mathrm{kg/m^3}$。三角脉冲载荷作用点位置为坐标原点，在不同的三角脉冲载荷作用下，计算距原点 $r=0.52\ \mathrm{m}$ 处浮板的位移响应，结果如图 4.2.2 所示。由图可见，两条曲线变化趋势基本一致，但响应幅值和振动周期不同。当两个三角脉冲载荷的总冲量相等时，作用时间短、载荷幅值大的三角脉冲载荷激励的位移响应幅值大，振动衰减时间长。因此，利用定点三角脉冲载荷破冰时，采用载荷幅值大、作用时间短的三角脉冲载荷能使浮冰层产生更大的位移幅值和弯曲变形，从而产生较大的弯曲应力，以达到使冰层破裂的目的。

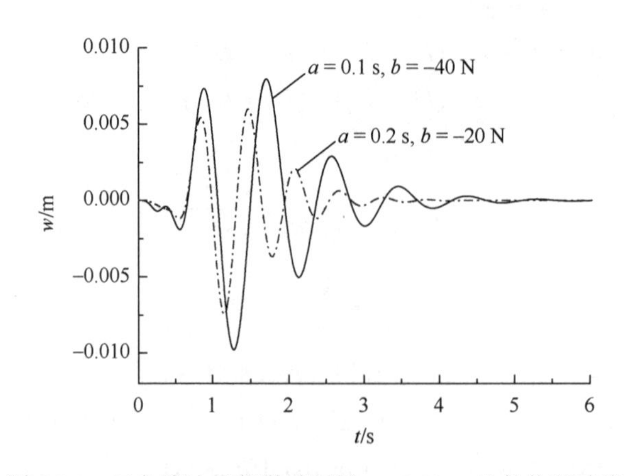

图 4.2.2 三角脉冲载荷激励浮板 $r=0.52\ \mathrm{m}$ 处的位移响应

2. 冰层-水层参数的影响

依次改变冰层和水层参数，取冰层弹性模量 $E = 0.05\sim5\ \text{GPa}$，冰层厚度 $h = 0.5\sim2\ \text{m}$，冰层延迟时间 $\tau = 0.05\sim5\ \text{s}$，水深 $H = 3\sim30\ \text{m}$，分析这些参数变化对浮冰层位移响应的影响。同时，计算过程中保持以下参数不变：冰层泊松比 $\mu = 0.45$；冰密度 $\rho_1 = 900\ \text{kg/m}^3$；水密度 $\rho_2 = 1000\ \text{kg/m}^3$；三角载荷参数 $a = 0.1\ \text{s}$、$b = -10^7\ \text{N}$，载荷作用点位于坐标原点。

1）延迟时间的影响

当 $H = 20\ \text{m}$、$h = 0.5\ \text{m}$ 时，分别取 $\tau = 0.05\ \text{s}$、$0.5\ \text{s}$、$5\ \text{s}$，计算得到 $r = 0$ 处的浮冰层位移响应曲线如图 4.2.3 所示。由图可以看出，当冰层的延迟时间增加时，位移响应的幅值减小，振动周期变长，这是因为当延迟时间增加时，冰层的阻尼增大，进而导致冰层振动能量的损耗也增大。

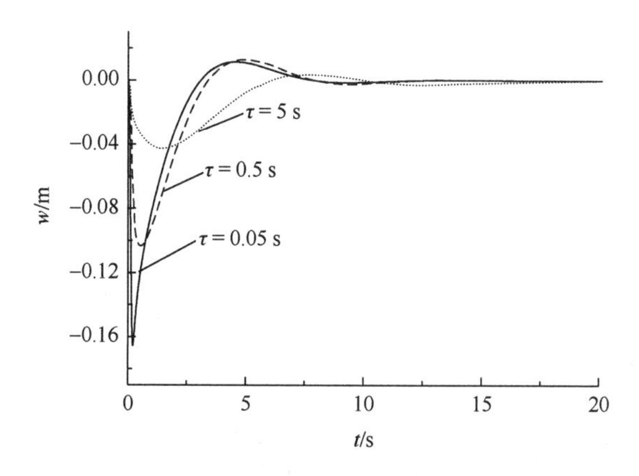

图 4.2.3　冰层延迟时间对浮冰层位移响应的影响

2）冰层厚度的影响

当 $H = 20\ \text{m}$、$\tau = 0.5\ \text{s}$ 时，分别取 $h = 0.5\ \text{m}$、$1\ \text{m}$、$2\ \text{m}$，计算得到 $r = 0$ 处的浮冰层位移响应曲线如图 4.2.4 所示。由图可以看出，冰层厚度增大时，其位移响应幅值减小，振动周期变长，主要原因是冰层厚度增大时，冰层的弯曲刚度随 h^3 非线性增大。

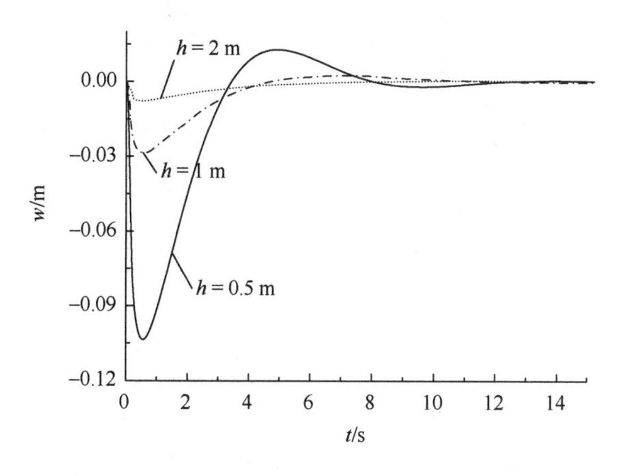

图 4.2.4　冰层厚度对浮冰层位移响应的影响

3）水深的影响

当 $h=0.5\,\mathrm{m}$、$\tau=0.5\,\mathrm{s}$ 时，分别取 $H=3\,\mathrm{m}$、$10\,\mathrm{m}$、$30\,\mathrm{m}$，计算得到 $r=0$ 处的浮冰层位移响应曲线如图 4.2.5 所示。由图可以看出，当水深 H 增大时，浮冰层位移响应幅值增加，振动周期变短，主要原因是水深增大时，水底边界对冰层位移变形的限制效应减弱，由式（4.1.10）可知，水深的影响体现在双曲正切函数中，因此随着水深进一步增大，水深对浮冰层位移响应的影响将逐渐减小。

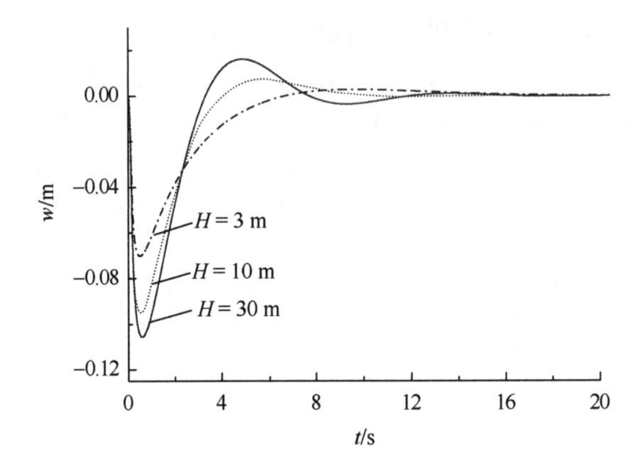

图 4.2.5　水深对浮冰层位移响应的影响

4）冰层弹性模量的影响

当 $H=20\,\mathrm{m}$、$\tau=0.5\,\mathrm{s}$ 时，分别取 $E=0.05\,\mathrm{GPa}$、$0.5\,\mathrm{GPa}$、$5\,\mathrm{GPa}$，计算得到 $r=0$ 处的浮冰层位移响应曲线如图 4.2.6 所示。由图可以看出，当冰层的弹性模量增大时，其位移响应幅值减小，振动周期变长，主要原因是冰层弹性模量增大时，其弯曲刚度随之线性增大。

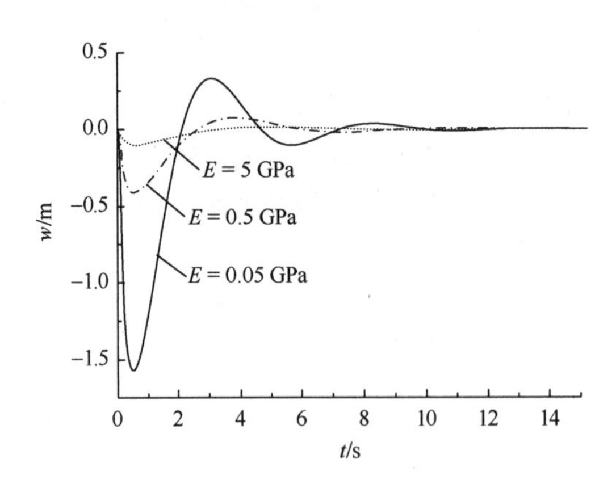

图 4.2.6　冰层弹性模量对浮冰层位移响应的影响

5）不同时刻的振动波形

当 $H=20\,\mathrm{m}$、$h=0.5\,\mathrm{m}$、$\tau=0.5\,\mathrm{s}$ 时，分别取 $t=0.1\,\mathrm{s}$、$0.5\,\mathrm{s}$、$1\,\mathrm{s}$、$2\,\mathrm{s}$、$3\,\mathrm{s}$，计算得到不同时刻的浮冰层振动波形随径向 r 的变化曲线如图 4.2.7 所示。由图可以看出，在载荷作用点处，冰层位移幅值随时间的增加先增大，随后振动波形向外传播，波幅随时间再逐渐减小，载荷作用点处的波幅在 $t>15\,\mathrm{s}$ 后衰减到几乎为 0。

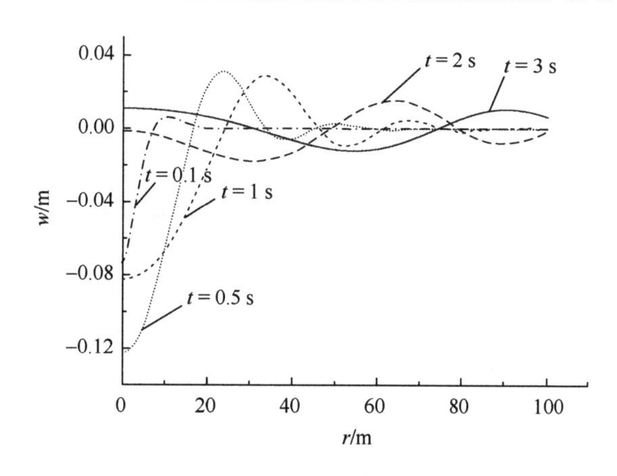

图 4.2.7　不同时刻浮冰层振动波形随径向的变化曲线

3. 实验结果对比

冲击载荷实验装置参见第 7 章（图 7.2.6）。在水槽上铺设聚氯乙烯（polyvinyl chloride，PVC）软质薄膜作为仿冰材料，厚度 $h = 2.5$ mm，弹性模量 $E = 11.1$ MPa，密度 $\rho_1 = 1311$ kg/m^3，泊松比取为 $\mu = 0.45$，延迟时间取为 $\tau = 1$ s；水深 $H = 0.03$ m，水密度 $\rho_2 = 1000$ kg/m^3。加载力锤（YFF-1-58 型）采用加速度传感器，施加的三角脉冲载荷参数为 $a = 0.0056$ s、$b = -40$ N。力锤冲击点位于水槽中心，测量点位于 1 号和 2 号位置，采用激光位移传感器测量位移响应。

由图 4.2.8 和图 4.2.9 可以看出，在水槽边界反射波返回到测量点之前，即 $t = 0.15$ s 之前计算结果和实验结果符合较好（在 0.15 s 之后薄膜振动波与边界反射波叠加，实验情况已与理论模型的无限宽冰层假定不同，因此结果比较没有意义）。计算分析表明，在三角脉冲载荷作用下，薄膜本身振动波形传递速度较快，因此在测量点处最先接收到的是波长较短、频率较高、振幅较小的固体弹性波；随后接收到的是液体重力波，水波传递速度较慢，波长较长、频率较低、振幅较大，因此薄膜响应的振幅随时间逐渐增大，波长变长，最后再逐渐衰减。

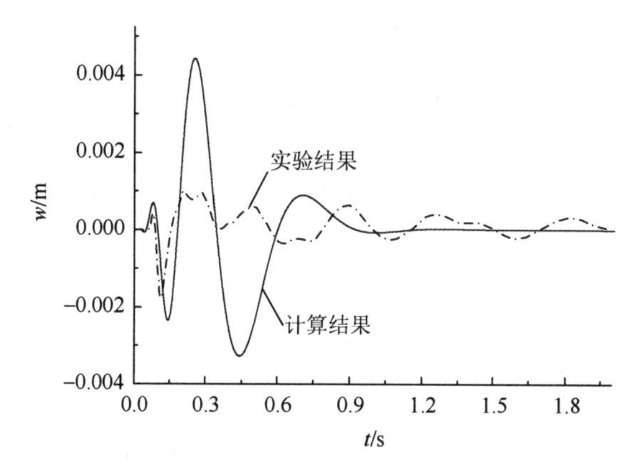

图 4.2.8　$r = 0.215$ m 处的位移响应曲线

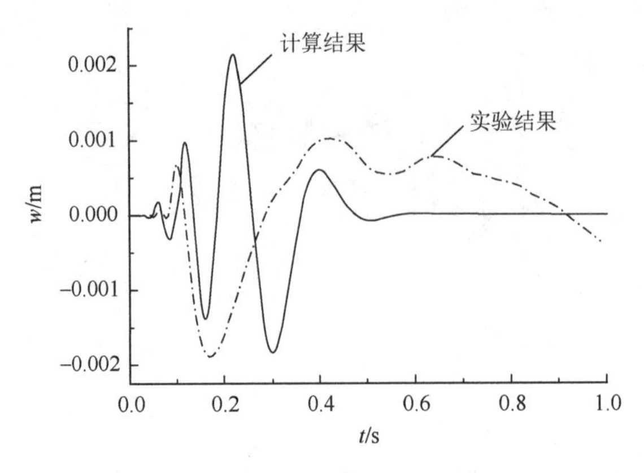

图 4.2.9　$r = 0.43$ m 处的位移响应曲线

4.3　正弦载荷激励浮冰层的位移响应

4.1 节和 4.2 节研究的是单位脉冲载荷（如导弹撞击）和三角脉冲载荷（如爆炸冲击）作用下浮冰层的瞬态动力学响应问题，对于机械振动等周期性载荷引起的冰层位移响应问题，本节假定为正弦载荷作用下的强迫振动问题。

4.3.1　理论模型

基本假定和理论模型的建立与 4.2.1 节相同，浮冰层的初始条件、边界条件与 4.1.1 节相同，正弦载荷作用下浮冰层的动力学方程[10]为

$$D\left(1+\tau\frac{\partial}{\partial t}\right)\nabla^4 w+\rho_1 h\frac{\partial^2 w}{\partial t^2}+\rho_2 g w+\rho_2\frac{\partial \Phi}{\partial t}\Big|_{z=0}=F(r)f(t) \tag{4.3.1}$$

式中，$f(t)$ 为正弦载荷分布；$F(r)$ 与式（4.2.1）含义相同；其他符号含义同式（4.1.1）。

正弦载荷函数分布形式取为

$$f(t)=\begin{cases}0, & t<0\\ a\sin(\omega t), & t\geqslant 0\end{cases} \tag{4.3.2}$$

采用单位阶跃函数 $U(t)$，分段函数 $f(t)$ 可表示为

$$f(t)=a\sin(\omega t)U(t) \tag{4.3.3}$$

4.3.2　模型求解

利用式（4.1.4）对边界条件进行 Hankel 变换，类似地可得式（4.1.8），与式（4.3.3）同时代入式（4.3.1）中进行 Hankel 变换，得

$$m(\xi)\ddot{w}_{\mathrm{H}}+k(\xi)\dot{w}_{\mathrm{H}}+c(\xi)w_{\mathrm{H}}=\frac{\mathrm{J}_1(\xi r_0)}{\pi\xi r_0}a\sin(\omega t)U(t) \tag{4.3.4}$$

式中，$\mathrm{J}_1(\xi r)$ 为第一类一阶贝塞尔函数；$m(\xi)$、$k(\xi)$、$c(\xi)$ 的含义与式（4.1.10）相同。

假设正弦载荷作用的面积和整个冰层相比非常小，则有 $\lim\limits_{r_0\to 0}\dfrac{J_1(\xi r_0)}{\pi\xi r_0}=\dfrac{1}{2\pi}$，代入式（4.3.4），得

$$m\ddot{w}_{\mathrm{H}}+k\dot{w}_{\mathrm{H}}+cw_{\mathrm{H}}=\frac{a\sin(\omega t)U(t)}{2\pi} \tag{4.3.5}$$

记 $w_{\mathrm{H}}(\xi,t)$ 的 Laplace 变换式为 $\tilde{w}(\xi,s)$，其中 s 为 Laplace 变换参数，通过对式（4.3.5）进行 Laplace 变换，得

$$\tilde{w}(\xi,s)=\frac{d}{(s^2+\omega^2)(ms^2+ks+c)} \tag{4.3.6}$$

式中，$d=\dfrac{a\omega}{2\pi}$。

以下分三种情况，对式（4.3.6）进行分析求解。

（1）当 $cm-k^2/4<0$ 时，有

$$\tilde{w}(\xi,s)=\frac{d}{(s^2+\omega^2)(s-k_1)(s-k_2)} \tag{4.3.7}$$

式中，$k_1=-\dfrac{k}{2m}+\sqrt{\dfrac{k^2}{4m^2}-\dfrac{c}{m}}$；$k_2=-\dfrac{k}{2m}-\sqrt{\dfrac{k^2}{4m^2}-\dfrac{c}{m}}$。

已知 $-\mathrm{i}\omega$、$\mathrm{i}\omega$、k_1 和 k_2 为式（4.3.7）的一级零点，对该式进行 Laplace 逆变换，得

$$w_{\mathrm{H}}=\frac{d[\cos(\omega t)\omega(k_1+k_2)+\sin(\omega t)(-\omega^2+k_1k_2)]}{\omega(\omega^2+k_1^2)(\omega^2+k_2^2)}+\frac{d\mathrm{e}^{k_1t}}{(\omega^2+k_1^2)(k_1-k_2)}-\frac{d\mathrm{e}^{k_2t}}{(\omega^2+k_2^2)(k_1-k_2)} \tag{4.3.8}$$

（2）当 $cm-k^2/4>0$ 时，有

$$\tilde{w}(\xi,s)=\frac{d}{(s^2+\omega^2)(s-k_3)(s-k_4)} \tag{4.3.9}$$

式中，$k_3=-\dfrac{k}{2m}+\mathrm{i}\sqrt{\dfrac{k^2}{4m^2}-\dfrac{c}{m}}$；$k_4=-\dfrac{k}{2m}-\mathrm{i}\sqrt{\dfrac{k^2}{4m^2}-\dfrac{c}{m}}$。

已知 $-\mathrm{i}\omega$、$\mathrm{i}\omega$、k_3 和 k_4 为式（4.3.9）的一级零点，对该式进行 Laplace 逆变换，得

$$w_{\mathrm{H}}=\frac{d[\cos(\omega t)\omega(k_3+k_4)+\sin(\omega t)(-\omega^2+k_1k_2)]}{\omega(\omega^2+k_3^2)(\omega^2+k_4^2)}+\frac{d\mathrm{e}^{k_3t}}{(\omega^2+k_3^2)(k_3-k_4)}-\frac{d\mathrm{e}^{k_4t}}{(\omega^2+k_4^2)(k_3-k_4)} \tag{4.3.10}$$

（3）当 $cm-k^2/4=0$ 时，有

$$\tilde{w}(\xi,s)=\frac{d}{(s^2+\omega^2)\left(s+\dfrac{k}{2m}\right)^2} \tag{4.3.11}$$

已知 $-\mathrm{i}\omega$、$\mathrm{i}\omega$ 为式（4.3.11）的一级零点，$-k/(2m)$ 为二级零点，对该式进行 Laplace 逆变换，得

$$w_{\mathrm{H}}=\frac{d\left\{-2\omega\dfrac{k}{2m}\cos(\omega t)+\sin(\omega t)\left[-\omega^2+\left(\dfrac{k}{2m}\right)^2\right]\right\}}{\omega\left[\omega^2+\left(\dfrac{k}{2m}\right)^2\right]^2}+\frac{dt\mathrm{e}^{-\frac{k}{2m}t}}{\omega^2+\left(\dfrac{k}{2m}\right)^2}+\frac{2d\left(\dfrac{k}{2m}\right)\mathrm{e}^{-\frac{k}{2m}t}}{\omega^2+\left(\dfrac{k}{2m}\right)^2} \tag{4.3.12}$$

利用式（4.1.15）对上述 w_{H} 进行 Hankel 逆变换，即可得到浮冰层位移响应函数 $w(r,t)$。

4.3.3 计算结果与分析

设仿冰材料浮板弹性模量$E = 4.1\,\text{MPa}$，泊松比$\mu = 0.45$，密度$\rho_1 = 2200\,\text{kg/m}^3$，延迟时间$\tau = 0.69\,\text{s}$，冰层厚度$h = 0.001\,\text{m}$；水深$H = 1.2\,\text{m}$，水密度$\rho_2 = 1000\,\text{kg/m}^3$。载荷作用点位于坐标原点。载荷幅值$a = 40\,\text{N}$，圆频率$\omega = 2\pi / T$，其中$T$为正弦载荷周期。

由图 4.3.1 可以看出，当正弦载荷周期为 0.3 s 和 1.1 s 时，其引起的仿冰浮板的振动位移幅值较小，而周期为 0.6 s 时引起的振动位移幅值较大，由此可推断该载荷的频率接近仿冰浮板的固有振动频率，显然这个频率也就是利用正弦载荷破冰时应该采用的频率。

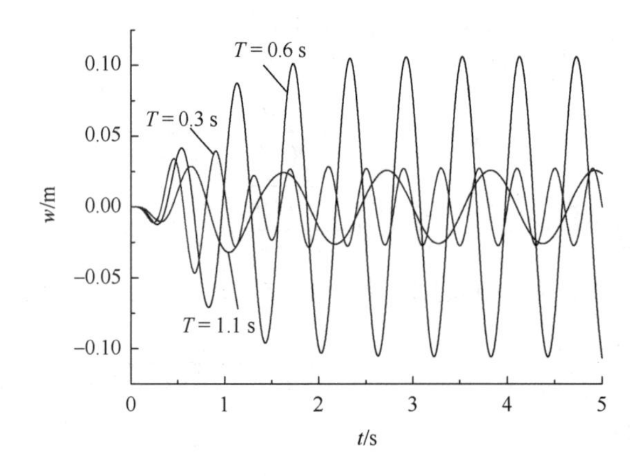

图 4.3.1 正弦载荷频率对仿冰浮板位移响应的影响

4.4 移动集中载荷激励浮冰层的位移响应

4.1～4.3 节已经研究了单位脉冲载荷、三角脉冲载荷、正弦载荷作用下的浮冰层动力学响应问题，而利用移动载荷破冰时，需研究移动载荷作用下的浮冰层的动力学响应问题，本节基于单位脉冲载荷的理论建模和求解方法，将移动载荷假设为一个均匀移动的集中点源，研究该移动点源载荷激励的浮冰层位移响应问题[5-10]。

4.4.1 理论模型

建立大地坐标系$O\text{-}xyz$，z轴垂直向上，Oxy与冰–水交界面重合，如图 4.1.1 所示。在$t = 0$时刻，设集中载荷施加于无限大冰层的坐标原点上。此后，该载荷以速度V沿x轴正向移动，运动坐标系$O'\text{-}x'y'z'$固结在集中载荷上，如图 4.4.1 所示。

在$t = 0$时刻，单位集中载荷激励浮冰层后，记点(x, y)处某时刻t的垂向位移为$W(x, y, t; 0, 0, 0)$。经过$t_1 (0 \leqslant t_1 \leqslant t)$时间后，载荷移动至$(Vt_1, 0)$处，记此时冰层上同一点$(x, y)$在$t$时刻的垂向位移为$W(x, y, t; Vt_1, 0, t_1)$，显然有

$$W(x, y, t; Vt_1, 0, t_1) = W(x - Vt_1, y, t - t_1; 0, 0, 0)$$

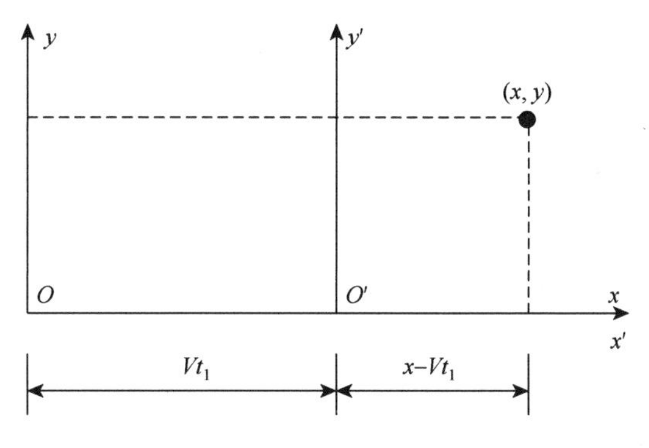

图 4.4.1　大地与移动坐标系

由脉冲载荷作用引起浮冰层位移响应的线性叠加原理可知，移动集中载荷 P 所引起的冰层上任一点 (x,y) 在某一时刻 t 的垂向位移可由 $W(x-Vt_1,y,t-t_1;0,0,0)$ 关于 t_1 在区间 $[0,t]$ 上的积分得到[11]，即

$$w(x,y,t)=\int_0^t PW(x-Vt_1,y,t-t_1;0,0,0)\mathrm{d}t_1 \tag{4.4.1}$$

本节的基本假定与 4.2.1 节相同，浮冰层的初始条件、边界条件与 4.1.1 节相同。假设集中载荷呈圆形分布，因此冰层位移响应可以采用柱坐标系来处理，这样可减少自变量。单位集中载荷作用下浮冰层的动力学方程为

$$D\left(1+\tau\frac{\partial}{\partial t}\right)\nabla^4 w+\rho_1 h\frac{\partial^2 w}{\partial t^2}+\rho_2 gw+\rho_2\frac{\partial\Phi}{\partial t}\Big|_{z=0}=F(r)\delta(t) \tag{4.4.2}$$

式中，$F(r)$ 与式（4.2.1）相同；其他符号含义同式（4.1.1）。

4.4.2　模型求解

利用式（4.1.4）对边界条件和式（4.4.2）进行 Hankel 变换，类似 4.2.1 节的求解方法，得

$$m(\xi)\ddot{w}_{\mathrm{H}}+k(\xi)\dot{w}_{\mathrm{H}}+c(\xi)w_{\mathrm{H}}=\frac{\delta(t)}{2\pi} \tag{4.4.3}$$

式中，$m(\xi)$、$k(\xi)$、$c(\xi)$ 的含义与式（4.1.10）相同。

记 $w_{\mathrm{H}}(\xi,t)$ 的 Laplace 变换式为 $\tilde{w}(\xi,s)$，Laplace 变换参数为 s，对式(4.4.3)两边进行 Laplace 变换，并利用初始条件，得

$$\tilde{w}(\xi,s)=\frac{1}{2\pi(ms^2+ks+c)} \tag{4.4.4}$$

对式（4.4.4）进行 Laplace 逆变换，得

$$w_{\mathrm{H}}=\begin{cases}\dfrac{1}{2\pi\sqrt{cm-k^2/4}}\exp\left(-\dfrac{kt}{2m}\right)\sin\left(\dfrac{t}{m}\sqrt{cm-k^2/4}\right), & cm-k^2/4>0\\[2ex] \dfrac{1}{2\pi\sqrt{k^2/4-cm}}\exp\left(-\dfrac{kt}{2m}\right)\sinh\left(\dfrac{t}{m}\sqrt{k^2/4-cm}\right), & cm-k^2/4<0\\[2ex] \dfrac{t}{2\pi m}\exp\left(-\dfrac{kt}{2m}\right), & cm-k^2/4=0\end{cases} \tag{4.4.5}$$

利用式（4.1.15）对式（4.4.5）进行 Hankel 逆变换，即可得到浮冰层位移响应函数 $w(r,t)$，

在直角坐标系下可表示为

$$w(x,y,t)=\int_0^{\infty} w_{\mathrm{H}}\xi \mathrm{J}_0\left(\xi\sqrt{x^2+y^2}\right)\mathrm{d}\xi \tag{4.4.6}$$

将式（4.4.6）代入式（4.4.1）中，且以 $x-Vt_1$、y、$t-t_1$ 替换 x、y、t，得移动集中载荷 P 作用下冰层的垂向位移响应为

$$w(x,y,t)=\int_0^{t}\int_0^{\infty} Pw_{\mathrm{H}}\xi \mathrm{J}_0\left[\xi\sqrt{(x-Vt_1)^2+y^2}\right]\mathrm{d}\xi \mathrm{d}t_1 \tag{4.4.7}$$

式中，w_{H} 表达式中的 t 也要用 $t-t_1$ 替换。

4.4.3 计算结果与分析

采用与 Takizawa[12, 13]相同的实验参数进行计算。冰层参数为：厚度 $h=0.17\ \mathrm{m}$，弹性模量 $E=0.5\ \mathrm{GPa}$，泊松比 $\mu=1/3$，延迟时间 $\tau=0.45\ \mathrm{s}$，冰密度 $\rho_1=900\ \mathrm{kg/m^3}$；水深 $H=6.8\ \mathrm{m}$，水密度 $\rho_2=1026\ \mathrm{kg/m^3}$。将实验用的移动载荷简化为移动点载荷，质量 $M=240\ \mathrm{kg}$。

图 4.4.2 给出了载荷在不同速度下激励的浮冰层最大下陷位移 $w_{\max 1}$（对应文献[12]和[13]中的 d）的计算结果与大量现场实验结果的比较。图中，连续曲线为计算结果，离散点为实验结果。同时，计算得到的临界速度约为 5.7 m/s，而实验得到的临界速度约为 5.8 m/s。可见，对移动载荷的临界速度及冰层的最大下陷位移而言，计算结果和实验结果均有较好的符合。计算结果还表明，当航速较低时，浮冰层位移响应幅值较小，曲线较平缓，主要原因是低速移动载荷的作用类似于静载荷；当航速达到临界速度时，冰层位移幅值突然增大，主要原因是以临界速度航行的移动载荷，其速度与冰水振动波形能量传播的速度相当，从而可以达到聚能共振的效果，促使浮冰层响应幅值增大；当移动载荷速度大于临界速度时，冰层位移幅值又急剧下降，这是因为冰水振动波形能量传播的速度小于载荷移动的速度，冰水振动系统能量无法积累。上述分析说明，移动载荷破冰采用临界速度航行是最佳选择。

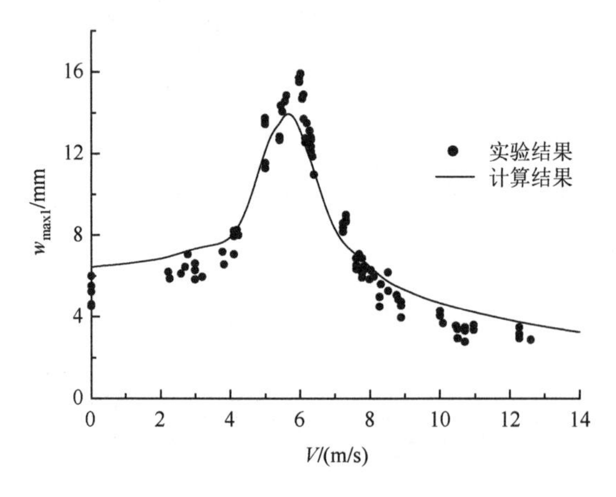

图 4.4.2　浮冰层最大下陷位移随速度的变化规律

对移动载荷速度 $V=5.7\ \mathrm{m/s}$（处于临界速度）时的浮冰层位移响应进行计算。图 4.4.3 是距离载荷正前方 $x=50\ \mathrm{m}$ 处（记为 A 点），移动载荷运动时浮冰层的位移响应随时间的变化曲线，当 $t \leqslant 5\ \mathrm{s}$ 时，移动载荷的振动波形还未传播到 A 点，因此位移幅值几乎为零；随着时间的

增加，移动载荷逐渐接近 A 点，因此位移振幅逐渐增大，在 $t = 9.3\,\text{s}$ 时，下陷位移达到最大深度13.88 mm；随着时间的继续增加，在 $t \geqslant 20\,\text{s}$ 时，移动载荷已远离 A 点，可见位移幅值逐渐衰减到零。图 4.4.4 是将位移响应随时间变化的图 4.4.3 转换成随纵向距离 x 的变化，垂直向下的箭头代表移动载荷 P 所在的位置，$w_{\max 1}$ 为浮冰层的最大下陷位移深度，l 为浮冰层下陷时的最大宽度，这里 $l = 11.09\,\text{m}$ 。由图可见，当移动载荷以临界速度运动时，移动载荷前方的波形是幅值小、波长短、频率高的弹性波；而后出现的波形是幅值大、波长长、频率低的重力波。出现这种现象的主要原因是载荷作用下冰层的弹性波传播速度快、频率高，但幅值小，而载荷作用下水波的传播速度慢、幅值大，但频率低。

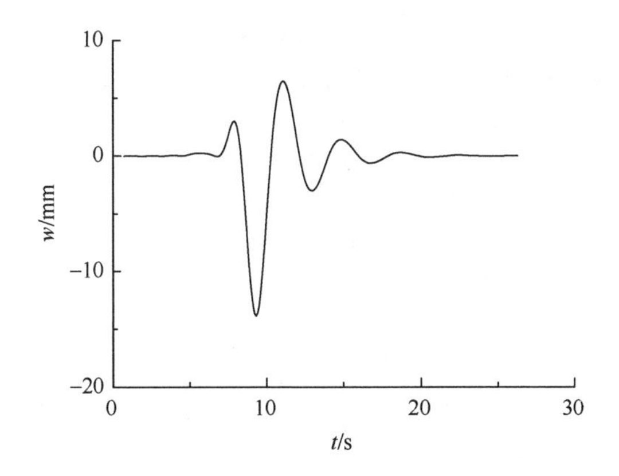

图 4.4.3　临界速度下浮冰层位移响应随时间的变化

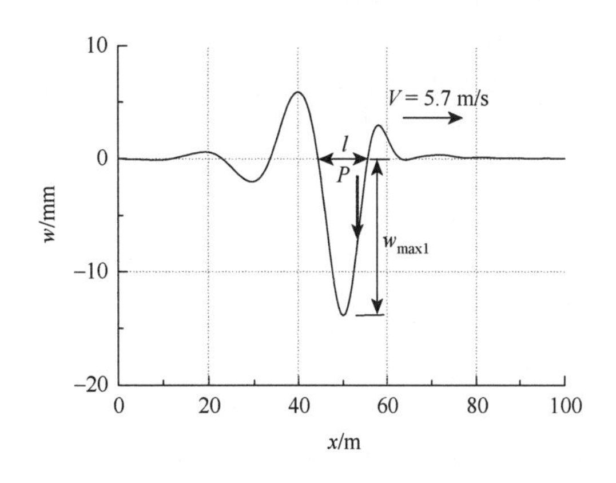

图 4.4.4　临界速度下浮冰层位移响应随距离的变化

图 4.4.5 给出了载荷在不同速度下浮冰层最大下陷宽度的计算结果与实验结果[12, 13]的比较。图中，连续曲线为计算结果，离散点为实验结果，可以看出计算结果和实验结果吻合良好。当载荷以临界速度航行时，冰层下陷宽度达到最小值，而下陷位移达到最大值，此时冰层弯曲变形最大，冰层内的应力变化也将达到最大值，因此容易出现裂纹，从而达到破冰效果。计算结果还表明，当载荷速度小于临界速度时，冰层下陷宽度随速度增加基本呈线性减小；而在载荷速度大于临界速度后，冰层下陷宽度随速度的增加基本呈线性增加。

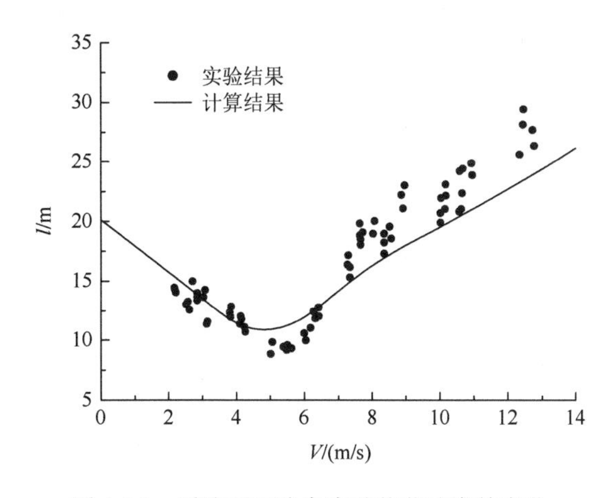

图 4.4.5　浮冰层下陷宽度随载荷速度的变化

参 考 文 献

[1] Kozin V M，Pogorelova A V. Effect of a shock pulse on a floating ice sheet[J]. Journal of Applied Mechanics and Technical Physics，2004，45（6）：794-798.

[2] Kozin V M，Pogorelova A V. Mathematical modeling of shock loading of a solid ice cover[J]. International Journal of Offshore and Polar Engineering，2006，16（1）：1-4.

[3] Kozin V M，Skripachev V V. Oscillations of an ice sheet under a periodically varying load[J]. Journal of Applied Mechanics and Technical Physics，1992，33（5）：746-750.

[4] Kozin V M，Pogorelova A V. Unsteady effect of successive shock pulses on a floating sheet[C]. International Society of Offshore and Polar Engineers Pacific/Asia Offshore Mechanics Symposium，Bangkok，2008：10-14.

[5] 胡明勇，张志宏，刘巨斌，等. 脉冲载荷作用下冰层的动力学研究[J]. 海军工程大学学报，2011，23（6）：5-7，19.

[6] 鹿飞飞，张志宏，胡明勇，等. 浅水岸壁条件下脉冲荷载引起的粘弹性浮冰层位移响应[J]. 振动与冲击，2015，34（14）：142-146.

[7] 鹿飞飞. 冲击和匀速移动载荷作用下冰层的位移响应研究[D]. 武汉：海军工程大学，2014.

[8] 胡明勇，张志宏，刘巨斌. 三角脉冲载荷作用下黏弹性浮冰的瞬态响应[J]. 华中科技大学学报（自然科学版），2014，42（1）：53-57.

[9] Hu M Y，Zhang Z H. Displacement response analysis of a floating ice plate under a triangular pulse load[J]. Journal of Applied Mechanics and Technical Physics，2017，58（4）：710-716.

[10] 胡明勇，张志宏，顾建农，等. 正弦荷载作用下浮冰的稳态响应近似解析解[J]. 华中科技大学学报（自然科学版），2012，40（2）：58-61.

[11] 蒋建群，周华飞，张土乔. 移动荷载下 Kelvin 地基上无限大板的稳态响应[J]. 浙江大学学报（工学版），2005，39（1）：27-32.

[12] Takizawa T. Deflection of a floating sea ice sheet induced by a moving load[J]. Cold Regions Science and Technology，1985，11（2）：171-180.

[13] Takizawa T. Response of a floating sea ice sheet to a steadily moving load[J]. Journal of Geophysical Research：Oceans，1988，93（C5）：5100-5112.

第5章 移动载荷破冰的边界元与有限差分混合方法

第3章和第4章采用积分变换的方法，分别得到了匀速、变速等移动载荷，以及单位脉冲载荷、三角脉冲载荷、正弦载荷等冲击载荷激励浮冰层位移响应的理论解法。在求解过程中，需要对浮冰层变形位移函数及速度势函数进行解耦，得到位移函数的积分表达形式，最后通过数值积分的方法完成理论求解。积分变换方法对于冰层-水层边界条件有一定的要求，因此该方法仅适用于求解无限大或半无限大冰层响应等特殊问题，而在边界条件较为复杂时，该方法将难以适用。

为突破积分变换方法的局限性，本章采用边界元法与有限差分法相结合的方法，利用边界元法（boundary element method，BEM）处理水层势流运动方程和边界条件，利用有限差分法（finite difference method，FDM）处理冰层-水层耦合运动的微分方程，针对纯冰面、碎冰面、纯水面三种状态及其任意组合，求解移动气垫载荷激励有限尺度浮冰层的位移响应问题。通过数值计算，分析在不同载荷移动速度下冰水系统中的波形传播特征、冰层位移响应特性以及冰层中的应力分布情况，并采用冰层临界应力或冰层变形斜率破冰准则，分析移动气垫载荷（如气垫船）在不同速度下的破冰效果[1-5]。

5.1 移动载荷定常运动的基本方程和边界条件

以气垫船在半无限宽冰面、半无限宽水面上沿与冰水交界线平行方向的定常直线运动为例，给出数值计算的基本方程和边界条件，其他三种情况（纯冰面、碎冰面、纯水面）可以看成此种运动形式的特例。现设有深度为H的无限宽水域，其表面有50%被厚度为h的冰层覆盖，其余50%是自由表面即水面，水面与冰层的交界分割线是直线。建立右手坐标系$O\text{-}xyz$，该坐标系与气垫船一起做匀速直线运动，坐标原点O位于未受扰动的自由表面上，x轴正方向与气垫船前进方向相同，并与冰水交界分割线平行，z轴垂直向上，y轴指向水平方向。研究气垫船在水面或冰面上沿分割线方向以匀速V直线航行时产生的水面兴波起伏ζ和冰层的位移变形w，如图5.1.1所示。在此动坐标系中观察，流体的运动与冰层的变形成为与时间无关的稳态问题，并将水视为理想不可压缩流体做无旋运动，水面波高和冰层厚度及其位移变形与波长相比是小量，冰层可视为黏弹性薄板，产生的水面兴波是微幅波。在以上假设下，水的流动用速度势$\Phi(x,y,z)$来表示，它可以分解为来流速度势与扰动速度势之和，即$\Phi(x,y,z)=-Vx+\phi(x,y,z)$，其中，$-Vx$是来流速度势，$\phi(x,y,z)$是扰动速度势。

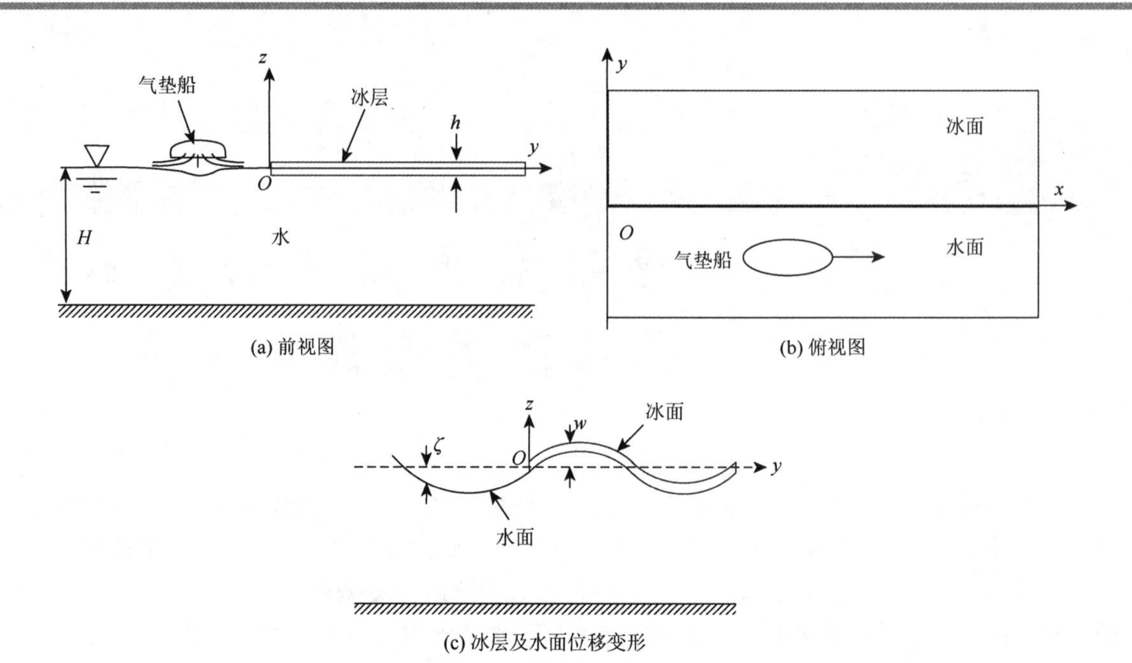

图 5.1.1　坐标系及冰水系统

流体运动速度势 $\Phi(x,y,z)$ 在水域内应该满足的控制方程是 Laplace 方程式（2.3.18），即

$$\frac{\partial^2\Phi}{\partial x^2}+\frac{\partial^2\Phi}{\partial y^2}+\frac{\partial^2\Phi}{\partial z^2}=0$$

由此得到的扰动速度势 $\phi(x,y,z)$ 也应该满足 Laplace 方程，即

$$\frac{\partial^2\phi}{\partial x^2}+\frac{\partial^2\phi}{\partial y^2}+\frac{\partial^2\phi}{\partial z^2}=0,\quad -\infty<x<\infty;-\infty<y<\infty;-H\leqslant z\leqslant 0 \tag{5.1.1}$$

在水底应该满足不可穿透条件式（2.5.6），即

$$\frac{\partial\phi}{\partial z}=0,\quad -\infty<x<\infty;-\infty<y<\infty;z=-H \tag{5.1.2}$$

在动坐标系下，根据式（2.5.4）和式（3.1.21），可得冰-水交界面处应该满足的线性化运动学条件为

$$\frac{\partial\phi}{\partial z}=-V\frac{\partial w}{\partial x},\quad -\infty<x<\infty;-\infty<y<\infty;z=0 \tag{5.1.3}$$

式中，w 为自由表面或冰层下水面的波高。对于冰-水交界面，w 既是水面的变形 ζ，又是冰层的垂向位移。

在动坐标系下，若自由表面上无浮冰层，则在纯水面上应该满足的线性化后的动力学边界条件为式（2.5.1），即

$$p=p_{\mathrm{a}}-\rho_2 gw+\rho_2 V\left.\frac{\partial\Phi}{\partial x}\right|_{z=0} \tag{5.1.4}$$

用扰动速度势表示为

$$p_{\mathrm{Ae}}=-\rho_2 gw+\rho_2 V\left.\frac{\partial\phi}{\partial x}\right|_{z=0} \tag{5.1.5}$$

式中，p_{Ae} 为纯水面上的相对压强，$p_{Ae}=p-p_a$，其中 p 为水的绝对压强，p_a 为当地大气压强。

同理，在动坐标系下，若自由表面上有浮冰层，且计及冰层自身产生的压强 $\rho_1 gh$，则根据式（2.5.3），可得在冰-水交界面处应满足的动力学边界条件为

$$p_W = p_a + \rho_1 gh - \rho_2 gw + \rho_2 V \left.\frac{\partial \phi}{\partial x}\right|_{z=0} \tag{5.1.6}$$

式中，p_W 为冰-水交界面处水的绝对压强；ρ_1 为冰的密度。

在无穷远处的边界条件为

$$\begin{cases} w=0, \nabla w = 0 \\ \phi = 0, \nabla\phi = 0 \end{cases}, \quad |x| \to \infty \tag{5.1.7}$$

已知外力作用下用挠度即位移变形 w 表示的薄冰层振动微分方程式（2.2.32）为

$$D\left(1+\tau\frac{\partial}{\partial t}\right)\nabla^4 w + \rho_1 gh + \rho_1 h\frac{\partial^2 w}{\partial t^2} = p_W - p_A \tag{5.1.8}$$

在动坐标系下，根据式（3.1.21），有 $\partial/\partial t = -V\partial/\partial x$ 及 $\partial^2/\partial t^2 = V^2\partial^2/\partial x^2$，所以式（5.1.8）变为

$$D\left(1-\tau V\frac{\partial}{\partial x}\right)\nabla^4 w + \rho_1 gh + \rho_1 hV^2\frac{\partial^2 w}{\partial x^2} = p_W - p_A \tag{5.1.9}$$

若在冰面上除了有当地大气压强 p_a，还作用有外加的气垫载荷相对压强 p_{Ae}，且该载荷方向垂直向下，则冰层的上表面所受载荷的绝对压强为 $p_A = p_{Ae} + p_a$。由式（5.1.6）得冰层上、下表面所受的压强差为

$$p_W - p_A = \rho_1 gh - \rho_2 gw + \rho_2 V\left.\frac{\partial\phi}{\partial x}\right|_{z=0} - p_{Ae} \tag{5.1.10}$$

将式（5.1.10）代入式（5.1.9），得

$$D\left(1-\tau V\frac{\partial}{\partial x}\right)\nabla^4 w + \rho_2 gw - \rho_2 V\left.\frac{\partial\phi}{\partial x}\right|_{z=0} + \rho_1 hV^2\frac{\partial^2 w}{\partial x^2} = -p_{Ae} \tag{5.1.11}$$

式（5.1.1）～式（5.1.3）、式（5.1.5）、式（5.1.7）、式（5.1.11）共同组成了求解移动载荷激励冰水系统位移响应的理论模型，整理如下：

$$\begin{cases} \dfrac{\partial^2\phi}{\partial x^2}+\dfrac{\partial^2\phi}{\partial y^2}+\dfrac{\partial^2\phi}{\partial z^2}=0, \quad -\infty < x < \infty; -\infty < y < \infty; -H \leqslant z \leqslant 0 \\ \dfrac{\partial\phi}{\partial z}=0, \quad -\infty < x < \infty; -\infty < y < \infty; z=-H \\ \dfrac{\partial\phi}{\partial z} = -V\dfrac{\partial w}{\partial x}, \quad -\infty < x < \infty; -\infty < y < \infty; z=0 \\ \begin{cases} w=0, \nabla w=0 \\ \phi=0, \nabla\phi=0 \end{cases}, \quad |x|\to\infty \\ \rho_2 gw - \rho_2 V\left.\dfrac{\partial\phi}{\partial x}\right|_{z=0} = -p_{Ae}, \quad \text{在纯水面上} \\ D\left(1-\tau V\dfrac{\partial}{\partial x}\right)\nabla^4 w + \rho_2 gw - \rho_2 V\left.\dfrac{\partial\phi}{\partial x}\right|_{z=0} + \rho_1 hV^2\dfrac{\partial^2 w}{\partial x^2} = -p_{Ae}, \quad \text{在冰-水交界面上} \end{cases} \tag{5.1.12}$$

在冰-水交界面处，冰层的变形运动与冰层下水的运动，通过运动学和动力学边界条件耦合。如果能求解得到流体扰动速度势 ϕ，那么由式（5.1.3）可得

$$\frac{\partial w}{\partial x}=-\frac{1}{V}\frac{\partial \phi}{\partial z}$$

两边同时进行定积分，得

$$\int_x^{\infty}\frac{\partial w}{\partial x}\mathrm{d}x=-\frac{1}{V}\int_x^{\infty}\frac{\partial \phi}{\partial z}\mathrm{d}x$$

由于 $w(\infty,y)=0$，冰层的垂向位移或者自由表面的波高可表示为

$$w(x,y)=\frac{1}{V}\int_x^{\infty}\frac{\partial \phi}{\partial z}\mathrm{d}x \tag{5.1.13}$$

兴波阻力可以通过式（5.1.14）进行计算：

$$R_{\mathrm{W}}=\iint_S p_{\mathrm{Ae}}\frac{\partial w}{\partial x}\mathrm{d}x\mathrm{d}y=-\frac{1}{V}\iint_S p_{\mathrm{Ae}}\left.\frac{\partial \phi}{\partial z}\right|_{z=0}\mathrm{d}x\mathrm{d}y \tag{5.1.14}$$

式中，S 为气垫载荷作用的冰层表面或自由表面的面积。

此外，冰层内的法向应力 σ_{xx}、σ_{yy} 和切向应力 σ_{xy} 可通过式（2.2.20）和式（2.2.27）进行计算，即

$$\begin{pmatrix}\sigma_{xx}\\ \sigma_{yy}\\ \sigma_{xy}\end{pmatrix}=-\frac{Ez}{1-\mu^2}\begin{pmatrix}1 & \mu & 0\\ \mu & 1 & 0\\ 0 & 0 & \dfrac{1-\mu}{2}\end{pmatrix}\left(1+\tau\frac{\partial}{\partial t}\right)\begin{pmatrix}\dfrac{\partial^2 w}{\partial x^2}\\ \dfrac{\partial^2 w}{\partial y^2}\\ 2\dfrac{\partial^2 w}{\partial x\partial y}\end{pmatrix}$$

进一步整理得

$$\begin{pmatrix}\sigma_{xx}\\ \sigma_{yy}\\ \sigma_{xy}\end{pmatrix}=-\frac{Ez}{1-\mu^2}\left(1+\tau\frac{\partial}{\partial t}\right)\begin{pmatrix}\dfrac{\partial^2 w}{\partial x^2}+\mu\dfrac{\partial^2 w}{\partial y^2}\\ \mu\dfrac{\partial^2 w}{\partial x^2}+\dfrac{\partial^2 w}{\partial y^2}\\ (1-\mu)\dfrac{\partial^2 w}{\partial x\partial y}\end{pmatrix} \tag{5.1.15}$$

由此可见，通过求解扰动速度势，可以依次求解冰层垂向位移或水面波高、冰层内应力分布以及移动载荷航行的兴波阻力等参数。

5.1.1 纯水面上的理论模型

当移动载荷在纯水面上做定常直线运动时，可以视冰层厚度为 $h=0$，且动力学边界条件采用式（5.1.5）而不是式（5.1.11），所以根据式（5.1.12）可以得到移动载荷在纯水面上做定常直线运动的理论模型为

$$
\begin{cases}
\dfrac{\partial^2\phi}{\partial x^2}+\dfrac{\partial^2\phi}{\partial y^2}+\dfrac{\partial^2\phi}{\partial z^2}=0, & -\infty<x<\infty;-\infty<y<\infty;-H\leqslant z\leqslant 0\\
\dfrac{\partial\phi}{\partial z}=0, & -\infty<x<\infty;-\infty<y<\infty;z=-H\\
\dfrac{\partial\phi}{\partial z}=-V\dfrac{\partial w}{\partial x}, & -\infty<x<\infty;-\infty<y<\infty;z=0\\
\begin{cases} w=0,\nabla w=0\\ \phi=0,\nabla\phi=0\end{cases}, & |x|\to\infty\\
\left.\rho_2 gw-\rho_2 V\dfrac{\partial\phi}{\partial x}\right|_{z=0}=-p_{\mathrm{Ae}}, & \text{在纯水面上}
\end{cases}
\tag{5.1.16}
$$

气垫载荷的相对压强分布形态如图 5.1.2 所示，即采用 Doctors 等[6]给出的双曲正切函数乘积形式表示为

$$
p_{\mathrm{Ae}}=\frac{p_0}{4}\left\{\tanh\left[\alpha_1\left(x+\frac{L}{2}\right)\right]-\tanh\left[\alpha_1\left(x-\frac{L}{2}\right)\right]\right\}\left\{\tanh\left[\alpha_2\left(y+\frac{B}{2}\right)\right]-\tanh\left[\alpha_2\left(y-\frac{B}{2}\right)\right]\right\}
\tag{5.1.17}
$$

式中，p_0 为气垫载荷特征压强；L 为气垫长度；B 为气垫宽度；α_1 和 α_2 分别为反映矩形气垫压强在纵向和横向变化剧烈程度的参数，α_1 和 α_2 取值越大，气垫压强越接近矩形分布，当 α_1 和 α_2 趋于无穷大时，气垫压强趋于均匀的矩形分布压强 p_0。

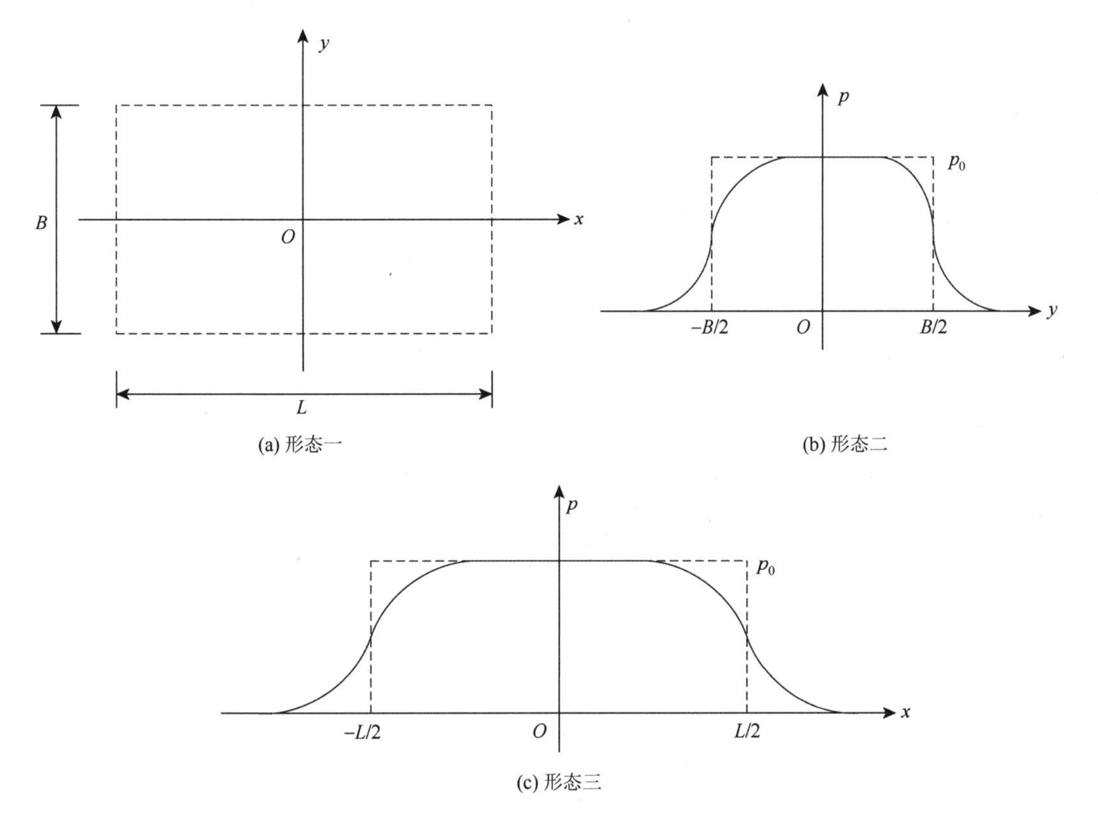

图 5.1.2　气垫载荷压强分布

对应于式（5.1.17）的气垫压强分布，气垫船在纯水面上做定常直线运动时引起的兴波阻力 R 的计算公式[6]为

$$R = \frac{1}{\pi \rho g}\int_{\theta_1}^{\pi/2} \frac{P_e^2 k^3 \cos\theta}{1 - k_0 H \sec^2\theta \operatorname{sech}^2(kH)} d\theta \tag{5.1.18}$$

其中，

$$P_e = p_0 \frac{\pi \sin\left(\dfrac{L}{2} k\cos\theta\right)}{\alpha_1 \sinh\left(\dfrac{\pi k \cos\theta}{2\alpha_1}\right)} \frac{\pi \sin\left(\dfrac{B}{2} k\sin\theta\right)}{\alpha_2 \sinh\left(\dfrac{\pi k \sin\theta}{2\alpha_2}\right)}$$

$$\theta_1 = \begin{cases} 0, & k_0 H \geqslant 1 \\ \arccos\left(\sqrt{k_0 H}\right), & k_0 H < 1 \end{cases}$$

$$k_0 = g / V^2$$

k 是方程 $k - k_0 \sec^2\theta \tanh(kH) = 0$ 的非零根。

5.1.2 纯冰面上的理论模型

当移动载荷在纯冰面上做定常直线运动时，将式（5.1.12）中的纯水面条件去掉，可以得到纯冰面的理论模型为

$$\begin{cases} \dfrac{\partial^2\phi}{\partial x^2} + \dfrac{\partial^2\phi}{\partial y^2} + \dfrac{\partial^2\phi}{\partial z^2} = 0, & -\infty < x < \infty; -\infty < y < \infty; -H \leqslant z \leqslant 0 \\ \dfrac{\partial\phi}{\partial z} = 0, & -\infty < x < \infty; -\infty < y < \infty; z = -H \\ \dfrac{\partial\phi}{\partial z} = -V\dfrac{\partial w}{\partial x}, & -\infty < x < \infty; -\infty < y < \infty; z = 0 \\ \begin{cases} w = 0, \nabla w = 0 \\ \phi = 0, \nabla\phi = 0 \end{cases}, & |x| \to \infty \\ D\left(1 - \tau V\dfrac{\partial}{\partial x}\right)\nabla^4 w + \rho_2 g w - \rho_2 V \left.\dfrac{\partial\phi}{\partial x}\right|_{z=0} + \rho_1 h V^2 \dfrac{\partial^2 w}{\partial x^2} = -p_{Ae}, & \text{在冰-水交界面上} \end{cases} \tag{5.1.19}$$

当气垫载荷压强分布为式（5.1.17）时，Kozin 等[7]采用傅里叶变换法，给出了纯冰面上气垫船的兴波阻力 R 的计算公式为

$$\frac{R}{p_0 LB} = \frac{p_0 A}{\rho_2 g L} \tag{5.1.20}$$

式中，$A = \dfrac{\pi^2 \omega k_L}{(\alpha_1 L)^2 (\alpha_2 L)^2}\displaystyle\int_0^\infty \lambda^2 \tanh(\lambda\gamma) d\lambda \int_0^\lambda \dfrac{\sin^2\left(\dfrac{\alpha}{2}\right)\sin^2\left(\dfrac{\sqrt{\lambda^2-\alpha^2}}{2\omega}\right)\alpha\eta d\alpha}{\sinh^2\left(\dfrac{\pi\alpha}{2\alpha_1 L}\right)\sinh^2\left(\dfrac{\pi\sqrt{\lambda^2-\alpha^2}}{2\alpha_2 L}\right)\sqrt{\lambda^2-\alpha^2}(\xi^2+\eta^2)}$；

p_0 为气垫特征压强；L 为气垫长度；B 为气垫宽度；α_1 和 α_2 为反映气垫压强变化程度的参数；

$k_{\mathrm{L}}=gL/V^2$；$\omega=L/B$；$\gamma=H/L$；$\xi=\alpha^2[1+\varepsilon\chi\lambda\tanh(\lambda\gamma)]-\psi\chi^3k_{\mathrm{L}}\lambda^5\tanh(\lambda\gamma)-k_{\mathrm{L}}\lambda\tanh(\lambda\gamma)$，其中$\varepsilon=\rho_1/\rho_2$，$\chi=h/L$；$\eta=\alpha\tau_0\sqrt{k_{\mathrm{L}}}\psi\chi^3\lambda^5\tanh(\lambda\gamma)$，其中$\tau_0=\tau\sqrt{g/L}$，$\psi=G/(3L\rho_2 g)$。

5.1.3　纯碎冰面上的理论模型

在纯冰面理论模型式（5.1.19）的基础上，设冰层厚度$h\neq 0$，同时令冰层的弯曲刚度$D=0$，则可得移动载荷在纯碎冰面上做定常直线运动的理论模型为

$$\begin{cases}\dfrac{\partial^2\phi}{\partial x^2}+\dfrac{\partial^2\phi}{\partial y^2}+\dfrac{\partial^2\phi}{\partial z^2}=0, & -\infty<x<\infty;-\infty<y<\infty;-H\leqslant z\leqslant 0\\ \dfrac{\partial\phi}{\partial z}=0, & -\infty<x<\infty;-\infty<y<\infty;z=-H\\ \dfrac{\partial\phi}{\partial z}=-V\dfrac{\partial w}{\partial x}, & -\infty<x<\infty;-\infty<y<\infty;z=0\\ \begin{cases}w=0,\nabla w=0\\ \phi=0,\nabla\phi=0\end{cases}, & |x|\to\infty\\ \rho_2 gw-\rho_2 V\left.\dfrac{\partial\phi}{\partial x}\right|_{z=0}+\rho_1 hV^2\dfrac{\partial^2 w}{\partial x^2}=-p_{\mathrm{Ae}}, & \text{在冰-水交界面上}\end{cases} \tag{5.1.21}$$

Kozin 等[8]采用傅里叶变换法，针对具有均匀压强分布的矩形气垫，给出了其在碎冰面上做定常直线运动时引起的兴波阻力R的计算公式为

$$\frac{R}{p_0 LB}=\frac{p_0 A_1}{\rho_2 gL} \tag{5.1.22}$$

式中，$A_1=\dfrac{8\omega\gamma}{\pi}\displaystyle\int_{\tau_0}^{\infty}\sin^2\left(\frac{1}{2\gamma}\sqrt{B_1}\right)\sin^2\left(\frac{1}{2\omega\gamma}\sqrt{\tau^2-B_1}\right)(\tau^2-B_1)^{-\frac{3}{2}}\tau\mathrm{d}\tau$；$B_1=\dfrac{k_{\mathrm{H}}\tau\tanh\tau}{1+\alpha\gamma^{-1}\tau\tanh\tau}$；$\omega=L/B$；$\gamma=H/L$；$k_{\mathrm{H}}=gH/V^2$；$\alpha=\rho_1 h/(\rho_2 L)$；$\tau_0$为超越方程$k_{\mathrm{H}}\tanh\tau=\tau(1+\alpha\gamma^{-1}\tau\tanh\tau)$的根。

通过化简式（5.1.12），除了可以得到上述的三种理论模型，还可以用其求解纯水面、纯冰面、纯碎冰面任意组合情况下的复杂冰-碎冰-水面上移动载荷做定常直线运动时的理论模型。

5.2　边界元法与有限差分法相结合的数值计算方法

边界元法又称面元法，或称奇点分布法，是数值计算方法中的一种。边界元法的数学基础是高斯公式，流体力学基础是势流理论。边界元法的基本思想是选取源汇、偶极子、涡等奇点作为基本解（称为简单格林函数，如 Rankine 源等），这些基本解本身以及线性叠加后均可满足 Laplace 方程，但它们的线性叠加并不一定满足边界条件（如冰水表面、物面、辐射条件等），通过数值计算调整奇点的强度来满足边界条件，从而得到流场的速度势。还有一种做法是预先寻找满足 Laplace 方程、冰水表面条件、水底条件、辐射条件的特殊格林函数（如 Kelvin 源等），利用特殊格林函数，在物面上分布奇点，通过物面条件的满足来确定奇点的分布强度，从而得

到流场的速度势。边界元法通常是将流体流动的空间问题降维后转化成流动边界表面的积分问题，通过将积分方程进行离散转化为代数方程，利用计算机进行数值求解后，得到满足边界条件的奇点强度。

有限差分法是另一种经典的数值计算方法。该方法求解流动问题的第一步是对流动区域（或称求解区域）进行离散，即将连续的求解区域通过网格剖分离散成一系列的网格节点，其中有些边界节点上的值是已知的，其余节点处的值是未知的。第二步是对数学方程进行离散，在网格节点上把微分（微商）换成差商，从而把数学方程离散化为差分格式，这是一个关于未知函数的代数方程，又称为差分方程。对每一个未知节点都写出一个代数方程后，就完成了对方程的离散过程。第三步是对代数方程组求解，该方程组的求解可分为直接解法和迭代解法两种。对于小型的代数方程组，一般采用直接解法；对于大型的代数方程组，一般采用迭代解法。无论采用哪一种方法，所求得的数值解都是近似解。误差的来源主要有两方面，一方面是用差分方程近似替代微分方程所产生的误差，称为截断误差；另一方面是在求解过程中计算产生的误差，称为舍入误差。截断误差与网格间距有关，一般网格间距越小，截断误差越小。舍入误差与计算机的字长、计算所采用的数据类型和算法有关。

5.2.1　扰动速度势用基本解表示

针对5.1节建立的理论数学模型，采用边界元法与有限差分法相结合的数值方法进行计算。具体的做法是，在自由表面上方一定距离、一定区域的水平面上分布面元基本解，面元基本解自身及其线性组合仍然满足方程式（5.1.1），而水底边界条件通过镜像法布置面元基本解得到满足，水面或冰面边界条件通过对方程式（5.1.5）或式（5.1.11）进行变换和差分，得到确定面元基本解强度的离散方程。

2.3.3节中介绍了势流理论中的Laplace方程及其基本解的不同形式。本节的基本解采用空间点源即Rankine源形式表达，扰动速度势表示为所有Rankine源的线性组合，即

$$\phi=\sum_{j=1}^{n}\sigma_j\varphi_j^* \tag{5.2.1}$$

式中，σ_j为Rankine源强度或称面元源强，为待定常数；$\varphi_j^*=\varphi_j+\bar{\varphi}_j$，其中$\varphi_j$为单位源强的速度势，$\bar{\varphi}_j$为$\varphi_j$关于水底边界的镜像表达式，$\varphi_j^*$可以自动满足水底固壁不可穿透条件。

空间Rankine源的速度势为式（2.3.22），而单位强度的速度势可写为

$$\varphi=-\frac{1}{4\pi r} \tag{5.2.2a}$$

式中，$r=\sqrt{(x-x_0)^2+(y-y_0)^2+(z-z_0)^2}$，其中$(x,y,z)$为场点位置坐标，$(x_0,y_0,z_0)$为源点位置坐标。

以水底为镜像时，源点镜像的速度势$\bar{\varphi}$可写为

$$\bar{\varphi}=-\frac{1}{4\pi r_{\mathrm{H}}} \tag{5.2.2b}$$

式中，$r_{\mathrm{H}}=\sqrt{(x-x_0)^2+(y-y_0)^2+(z+z_0+2H)^2}$，其中$(x,y,z)$为场点位置坐标，$(x_0,y_0,-z_0-2H)$为源点镜像位置坐标，$H$为水深。

Rankine 源满足 Laplace 方程，因此它们的一系列线性组合也满足 Laplace 方程。φ_j^* 满足水底边界条件，因此它们的一系列线性组合也满足水底边界条件。本节所采用的式（5.2.1）自动满足流体运动控制方程式（5.1.1）和水底边界条件式（5.1.2）。

5.2.2　面元划分和控制点布置方式

面元划分和控制点的布置方式如图 5.2.1（a）所示。在自由表面上方一定高度处的水平面上分布有 $n = n_x \times n_y$ 个矩形面元，矩形的中心在水面上的投影为控制点，控制点的个数等于面元的个数。矩形面元的划分分别用与 x 轴和 y 轴平行的直线对求解区域进行离散得到，这些网格线的交点称为网格节点。与 y 轴平行的网格线由左至右用 $k(k = 1,2,\cdots,n_x)$ 编号，与 x 轴平行的网格线由下至上用 $m(m = 1,2,\cdots,n_y)$ 编号，如图 5.2.1（b）所示。网格线之间可以是等间距的，也可以是非等间距的，本节采用的网格沿 x、y 方向的间距分别记为 Δx 和 Δy。对这 n 个面元及其对应的控制点进行编号，编号依次记为 $i = (m-1)n_x + k \ (k = 1,2,\cdots,n_x; m = 1,2,\cdots,n_y)$。

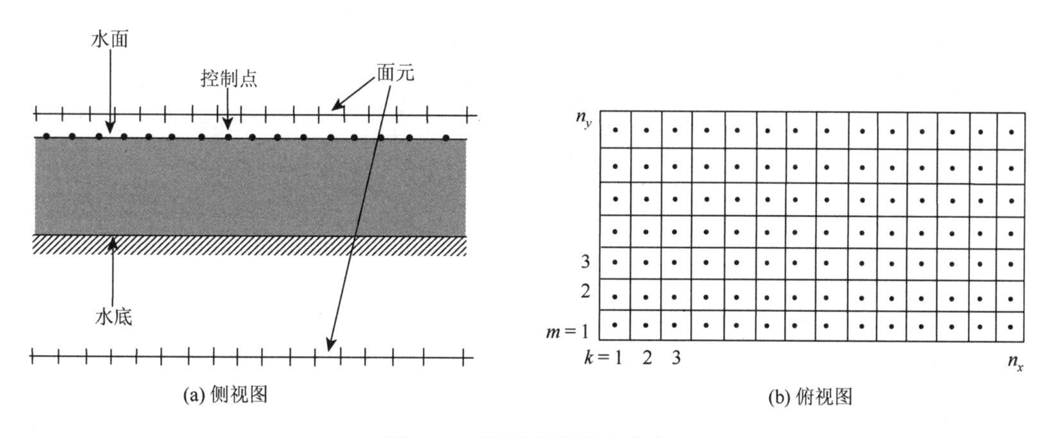

图 5.2.1　面元和控制点分布

5.2.3　冰层运动方程数值离散方法

根据冰-水交界面处应该满足的线性化运动学条件，即式（5.1.3）可得

$$\frac{\partial w}{\partial x} = -\frac{1}{V}\frac{\partial \phi}{\partial z} \tag{5.2.3}$$

通过积分可以转化为式（5.1.13），即冰层的垂向位移或者自由表面的波高可表示为

$$w(x,y) = \frac{1}{V}\int_x^{\infty} \frac{\partial \phi}{\partial z} \mathrm{d}x \tag{5.2.4}$$

将式（5.2.3）和式（5.2.4）代入式（5.1.11），得

$$D\nabla^4\left(\frac{1}{V}\int_x^{\infty}\frac{\partial \phi}{\partial z}\mathrm{d}x\right) - \tau V D\nabla^4\left(-\frac{1}{V}\frac{\partial \phi}{\partial z}\right) + \frac{\rho_2 g}{V}\int_x^{\infty}\frac{\partial \phi}{\partial z}\mathrm{d}x - \rho_2 V\left.\frac{\partial \phi}{\partial x}\right|_{z=0} + \rho_1 h V^2\frac{\partial}{\partial x}\left(-\frac{1}{V}\frac{\partial \phi}{\partial z}\right) = -p_{\mathrm{Ae}}$$

整理后得

$$\frac{D}{\rho_2 g}\nabla^4\left(\int_x^{\infty}\frac{\partial\phi}{\partial z}\mathrm{d}x\right)+\frac{\tau VD}{\rho_2 g}\nabla^4\left(\frac{\partial\phi}{\partial z}\right)+\int_x^{\infty}\frac{\partial\phi}{\partial z}\mathrm{d}x-\frac{V^2}{g}\frac{\partial\phi}{\partial x}\bigg|_{z=0}-\frac{\rho_1 hV^2}{\rho_2 g}\frac{\partial}{\partial x}\left(\frac{\partial\phi}{\partial z}\right)=-\frac{Vp_{\mathrm{Ae}}}{\rho_2 g} \quad (5.2.5)$$

通过使式（5.2.5）在n个控制点上得到满足，可以导出n个代数方程，用以确定式（5.2.1）中的n个未知面元源强。在自由表面$z=0$时的第i个控制点位置上，由式（5.2.5）得

$$\left[\int_x^{\infty}\frac{\partial\phi}{\partial z}\mathrm{d}x\right]_i+\frac{D}{\rho_2 g}\left[\nabla^4\left(\int_x^{\infty}\frac{\partial\phi}{\partial z}\mathrm{d}x\right)\right]_i+\frac{\tau VD}{\rho_2 g}\left[\nabla^4\left(\frac{\partial\phi}{\partial z}\right)\right]_i-\frac{V^2}{g}\left[\frac{\partial\phi}{\partial x}\right]_i-\frac{\rho_1 hV^2}{\rho_2 g}\left[\frac{\partial}{\partial x}\left(\frac{\partial\phi}{\partial z}\right)\right]_i$$

$$=-\frac{V}{\rho_2 g}[p_{\mathrm{Ae}}]_i \quad (5.2.6)$$

将式（5.2.1）代入式（5.2.6），可得

$$\sum_{j=1}^{n}(A_{i,j}+B_{i,j}+C_{i,j}+D_{i,j}+E_{i,j})\sigma_j=F_i,\quad i=1,2,\cdots,n \quad (5.2.7)$$

其中，

$$A_{i,j}=\left[\int_x^{\infty}\frac{\partial\varphi_j^*}{\partial z}\mathrm{d}x\right]_i \quad (5.2.8\mathrm{a})$$

$$B_{i,j}=\frac{D}{\rho_2 g}\left[\nabla^4\left(\int_x^{\infty}\frac{\partial\varphi_j^*}{\partial z}\mathrm{d}x\right)\right]_i \quad (5.2.8\mathrm{b})$$

$$C_{i,j}=\frac{\tau VD}{\rho_2 g}\left[\nabla^4\left(\frac{\partial\varphi_j^*}{\partial z}\right)\right]_i \quad (5.2.8\mathrm{c})$$

$$D_{i,j}=-\frac{V^2}{g}\left[\frac{\partial\varphi_j^*}{\partial x}\right]_i \quad (5.2.8\mathrm{d})$$

$$E_{i,j}=-\frac{\rho_1 hV^2}{\rho_2 g}\left[\frac{\partial}{\partial x}\left(\frac{\partial\varphi_j^*}{\partial z}\right)\right]_i \quad (5.2.8\mathrm{e})$$

$$F_i=-\frac{V}{\rho_2 g}[p_{\mathrm{Ae}}]_i \quad (5.2.8\mathrm{f})$$

在式（5.2.8）中，除了$\frac{\partial}{\partial z}$可用解析方法运算，其余偏导数运算均采用差分方法进行，其中$\frac{\partial}{\partial x}$方向采用迎风差分格式。

记

$$P_{i,j}=[\varphi_j^*]_i,\quad T_{i,j}=\left[\frac{\partial\varphi_j^*}{\partial z}\right]_i,\quad S_{i,j}=\int_{x_i}^{\infty}\frac{\partial\varphi_j^*}{\partial z}\mathrm{d}x$$

式中，$P_{i,j}$和$T_{i,j}$可由 Rankine 源的速度势表达式求得，而$S_{i,j}$通过沿x方向数值积分求得，即

$$S_{i,j}=\left[\int_{x_k}^{x_{k+1}}\frac{\partial\varphi_j^*}{\partial z}\mathrm{d}x+\int_{x_{k+1}}^{x_{k+2}}\frac{\partial\varphi_j^*}{\partial z}\mathrm{d}x+\cdots+\int_{x_{n_x-1}}^{x_{n_x}}\frac{\partial\varphi_j^*}{\partial z}\mathrm{d}x+\int_{x_{n_x}}^{\infty}\frac{\partial\varphi_j^*}{\partial z}\mathrm{d}x\right]_i$$
$$\approx\frac{\Delta x}{2}\left\{\left[\left(\frac{\partial\varphi_j^*}{\partial z}\right)_k+\left(\frac{\partial\varphi_j^*}{\partial z}\right)_{k+1}\right]+\left[\left(\frac{\partial\varphi_j^*}{\partial z}\right)_{k+1}+\left(\frac{\partial\varphi_j^*}{\partial z}\right)_{k+2}\right]+\cdots\right.$$
$$\left.+\left[\left(\frac{\partial\varphi_j^*}{\partial z}\right)_{n_x-1}+\left(\frac{\partial\varphi_j^*}{\partial z}\right)_{n_x}\right]+\left[\left(\frac{\partial\varphi_j^*}{\partial z}\right)_{n_x}+0\right]\right\}_i$$
$$=\frac{\Delta x}{2}[T_{k,j}+2(T_{k+1,j}+T_{k+2,j}+\cdots+T_{n_x-1,j}+T_{n_x,j})]_i$$

式中，x_k 为控制点的 x 坐标；下标 n_x 为控制点在 x 方向的标号。

下面逐一介绍式（5.2.8）中各项系数矩阵的离散方法。

1） $A_{i,j}$ 的离散方法

$A_{i,j}$ 与 $S_{i,j}$ 的离散方法相同，可由 $T_{i,j}$ 通过沿 x 方向的数值积分求得。

2） $B_{i,j}$ 的离散方法

考虑 $B_{i,j}$ 中的 $\left[\nabla^4\left(\int_x^{\infty}\frac{\partial\varphi_j^*}{\partial z}\mathrm{d}x\right)\right]_i=\nabla^4 S_{i,j}$，在求得 $S_{i,j}$ 后，平面双调和算子 ∇^4 可采用下述离散方法进行数值计算，即

$$\nabla^4 S_{i,j}=\frac{\partial^4 S_{i,j}}{\partial x^4}+\frac{\partial^4 S_{i,j}}{\partial y^4}+2\frac{\partial^4 S_{i,j}}{\partial x^2\partial y^2}\tag{5.2.9}$$

下面进一步说明式（5.2.9）右端各项的离散方法。

（1） $\frac{\partial^4 S_{i,j}}{\partial x^4}$ 的离散方法。对于给定的整数 i，计算 k。取 $k=\mathrm{Mod}(i-1,n_x)+1$。$\mathrm{Mod}(n,m)$ 函数表示求 n/m 余数的计算，其中 n 为被除数，m 为除数。例如，当 $i=1,2,\cdots,n_x$ 时，分别有 $\mathrm{Mod}(i-1,n_x)=0,1,\cdots,n_x-1$，则对应有 $k=1,2,\cdots,n_x$；当 $n_x+1\leqslant i\leqslant 2n_x$ 时，分别有 $\mathrm{Mod}(i-1,n_x)=0,1,\cdots,n_x-1$，则对应有 $k=1,2,\cdots,n_x$；其余类推。

当 $k=1$ 时，有

$$\frac{\partial^4 S_{i,j}}{\partial x^4}=\frac{S_{i,j}-4S_{i+1,j}+6S_{i+2,j}-4S_{i+3,j}+S_{i+4,j}}{\Delta x^4}$$

当 $k=2$ 时，有

$$\frac{\partial^4 S_{i,j}}{\partial x^4}=\frac{S_{i-1,j}-4S_{i,j}+6S_{i+1,j}-4S_{i+2,j}+S_{i+3,j}}{\Delta x^4}$$

当 $2<k<n_x-1$ 时，有

$$\frac{\partial^4 S_{i,j}}{\partial x^4}=\frac{S_{i-2,j}-4S_{i-1,j}+6S_{i,j}-4S_{i+1,j}+S_{i+2,j}}{\Delta x^4}$$

当 $k=n_x-1$ 时，有

$$\frac{\partial^4 S_{i,j}}{\partial x^4}=\frac{S_{i-3,j}-4S_{i-2,j}+6S_{i-1,j}-4S_{i,j}+S_{i+1,j}}{\Delta x^4}$$

当 $k=n_x$ 时，有

$$\frac{\partial^4 S_{i,j}}{\partial x^4}=\frac{S_{i-4,j}-4S_{i-3,j}+6S_{i-2,j}-4S_{i-1,j}+S_{i,j}}{\Delta x^4}$$

（2）$\frac{\partial^4 S_{i,j}}{\partial y^4}$的离散方法。对于给定的整数$i$，取$m=\text{Int}(i-1,n_x)+1$，这里Int表示取整。例如，Int(n,m)函数表示求n/m的整数运算，其中n为被除数，m为除数。当$1\leqslant i\leqslant n_x$时，有$m=\text{Int}(i-1,n_x)+1=1$；当$n_x+1\leqslant i\leqslant 2n_x$时，有$m=\text{Int}(i-1,n_x)+1=2$；其余类推。

当$m=1$时，有

$$\frac{\partial^4 S_{i,j}}{\partial y^4}=\frac{S_{i,j}-4S_{i+n_x,j}+6S_{i+2n_x,j}-4S_{i+3n_x,j}+S_{i+4n_x,j}}{\Delta y^4}$$

当$m=2$时，有

$$\frac{\partial^4 S_{i,j}}{\partial y^4}=\frac{S_{i-n_x,j}-4S_{i,j}+6S_{i+n_x,j}-4S_{i+2n_x,j}+S_{i+3n_x,j}}{\Delta y^4}$$

当$2<m<n_y-1$时，有

$$\frac{\partial^4 S_{i,j}}{\partial y^4}=\frac{S_{i-2n_x,j}-4S_{i-n_x,j}+6S_{i,j}-4S_{i+n_x,j}+S_{i+2n_x,j}}{\Delta y^4}$$

当$m=n_y-1$时，有

$$\frac{\partial^4 S_{i,j}}{\partial y^4}=\frac{S_{i-3n_x,j}-4S_{i-2n_x,j}+6S_{i-n_x,j}-4S_{i,j}+S_{i+n_x,j}}{\Delta y^4}$$

当$m=n_y$时，有

$$\frac{\partial^4 S_{i,j}}{\partial y^4}=\frac{S_{i-4n_x,j}-4S_{i-3n_x,j}+6S_{i-2n_x,j}-4S_{i-n_x,j}+S_{i,j}}{\Delta y^4}$$

（3）$\frac{\partial^4 S_{i,j}}{\partial x^2\partial y^2}$的离散方法。记$U_{i,j}=\frac{\partial^2 S_{i,j}}{\partial y^2}$，对于给定的整数$i$，取$k=\text{Mod}(i-1,n_x)+1$，$m=\text{Int}(i-1,n_x)+1$。

当$m=1$时，有

$$U_{i,j}=\frac{S_{i,j}-2S_{i+n_x,j}+S_{i+2n_x,j}}{\Delta y^2}$$

当$1<m<n_y$时，有

$$U_{i,j}=\frac{S_{i-n_x,j}-2S_{i,j}+S_{i+n_x,j}}{\Delta y^2}$$

当$m=n_y$时，有

$$U_{i,j}=\frac{S_{i-2n_x,j}-2S_{i-n_x,j}+S_{i,j}}{\Delta y^2}$$

当$k=1$时，有

$$\frac{\partial^4 S_{i,j}}{\partial x^2 \partial y^2}=\frac{U_{i,j}-2U_{i+1,j}+U_{i+2,j}}{\Delta x^2}$$

当$1<k<n_x$时，有

$$\frac{\partial^4 S_{i,j}}{\partial x^2 \partial y^2}=\frac{U_{i-1,j}-2U_{i,j}+U_{i+1,j}}{\Delta x^2}$$

当$k=n_x$时，有

$$\frac{\partial^4 S_{i,j}}{\partial x^2 \partial y^2}=\frac{U_{i-2,j}-2U_{i-1,j}+U_{i,j}}{\Delta x^2}$$

3）$C_{i,j}$的离散方法

记$C_{i,j}$中的$\left[\nabla^4\left(\frac{\partial \varphi_j^*}{\partial z}\right)\right]_i=\nabla^4 T_{i,j}$，则$\nabla^4$的离散方法与式（5.2.9）的各项离散方法类似。

4）$D_{i,j}$的离散方法

考虑$D_{i,j}$中的$\left[\frac{\partial \varphi_j^*}{\partial x}\right]_i$，对于给定的整数$i$，取$k=\mathrm{Mod}(i-1,nx)+1$。

当$k=n_x$时，有

$$\left[\frac{\partial \varphi_j^*}{\partial x}\right]_i=\frac{P_{i,j}-P_{i-1,j}}{\Delta x}$$

当$k=n_x-1$时，有

$$\left[\frac{\partial \varphi_j^*}{\partial x}\right]_i=\frac{P_{i+1,j}-P_{i,j}}{\Delta x}$$

当$k<n_x-1$时，有

$$\left[\frac{\partial \varphi_j^*}{\partial x}\right]_i=\frac{4P_{i+1,j}-3P_{i,j}-P_{i+2,j}}{2\Delta x}$$

5）$E_{i,j}$的离散方法

记$E_{i,j}$中的$\left[\frac{\partial}{\partial x}\left(\frac{\partial \varphi_j^*}{\partial z}\right)\right]_i=\frac{\partial T_{i,j}}{\partial x}$，则$\frac{\partial}{\partial x}$的离散方法与$D_{i,j}$的离散方法类似。

采用上述离散方法后，由式（5.2.7）可以得到关于σ_j为未知量的线性代数方程组，求解该方程组得到所有源强分布后，利用式（5.2.1）即可得到流场扰动速度势ϕ，再利用式（5.1.13）得到冰面或水面第i点位置处的波高为

$$w_i=\sum_{j=1}^{n}\left(\frac{1}{V}\int_x^{\infty}\frac{\partial \phi_j}{\partial z}\mathrm{d}x\right)_i\sigma_j \tag{5.2.10}$$

在计算得到冰面或水面波形后，移动载荷兴波阻力和冰层的应力变化可依据式（5.1.14）和式（5.1.15）分别求出。最后需要说明的是，选定有限域代替无限域进行数值计算时，可以将移动载荷前方足够远的边界取为固壁边界条件，移动载荷后方边界以及左侧、右侧边界取为透射边界条件。

5.3 算法实现与结果分析

5.3.1 算法实现和程序编制

对气垫船破冰作业的纯冰面、纯水面、纯碎冰面及其不同组合等工况建立统一的数学模型，基于边界元法与有限差分法相结合的数值计算方法[1, 2]，采用C语言编制数值模拟程序，通过调用Intel MKL数值计算库的degsv_函数求解离散得到的代数方程组，在C语言中调用MATLAB计算引擎实现计算网格和计算结果的显示，在多核计算机上采用OpenMP实现程序关键部分的并行计算，有效提高程序的运算速度。该程序可以用于计算航行气垫船的兴波阻力、水面和冰面的波形，以及冰层内的应力变化等参数，并可以显示不同破冰准则条件下冰层的断裂情况。

5.3.2 数值计算结果验证

1. 数值计算结果与理论计算结果的比较

为了验证数值计算方法的可靠性与正确性，现通过以下三种情况进行计算分析说明。

（1）考察纯水面的情况。计算条件为：气垫载荷长度$L=20\text{ m}$，宽度$B=10\text{ m}$，水深$H=6\text{ m}$。采用式（5.1.17）计算气垫压强分布。引入水深弗劳德数$F_{\text{H}}=V/\sqrt{gH}$，式中，V为移动载荷速度。计算F_{H}分别为0.5、0.9、1.5时气垫载荷引起的兴波波形，如图5.3.1～图5.3.3所示。这三幅图可以定性反映气垫载荷以亚临界速度、跨临界速度和超临界速度运动时引起的兴波特征。在低亚临界速度运动（$F_{\text{H}}=0.5$）时，兴波集中在移动载荷下方和稍后处，存在横波和散波，波长较小，移动载荷后方兴波较弱；在近临界速度运动（$F_{\text{H}}=0.9$）时，横波和散波明显，波长较大，移动载荷后方兴波较强，幅值较大，兴波可以传播到载荷后方数倍船长处；在超临界速度运动（$F_{\text{H}}=1.5$）时，兴波横波较弱，散波明显，兴波幅值减小，移动载荷后方兴波呈典型的V字形波形。

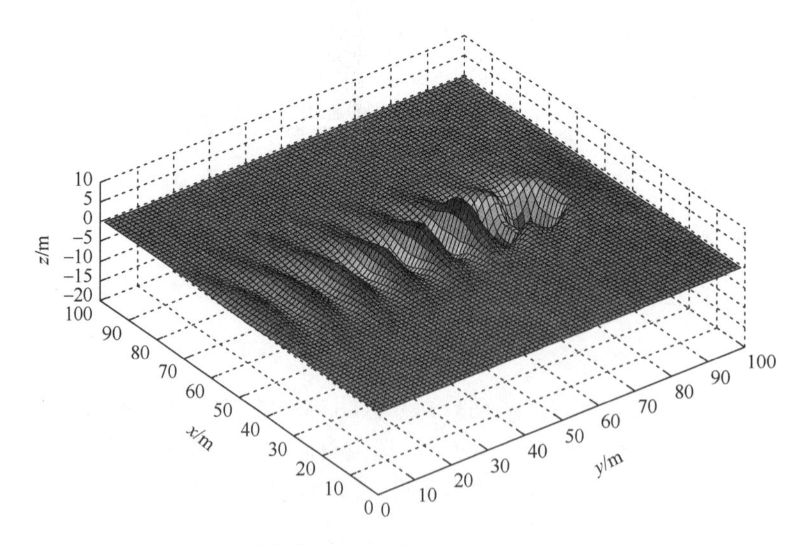

图5.3.1 移动载荷在纯水面上航行的兴波（$F_{\text{H}}=0.5$）

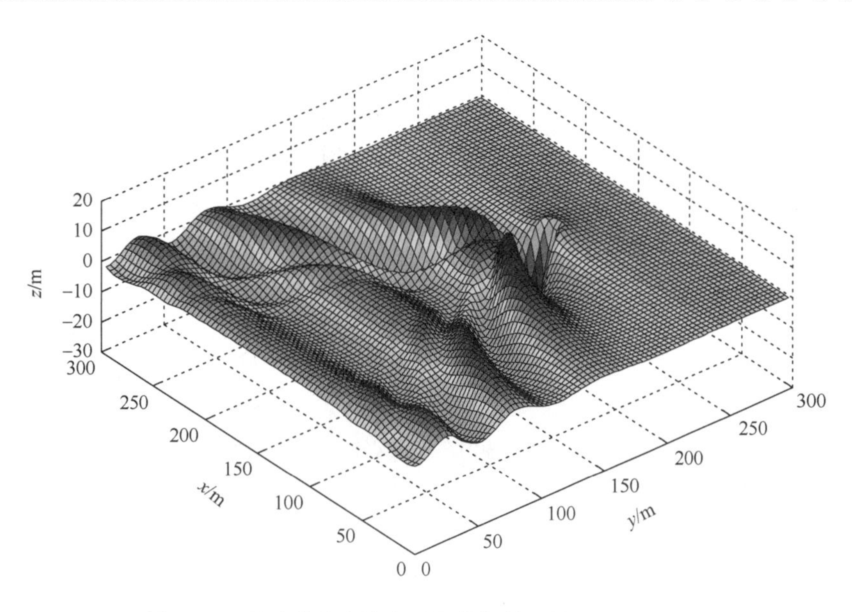

图 5.3.2　移动载荷在纯水面上航行的兴波（ $F_{\mathrm{H}}=0.9$ ）

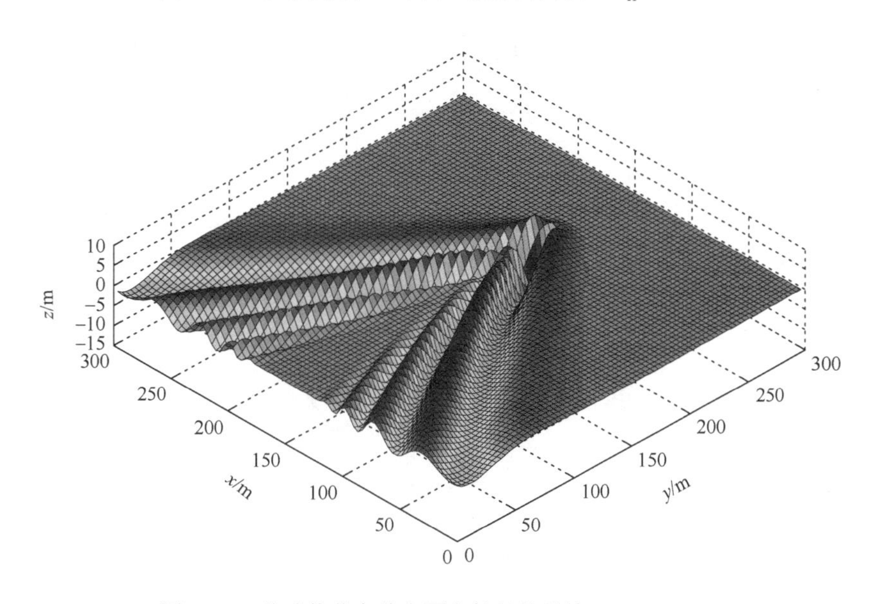

图 5.3.3　移动载荷在纯水面上航行的兴波（ $F_{\mathrm{H}}=1.5$ ）

为验证数值计算的正确性，采用与 Doctors 等[6]相同的气垫船运动参数对兴波阻力系数进行计算。Doctor 等[6]采用的气垫平面图形为矩形，半长和半宽分别用 a 和 b 表示，水深为 H ，$b/a=0.5$ ， $H/a=0.5$ 。气垫船的压强分布用双曲正切函数乘积形式表达，坐标原点取在气垫船的中心。引入船长弗劳德数 $F_{\mathrm{n}}=V/\sqrt{gL}$ ，气垫船兴波阻力系数 $C_{\mathrm{W}}=\rho_2 g R_{\mathrm{W}}/\left(2p_0^2 B\right)$ 。由气垫船航行在纯水面上的兴波阻力系数的对比曲线可以看出，数值解与理论解符合较好，如图 5.3.4 所示。值得指出的是，当 F_{n} 较小时，为了获得较好的兴波阻力计算效果，计算区域的范围要适当减小，气垫船下方网格的密度要加大。

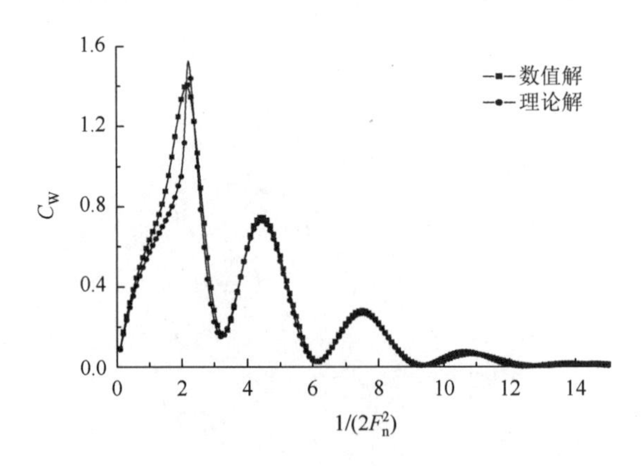

图 5.3.4　纯水面时气垫船兴波阻力系数对比

（2）考察纯碎冰面的情况。图 5.3.5 是在碎冰面上航行的气垫船兴波阻力系数的数值计算结果（数值解）与 Kozin 等[8]采用傅里叶变换法导出的理论公式计算结果（理论解）的比较。气垫平面图形为矩形，计算条件为气垫船长 20 m、宽 10 m，水深 5 m，冰层厚度 1 m，水密度为 1000 kg/m^3，冰密度为 900 kg/m^3。采用式(5.1.17)给出的气垫压强分布进行计算，取 $p_0 = 1000\ \mathrm{Pa}$，$\alpha_1 = \alpha_2 = 50$。由图可以看出，除了兴波阻力系数峰值有些许误差，数值计算结果与理论计算结果符合较好。

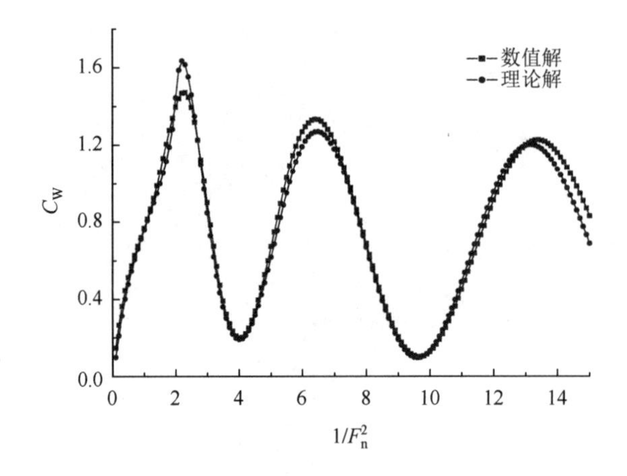

图 5.3.5　纯碎冰面时气垫船兴波阻力系数对比

（3）考察纯冰面的情况。采用与 Kozin 等[7]相同的计算参数：$L = 20\ \mathrm{m}$，$B = 10\ \mathrm{m}$，$\rho_1 / \rho_2 = 0.9$，$\tau / \sqrt{L/g} = 7$，$G/(3\rho_2 gL) = 3401.4$，气垫特征压强 $p_0 = 1000\ \mathrm{Pa}$，压强变化因子 $\alpha_1 = \alpha_2 = 0.5$。另外，图 5.3.6(a)取 $H/L = 1$、$h/L = 0.01$，图 5.3.6(b)取 $H/L = 0.5$、$h/L = 0.01$，图 5.3.6（c）取 $H/L = 0.3$，$h/L = 0.005$，对纯冰面上航行气垫船的兴波阻力系数分别进行数值计算，并将数值计算结果（数值解）与 Kozin 等[7]采用傅里叶变换法的理论计算结果（理论解）进行比较，可见数值解与理论解符合较好。在其他条件不变而冰层厚度、冰层弹性模量或水深增加时，气垫船兴波阻力系数将减小。当气垫船长宽比增加时，气垫船兴波阻力系数也将减小，这与纯水面和纯碎冰面情况相同。随着船长弗劳德数增加，气垫船兴波阻力系数将会出现“驼峰”现象。

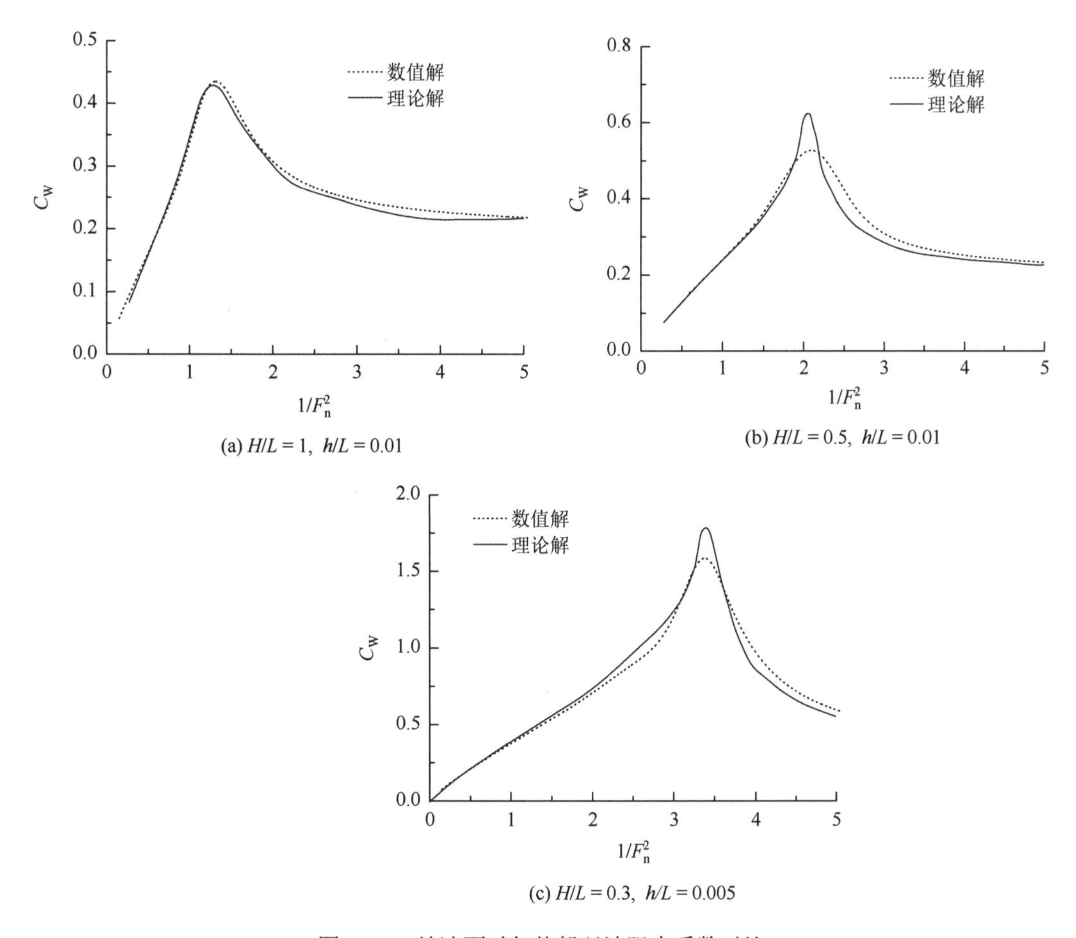

(a) $H/L=1$, $h/L=0.01$

(b) $H/L=0.5$, $h/L=0.01$

(c) $H/L=0.3$, $h/L=0.005$

图 5.3.6　纯冰面时气垫船兴波阻力系数对比

2. 数值计算结果与现场实验结果的比较

为了进一步验证数值计算方法和计算程序，采用与 Takizawa[9]相同的实验参数进行计算。试验条件为：水深$H=6.8\ \text{m}$，冰层厚度$h=0.175\ \text{m}$，冰层弹性模量$E=5\times10^8\ \text{Pa}$，泊松比为 1/3，延迟时间取为$\tau=0.1\ \text{s}$，冰密度$\rho_1=900\ \text{kg/m}^3$，水密度$\rho_2=1026\ \text{kg/m}^3$。实验用的移动载荷为雪地滑车，参数为：长$L=2.46\ \text{m}$，宽$B=0.935\ \text{m}$，质量$M=240\ \text{kg}$。数值计算区域长和宽分别取为 30 L 和 40 B，雪地滑车位于计算域的中心，如图 5.3.7 所示。气垫压强分布采用式(5.1.17)计算，其中与雪地滑车等价的气垫特征压强为$p_0=240\times9.81/(2.46\times0.935)=1023.6\ \text{Pa}$，压强分布因子取$\alpha_1=\alpha_2=20/L$。Takizawa[9]实验给出了距离雪地滑车运动中心线横向距离 1 m 处冰面垂向位移的传感器测量结果，因此本节计算距离滑车中心线 1 m 处并与中心线平行的直线上冰的位移响应曲线。图 5.3.8 是$V=5.5\ \text{m/s}$（处于亚临界速度）时的浮冰层位移响应计算结果，图中垂直向下的箭头代表雪地滑车中心所在的位置（$x=0$处），$w_{\max 1}$是雪地滑车激励浮冰层位移响应所能达到的最大下陷深度（对应文献[9]中的d），l是浮冰层全部处于下陷状态时所能达到的最大宽度。图 5.3.9 给出了不同滑车速度下浮冰层最大下陷深度变化的数值计算结果与大量现场实验结果的比较，图中连续曲线为计算结果，离散点为 Takizawa[9]实验结果。

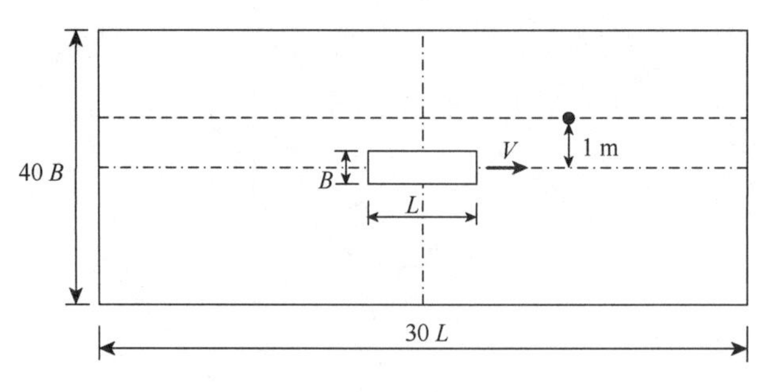

图 5.3.7 雪地滑车实验计算区域

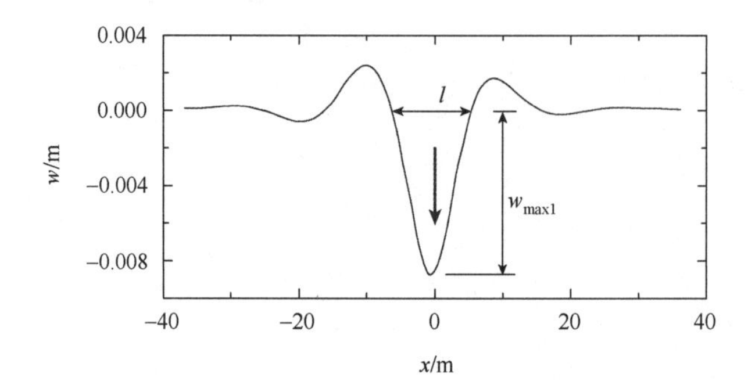

图 5.3.8 速度 $V = 5.5$ m/s 时距离中心线 1m 处直线上冰层的位移响应

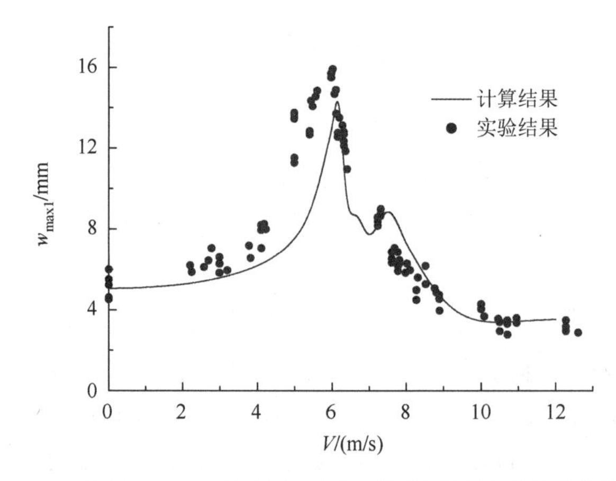

图 5.3.9 横距 $y = 1$ m 时浮冰层最大下陷深度随速度的变化规律

通过数值计算与实验结果对比可以看出，利用所建立的边界元与有限差分混合计算方法成功地捕捉到了移动载荷的双临界速度。由图 5.3.9 可见，随着移动载荷速度增加，浮冰层最大下陷位移存在两个峰值，这两个峰值对应于移动载荷的第一临界速度和第二临界速度，其速度大小分别为 6.15 m/s 和 7.5 m/s 。双临界速度现象在实验室进行的移动气垫载荷激励仿冰材料位移响应的机理实验中也得到了证实。另外，根据 3.2.4 节冰水系统波动的能量法，按照相同的计算参数，利用式（3.2.54）可以计算得到移动载荷的第一临界速度为 $V_c = c_g = 6.13$ m/s 。对比分析表明，利用三种方法得到的第一临界速度数值结果、理论结果和实验结果符合较好。

图 5.3.10 是浮冰层最大下陷宽度的数值计算结果与大量现场实验结果的比较，图中连续曲线为计算结果，离散点为 Takizawa[9]实验结果。分析表明，两者变化规律一致，计算曲线呈现 W 形分布，在第一临界速度之前，随着载荷速度增加，最大下陷宽度逐渐减小；移动速度进一步增加至第二临界速度时，最大下陷宽度先增大后减小；在移动速度大于第二临界速度后，最大下陷宽度单调增加。图 5.3.11 是横距 $y = 0.144$ m 与 $y = 1$ m 直线上浮冰层最大下陷深度数值计算结果的比较，虽然横距不同，但二者变化规律一致，均存在双峰现象，这说明移动载荷存在的双临界速度不是偶然现象。图 5.3.12 是横距 $y = 0.144$ m 直线上浮冰层最大拉伸应力 $\sigma_{xx\max}$ 随速度的变化规律，可见最大拉伸应力出现在第一临界速度附近，即位于下限深度最大的冰层所在位置。

以上对比分析表明，在纯水面、纯碎冰面以及纯冰面情况下，气垫船兴波阻力系数的数值计算结果与理论计算结果符合良好。不同载荷速度下冰层的最大下陷位移数值计算结果不仅与 Takizawa 的现场实验结果相一致，还能准确捕捉到移动载荷的双临界速度现象。冰层位移响应的计算误差主要来源于理论模型中对冰层特性参数的简化。

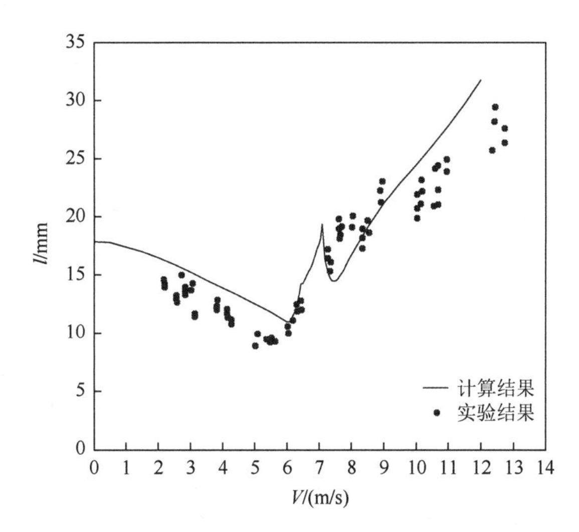

图 5.3.10　横距 $y = 1$ m 时浮冰层最大下陷宽度计算结果与实验结果比较

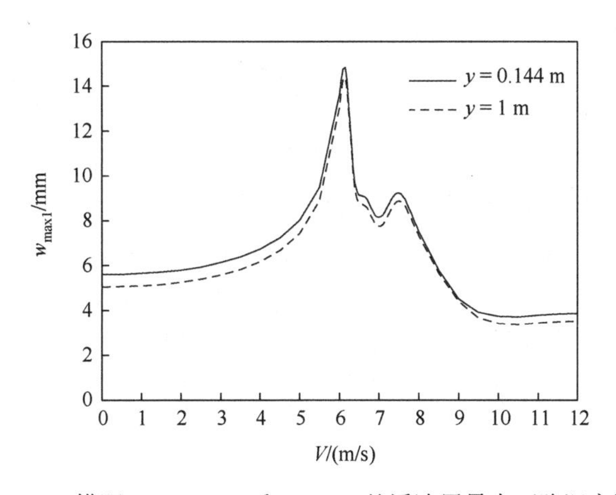

图 5.3.11　横距 $y = 0.144$ m 和 $y = 1$ m 处浮冰层最大下陷深度比较

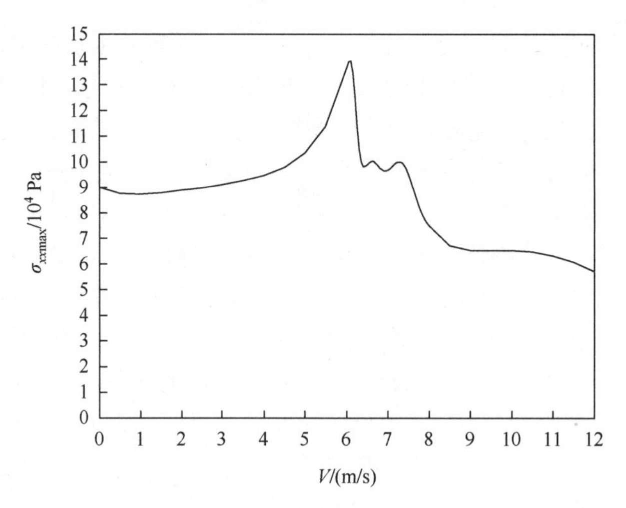

图 5.3.12　横距 $y = 0.144$ m 处浮冰层最大拉伸应力随速度的变化规律

5.3.3　计算结果与分析

参照我国黄河实际水文情况，取浮冰层物理参数为：弹性模量 $E = 5$ GPa，密度 $\rho_2 = 900\ \text{kg/m}^3$，泊松比 $\mu = 1/3$，以纯冰面和半冰面-半水面情况为例进行数值模拟并对计算结果进行分析。

1. 纯冰面

取移动载荷长 $L = 20$ m、宽 $B = 10$ m，水深 $H = 3$ m，冰层厚度 $h = 0.2$ m，冰层延迟时间 $\tau = 0.5$ s，气垫载荷特征压力 $p_0 = 3000$ Pa，计算区域长度和宽度均为 $16L$，移动载荷中心位于 $(9.6L, 8L)$ 处。根据上述冰层的物理参数，采用 3.2.3 节浅水条件下临界速度近似公式（3.2.48），计算得到移动载荷临界速度约为 5.5 m/s。因此，本节分别取移动载荷速度为 4 m/s（亚临界速度）、5.5 m/s（临界速度）以及 10 m/s（超临界速度）三种工况，采用数值计算方法对纯冰面条件下的冰层位移变形、冰层应力分布以及冰层破裂情况进行计算。

图 5.3.13（a）～（c）为不同速度下移动载荷激励纯冰层的垂向位移波形。图 5.3.14 为相应条件下冰层的应力等值线图（以拉伸应力 σ_{xx} 计算结果为例）。由图可以看出，当移动载荷速度为 4 m/s 时，浮冰层位移变形很小，移动载荷前后波形几乎呈对称分布，此时与静载荷作用下的冰层变形情况类似；当移动载荷速度为 5.5 m/s 时，移动载荷前方出现横波，主要为周期较短、幅值较小、衰减较快的固体弹性波，后方为横波和散波，主要为周期较长、幅值较大、衰减较慢的液体重力波，冰层最大下陷位移幅值相比于亚临界速度情况有大幅增加，移动载荷首部接近于波峰位置，尾部接近于波谷位置；当移动载荷速度进一步增大为 10 m/s 时，移动载荷前方仍然存在以冰层位移响应为主的弹性波，而其后方存在以液体响应为主的 V 形重力波，此时浮冰层最大下陷位移和应力分布相比于临界速度情况大幅减小。

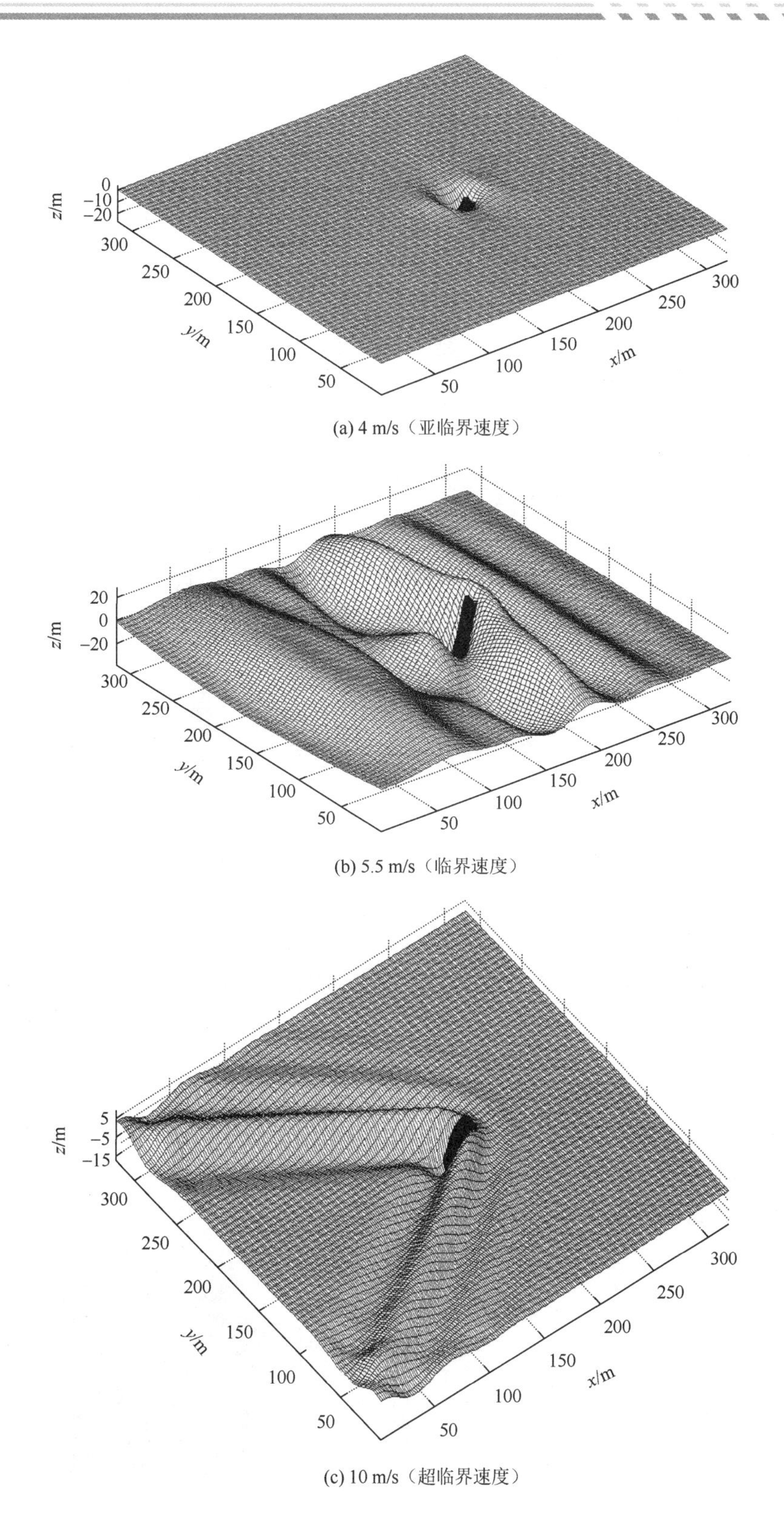

(a) 4 m/s（亚临界速度）

(b) 5.5 m/s（临界速度）

(c) 10 m/s（超临界速度）

图 5.3.13　不同速度下纯冰面的垂向位移波形

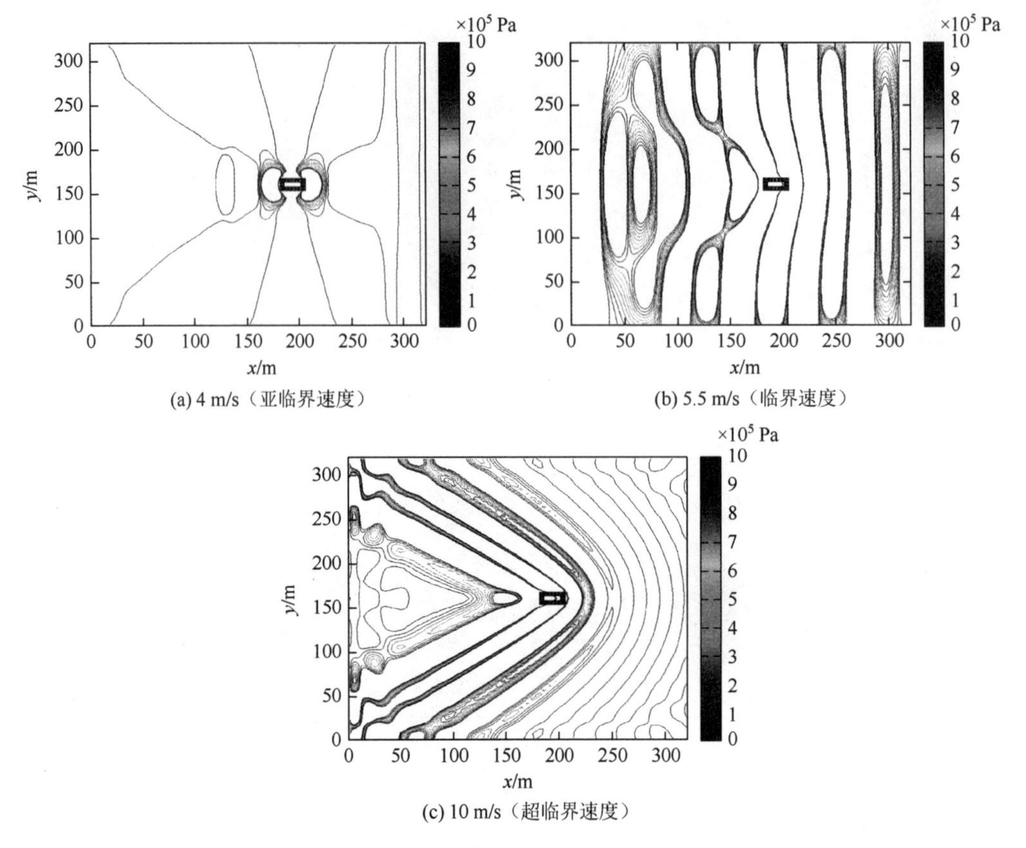

图 5.3.14 不同速度下冰层应力 σ_{xx} 分布云图

如果取 $\sigma_c = 5\times10^5$ Pa 作为冰层拉伸破坏的临界应力，那么将超过该临界应力的面元标记为染色区域，可以得到如图 5.3.15 所示的浮冰层破裂效果。在移动载荷航速较小时，冰面除移动载荷附近以外极少有破裂面元，如图 5.3.15（a）所示；而当移动载荷以临界速度航行时，冰面上出现大范围的破裂面元，且冰层在移动载荷前方已开始沿横向破裂，如图 5.3.15（b）所示；当移动载荷以超临界速度航行时，冰面上的破裂单元相对于临界速度时大幅减少，且浮冰层在移动载荷侧后方呈 V 字形破裂，如图 5.3.15（c）所示。由上述变化规律可以看出，通过数值模拟可以捕捉到移动载荷航行的临界速度以及预报不同航速条件下的破冰效果，移动载荷以临界速度航行时破冰范围最大，效果最好。

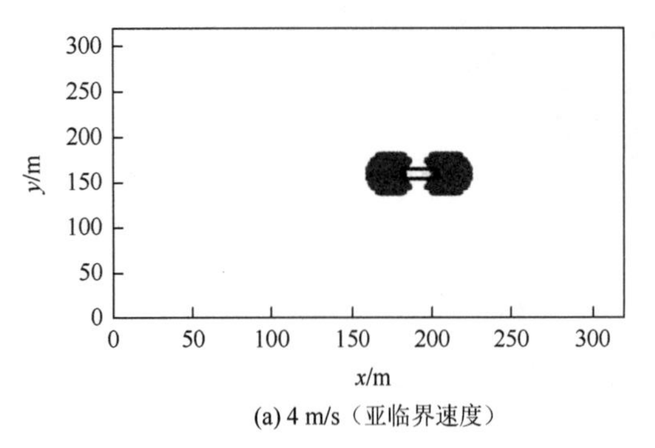

(a) 4 m/s（亚临界速度）

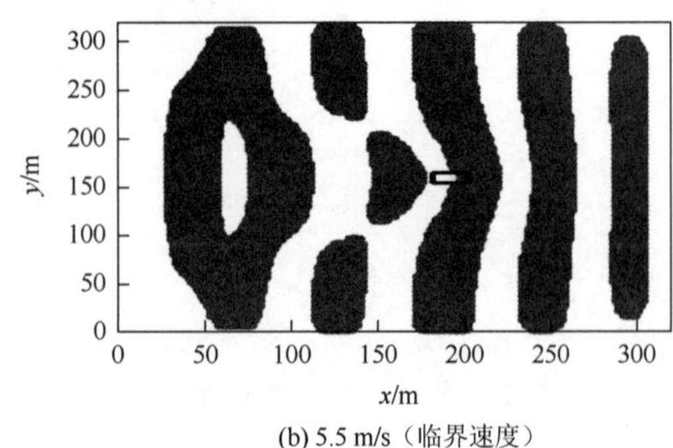

(b) 5.5 m/s（临界速度）

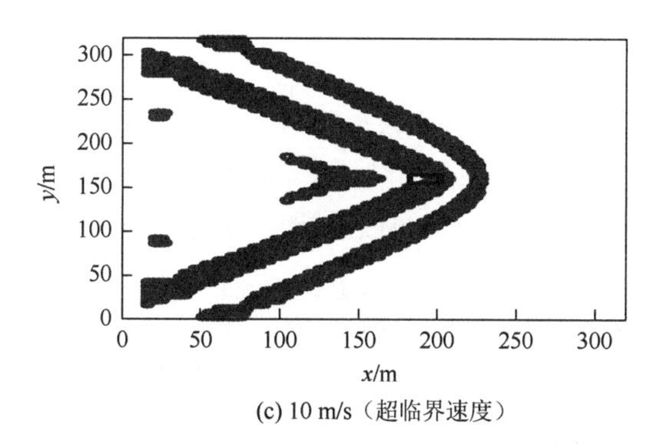

(c) 10 m/s（超临界速度）

图 5.3.15　不同速度下的破冰效果（取破冰临界应力 $\sigma_c = 5\times10^5$ Pa）

气垫船破冰的机理为：移动载荷以临界速度航行时，其作用于冰层-水层系统的波动能量不断累积，从而激励浮冰层引起聚能共振增幅效应，诱发冰层大幅位移变形，并导致冰层内部的拉压、弯曲等应力超过其临界应力而破裂。数值模拟的破冰效果预测与所采用的破冰准则有关。Pogorelova 等[10]提出将冰层变形坡度（斜率）作为破冰准则，即定义破冰临界斜率为 $\beta = \max|\partial w / \partial x| = 0.04$，将 $\beta \geqslant 0.04$ 的冰层面元标记为染色区域，则可以重新计算得到如图 5.3.16（a）～（c）所示的破冰效果。通过与图 5.3.15（a）～（c）对比可以看出，在移动载荷以亚临界速度特别是超临界速度航行时，破冰范围大幅度减小，而以临界速度航行时图 5.3.16（b）所示的破冰效果虽与图 5.3.15（b）类似，但破冰范围也有所减小，这说明在评估破冰效果时，需要选择合理的破冰准则。结果分析表明，这里所采用的破冰临界斜率准则严于破冰临界应力准则。

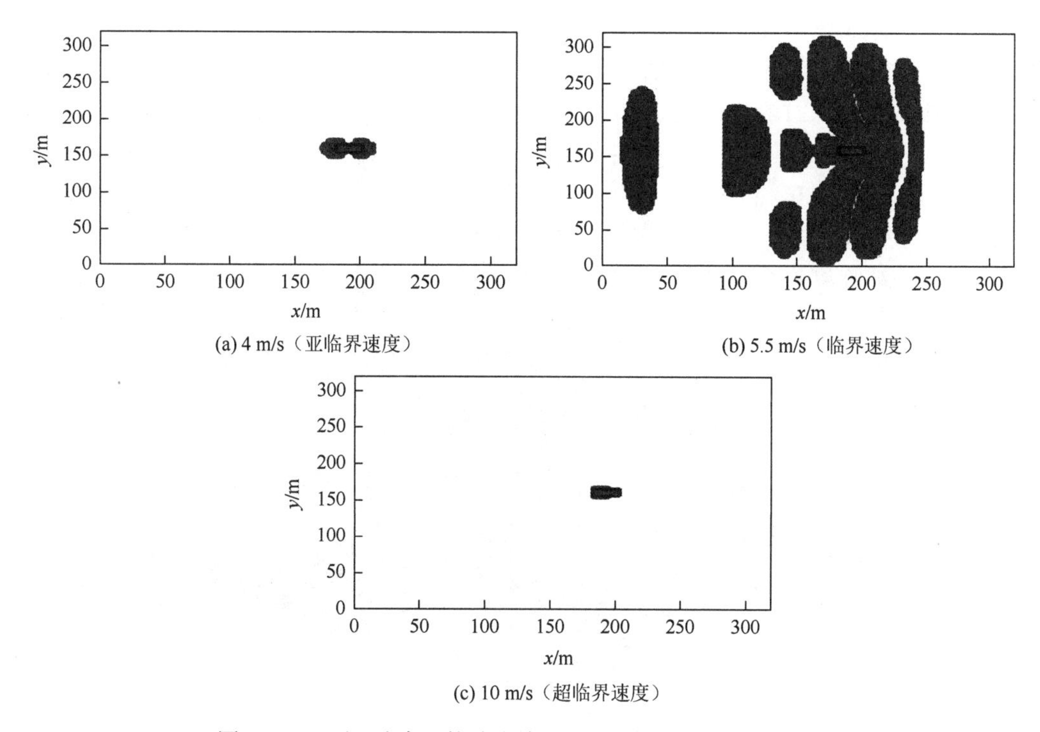

(a) 4 m/s（亚临界速度）　(b) 5.5 m/s（临界速度）

(c) 10 m/s（超临界速度）

图 5.3.16　不同速度下的破冰效果（破冰临界斜率 $\beta = 0.04$）

2. 半冰面-半水面

将纯冰面问题的计算拓展为半冰面-半水面问题，计算区域如图 5.3.17 所示。假设移动载荷在冰面上自左向右做匀速直线运动，采用与纯冰面相同的计算参数对半冰面-半水面条件下各工况的冰层垂向位移变形、冰层应力分布以及冰层破裂情况进行数值计算。

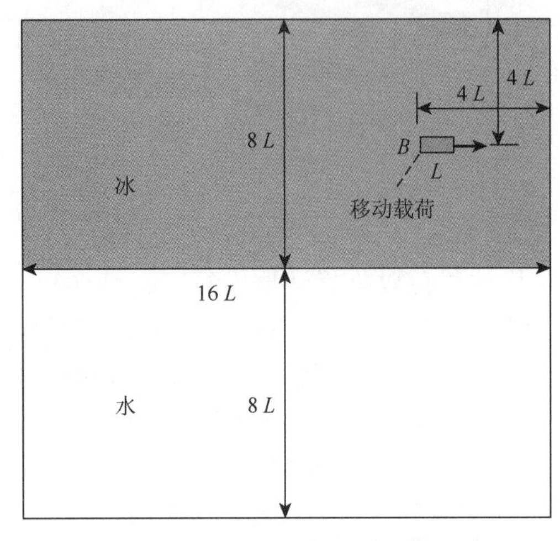

图 5.3.17　半冰面-半水面计算区域

图 5.3.18（a）～（c）反映不同气垫载荷速度下半冰面-半水面的垂向位移变形。图中的左半侧为冰面，右半侧为水面。在移动载荷以低亚临界速度运动时，冰面上的位移变形左右基本对称，与纯冰面情况类似，如图 5.3.18（a）所示。当移动载荷以临界速度和超临界速度运动时，靠近水面一侧的冰面位移发生向后偏转现象，且冰面位移和水面位移在冰水交线处连续过渡，满足运动学连续条件，如图 5.3.18（b）和（c）所示。当移动载荷以超临界速度运动时，在靠近冰面边界外侧还可以发现存在明显的冰面位移波形向内的反射现象，如图 5.3.18（c）所示。图 5.3.19（a）～（c）为不同速度下冰层拉伸应力等值线图，其变化特点与冰层垂向位移幅值大小关系密切。图 5.3.20（a）～（c）为取冰层拉伸应力 $\sigma_c = 5\times10^5$ Pa 作为破冰准则的冰层破裂效果图。图 5.3.21（a）～（c）为取冰层斜率 $\beta \geqslant 0.04$ 作为破冰准则的冰层破裂效果图。结果同样表明，破冰临界斜率准则严于破冰临界应力准则。

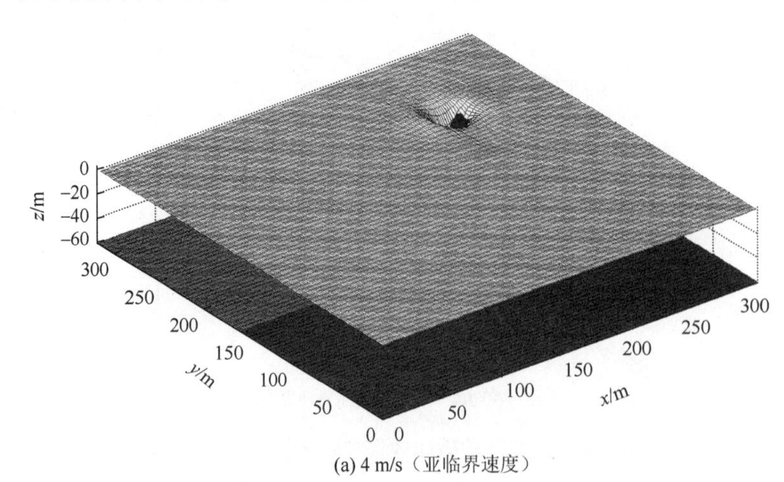

(a) 4 m/s（亚临界速度）

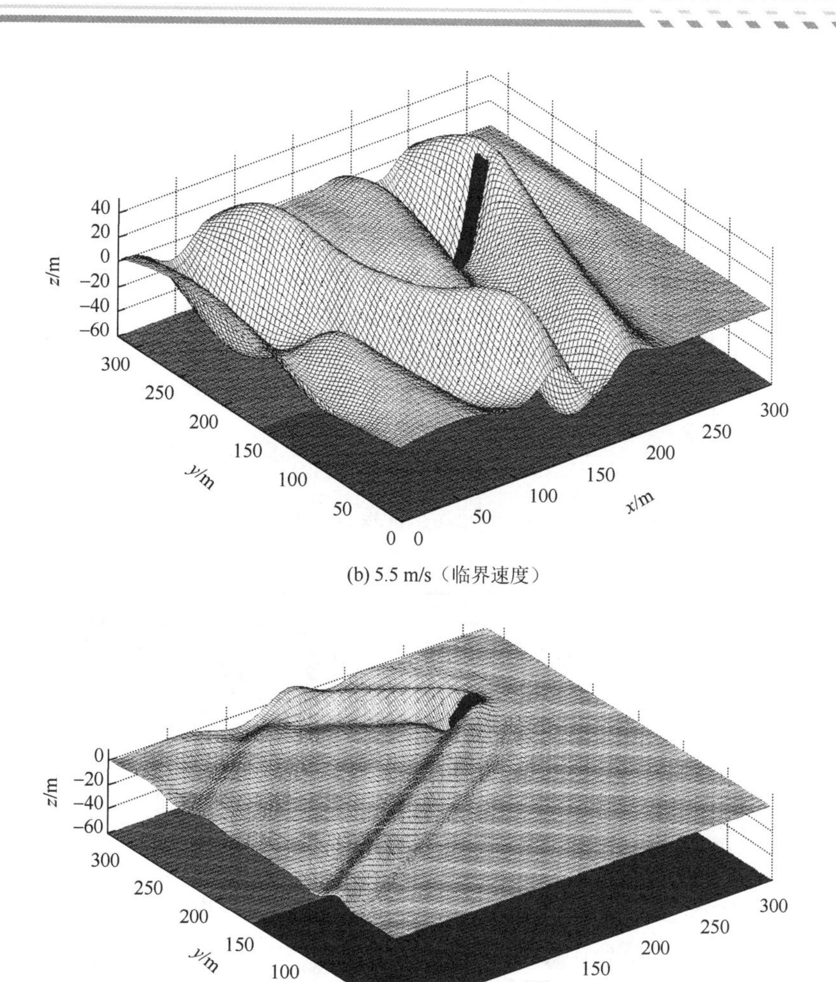

(b) 5.5 m/s（临界速度）

(c) 10 m/s（超临界速度）

图 5.3.18　不同速度下的冰水位移波形

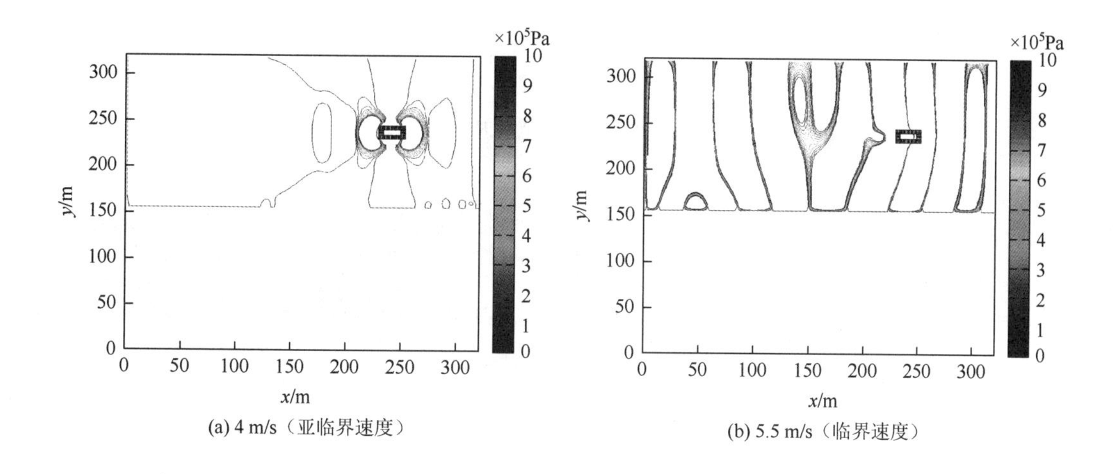

(a) 4 m/s（亚临界速度）

(b) 5.5 m/s（临界速度）

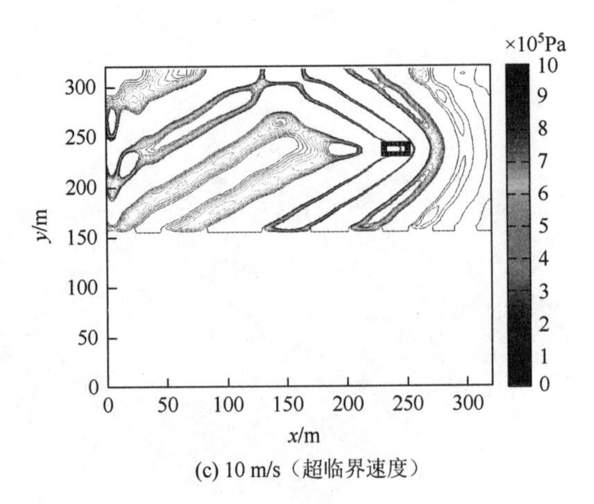

(c) 10 m/s（超临界速度）

图 5.3.19　不同速度下的冰层应力 σ_{xx} 分布云图

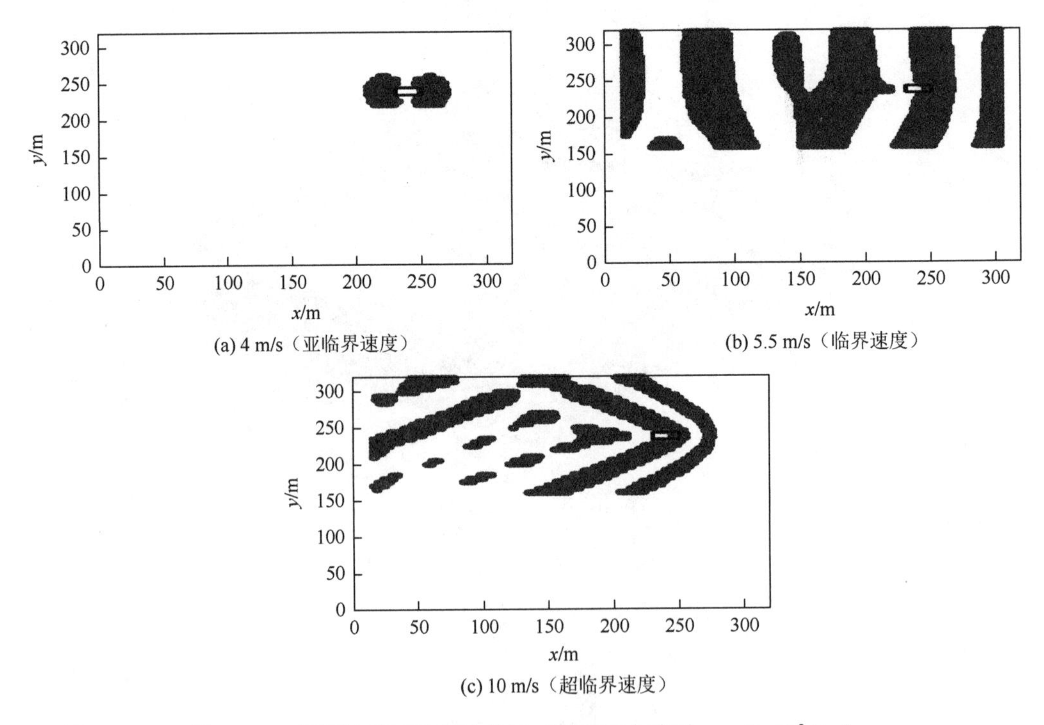

(a) 4 m/s（亚临界速度）　　(b) 5.5 m/s（临界速度）

(c) 10 m/s（超临界速度）

图 5.3.20　不同速度下的破冰效果（破冰应力准则 $\sigma_c = 5\times10^5$ Pa）

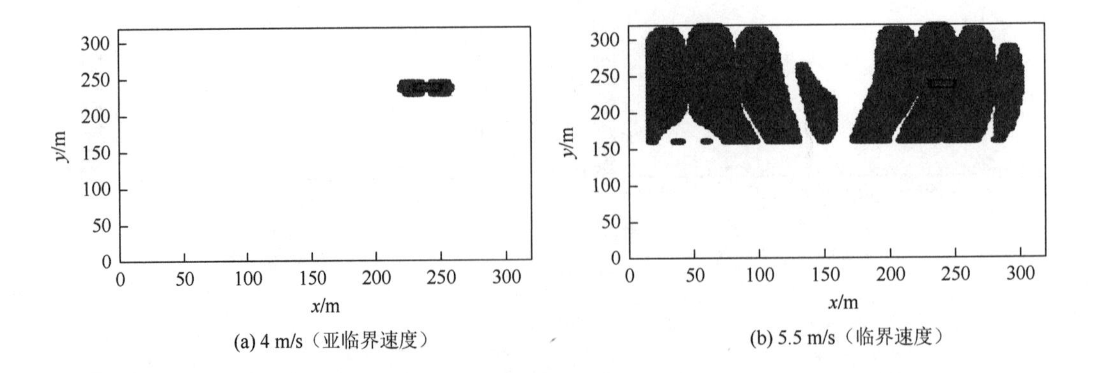

(a) 4 m/s（亚临界速度）　　(b) 5.5 m/s（临界速度）

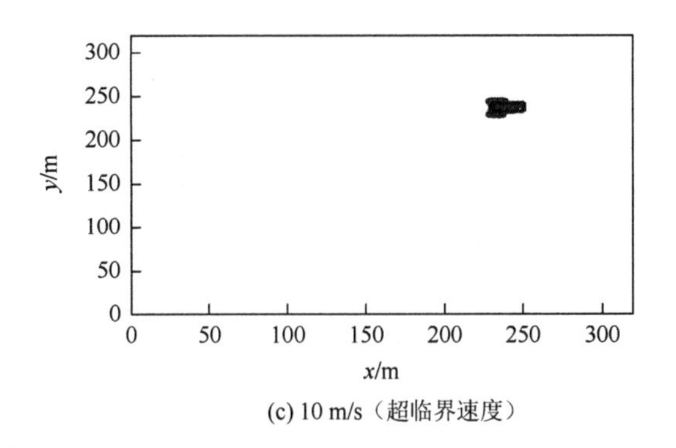

(c) 10 m/s（超临界速度）

图 5.3.21　不同速度下的破冰效果（破冰斜率 $\beta \geqslant 0.04$）

5.4　气垫船破冰效果的影响因素及分析评估

根据黄河宁蒙段冰凌水文资料，可知水深 1～3 m，冰层厚度通常为 0.3～0.7 m，最厚可达 1 m，封航期约 3 个月。计算时采用如下参数：冰层弹性模量 $E = 5\,\text{GPa}$，延迟时间 $\tau = 0.5\,\text{s}$，泊松比 $\mu = 1/3$，冰密度 $\rho_1 = 900\,\text{kg/m}^3$，水密度 $\rho_2 = 1000\,\text{kg/m}^3$。破冰临界应力取值范围为 $\sigma_c = 5\times10^5$～$10\times10^5\,\text{Pa}$。气垫船参数为：长 28 m，宽 16 m，质量为 110 t，气垫特征压强 $p_0 = 110\times10^3\times9.81/(28\times16) = 2409\,\text{Pa}$，航速为 5～40 km/h。水深分别取 1 m、2 m、3 m，各水深下均考虑 0.2 m、0.4 m、0.6 m、0.8 m、1.0 m 五种不同的浮冰层厚度进行数值模拟。在各冰层厚度下，计算气垫船不同运动速度时的冰层拉伸应力，并根据预先设定的破冰临界应力，计算出冰层裂纹的宽度。裂纹宽度以出现在气垫船附近的最大宽度为依据。

作为算例，在水深 2 m、冰层厚度 0.6 m、航速 24 km/h 时，针对六种不同的冰层破坏临界应力工况，即取 $\sigma_c = 5\times10^5\,\text{Pa}$、$6\times10^5\,\text{Pa}$、$7\times10^5\,\text{Pa}$、$8\times10^5\,\text{Pa}$、$9\times10^5\,\text{Pa}$、$10\times10^5\,\text{Pa}$ 进行数值模拟，据此可清楚地判读出冰层的单元破坏情况，如图 5.4.1 所示。通过对不同工况破坏单元的判读，可以得到气垫船破冰的最佳速度、裂纹宽度和破冰效率等参数。

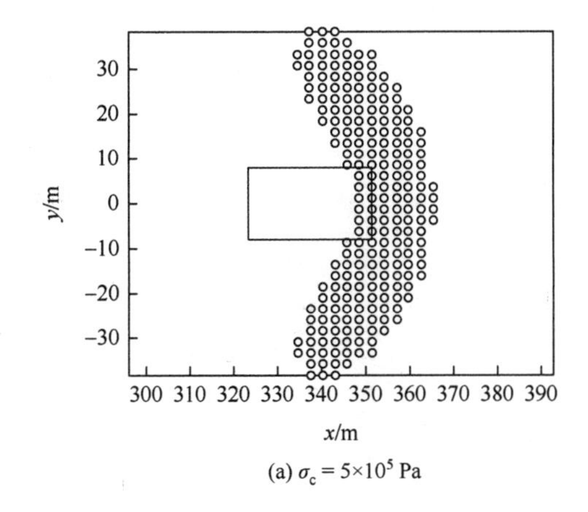

(a) $\sigma_c = 5\times10^5$ Pa

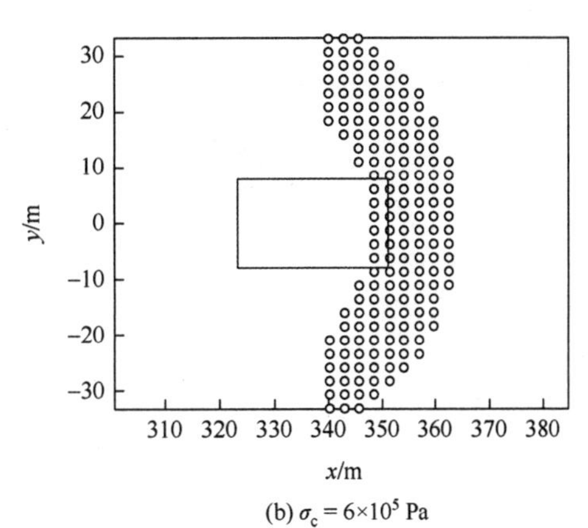

(b) $\sigma_c = 6\times10^5$ Pa

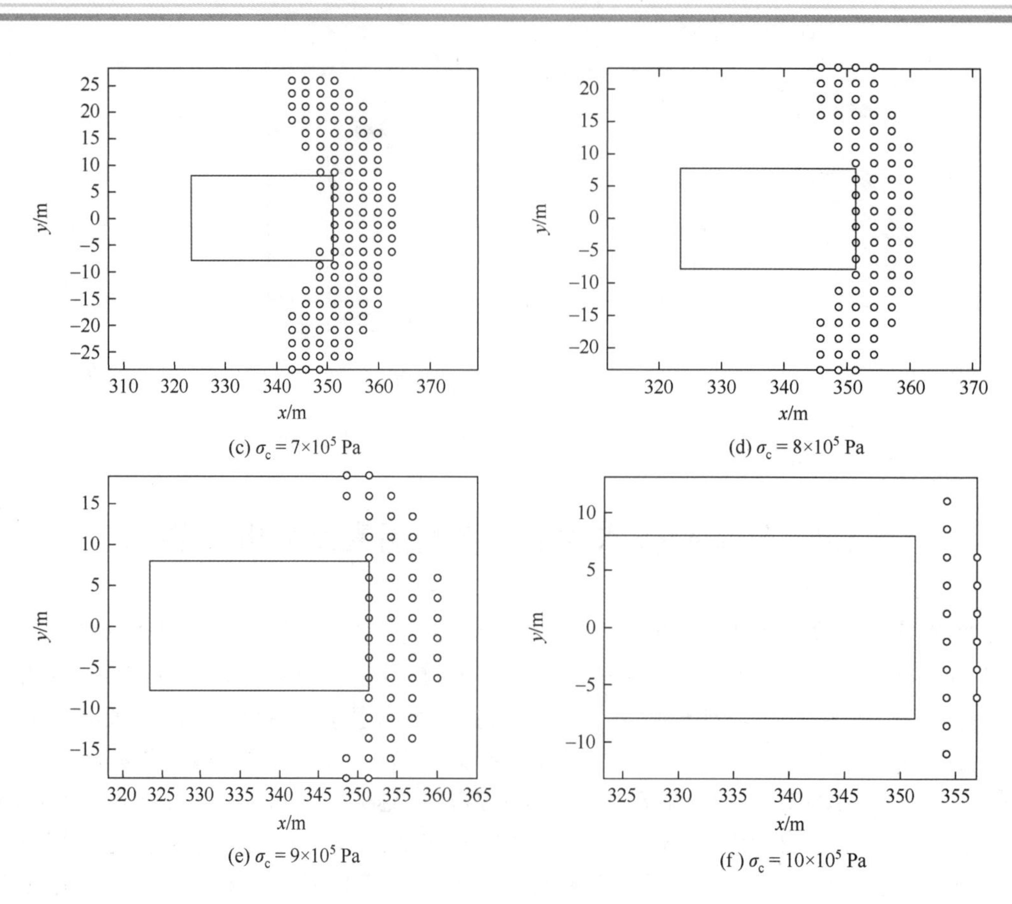

图 5.4.1　水深 2 m、冰层厚度 0.6 m、航速 24 km/h 时冰层的破坏单元

5.4.1　不同水深的影响分析

1. 水深 1 m

表 5.4.1 是水深 H 为 1 m 时，采用数值计算方法得到的冰层最大裂纹宽度的计算结果，表中“—”代表冰层没有出现裂纹。临界速度可以采用数值计算方法根据冰层达到最大下陷深度时进行预报，也可通过浅水条件下移动载荷临界速度的近似公式（3.2.48）进行快速估算。冰层厚度变化对临界速度影响较小，因此表中的临界速度是依据不同冰层厚度条件进行估算后得到的速度平均值。

表 5.4.1　数值计算结果（$H = 1$ m）

冰层厚度/m	理论估算的临界速度/（km/h）	气垫船的航速/（km/h）	不同破冰临界应力下的冰层最大裂纹宽度/m					
			5×10^5 Pa	6×10^5 Pa	7×10^5 Pa	8×10^5 Pa	9×10^5 Pa	10×10^5 Pa
0.2	12	12	200	150	140	110	100	100
0.4		12	250	240	170	120	80	70
0.6		12	250	240	200	160	140	70

续表

冰层厚度/m	理论估算的临界速度/（km/h）	气垫船的航速/（km/h）	不同破冰临界应力下的冰层最大裂纹宽度/m					
			5×10^5 Pa	6×10^5 Pa	7×10^5 Pa	8×10^5 Pa	9×10^5 Pa	10×10^5 Pa
0.8	12	12	110	80	40	—	—	—
1.0		12	250	200	180	160	120	80

由气垫船不同航速下的数值模拟结果可以看出：

（1）在冰层厚度 $h=0.2$ m 时，若临界破坏应力取 $\sigma_c=5\times10^5$ Pa 、6×10^5 Pa 、7×10^5 Pa 、8×10^5 Pa 、9×10^5 Pa 、10×10^5 Pa 六种工况，则气垫船航速在 8～40 km/h 均能产生破冰效果，其中以气垫船在航速为 12 km/h 时的破冰宽度最大、效果最好，此速度与理论估算的临界速度数值一致。

（2）在冰层厚度 $h=0.4$ m 时，若临界破坏应力取 $\sigma_c=5\times10^5$ Pa 、6×10^5 Pa 、7×10^5 Pa 、8×10^5 Pa 、9×10^5 Pa 、10×10^5 Pa 六种工况，则气垫船航速分别对应于 6～40 km/h 、9～40 km/h 、10～36 km/h 、11～31 km/h 、11～27 km/h 、12～23 km/h 范围均有破冰效果，有效速度范围连续，其中以气垫船在航速为 12 km/h 时的破冰宽度最大、效果最好。

（3）在冰层厚度 $h=0.6$ m 时，若取 $\sigma_c=5\times10^5$ Pa 、6×10^5 Pa 、7×10^5 Pa 三种工况，则气垫船航速分别对应于 12～32 km/h 、12～26 km/h 、12～23 km/h 范围均有破冰效果，有效速度范围连续；若取 $\sigma_c=8\times10^5$ Pa ，则气垫船航速在 12～18 km/h 、21～22 km/h 范围均有破冰效果；若取 $\sigma_c=9\times10^5$ Pa ，则气垫船航速在 12 km/h 、14～18 km/h 、21 km/h 时均有破冰效果；若取 $\sigma_c=10\times10^5$ Pa ，则气垫船航速在 12 km/h 、14 km/h 、16～17 km/h 时均有破冰效果。后三种工况的有效速度范围不连续，但以上六种工况均是在气垫船航速为 12 km/h 时破冰宽度最大、效果最好。

（4）在冰层厚度 $h=0.8$ m 时，若取 $\sigma_c=5\times10^5$ Pa ，则气垫船航速在 12～22 km/h 、26～29 km/h 范围有破冰效果；若取 $\sigma_c=6\times10^5$ Pa ，则气垫船航速在 12～16 km/h 、19～21 km/h 范围有破冰效果；若取 $\sigma_c=7\times10^5$ Pa ，则气垫船航速在 12 km/h 、15 km/h 、19～20 km/h 时有破冰效果。以上三种工况均是以气垫船在航速为 12 km/h 时的破冰宽度最大、效果最好。若取 $\sigma_c=8\times10^5$ Pa ，则气垫船航速在 12 km/h 、15 km/h 、19 km/h 时有破冰效果，其中在 15 km/h 时破冰宽度最大。若取 $\sigma_c=9\times10^5$ Pa ，则气垫船航速在 15 km/h 、19 km/h 时有破冰效果，其中在 19 km/h 时破冰宽度最大。以上五种工况的有效速度范围均不连续，随着冰层临界破坏应力增加，临界速度逐渐增加。但若取 $\sigma_c=10\times10^5$ Pa ，则气垫船在所有航速下都无法有效破冰。

（5）在冰层厚度 $h=1.0$ m 时，若取 $\sigma_c=5\times10^5$ Pa ，则气垫船航速在 12～13 km/h 、15～18 km/h 、22～23 km/h 范围有破冰效果；若取 $\sigma_c=6\times10^5$ Pa ，则气垫船航速在 12～13 km/h 、16 km/h 、22 km/h 时有破冰效果；若取 $\sigma_c=7\times10^5$ Pa ，则气垫船航速在 12～13 km/h 、16 km/h 时有破冰效果。以上三种工况的有效速度范围均不连续，但均是在气垫船航速为 12 km/h 时的破冰宽度最大、效果最好。若取 $\sigma_c=8\times10^5$ Pa 、9×10^5 Pa 、10×10^5 Pa 三种工况，则气垫船航速只有在 12 km/h 时才能有效破冰。

2. 水深 2 m

表 5.4.2 为水深 H 为 2 m 时，采用数值计算方法得到的冰层最大裂纹宽度的计算结果，临界速度可以通过浅水条件下移动载荷临界速度的近似公式（3.2.48）进行快速估算。

表 5.4.2　数值计算结果（$H=2$ m）

<table>
<tr><th rowspan="2">冰层厚度/m</th><th rowspan="2">理论估算的临界速度/（km/h）</th><th rowspan="2">气垫船的航速/（km/h）</th><th colspan="6">不同破冰临界应力下的冰层最大裂纹宽度/m</th></tr>
<tr><th>5×10^5 Pa</th><th>6×10^5 Pa</th><th>7×10^5 Pa</th><th>8×10^5 Pa</th><th>9×10^5 Pa</th><th>10×10^5 Pa</th></tr>
<tr><td>0.2</td><td rowspan="5">16</td><td>16</td><td>300</td><td>300</td><td>300</td><td>250</td><td>250</td><td>250</td></tr>
<tr><td>0.4</td><td>18</td><td>120</td><td>120</td><td>120</td><td>100</td><td>100</td><td>100</td></tr>
<tr><td>0.6</td><td>20
24</td><td>100
80</td><td>80
70</td><td>70
60</td><td>50
50</td><td>32
40</td><td>22
22</td></tr>
<tr><td>0.8</td><td>20
28</td><td>100
50</td><td>80
30</td><td>60
—</td><td>50
—</td><td>32
—</td><td>12
—</td></tr>
<tr><td>1.0</td><td>22
32</td><td>60
12</td><td>47
—</td><td>22
—</td><td>—
—</td><td>—
—</td><td>—
—</td></tr>
</table>

由气垫船不同航速下的数值模拟结果可以看出：

（1）在冰层厚度 $h=0.2$ m 时，若取 $\sigma_c=5\times10^5$ Pa、6×10^5 Pa、7×10^5 Pa、8×10^5 Pa、9×10^5 Pa、10×10^5 Pa 六种工况，则气垫船航速在 4～40 km/h 时均能产生破冰效果，其中以速度 16 km/h 时破冰宽度最大、效果最好，此速度与理论临界速度数值一致。

（2）在冰层厚度 $h=0.4$ m 时，若取 $\sigma_c=5\times10^5$ Pa、6×10^5 Pa、7×10^5 Pa、8×10^5 Pa、9×10^5 Pa、10×10^5 Pa 六种工况，则气垫船航速分别对应于 8～40 km/h、12～40 km/h、14～36 km/h、16～36 km/h、16～32 km/h、16～28 km/h 范围均有破冰效果，有效速度范围连续，其中以气垫船航速为 18 km/h 时的破冰宽度最大、效果最好。

（3）在冰层厚度 $h=0.6$ m 时，若取 $\sigma_c=5\times10^5$ Pa、6×10^5 Pa、7×10^5 Pa 三种工况，则气垫船航速分别对应于 16～38 km/h、18～32 km/h、18～30 km/h 范围有破冰效果，有效速度范围连续。若取 $\sigma_c=8\times10^5$ Pa，则气垫船航速在 12～24 km/h、30 km/h 时有破冰效果。若取 $\sigma_c=9\times10^5$ Pa，则气垫船航速在 20 km/h、24 km/h 时有破冰效果。若取 $\sigma_c=10\times10^5$ Pa，则气垫船航速在 20 km/h、24 km/h 时有破冰效果。以上六种工况，后三种工况破冰的有效速度范围不连续，但均是以气垫船航速为 20 km/h 时破冰宽度最大、效果最好。

（4）在冰层厚度 $h=0.8$ m 时，若取 $\sigma_c=5\times10^5$ Pa，则气垫船航速在 18～30 km/h 范围有破冰效果，破冰有效速度范围连续。若取 $\sigma_c=6\times10^5$ Pa，则气垫船航速在 20～22 km/h、26～28 km/h 时有破冰效果；若取 $\sigma_c=7\times10^5$ Pa，则气垫船航速在 20 km/h、26 km/h 时有破冰效果。后两种工况，破冰有效速度范围不连续。若取 $\sigma_c=8\times10^5$ Pa、9×10^5 Pa、10×10^5 Pa 三种工况，则气垫船航速仅在 20 km/h 时有破冰效果。以上六种工况，均是以气垫船航速为 20 km/h 时破冰宽度最大、效果最好。

（5）在冰层厚度 $h=1.0$ m 时，若取 $\sigma_c=5\times10^5$ Pa，则气垫船航速在 18 km/h、22 km/h、32 km/h 时有破冰效果，有效速度范围不连续；若取 $\sigma_c=6\times10^5$ Pa、7×10^5 Pa 两种工况，气

垫船航速只有在 22 km/h 时有破冰效果。以上三种工况，均是以气垫船航速为 22 km/h 时破冰宽度最大、效果最好。若取 $\sigma_c = 8\times10^5$ Pa 、 9×10^5 Pa 、 10×10^5 Pa 三种工况，则气垫船在所有航速下都无法破冰。

3. 水深 3 m

表 5.4.3 为水深 H 为 3 m 时，采用数值计算方法得到的冰层最大裂纹宽度的计算结果，临界速度可以通过浅水条件下移动载荷临界速度的近似公式（3.2.48）进行快速估算。

表 5.4.3　数值计算结果（$H = 3$ m）

冰层厚度/m	理论估算的临界速度/（km/h）	气垫船的航速/（km/h）	不同破冰临界应力下的冰层最大裂纹宽度/m					
			5×10^5 Pa	6×10^5 Pa	7×10^5 Pa	8×10^5 Pa	9×10^5 Pa	10×10^5 Pa
0.2	20	19	120	110	90	90	80	70
0.4		20	300	280	250	250	250	200
0.6		21	120	120	100	60	50	40
		23	100	100	100	80	80	60
0.8		21	120	90	55	22	—	—
		25	90	90	60	50	30	—
1.0		21	80	16	—	—	—	—
		27	64	37	—	—	—	—

由气垫船不同航速下的数值模拟结果可以看出：

（1）在冰层厚度 $h = 0.2$ m 时，若取 $\sigma_c = 5\times10^5$ Pa 、 6×10^5 Pa 、 7×10^5 Pa 、 8×10^5 Pa 、 9×10^5 Pa 、 10×10^5 Pa 六种工况，则气垫船航速在 15～39 km/h 时均能产生破冰效果，其中以气垫船航速为 19 km/h 时破冰宽度最宽、效果最好，此速度与理论临界速度数值接近。

（2）在冰层厚度 $h = 0.4$ m 时，若取 $\sigma_c = 5\times10^5$ Pa 、 6×10^5 Pa 、 7×10^5 Pa 、 8×10^5 Pa 、 9×10^5 Pa 、 10×10^5 Pa 六种工况，则气垫船航速分别对应于 15～39 km/h 、 15～39 km/h 、 16～39 km/h 、 18～39 km/h 、 19～36 km/h 、 19～34 km/h 范围均有破冰效果，有效速度范围连续，其中以气垫船航速为 20 km/h 时破冰宽度最大、效果最好。

（3）在冰层厚度 $h = 0.6$ m 时，若取 $\sigma_c = 5\times10^5$ Pa 、 6×10^5 Pa 两种工况，则气垫船航速在 19～30 km/h 、 20～39 km/h 范围有破冰效果，有效速度范围连续，其中以气垫船在航速为 21 km/h 时的破冰宽度最大、效果最好。若取 $\sigma_c = 7\times10^5$ Pa ，则气垫船航速在 20～32 km/h 、 36～37 km/h 范围有破冰效果；若取 $\sigma_c = 8\times10^5$ Pa ，则气垫船航速在 20～31 km/h 范围有破冰效果；若取 $\sigma_c = 9\times10^5$ Pa ，则气垫船航速在 21 km/h 、 23～25 km/h 、 27～30 km/h 时有破冰效果；若取 $\sigma_c = 10\times10^5$ Pa ，则气垫船航速在 21 km/h 、 23～25 km/h 、 28～29 km/h 时有破冰效果。以上后四种工况，均是以气垫船在航速为 23 km/h 时破冰宽度最大、效果最好。

（4）在冰层厚度 $h = 0.8$ m 时，若取 $\sigma_c = 5\times10^5$ Pa ，则气垫船航速在 21～37 km/h 时有破冰效果；若取 $\sigma_c = 6\times10^5$ Pa ，则气垫船航速在 21 km/h 、 24～28 km/h 、 32～34 km/h 时有破冰效果；若取 $\sigma_c = 7\times10^5$ Pa ，则气垫船航速在 21 km/h 、 25～26 km/h 、 32～33 km/h 时有破冰效果。以上三种工况，均是以气垫船在航速为 21 km/h 时破冰宽度最大、效果最好。若取

$\sigma_c = 8\times10^5$ Pa，则气垫船航速在21 km/h、25 km/h时有破冰效果；若取$\sigma_c = 9\times10^5$ Pa，则气垫船速度只有在25 km/h时有破冰效果。后两种工况，均是以气垫船航速为25 km/h时破冰宽度最大、效果最好。若取$\sigma_c = 10\times10^5$ Pa，则气垫船在所有航速下都无法有效破冰。

（5）在冰层厚度$h = 1.0$ m 时，若取$\sigma_c = 5\times10^5$ Pa，则气垫船航速在21～22 km/h、26～28 km/h范围有破冰效果，且以气垫船航速为21 km/h时破冰宽度最大、效果最好，有效速度范围不连续。若取$\sigma_c = 6\times10^5$ Pa，则气垫船航速在21 km/h、26～27 km/h时有破冰效果，有效速度范围不连续。若取$\sigma_c = 7\times10^5$ Pa、8×10^5 Pa、9×10^5 Pa、10×10^5 Pa四种工况，则气垫船在所有航速下都无法有效破冰。

5.4.2 破冰效率估算

假设以单位时间内气垫船航行速度乘以裂纹宽度来计算浮冰层破裂面积，则可以得到上述各工况下一定作业时间内的破冰面积。

1. 水深 1 m 时理论破冰面积

由表 5.4.1 可知，以冰层厚度 0.6 m、航速 12 km/h、冰层临界破坏应力为5×10^5 Pa时的最大破冰效率进行计算，单位时间破冰面积为$12\times1000/3600\times250=833.3\ \text{m}^2$，一艘气垫船一天工作 8 h 的破冰面积为$8\times3600\times833.3=24.0\times10^6\ \text{m}^2$。

2. 水深 2 m 时理论破冰面积

由表 5.4.2 可知，以冰层厚度 0.6 m、航速 20 km/h、冰层临界破坏应力为5×10^5 Pa时的最大破冰效率进行计算，单位时间破冰面积为$20\times1000/3600\times100=555.6\ \text{m}^2$，一艘气垫船一天工作 8 h 的破冰面积为$8\times3600\times555.6=16.0\times10^6\ \text{m}^2$。

3. 水深 3 m 时理论破冰面积

由表 5.4.3 可知，以冰层厚度 0.6 m、航速 25 km/h、冰层临界破坏应力为5×10^5 Pa时的最大破冰效率进行计算，单位时间破冰面积为$25\times1000/3600\times110=763.9\ \text{m}^2$，一艘气垫船一天工作 8 h 的破冰面积为$8\times3600\times763.9=22.0\times10^6\ \text{m}^2$。

对于其他不同的水深、冰层厚度、冰层临界破坏应力以及航速条件，气垫船的破冰面积可以类似计算分析得到。

5.5 不同冰面工况下气垫船的破冰算例

以俄罗斯气垫船在浅水区域破冰作为基本参数，对纯冰面和半冰面-半水面两种情况进行数值模拟。设浮冰层弹性模量$E=5$ GPa，泊松比$\mu=1/3$，冰层厚度$h=0.8$ m。俄罗斯气垫船重 120 t，长$L=28$ m，宽$B=16$ m。矩形气垫压强分布由式（5.1.17）表示，其中气垫特征压强为$p_0 = 120\times10^3\times9.81/(28\times16) = 2628$ Pa，压强变化因子取为$\alpha_1=\alpha_2=20/L$。

5.5.1　纯冰面情况

通过对俄罗斯气垫船破冰工况进行数值模拟，可以计算得到气垫船在纯冰面上航行时所激励的浮冰层位移变形和应力分布。在三种不同水深和两种不同冰层延迟时间条件下，当气垫船航速 $V = 8.33$ m/s 时，通过计算显示的冰层内拉伸应力分布结果如图 5.5.1（a）～（f）所示。图中黑色阴影部分是气垫船所处位置。

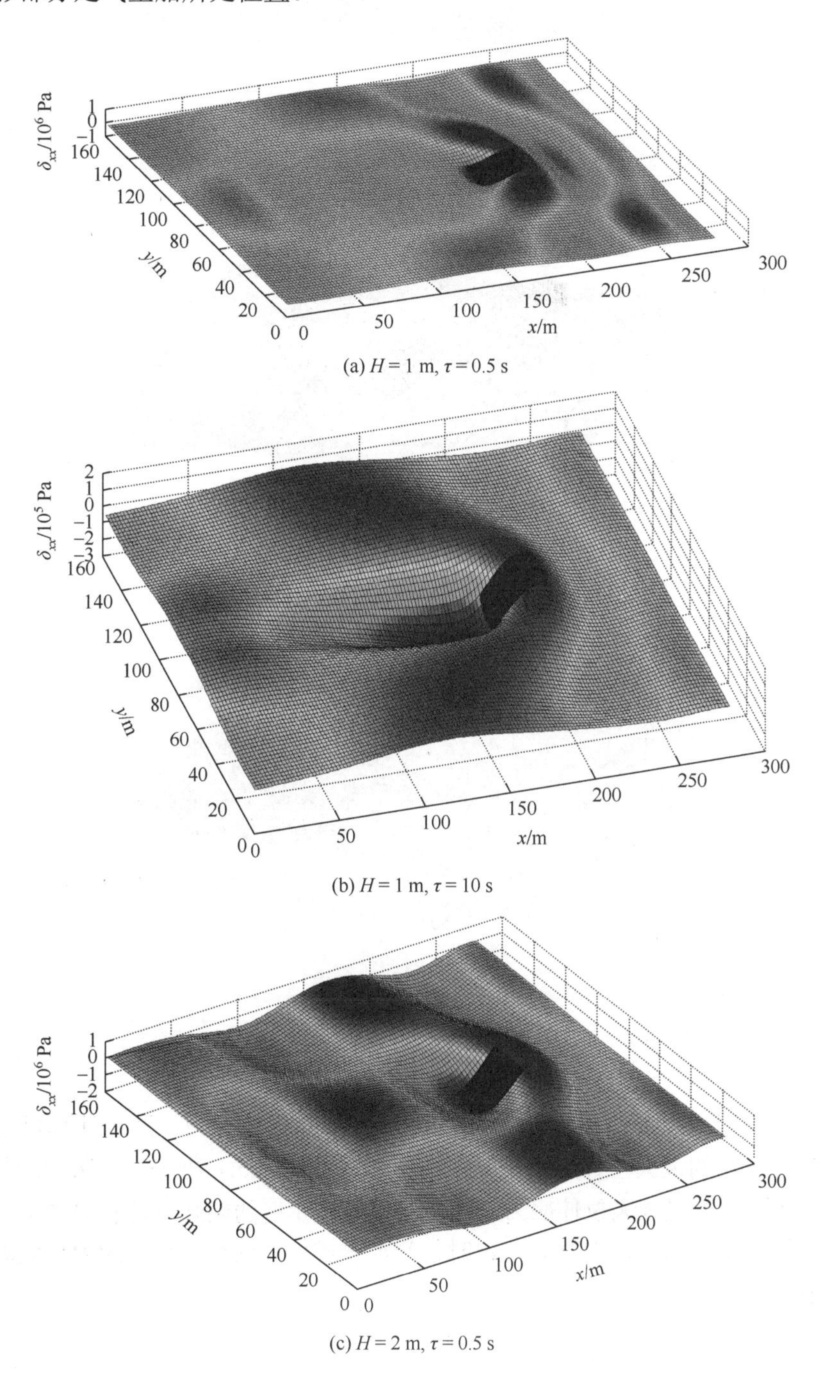

(a) $H = 1$ m, $\tau = 0.5$ s

(b) $H = 1$ m, $\tau = 10$ s

(c) $H = 2$ m, $\tau = 0.5$ s

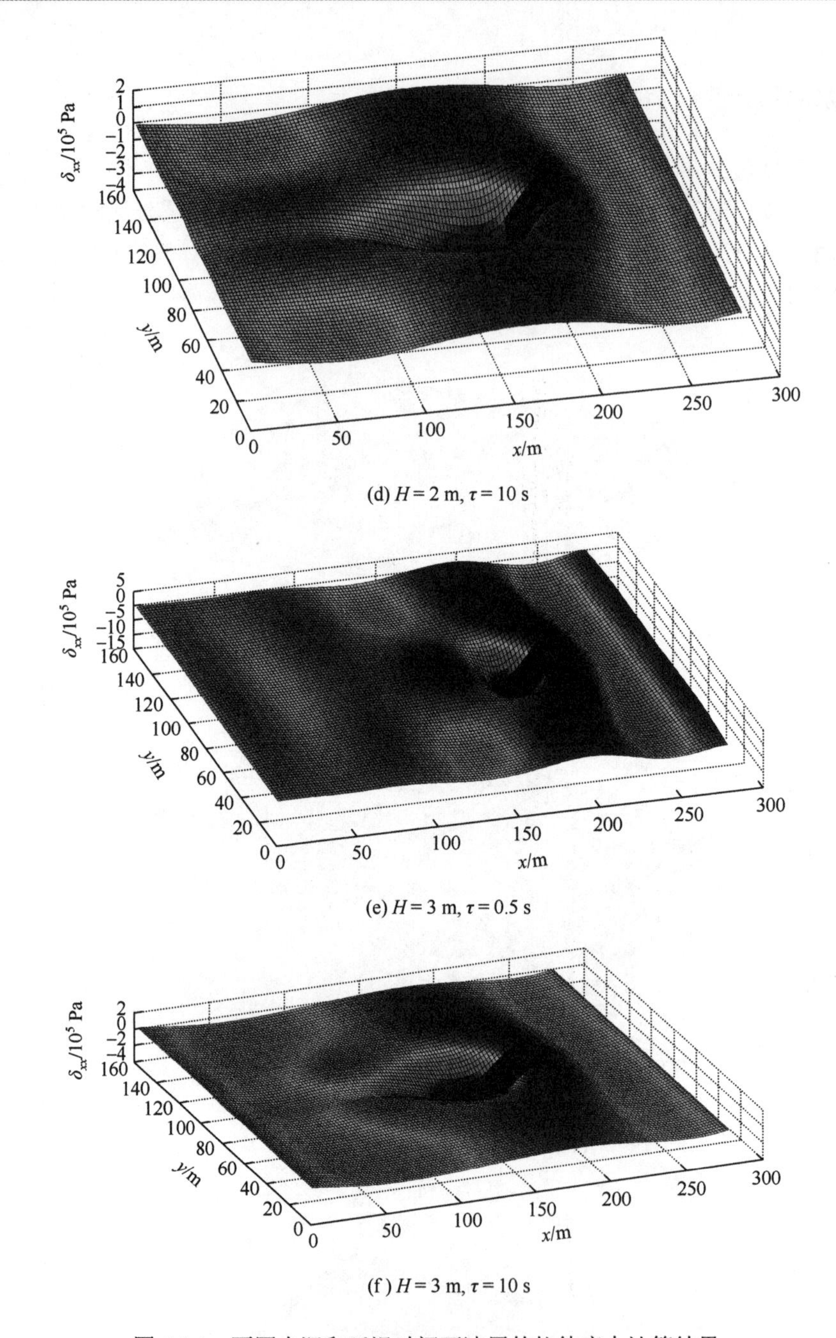

(d) $H = 2$ m, $\tau = 10$ s

(e) $H = 3$ m, $\tau = 0.5$ s

(f) $H = 3$ m, $\tau = 10$ s

图 5.5.1　不同水深和延迟时间下冰层的拉伸应力计算结果

针对纯冰面工况，以 $\sigma_c = 5 \times 10^5$ Pa 作为冰层的临界破坏应力，通过计算可以得到不同水深和延迟时间下冰层的最大拉伸应力及其所在位置，如表 5.5.1 所示。水深一定时，若冰层延迟时间取值增大，则冰层最大拉伸应力逐渐减小，可见冰层的黏弹特性将对冰层的最大拉伸应力起到抑制作用。而当冰层延迟时间一定时，若水深增加，则最大拉伸应力位置将由气垫船前缘之后逐渐前移。

表 5.5.1　不同水深和延迟时间下冰层最大拉伸应力及其位置

水深/m	冰层松弛时间/s	冰层最大拉伸应力/Pa	最大拉伸应力位置至气垫船前缘距离/m
1	0.5	456437	−7
	2	286682	−1
	4	214956	−1
	6	176328	−3
	8	156082	−3
	10	144041	−3
2	0.5	927422	7
	2	330952	3
	4	206058	1
	6	170653	−1
	8	155336	−3
	10	150623	−3
3	0.5	484217	9
	2	303583	5
	4	226272	1
	6	196558	−1
	8	181260	−1
	10	173681	−3

5.5.2　半冰面-半水面情况

进一步对半冰面-半水面气垫船破冰工况进行数值模拟。图 5.5.2 为半冰面-半水面时气垫船沿冰水交界线航行示意图，图5.5.3为半冰面-半水面时气垫船在水面上沿冰水交界线平行方向航行示意图。图中左上侧部分是冰面区，右下侧部分是水面区。取计算域长度为 280 m（10 倍气垫船长度），宽度为 320 m（20 倍气垫船宽度），水深 $H=2$ m，为了使图清晰，将水深放大 10 倍。当气垫船在近冰面的水中航行时，使气垫船中心距离冰水交界线 16 m（1 倍船宽），如图 5.5.3 所示。考虑气垫船航速分别为8.33 m/s 和 $\sqrt{gH}=4.43$ m/s 两种情况，后者为浅水长波中的临界速度。

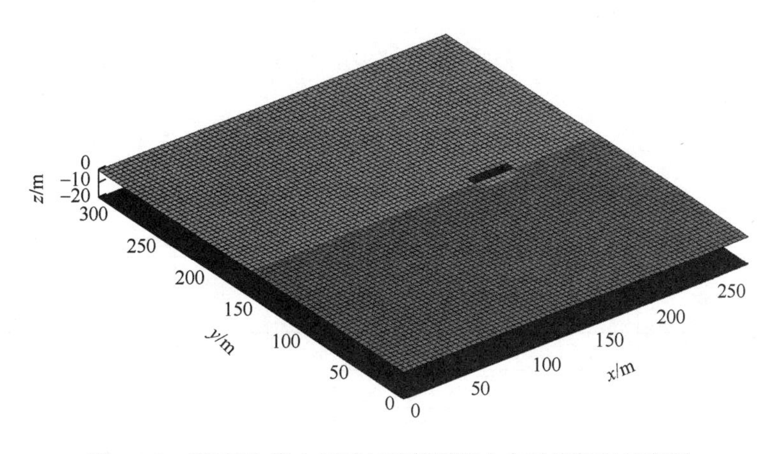

图 5.5.2　半冰面-半水面时气垫船沿冰水交界线航行示意图

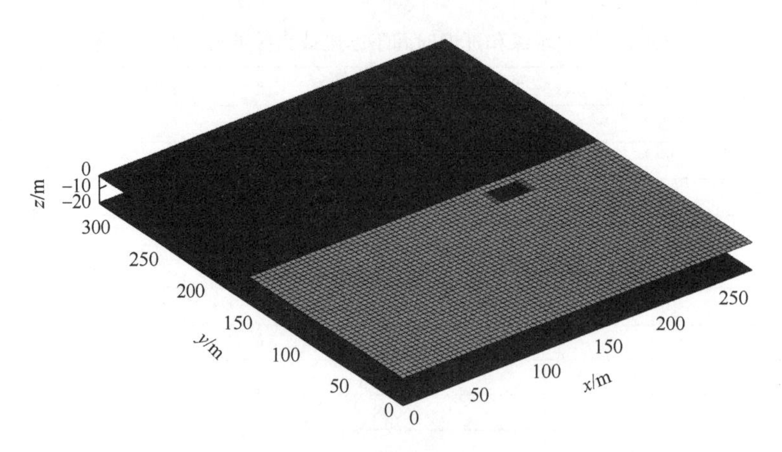

图 5.5.3 半冰面-半水面时气垫船在水面上的航行示意图

以下通过数值模拟给出几种典型算例结果。当气垫船航速$V = 8.33\ \mathrm{m/s}$、水深$H = 2\ \mathrm{m}$、冰层延迟时间$\tau = 0.5\ \mathrm{s}$时，对应于图 5.5.2 的气垫船在冰水交界线上的航行工况，计算得到的冰层和水面位移波形如图 5.5.4 所示，可见在冰水交界线上的位移波形连续过渡（注意，垂向坐标放大 10 倍；矩形阴影区域为气垫船所处位置）。根据冰层位移变形，可以进一步计算得到冰层内部的应力分布等参数，冰层最大拉伸应力及其所处位置如表 5.5.2 所示。

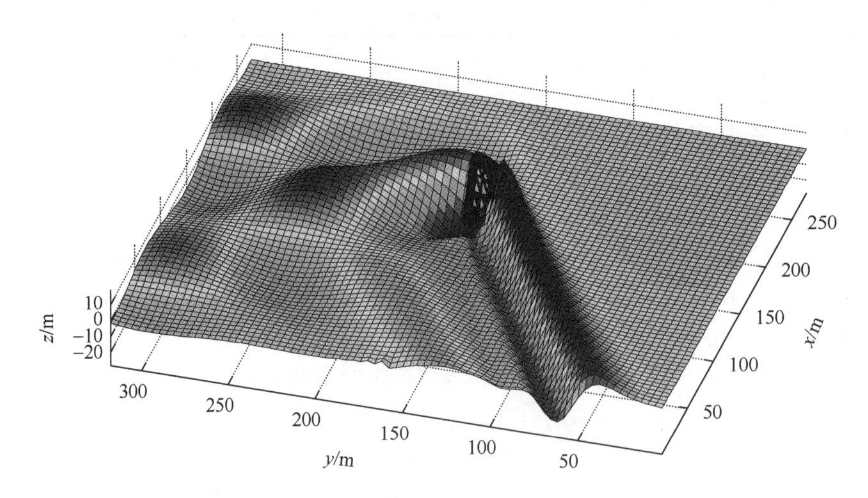

图 5.5.4 气垫船沿冰水交界线航行时的位移波形（$V = 8.33\ \mathrm{m/s}$，$H = 2\ \mathrm{m}$，$\tau = 0.5\ \mathrm{s}$）

表 5.5.2 半冰面-半水面时气垫船在冰水交界线上航行计算结果

（$V = 8.33\ \mathrm{m/s}$，$H = 2\ \mathrm{m}$）

冰层延迟时间/s	冰层最大拉伸应力 /10^6 Pa	最大拉伸应力位置至气垫船前缘距离/m
0.5	7.26	−12
2	8.40	−12
4	9.70	−12
6	10.98	−16
8	12.90	−16
10	14.77	−16

当气垫船航速 $V=8.33\ \text{m/s}$、水深 $H=2\ \text{m}$、冰层延迟时间 $\tau=0.5\ \text{s}$ 时，对应于图 5.5.3 的气垫船在水面上的航行工况，计算得到的冰面和水面位移波形如图 5.5.5（a）所示，与图 5.5.4 的冰水位移波形类似，冰面位移波形可以在气垫船后方和前方传播，但水面位移波形仅在气垫船后方传播。气垫船处于超临界航速，因此波形分布呈后掠形态。根据冰面-水面位移波形，可以进一步计算得到拉伸应力分布如图 5.5.5（b）所示（垂向坐标代表拉伸应力，单位为 Pa；矩形阴影区域为气垫船所处位置）。由图可见，水面拉伸应力为零，而在气垫船前方和后方冰层内均存在拉伸应力，冰层最大拉伸应力及其所处位置如表 5.5.3 所示。

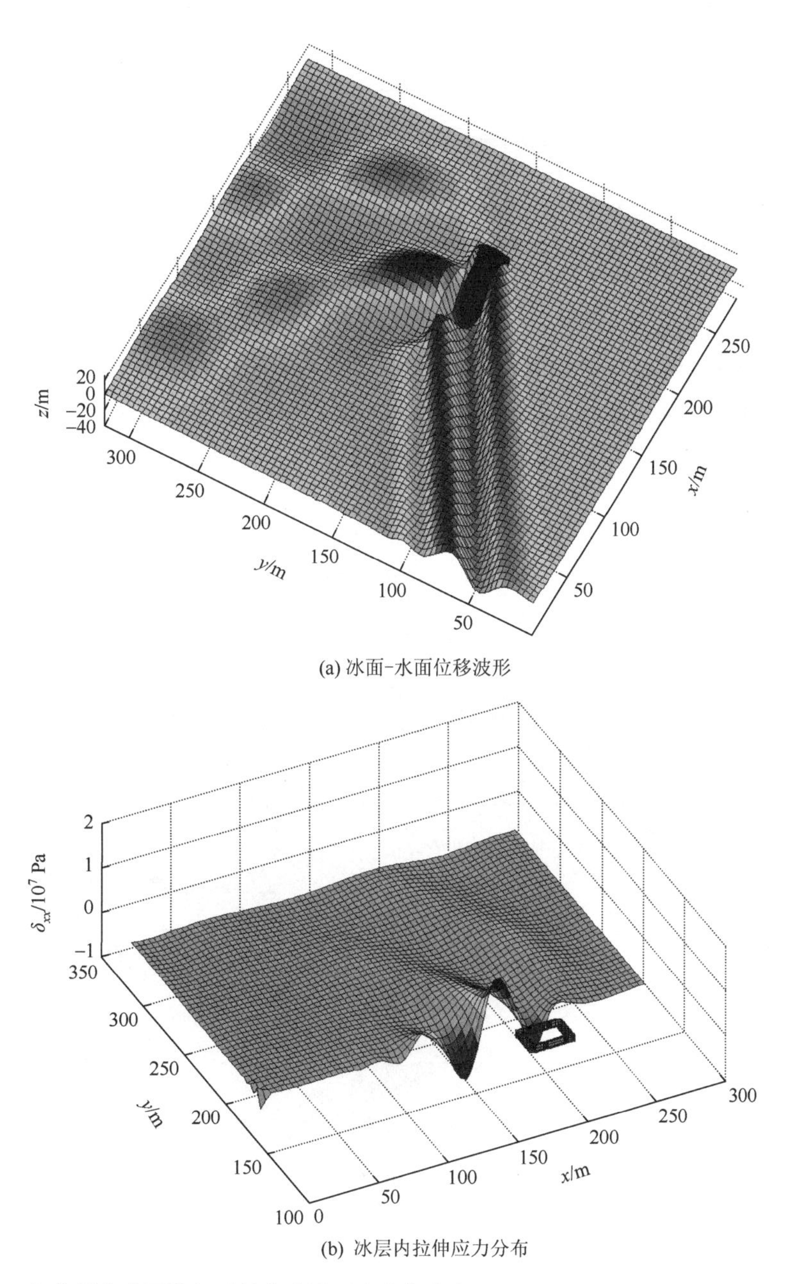

(a) 冰面-水面位移波形

(b) 冰层内拉伸应力分布

图 5.5.5　气垫船在水面航行时的位移波形和应力分布（$V=8.33\ \text{m/s}$，$H=2\ \text{m}$，$\tau=0.5\ \text{s}$）

表 5.5.3　半冰面-半水面时气垫船在水面上航行计算结果

（$V=8.33\ \mathrm{m/s}$，$H=2\ \mathrm{m}$）

冰层延迟时间/s	冰层最大拉伸应力 /10^7 Pa	最大拉伸应力位置至气垫船前缘距离/m
0.5	1.10	−40
2	1.23	−40
4	1.38	−40
6	1.60	−44
8	1.87	−44
10	2.13	−44

当气垫船航速$V=4.33\ \mathrm{m/s}$、水深$H=2\ \mathrm{m}$、冰层延迟时间$\tau=0.5\ \mathrm{s}$时，对应于图 5.5.3 的气垫船在水面上的航行工况，计算得到的冰层和水面位移波形如图 5.5.6 所示（注意，垂向坐标放大 10 倍；矩形阴影区域为气垫船所处位置），可见冰面-水面交界线处的位移波形连续过渡。该航速对应于浅水临界速度，尽管低于图5.5.3和图5.5.4中的气垫船航速，但能引起更大的冰面-水面位移波形变化，且波形分布基本呈横波形态，最大位移波形变化区域也由气垫船前缘移至气垫船尾缘之后。冰层最大拉伸应力及其所处位置如表 5.5.4 所示。

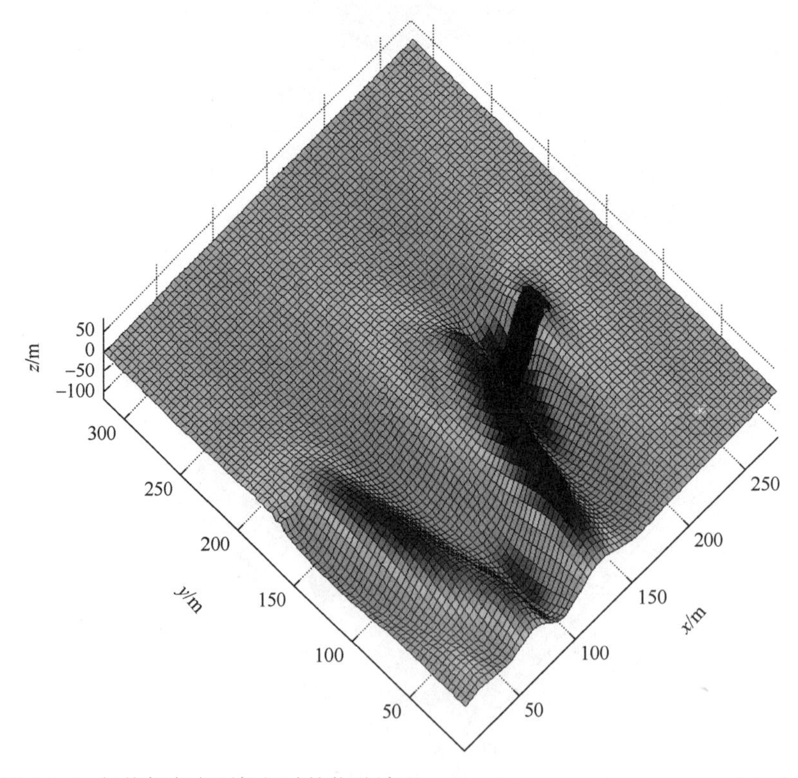

图 5.5.6　气垫船在水面航行时的位移波形（$V=4.33\ \mathrm{m/s}$，$H=2\ \mathrm{m}$，$\tau=0.5\ \mathrm{s}$）

表 5.5.4　半冰面-半水面时气垫船在水面上航行计算结果

（$V = 4.33$ m/s， $H = 2$ m）

冰层延迟时间/s	冰层最大拉伸应力 /10^7 Pa	最大拉伸应力位置至气垫船前缘距离/m
0.5	4.25	–208
2	2.13	–52
4	2.35	–52
6	2.87	–12
8	3.43	–16
10	4.34	–16

表 5.5.2～表 5.5.5 给出了不同航速、水深、冰层延迟时间条件下的冰层最大拉伸应力及其所处位置的计算结果。通过比较表 5.5.2 和表 5.5.5 可以看出：在相同航速和水深条件下，与纯冰面工况计算结果不同，对于半冰面-半水面工况，冰层延迟时间取值增大，将导致冰层最大拉伸应力数值增大，且气垫船沿冰水交界线上运动时所产生的冰层最大拉伸应力要比纯冰面情况大约高一个量阶，因此气垫船在冰水交界线上运动的破冰效果将比沿纯冰面运动的破冰效果好。

表 5.5.5　气垫船在纯冰面上航行时计算结果

（$V = 8.33$ m/s， $H = 2$ m）

冰层延迟时间/s	冰层最大拉伸应力 /10^5 Pa	最大拉伸应力位置至气垫船前缘距离/m
0.5	9.27	7
2	3.31	3
4	2.06	1
6	1.71	–1
8	1.55	–3
10	1.51	–3

通过比较表 5.5.2 和表 5.5.3 可以看出：在相同航速和水深条件下，对于半冰面-半水面工况，当气垫船在水面上一侧沿与冰水交界线平行方向运动时，气垫船在水面运动所产生的冰层最大拉伸应力要比在冰水交界线上运动时大，因此气垫船在近冰面的水面一侧运动时破冰效果优于气垫船在冰水交界线上的破冰效果。或者说，气垫船的最佳运行方式并不是在冰水交界线上航行，而是在离冰水交界线一定距离的自由水面上航行，此时气垫船诱导的兴波在冰-水交界面上产生长的波峰，该波峰线的方向与气垫船的前进方向基本垂直，波峰处冰层内部拉伸应力超过临界应力而使冰层发生断裂。

通过比较表 5.5.3 和表 5.5.4 可以看出：在相同水深条件下，对于半冰面-半水面工况，尽管气垫船航速减小，但气垫船以浅水长波临界速度运动时，其在水中运动所引起的冰层最大拉伸应力增加近一倍，可见气垫船在近冰面的水面一侧以水中临界速度航行时破冰效果更好。

通过上述数值计算结果分析可以看出，气垫船的作业位置、航行速度、水深、冰层参数不同，所激励的冰层位移变形和应力分布明显不同。针对不同水深、冰层厚度、冰面方式等工况进行预先计算，可以实现气垫船航行位置与航行速度等参数的优化调整，以提供气垫船最优的破冰作业方式。

参考文献

[1] 刘巨斌，张志宏，张辽远，等. 气垫船兴波破冰问题的数值计算[J]. 华中科技大学学报（自然科学版），2012，40（4）：91-95.

[2] 刘巨斌，张志宏，张辽元，等. 边界元-有限差分混合方法在气垫船破冰数值模拟中的应用[J]. 海军工程大学学报，2013，25（3）：50-55.

[3] Li Y C，Liu J B，Hu M Y，et al. Numerical modeling of ice-water system response based on Rankine source method and finite difference method[J]. Ocean Engineering，2017，138：1-8.

[4] 李宇辰，刘巨斌，丁志勇，等. 基于 Rankine 源法的气垫船破冰数值模拟[J]. 振动与冲击，2017，36（23）：27-31.

[5] 李宇辰. 移动载荷激励冰层聚能共振增幅效应与临界速度研究[D]. 武汉：海军工程大学，2018.

[6] Doctors L J，Sharma S D. The wave resistance of an air-cushion vehicle in steady and accelerated motion[J]. Journal of Ship Research，1972，16（4）：248-260.

[7] Kozin V M，Pogorelova A V. Wave resistance of amphibian aircushion vehicles during motion on ice fields[J]. Journal of Applied Mechanics and Technical Physics，2003，44（2）：193-197.

[8] Kozin V M，Milovanova A V. The wave resistance of amphibian aircushion vehicles in broken ice[J]. Journal of Applied Mechanics and Technical Physics，1996，5（37）：634-637.

[9] Takizawa T. Deflection of a floating sea ice sheet induced by a moving load[J]. Cold Regions Science and Technology，1985，11（2）：171-180.

[10] Pogorelova A V，Kozin V M. Motion of a load over a floating sheet in a variable-depth pool[J]. Journal of Applied Mechanics and Technical Physics，2014，55（2）：335-344.

第6章 移动载荷破冰数值模拟的有限元方法应用

对于气垫船在均匀水深无限大浮冰层上的运动，边界条件比较简单，因此可以利用第3章～第5章的理论模型和计算方法进行分析研究，而对于存在复杂边界条件的一些限制水域，如有岸壁存在的矩形航道、梯形航道、弯曲航道或者水深变化的直航道等，从已有文献来看，这方面的研究工作开展较少。另外，国外对气垫船破冰的研究工作主要集中在浮冰层发生破裂之前，而对浮冰层的破裂发展过程和破裂后的动力特性研究不多。因此，本章利用有限元分析软件 LS-DYNA 在处理复杂边界条件和流-固耦合动态响应问题方面的优势，针对具有不同横截面形状和水深变化的直航道以及具有矩形截面形状的弯曲航道，通过数值模拟，获取航行气垫船激励浮冰层的垂向位移和应力分布特性，揭示浮冰层的破裂发展过程和聚能共振破冰机理，分析载荷强度、冰水参数以及边界条件等因素对这些特性的影响，并探讨利用气垫船实施有效破冰的可能运行模式[1-7]。

6.1 理论模型与耦合算法

1976年，J.O.Hallquist 博士在美国劳伦斯利弗莫尔（Lawrence Livermore）国家实验室主持开发完成 DYNA 程序，1988年将 DYNA 程序商业化并更名为 LS-DYNA，1996年与 ANSYS 公司合作推出 ANSYS/LS-DYNA，用户可以充分利用 ANSYS 前后处理器和统一数据库的优点对工程实际问题进行有限元分析。LS-DYNA 是功能齐全的几何非线性（大位移、大转动、大应变）、材料非线性（140多种材料动态模型）和接触非线性（50多种接触算法）的通用程序。它以拉格朗日（Lagrange）算法为主，兼有任意拉格朗日-欧拉（arbitrary Lagrangian-Eulerian，ALE）算法和欧拉（Euler）算法求解功能；以结构分析为主，兼有热分析、流体-结构耦合功能；以非线性动力分析为主，兼有静力分析功能。

6.1.1 理论数学模型

气垫船破冰数值模拟的几何模型如图 6.1.1 所示，由下而上依次为水层、冰层、气垫船和空气层，为方便计算，空气层未画出。气垫船沿 x 方向运动，图中 Oxz 平面为对称面，水底满足不可穿透固壁边界条件。将气垫船载荷等效为在冰面上做无摩擦滑行的柔性垫，通过给柔性垫施加重力和水平速度来近似模拟航行气垫船对冰层的移动载荷作用[1-3]。

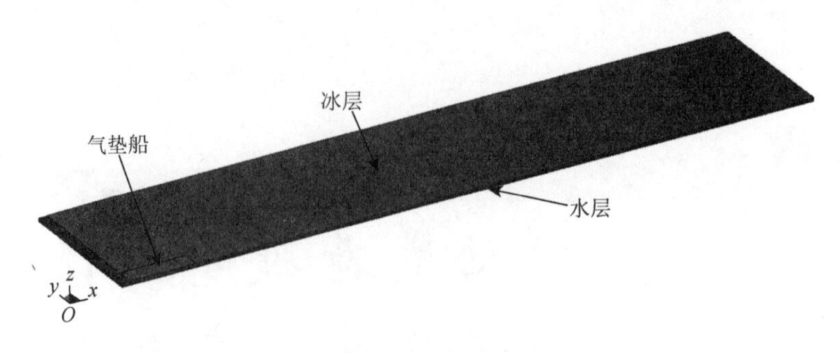

图 6.1.1　气垫船破冰数值模拟的几何模型

气垫船在浮冰层上的运动是一种典型的流-固耦合问题，涉及冰、水、空气三相介质的耦合。ALE 算法综合了 Lagrange 和 Euler 算法的优点，可以较好地对此类耦合现象中的水层和空气层进行分析，其坐标转换关系为

$$\frac{\partial f(X_i,t)}{\partial t}=\frac{\partial f(x_i,t)}{\partial t}+w_i\frac{\partial f(x_i,t)}{\partial x_i}$$

式中，X_i 为拉格朗日坐标；x_i 为欧拉坐标；w_i 为材料和网格的相对速度；t 为时间变量。

水层和空气层属于流体层，流体层的运动应该满足质量、动量和能量守恒定律，其所对应的控制方程分别为

$$\frac{\partial \rho_2}{\partial t}=-\rho_2\frac{\partial v_i}{\partial x_i}-w_i\frac{\partial \rho_2}{\partial x_i} \tag{6.1.1}$$

$$\rho_2\frac{\partial v_i}{\partial t}=\sigma_{ij,j}+\rho_2 b_i-\rho_2 w_j\frac{\partial v_i}{\partial x_j} \tag{6.1.2}$$

$$\rho_2\frac{\partial E_2}{\partial t}=\sigma_{ij}v_{i,j}+\rho_2 b_i v_i-\rho_2 w_j\frac{\partial E_2}{\partial x_j} \tag{6.1.3}$$

式中，ρ_2 为流体密度；v_i、w_i 为物质速度和对流速度；σ_{ij} 为流体应力张量；b_i 为流体体积力；E_2 为流体能量。

设冰层为线弹性固体层，采用拉格朗日算法，冰层的动力学基本控制方程为

$$(\lambda_1+\mu_1)u_{j,ij}+\mu_1 u_{i,jj}+\rho_1 f_i=\rho_1\ddot{u}_i \tag{6.1.4}$$

式中，λ_1、μ_1 为冰层拉梅常量，其中 μ_1 为冰层的剪切弹性模量 G；ρ_1 为冰层密度；u_i、$\ddot{u}_i$ 分别为冰层的位移和加速度；f_i 为冰层体积力。

有限元方法是计算力学中的一种常用方法，它可以求解物理和工程中绝大多数线性或非线性偏微分方程，通常将计算区域离散成一些小的区域，这些小的区域称为单元或有限元。在每个单元的顶点、边或内部特定位置设置若干个单元节点，有限元方法的目的是求出这些节点上解的近似值。在每一个单元内部，通过线性、二次或高次多项式分布函数来近似表示解在单元内部的分布规律，从而在单元内部将解表示成本单元节点上值的线性组合；然后以某种方式将近似解在整个求解区域上误差最小化，从而得到与未知数个数相同的代数方程组；最后求解代数方程组，得到节点处解的近似值，进而计算出物体内各点上的数值结果。

根据弹性力学的变分原理，应用有限元方法对计算域进行空间离散，得到动力学控制方程的有限元计算方程为

$$\boldsymbol{M}\ddot{\boldsymbol{U}}+\boldsymbol{C}\dot{\boldsymbol{U}}+\boldsymbol{K}\boldsymbol{U}=\boldsymbol{F} \tag{6.1.5}$$

式中，$\boldsymbol{U}$ 、$\dot{\boldsymbol{U}}$ 和 $\ddot{\boldsymbol{U}}$ 分别为冰层的位移、速度和加速度向量；$\boldsymbol{M}$ 为质量矩阵；$\boldsymbol{K}$ 为刚度矩阵；$\boldsymbol{C}$ 为阻尼矩阵；$\boldsymbol{F}$ 为载荷向量。

在式（6.1.5）中，质量矩阵、刚度矩阵、阻尼矩阵和载荷向量的表达式可分别写为

$$\boldsymbol{M} = \sum_{e} \int_{V_e} \rho_1 \boldsymbol{N}^{\mathrm{T}} \boldsymbol{N} \mathrm{d}V \tag{6.1.6}$$

$$\boldsymbol{K} = \sum_{e} \int_{V_e} \boldsymbol{B}^{\mathrm{T}} \boldsymbol{E} \boldsymbol{B} \mathrm{d}V \tag{6.1.7}$$

$$\boldsymbol{C} = \alpha \boldsymbol{M} + \beta \boldsymbol{K} \tag{6.1.8}$$

$$\boldsymbol{F} = \sum_{e} \left(\int_{V_e} \boldsymbol{N}^{\mathrm{T}} \rho_1 f \mathrm{d}V + \int_{S_e} \boldsymbol{N}^{\mathrm{T}} \overline{T} \mathrm{d}S \right) \tag{6.1.9}$$

式中，$\boldsymbol{N}$ 、$\boldsymbol{B}$ 和 $\boldsymbol{E}$ 分别为单元形函数矩阵、几何矩阵和线弹性应力-应变关系矩阵；f 和 $\overline{T}$ 分别为单元的体积力和应力边界条件；α 和 β 为瑞利（Rayleigh）阻尼系数；V_e 为单元体积；S_e 为单元面积；$\sum_{e}$ 为对各单元求和。

6.1.2　流-固耦合算法

冰层和流体层之间采用 ALE 流-固耦合算法。冰层破裂后，空气和水会侵蚀进入冰层内部，因此采用罚函数耦合方式中的侵蚀算法约束类型，实现冰层破裂以后的流-固耦合计算。气垫船在冰面上航行时将对下方的冰面施加移动压强载荷，将移动压强载荷等效为冰面上滑行的柔性垫，柔性垫视为线弹性固体，通过对该柔性垫加载重力以及在柔性垫与冰层之间建立接触算法的方式来模拟气垫船的移动载荷作用。采用显式中心差分法求解有限元计算方程，显式时间积分的最小时间步长由最小单元长度和波速决定。

冰层和流体层之间的流-固耦合通常采用两种算法，一种算法为求解全耦合方程，不足之处在于只能控制单个单元中的一种物质；另一种算法为较常用的算子分离算法。算子分离算法将每个时间步长内的计算划分为两阶段，第一阶段为拉格朗日过程，其中网格跟随物质运动，网格间无质量输运，质量保持守恒；第二阶段为对流过程，对穿过单元边界的物理量（质量、动量、能量等）进行计算。建立几何模型和划分网格时，结构体与流体的网格重合，如图 6.1.2 所示，计算过程中通过约束实现力学相关变量的传递。冰层和流体层采用 ALE 流-固耦合算法进行求解，以实现拉格朗日型结构体和欧拉型流体之间的有效耦合。该算法提供了多种约束方法，为

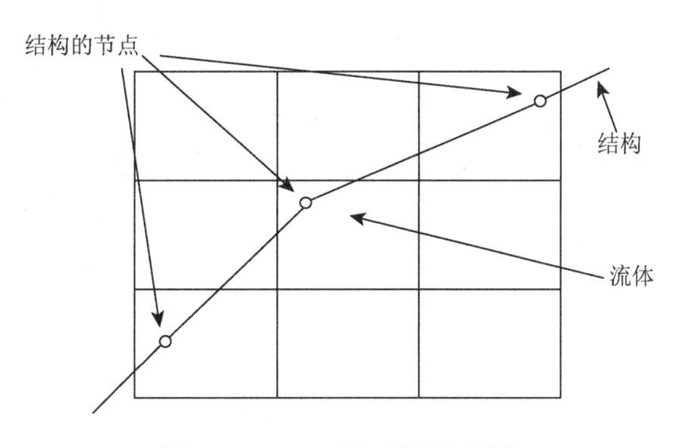

图 6.1.2　ALE 流-固耦合算法

便于进行冰层破裂侵蚀计算，采用罚函数耦合约束。罚函数耦合约束不断计算跟踪冰层结构和流体节点间的相对位移，检查流体对结构的贯穿，若未发生穿透，可不进行任何操作；若发生穿透，则在拉格朗日结构节点和流体节点间设置一界面力，相当于放置一些法向弹簧，限制节点的穿透。实现 ALE 流-固耦合算法的关键字为“*CONSTRAINED_LAGRANGE_IN_SOLID”和“*CONTROL_ALE”。

将气垫船等效为柔性垫，其与冰层接触发生作用，产生对冰面的移动压力载荷，该接触为固体界面间的耦合作用。对于两界面间的接触和碰撞问题，LS-DYNA 提供了三种算法，分别为节点约束法、罚函数法和分配参数法。节点约束法较为复杂，现在多用于固体连接界面；分配参数方法仅用于滑动处理；罚函数法是较为常用的接触算法，该算法的基本原理与罚函数耦合方法类似。若从节点发生对主界面的穿透，则引入一界面间的接触力，大小与接触刚度相关，接触力称为罚函数值，同样对每个主节点做类似处理，该方法称为对称罚函数法。对称罚函数法的优点为满足动量守恒，不需要碰撞和释放条件，沙漏效应发生较少。柔性垫和冰层的接触采用自动面-面接触算法，所用关键字为“*CONTACT_AUTOMATIC_SURFACE_TO_SURFACE”。

计算模型采用 SOLID164 单元进行三维实体建模，SOLID164 单元的几何特性为：由 8 个节点构成，当部分节点号相同时可能退化成棱柱形或四面体单元，但单元体积不允许为 0，单元体积也可分离成两个；单元算法为单点积分或全积分，可以利用 Lagrangian 和 ALE 网格对单元表面施加面载荷，如位移、面力、温度等。气垫船破冰涉及空气、水、冰层和柔性垫等材料。空气和水作为流体，采用空白材料模型；冰层和柔性垫视为各向同性弹性材料，柔性垫主要用来施加压力载荷。空白材料模型与线性多项式状态方程联用可以模拟流体材料，不需要计算偏应力，且可加入黏度选项。空白材料模型需要输入材料质量密度、弹性模量、泊松比、压力截止值、动力黏性系数等参数，采用的关键字为“*MAT_NULL”，定义线性多项式状态方程的关键字为“*EOS_LINEAR_POLYNOMIAL”。冰层和柔性垫采用的各向同性弹性材料模型由胡克定律定义，该模型只需要输入密度、弹性模量和泊松比，定义材料的关键字为“*MAT_ELASTIC”。

冰层通常发生抗拉强度破坏，因此破坏准则采用最大主应力准则。在冰层单元内部的最大主应力大于极限抗拉强度后将发生破坏，利用侵蚀算法消去破坏后的单元，从而实现冰层破裂过程的数值模拟。采用“MAT_ADD_EROSION”关键字定义冰层的破坏准则。

6.1.3 计算方法验证

根据 Takizawa[8]的现场实验结果对计算方法进行验证，该实验详细记录了移动载荷作用下的浮冰层位移响应，提供了冰层最大下陷位移与载荷速度、冰层最大下陷位移滞后于载荷中心的距离、冰层下陷宽度与载荷速度的大量实验数据，以及移动载荷以亚临界速度、临界速度、超临界速度运动时的浮冰层垂向位移响应等曲线。

基于 LS-DYNA 软件进行数值计算，得到的计算结果如图 6.1.3～图 6.1.6 所示。图 6.1.3 为冰层最大下陷位移与载荷速度的关系对比，图中 $w_{\max 1}$ 表示冰层最大下陷位移的绝对值（对应文献[8]中的 d），随着载荷速度的增大，冰层最大下陷位移的变化规律是先增大后减小，在临界速度附近达到最大值，亚临界速度至临界速度范围内计算结果与实验数据比较吻合，超临界速度范围内计算结果普遍偏大。图 6.1.4 为移动载荷附近的冰层最大下陷位移位置滞后于载荷中心的距离（用 l_w 表示）与载荷速度的关系对比，在亚临界速度范围内，冰层最大下陷位移位置的计算结果随速度增大变化不明显，而在临界速度后计算结果迅速增大，在亚临界速度范围内以及临界速度附近的计算结果与实验数据比较吻合，而在超临界速度区域计算结果普遍偏大。图 6.1.5 为冰层最大下陷宽度（用 l 表示）与载荷速度的关系对比。随着载荷速度的增大，冰层最大下陷宽度的变化规律是先减小后增大，在临界速度附近计算得到的下陷宽度最小，而在超临界速度时冰层下陷宽度可以超过亚临界速度情况，在亚临界速度至超临界速度范围内，冰层最大下陷宽度的计算结果与实验结果普遍符合较好。图 6.1.6 为载荷以亚临界速度和临界速度运动时，载荷前后方冰层表面上的垂向位移随距离的变化波形，$x=0$ 为载荷所处位置，$x<0$ 和 $x>0$ 分别为载荷的前方和后方，可见计算结果与实验结果整体符合较好。综合上述结果分析与对比可以看出，计算结果尽管在下陷位移峰值、峰值后移位置以及下陷宽度等方面存在一定偏差，但该数值计算方法可以较好地捕捉到临界速度，这对气垫船利用临界速度实施有效破冰起着至关重要的作用[4]。

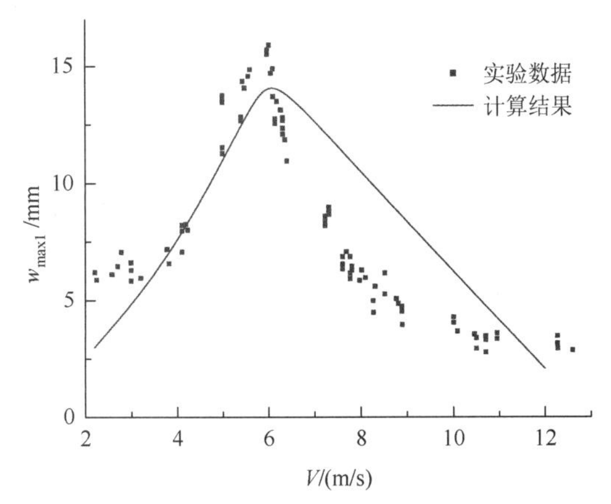

图 6.1.3　最大下陷位移与载荷速度的关系对比

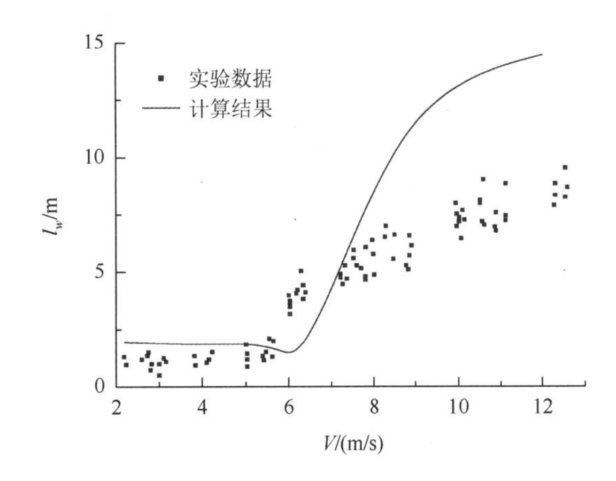

图 6.1.4　下陷位移峰值位置与载荷速度的关系对比

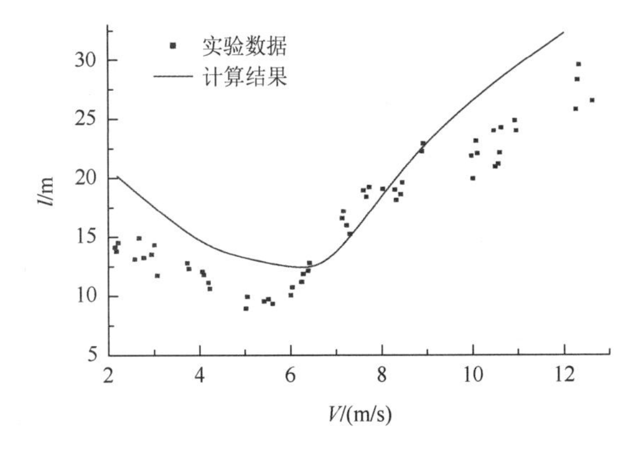

图 6.1.5　冰层最大下陷宽度与载荷速度的关系对比

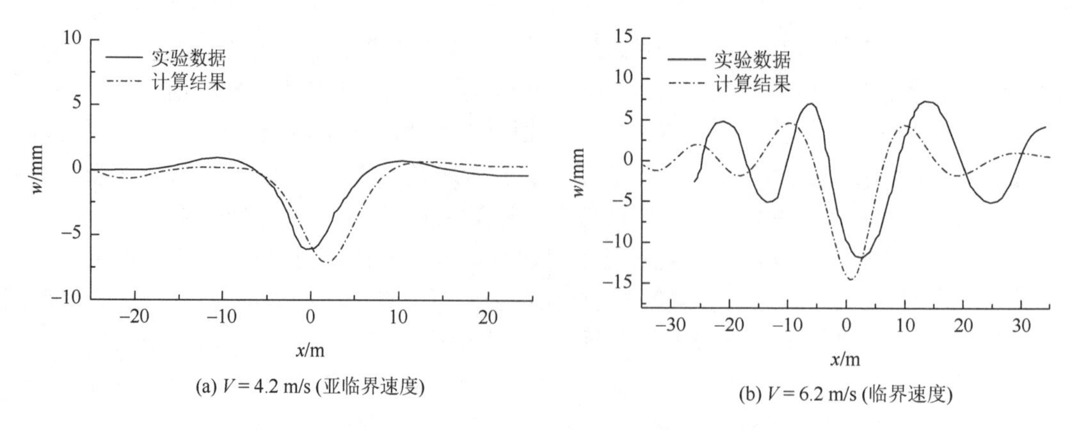

(a) $V=4.2$ m/s (亚临界速度)　(b) $V=6.2$ m/s (临界速度)

图 6.1.6　不同速度下冰层位移波形计算结果与实验结果比较

计算结果与实验结果之间产生误差的主要原因如下：

（1）计算时将移动载荷等效为一定质量的矩形柔性垫，并通过加载重力的方法使其对冰面产生均匀压强，而 Takizawa 实验的移动载荷是雪地车，该载荷是以点接触的方式作用于冰面。

（2）计算中材料模型采用线弹性本构关系，没有计及冰水系统位移响应的非线性影响，而当移动载荷在临界速度附近航行时非线性效应将增大。

（3）计算中将冰层简化为各向同性厚度均匀的弹性薄板，而实验现场实际存在的冰层厚度非均匀、温度差异导致的弹性模量变化以及冰层的黏性阻尼耗散效应等影响未予考虑。

6.2　开阔水域浮冰层数值模拟

6.2.1　计算参数和几何模型

本节对气垫船在开阔水域浮冰层上航行时激励的冰层位移响应、应力分布和冰层破裂等问题进行数值模拟。作为算例，取计算域长 300 m，宽 64 m，水层、冰层和空气层的厚度分别为 1.0 m、0.8 m 和 0.6 m，冰层离左端边界距离为 4 m，破冰气垫船长 28 m、宽 16 m，其水平运动速度为V，如图 6.2.1（a）和（b）所示。模拟气垫船载荷的柔性垫为线弹性材料，厚度为 0.2 m，对冰层传递的压强约为 3000 Pa，约等效于质量为 135 t 的气垫船载荷。

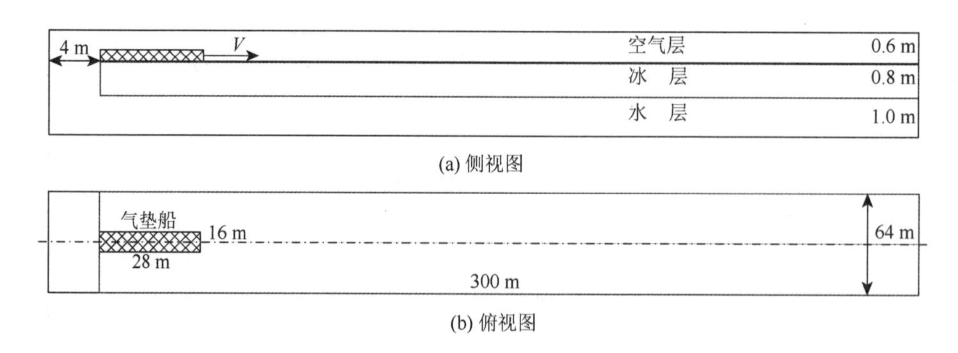

(a) 侧视图

(b) 俯视图

图 6.2.1　气垫船破冰的计算域参数

冰层力学特性与冰的成分、形成过程以及温度等因素有关，不同性质冰层的力学特性参数有所不同。参考文献[9]，冰层的密度、弹性模量和泊松比等参数如表 6.2.1 所示。冰层极限抗拉强度取为 0.735 MPa。空气和水采用线性多项式状态方程描述，空气和水的密度分别取为 1.25 kg/m^3、1000 kg/m^3。

表 6.2.1 柔性垫和冰层计算参数

名称	密度/（kg/m^3）	弹性模量/MPa	泊松比	极限抗拉强度/MPa
柔性垫	1500	10	0.40	—
冰层	900	5000	1/3	0.735

图 6.2.2 为几何模型与网格划分（取整体模型的 1/2）。几何模型从上到下依次是空气层、移动载荷（柔性垫）、冰层和水层，网格模型采用 SOLID164 实体单元对几何模型进行网格划分得到。其中，柔性垫、冰层与水层和空气层的网格存在重合，且空气层与水层交界面的节点相同，经网格无关性验证后确定节点数为 191932，单元数为 158464。

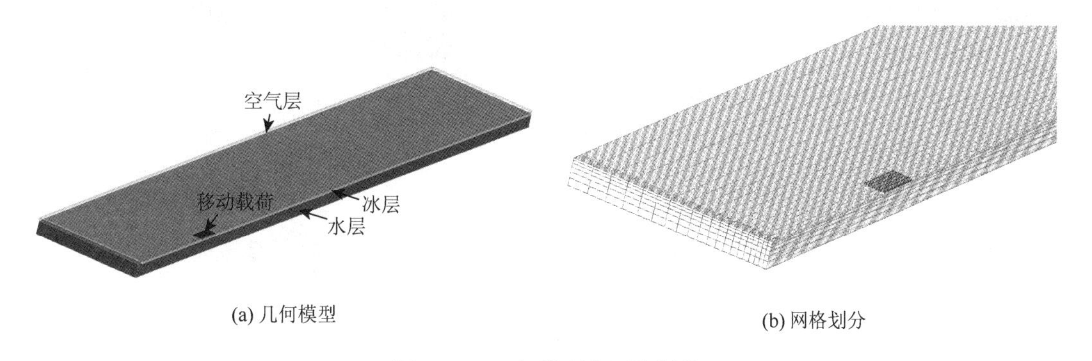

(a) 几何模型 (b) 网格划分

图 6.2.2 几何模型和网格划分

6.2.2 冰层位移和应力计算结果

1. 亚、超临界航速下的冰层位移云图

假设气垫船由静止加速至亚临界速度和超临界速度。在 $t = 0$～3 s，气垫船静止，航速 $V = 0$，施加重力载荷后，相当于冰层遭受气垫船的静载荷作用；在 $t = 3$～8 s，气垫船以 2 m/s^2 加速度由静止线性增加到速度 10 m/s；在 t>8 s 后，气垫船维持航速 $V = 10$ m/s 做匀速运动。图 6.2.3（a）～（f）为气垫船在亚临界航速、超临界航速下激励浮冰层的垂向位移云图，位移放大 200 倍显示，对应计算时刻分别为 $t = 3$ s、5 s、10 s、11 s、15 s、20 s。

$t = 3$ s 对应于气垫船启动前，冰面位移可以认为是重力加载后静载荷引起的，最大下陷位移为 6.4 cm，如图 6.2.3（a）所示。$t = 5$ s 时，气垫船加速至 4 m/s，处于亚临界航速，相比于静载荷引起的冰层位移有所增加，冰层波峰在船首前方附近呈弧形，波谷位于船尾后方，如图 6.2.3（b）所示；t≥10 s 时，气垫船速度保持 10 m/s，处于超临界航速，气垫船逐渐追赶并超越船首前冰峰，对之前激励的冰峰起相反的压制作用，冰层波谷位移数值有所减小，如

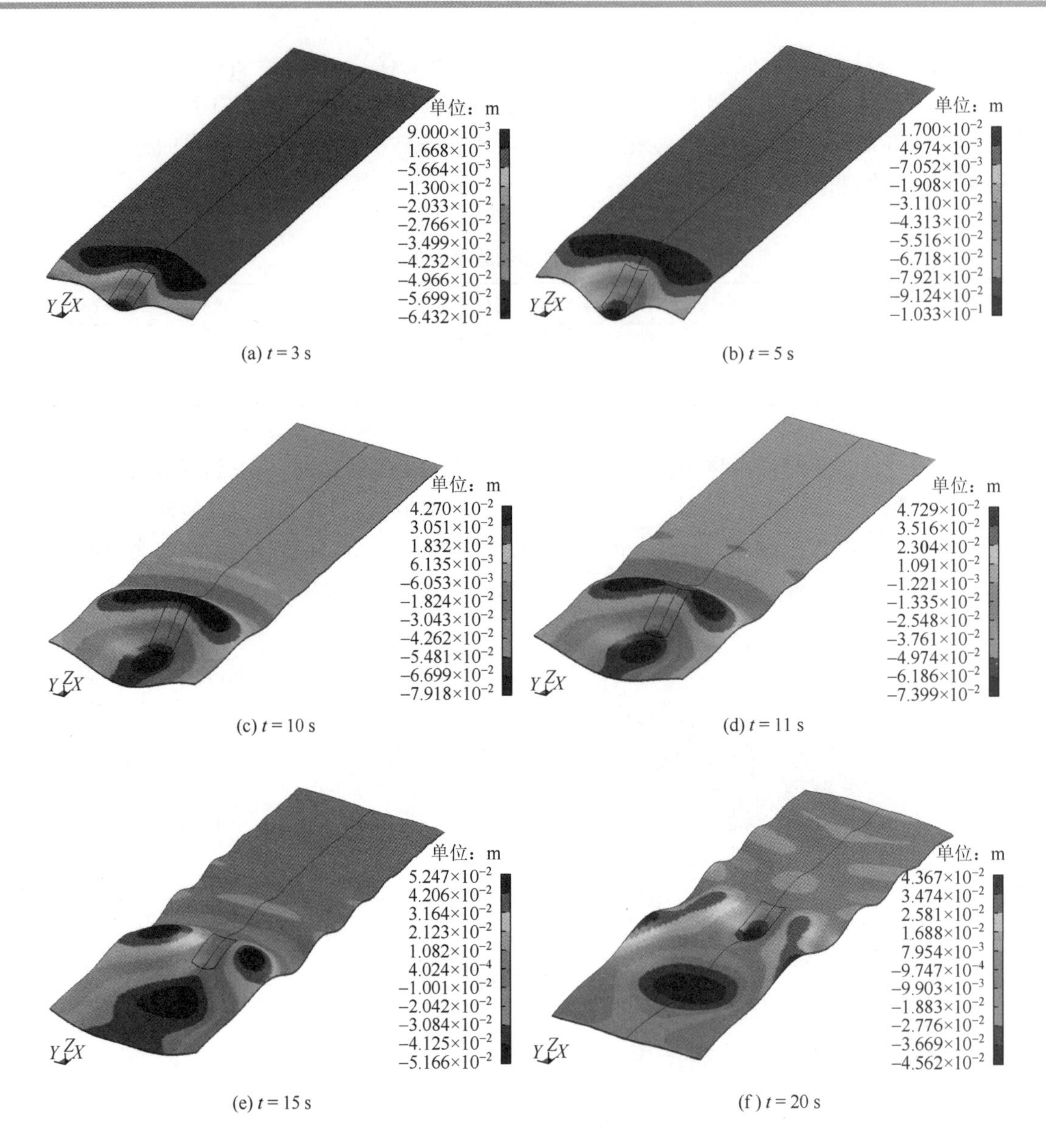

图 6.2.3　亚临界航速、超临界航速下不同时刻冰层垂向位移分布云图

图 6.2.3（c）和（d）所示；$t=15$ s 时，气垫船将船首冰峰劈分成两半，使原来的船首冰峰向两侧分散，冰层变形范围扩大，峰值位移幅值减小，如图 6.2.3（e）所示；$t=20$ s 时，船首冰峰不明显，原来激励的冰峰继续向两侧分散，气垫船不再兴起峰值较大的冰层位移，如图 6.2.3（f）所示。整体而言，气垫船以超临界航速运动时，随着时间的增加，冰水系统能量传播的速度低于气垫船的运动速度，导致冰峰的位移变形幅值不增反减。

2. 临界航速下的冰层位移云图

假设气垫船由静止加速至临界速度后并保持临界速度航行，以下重点计算分析气垫船以临界速度航行时的冰层位移响应和应力分布。在 $t=0\sim3$ s，气垫船航速 $V=0$，冰层遭受气垫船静载荷作用的垂向位移响应与图 6.2.3（a）相同。在 $t = 3\sim5.8$ s，气垫船由静止线性加速至临界速度航行，其中在 $t = 5.5$ s 时，气垫船加速至 $V = 5$ m/s，冰层的垂向位移响应与图 6.2.3（b）相同；在 $t = 5.8$ s 时，气垫船加速至临界速度 5.6 m/s；在 $t>5.8$ s 后，气垫船保持以该临界速度继续航行。临界速度的取值主要通过 LS-DYNA 软件多次试算，以气垫船的船首能够维持刚好不超越冰层波峰位置为依据确定。不同时刻 $t = 10$ s、11 s、15 s、20 s 的冰层垂向位移响应如图 6.2.4（a）～（d）所示，可见在气垫船启动、加速和巡航的整个过程中，气垫船始终位于船首冰峰后方，对冰峰增幅起持续的推波供能做功作用。冰层波峰波谷一直分布于船首、船尾附近，冰层位移变形范围集中，有利于利用气垫船运动能量实施有效破冰。

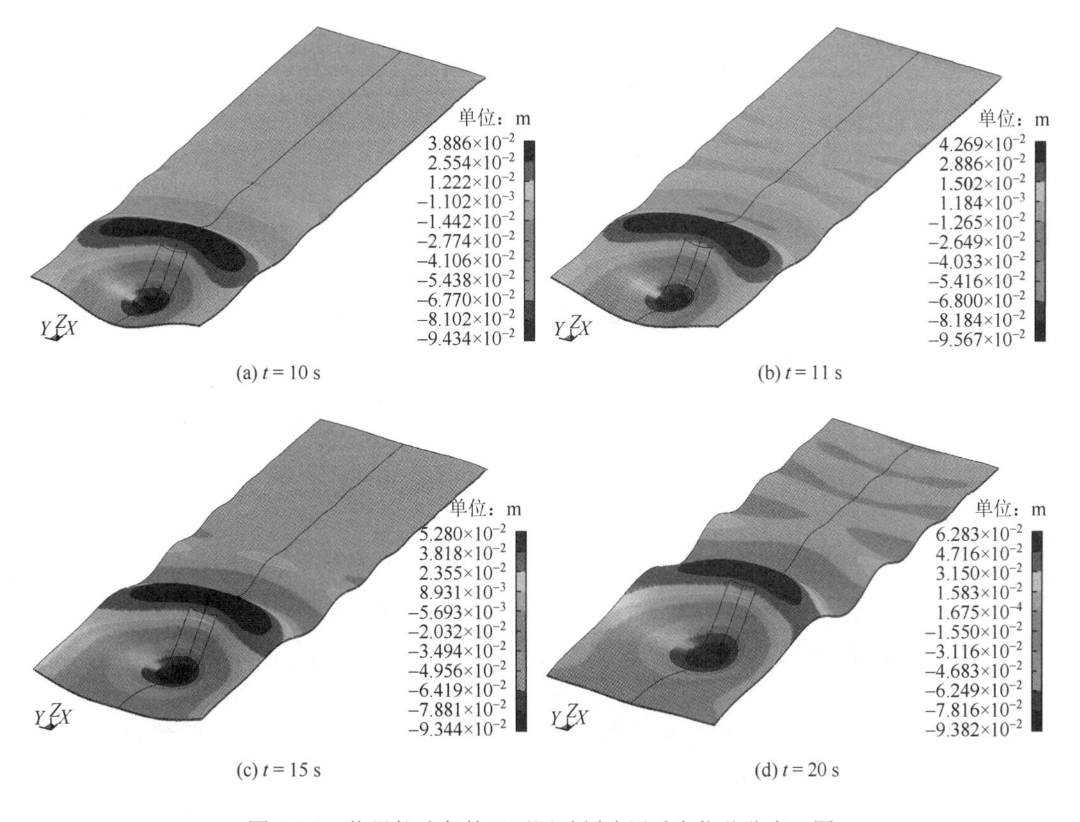

(a) $t = 10$ s　(b) $t = 11$ s

(c) $t = 15$ s　(d) $t = 20$ s

图 6.2.4　临界航速条件下不同时刻冰层垂向位移分布云图

以下根据文献[10]给出另外一种估算气垫船临界速度的方法。在气垫船运动方向的中线上，冰面垂向位移波形的数值计算结果如图 6.2.5 所示，位移波形曲线中包含不同波长的波，其中对破冰起主要作用的波位于气垫船附近，冰层位移波峰和波谷幅值均较大。该波的波长与气垫船大小、冰层厚度、水深等诸多因素有关。由图可见，波峰基本位于船首前方约 1/2 船长处，波谷基本位于船尾处，波长约为船长 3 倍。当气垫船的航速和该波的行进速度相同时，气垫船可以始终位于波峰后方，发挥持续的推波做功作用。而当气垫船航速大于或小于该波的行进速度时，均不能起到持续推波及补充能量的作用。因此，估计气垫船破冰的临界航速，可以根据船身附近表面波的行进速度来确定[2]。

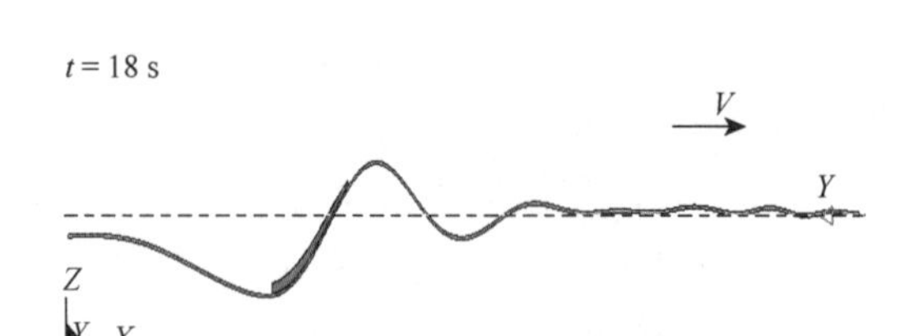

图 6.2.5　临界速度条件下的冰层垂向位移波形

气垫船航行引起的冰层位移波形实际上是液-固分层介质中的表面波。表面波一般存在频散现象，即波长不同，波速也不同。Milinazzo 等[10]给出了液-固分层介质中表面波相速度的计算公式为

$$c=\left(gH\frac{\tanh\bar{k}}{\bar{k}}\frac{1+\beta_1\bar{k}^4}{1+\beta_2\bar{k}\tanh\bar{k}}\right)^{1/2} \tag{6.2.1}$$

式中，g 为重力加速度；H 为水深；$\bar{k}=kH$，其中 k 为波数；$\beta_1=D/(\rho_2 gH^4)$，其中弯曲刚度 $D=Eh^3/[12(1-\mu^2)]$，而 h、E 和 μ 分别为冰层的厚度、弹性模量和泊松比；$\beta_2=\rho_1 h/(\rho_2 H)$，其中 ρ_1、ρ_2 分别为冰和水的密度。

由 $k=2\pi/L$，其中 L 为波长，按前面估计的 3 倍船长取值，再将计算参数代入式（6.2.1），即可得到船身附近表面波的波速为 5.56 m/s，该速度与利用 LS-DYNA 软件通过数值模拟多次试算的气垫船临界航速（5.6 m/s）基本相同。另外，在水深为 3.0 m、冰层厚度为 0.9 m 的条件下也进行了计算，按上述估计方法得出的船身附近表面波的波速为 7.75 m/s，与数值模拟多次试算的气垫船临界航速（7.8 m/s）也基本相同。因此，在浅水厚冰层环境下，气垫船的临界航速可以按波长为 3 倍船长的表面波的行进速度进行估计。

3. 临界航速下的冰层应力变化

将气垫船运动方向中线上所有冰面节点的垂向位移 w 随时间 t 变化曲线绘于图 6.2.6 中，全部曲线的外部包络线反映了气垫船启动、加速和巡航过程中，中线上冰面垂向位移最大值、最小值随时间的变化规律，上部包络线对应于船首冰层的波峰位移，下部包络线对应于船尾冰层的波谷位移，船首波峰位移持续增大，最大变化幅值约为 7 cm，船尾波谷位移增大后基本不变，最大变化幅值约为−10 cm。类似地，可以绘制出中线上冰层最大主应力 σ_{xx} 随时间 t 的变化曲线，图 6.2.7 中的包络线对应于船首冰层波峰处的应力变化，该冰层波峰上表面处的最大主应力 σ_{xx} 持续增大，最大值约为 0.65 MPa；图 6.2.8 中的包络线对应于船尾冰层波谷处的应

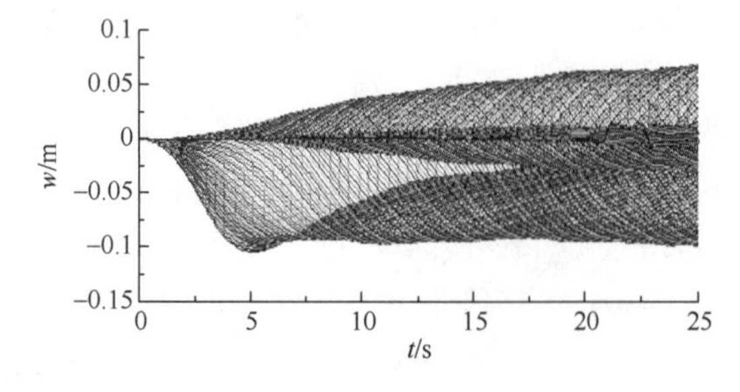

图 6.2.6　冰层波峰波谷垂向位移包络曲线

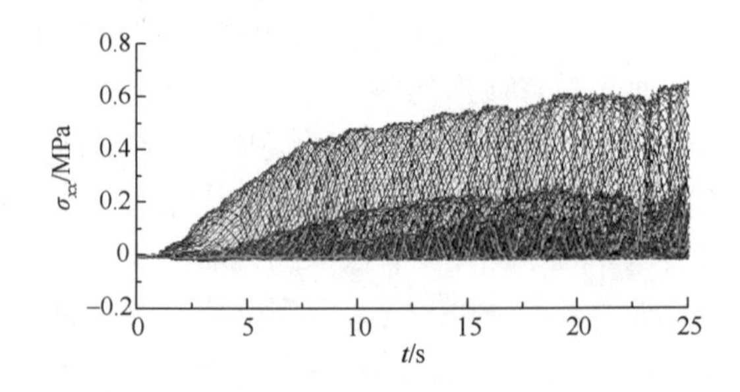

图 6.2.7　冰层波峰上表面最大主应力包络曲线

力变化，该冰层波谷处最大主应力 σ_{xx} 先增大再略有减小，最大值约为 0.75 MPa。冰层波峰上表面和冰层波谷下表面最大主应力空间分布如图 6.2.9 和图 6.2.10 所示，可见船尾波谷处的最大主应力相对较大，变形范围相对波峰处则更为集中[3]。

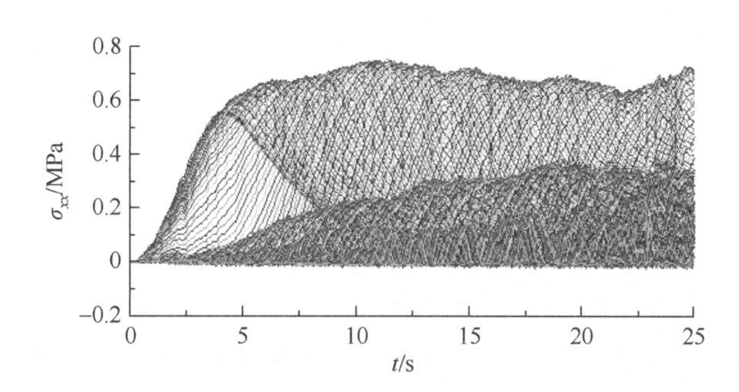

图 6.2.8　冰层波谷下表面最大主应力包络曲线

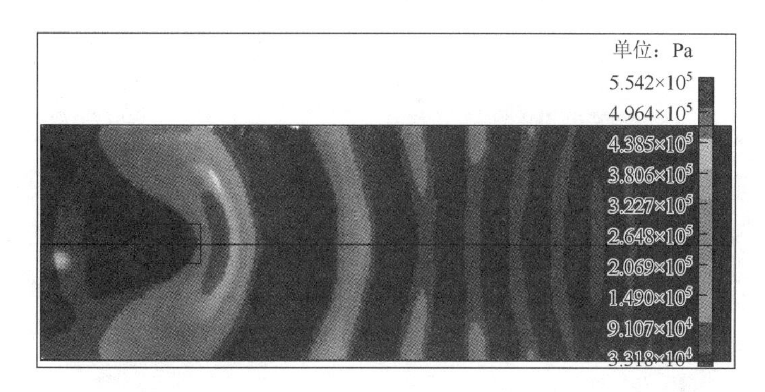

图 6.2.9　冰层波峰上表面最大主应力云图（t = 11.4 s）

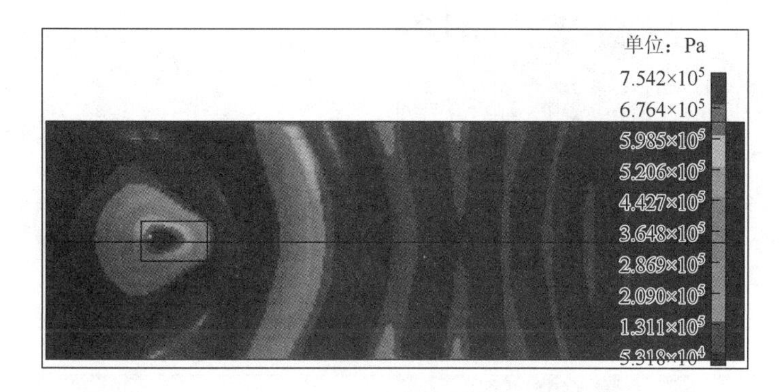

图 6.2.10　冰层波谷下表面最大主应力云图（t = 11.4 s）

4. 临界航速下的冰层破裂过程

采用的计算参数与上述临界航速算例相同，但施加了冰层的抗拉强度破坏准则。图 6.2.11（a）～（l）为气垫船航行时冰层有效应力变化云图[1]。当气垫船以临界速度持续航行并推波做功到一定程度时，波谷处最大主应力首先达到冰层的抗拉强度极限，产生沿气垫船运动中线方向的纵向裂缝并迅速向前后延伸，如 t = 9.8 s、9.9 s、10.1 s 时刻的云图 6.2.11（a）～（c）所示。冰层裂缝向前延伸至船首波峰处时，裂缝尖端的应力集中效应引起冰层横向破裂并沿波峰线方向迅速向外延伸，纵向裂缝则继续向前发展，对应 $t=10.16$ s、11.2 s 时刻的云图 6.2.11（d）和（e）。此时，波谷处冰层的纵向弯曲应力和波峰处横向弯曲应力得到释放，但波谷处横向弯曲应力仍在累积，直到 $t=11.5$ s 时刻，船身下方的波谷处发生横向破裂，如图 6.2.11（f）所示。至此，之前气垫船在冰面上推波做功累积的冰层弯曲变形、应力和能量基本释放，完成第一个破冰周期。随后，气垫船继续向前航行推波补充能量，冰层的横向弯曲变形和应力重新累积。由于纵向裂缝一直在向前扩展，纵向弯曲应力不明显，如 $t=17.2$ s 时刻云图 6.2.11（g）所示。当船首冰层波峰处的横向弯曲变形和应力累积到一定程度时，气垫船前端附近纵向裂缝的应力集中效应重新触发冰层新的横向破裂，开始第二个破冰周期。纵向裂缝一直在向前延伸，缓慢释放了沿气垫船纵向的弯曲变形，使第二个破冰周期的船首波峰线曲率较大。新的横向破裂除了沿波峰线向后延伸外，也同时沿着波峰线向前略有延伸，即第二个破冰周期的横向裂缝呈 x 形状，如 $t=17.3$ s 时刻云图 6.2.11（h）所示。随着气垫船继续向前航行，第三个破冰周期（$t=19.8$ s、20.5 s）和第四个破冰周期（$t=24.2$ s、25.4 s）相继发生，分别如图 6.2.11（i）、（j）和图 6.2.11（k）、（l）所示。

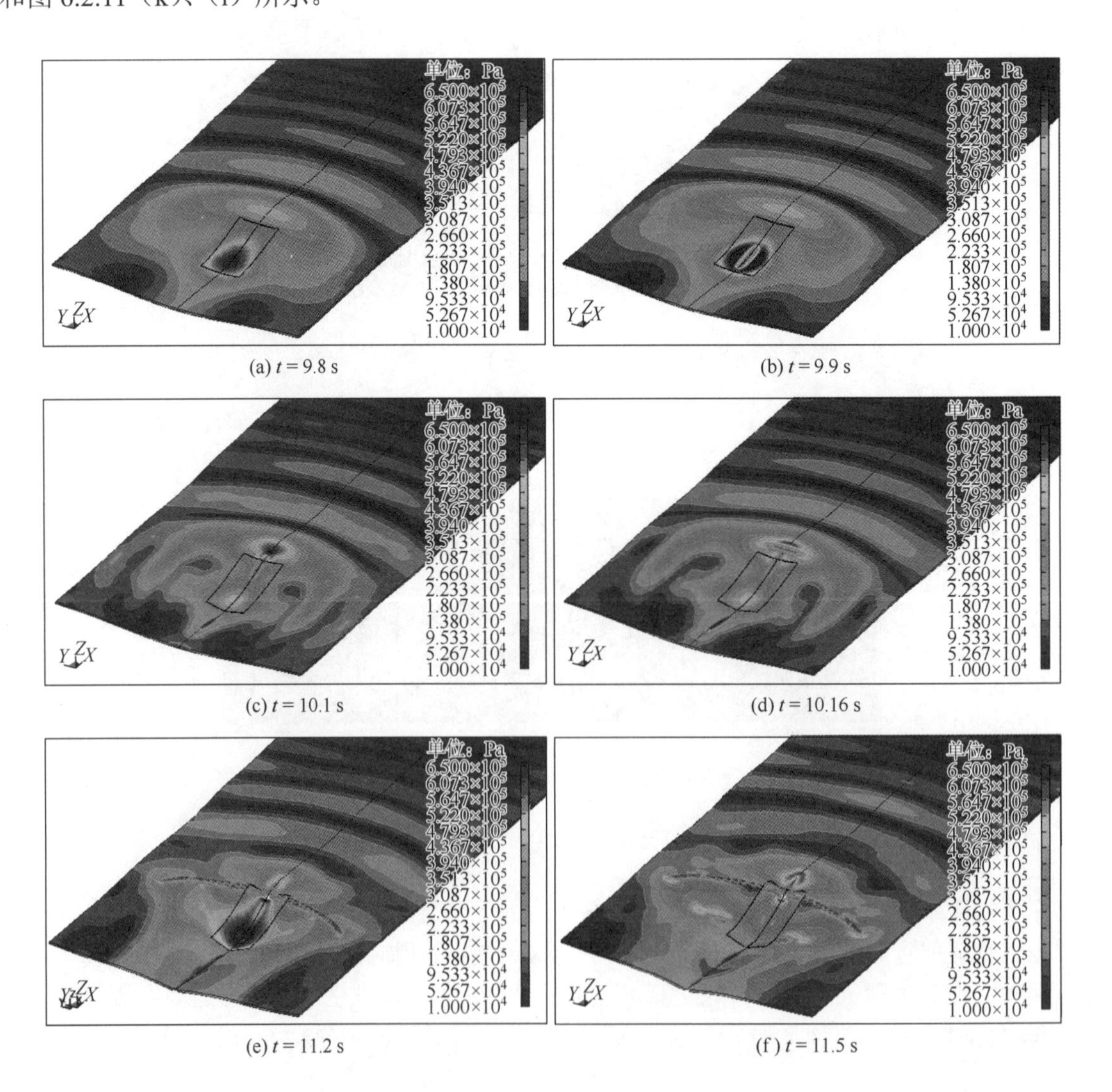

(a) $t=9.8$ s (b) $t=9.9$ s (c) $t=10.1$ s (d) $t=10.16$ s (e) $t=11.2$ s (f) $t=11.5$ s

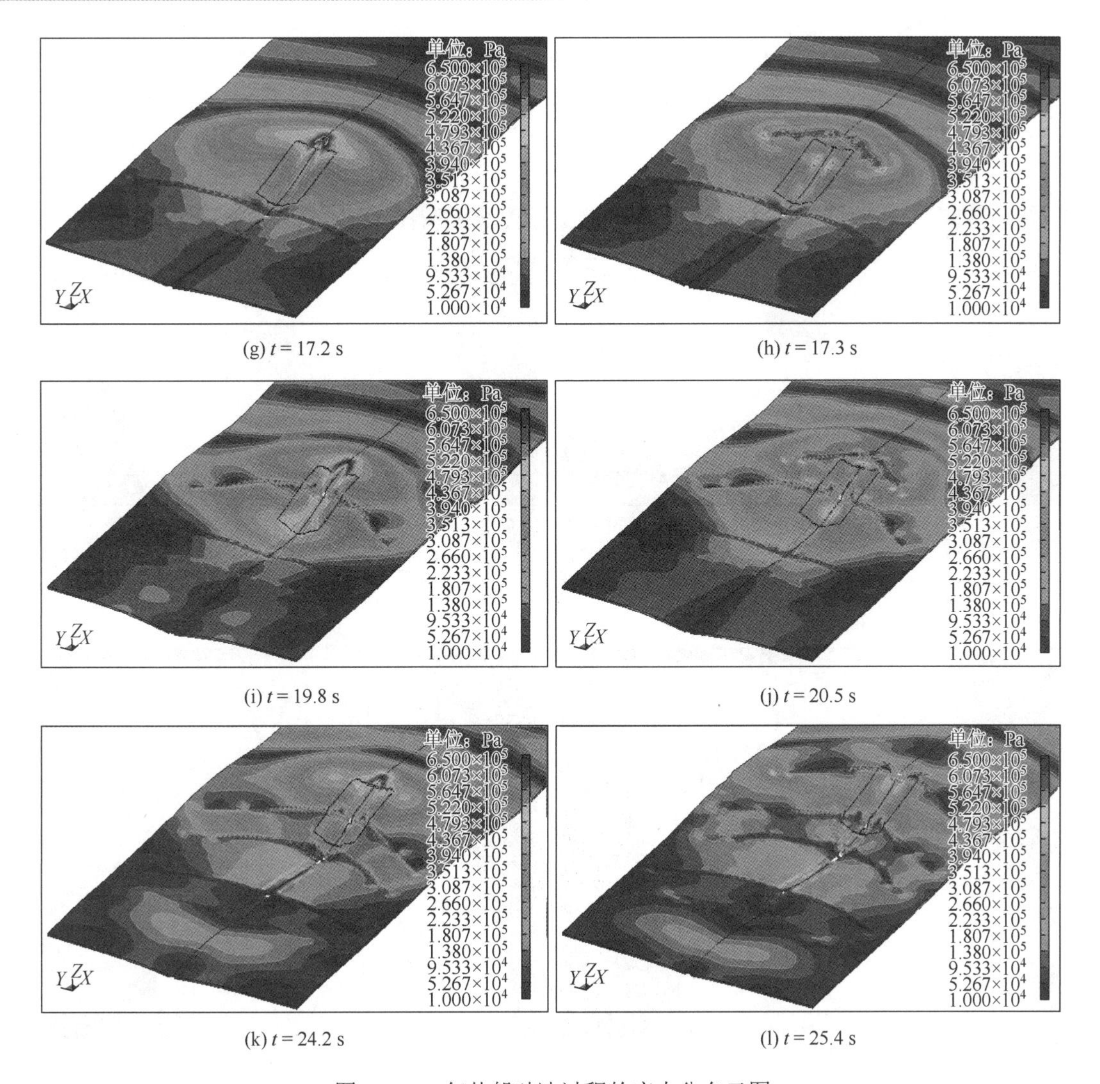

(g) $t = 17.2$ s　(h) $t = 17.3$ s

(i) $t = 19.8$ s　(j) $t = 20.5$ s

(k) $t = 24.2$ s　(l) $t = 25.4$ s

图 6.2.11　气垫船破冰过程的应力分布云图

气垫船航行过程中冰层裂缝扩展的效果如图 6.2.12（a）～（f）所示[1]。气垫船沿图中左下方航行，随着气垫船以临界速度向前推波供能，船身附近冰层的位移变形和内部应力不断积聚，形成共振增幅效应，在冰层应力增大至超过其临界破坏应力后，冰层将产生沿气垫船航行中线方向的纵向裂缝并迅速向前后延伸，如图 6.2.12（a）所示。冰层裂缝向前延伸至船首波峰处时，裂缝尖端的应力集中效应引起冰层横向破裂，并沿波峰线方向迅速向外延伸，纵向裂缝则继续向前后发展，如图 6.2.12（b）所示。波谷处冰层纵向弯曲应力和波峰处横向弯曲应力得到释放，但波谷处冰层横向弯曲应力仍在积聚，因此船身下方波谷处随后发生横向破裂，冰层产生交叉的 x 形裂缝，如图 6.2.12（c）所示。随着气垫船继续推波航行，冰层的横向弯曲变形和应力重新累积，气垫船前端附近纵向裂缝应力集中效应重新触发冰层新的横向破裂，导致冰层产生∗形裂缝，如图 6.2.12（d）所示。当气垫船继续航行时，新的破冰周期形成，不同周期的冰层横向裂缝交叉后，冰层破裂成三角形碎冰片，如图 6.2.12（e）和（f）所示。碎冰片尺度约 1 倍船长，其大小随破冰过程的周期性不同而有所变化。根据冰层裂缝扩展方向，考虑黄河等限制水域实际破冰需要，气垫船破冰时应尽量沿同一方向平行运动，使不同航次的冰层横向裂缝进一步形成交叉，从而使冰层破裂成尺度更小的碎冰片流向下游，避免河道中冰堆和冰坝的形成，防止凌汛灾害的产生。

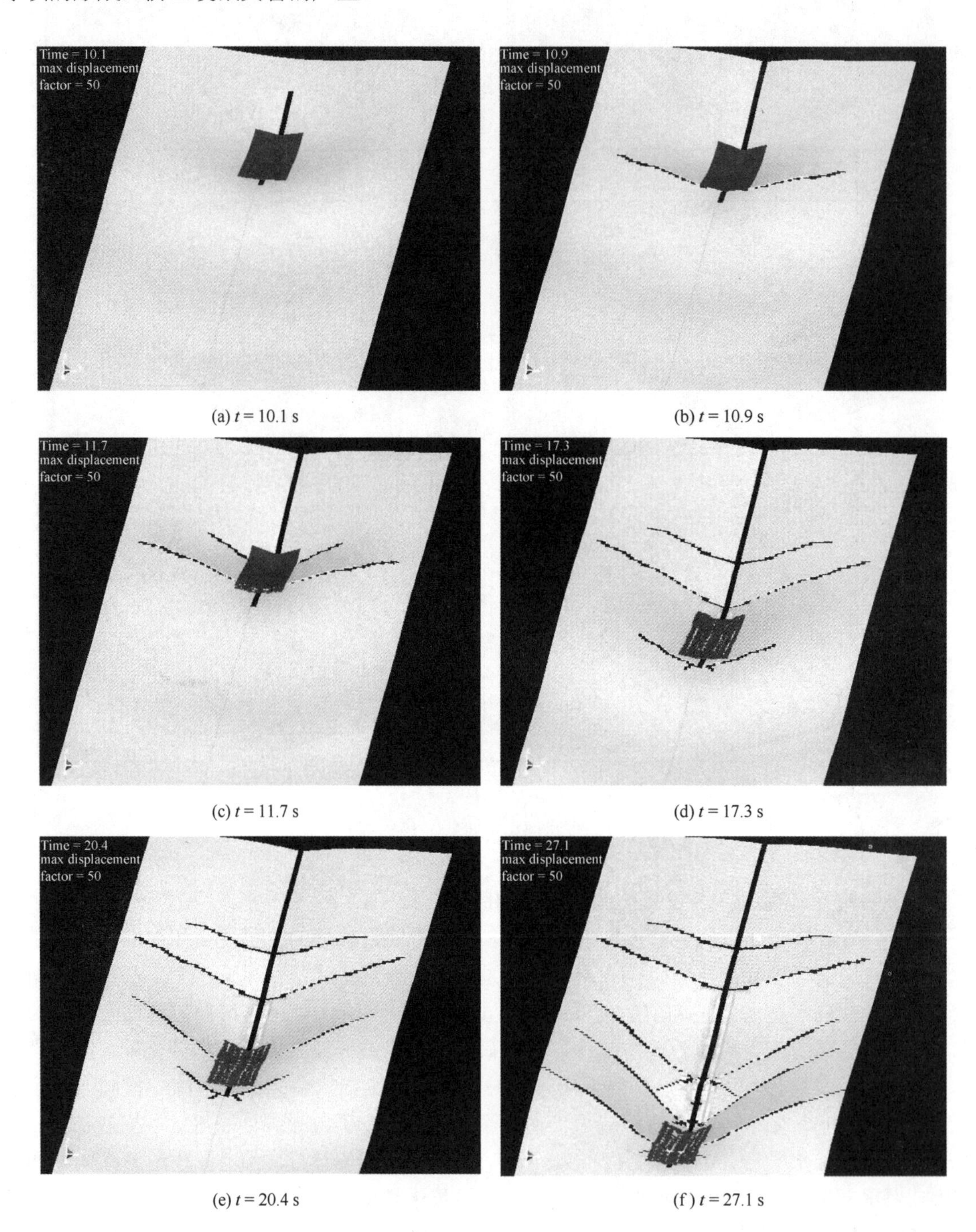

(a) $t = 10.1$ s (b) $t = 10.9$ s

(c) $t = 11.7$ s (d) $t = 17.3$ s

(e) $t = 20.4$ s (f) $t = 27.1$ s

图 6.2.12 气垫船破冰不同时刻裂缝扩展图

6.2.3　破冰机理分析

基于动力学分析软件 LS-DYNA，对简单边界条件下浅水浮冰层的气垫船破冰过程进行数值模拟，根据气垫船在亚临界航速、超临界航速和临界航速下的冰层位移变形和应力分布计算结果，可以分析得到冰层的破裂发展过程和揭示气垫船的破冰机理。在亚临界航速时，气垫船速度低于冰层位移波形传播速度，不能为冰层波幅持续增大提供能量，此时冰层的变形主要来自载荷的重力效应。在超临界航速时，气垫船速度大于冰层波形传播速度，并将冰层波峰劈分成两半，使原来位于船首附近的波峰向两侧分散，对其所激励的冰层波峰起相反的压制作用，因此也不能对冰层大幅变形持续提供能量。当气垫船以临界速度航行时，气垫船始终位于冰层波峰后方，对原来所激励的冰层波峰起持续的推波作用，不断补充冰水系统波动的能量，使冰层位移变形产生聚能共振增幅效应。相应地，船首附近的冰层波峰位移、应力变化持续增大，船尾附近的冰层波谷位移、应力变化增大后基本维持不变。

因此，当气垫船以临界速度持续推波航行达到一定程度时，冰面上将兴起幅值较大的波峰、波谷位移变化，当冰层内最大主应力超过冰层抗拉强度极限时，冰层将出现裂缝并随之快速扩展，从而实现气垫船破冰的目的。船尾波谷处冰层最大主应力达到冰层抗拉强度极限后，产生沿气垫船运动中线方向的纵向裂缝并迅速向前后延伸。向前延伸至船首冰层波峰处时，裂缝尖端的应力集中效应引起冰层横向破裂，并沿波峰线方向迅速向外扩展，完成第一个破冰周期。波谷处冰层横向弯曲应力仍在积聚，因此船身下方波谷处随后将发生冰层的横向破裂。随着气垫船继续向前推波做功，冰层的横向弯曲变形和应力重新积聚，达到一定程度后将引发冰层新的横向破裂，开始新的破冰周期。不同破冰周期的横向裂缝交叉后，冰层破裂成三角形的碎冰片。气垫船沿平行方向来回航行破冰，可使不同航次气垫船引起的冰层横向裂缝进一步发生交叉，从而将冰层破裂成尺度更小的碎冰片并流向下游。

6.3　梯形航道浮冰层数值模拟

6.3.1　计算参数

设在梯形航道水域中有浮冰层覆盖，冰层厚度为h，冰密度为ρ_1，冰层距纵向左端边界为s，航道中央处最大水深为H_1，最浅处距离水面的距离为H_s，最深处的横向水平距离为H_f，通过改变H_s和H_f的大小可以构建不同横截面形状的航道模型。例如，$H_s = H_1$，$H_f = B/2$（其中B为航道最大宽度），可以得到矩形截面航道模型；再如，$0 < H_s < H_1$，$0 < H_f < B/2$，可以得到梯形截面模型；又如，$0 < H_s < H_1$，$H_f = 0$，可以得到三角形截面模型。α为斜底与水平面的夹角，水密度为ρ_2，空气层厚度为H_2，冰面上气垫船（设长度为a、宽度为b）沿航道纵向中心线运动。建立大地坐标系$O\text{-}xyz$，Oxy面与水底重合，z轴垂直向上，如图 6.3.1 所示。

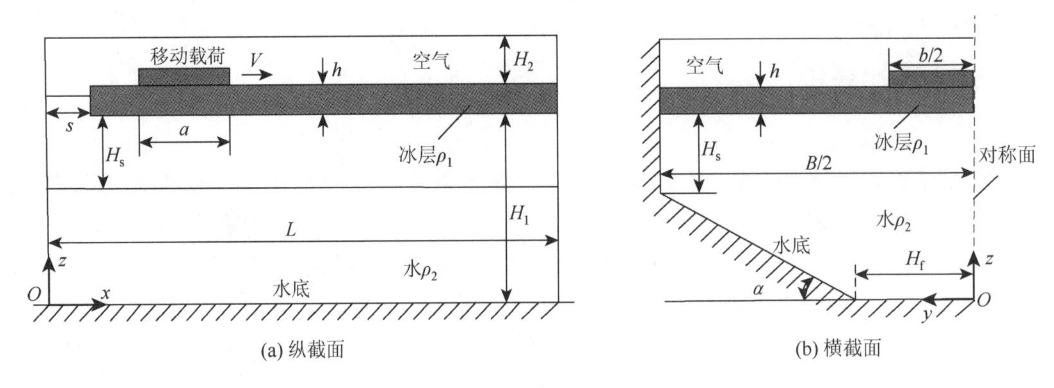

(a) 纵截面　　(b) 横截面

图 6.3.1　航道截面形状

6.3.2　几何模型与网格划分

图 6.3.2 为数值模拟的几何模型和网格划分（取整体模型的 1/2）。几何模型从上至下依次为空气层、气垫船（柔性垫）、冰层和水层，网格模型（为方便观察，仅给出了柔性垫、冰层和水层的网格，空气层网格没有标出）采用 SOLID164 实体单元对几何模型进行网格划分得到。其中，柔性垫、冰层与水层和空气层的网格存在重合，且空气层与水层交界面的节点相同，经网格无关性验证并考虑计算精度和速度后，水层网格数取为 60100，空气层网格数取为 29900，冰层网格数取为 19800，柔性垫网格数取为 200，总计网格数为 110000。

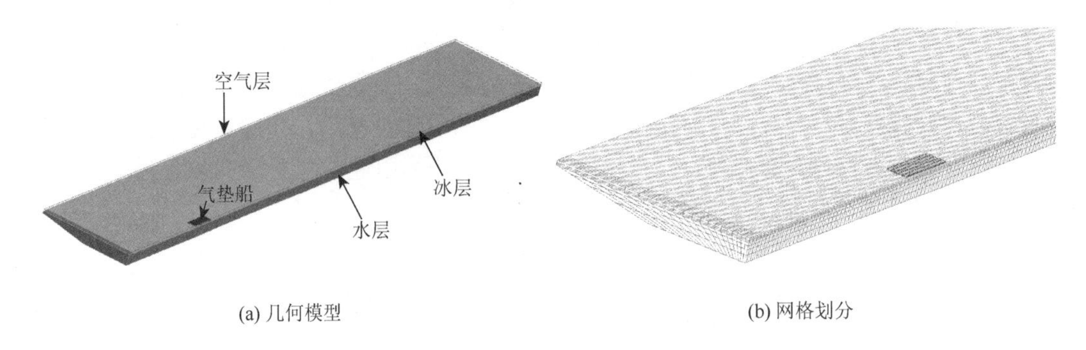

(a) 几何模型　　(b) 网格划分

图 6.3.2　梯形航道几何模型和网格划分

边界条件的设置为：空气层和水层在纵向的左右端，以及空气层、冰层和水层在横向的左侧表面施加固壁约束，水底及岸壁表面施加固壁约束，几何模型的对称面施加对称约束，冰层和柔性垫之间施加接触算法。初始条件的设置为：柔性垫的速度通过关键字“*INITIAL_VELOCITY_GENERATION”进行加载，所有节点的重力加速度则通过关键字“*LOAD_BODY_GENERALIZED”进行加载。

6.3.3　计算结果与分析

现取计算域长度 $L = 500\,\mathrm{m}$，宽度 $B = 100\,\mathrm{m}$，冰层离计算域左侧边界距离 $s = 5\,\mathrm{m}$，水深 $H_1 = 5\,\mathrm{m}$，空气层厚度 $H_2 = 1.35\,\mathrm{m}$，空气密度 $\rho_3 = 1.29\,\mathrm{kg/m^3}$，冰层厚度 $h = 0.5\,\mathrm{m}$，水密度

$\rho_2 = 1000\ \mathrm{kg/m^3}$。冰层物理参数取为：密度 $\rho_1 = 900\ \mathrm{kg/m^3}$，剪切弹性模量 $G = 5$ GPa，泊松比 $\mu = 1/3$。此外，令柔性垫长 $a = 20$ m，宽 $b = 10$ m，高 $c = 0.4$ m，根据气垫船吨位大小，等效气垫压力在 3000～6000 Pa 变化。

1. 矩形航道浮冰层位移特性

首先考虑矩形航道均匀水深浮冰层的情况进行计算[4, 6]。这里取 $H_f = B/2$，也即 $\alpha = \pi/2$，$H_s = H_1 = 5$ m。通过浅水临界速度计算公式[11]可以得到上述计算参数下的临界速度约为 7 m/s，使气垫船以该速度运动可以得到不同行驶距离后的冰层位移响应曲线，如图 6.3.3 所示。三条曲线分别代表气垫船运动了 100 m、150 m、200 m 后冰层的位移响应，$x = 0$ 表示气垫船所在位置，$x > 0$、$x < 0$ 分别表示气垫船前方和后方的纵向距离。由图可以看出，当气垫船行驶距离由 100 m 增加到 150 m 时，冰层位移响应幅值随之增大，冰层中能量不断积聚；当气垫船行驶距离由 150 m 增加到 200 m 时，能量累积与耗散基本平衡，冰层位移响应幅值趋于稳定，气垫船后方的重力波波形基本保持不变。气垫船行进方向的左右端边界施加的是固壁约束，前方弹性波反射后与其原波系叠加，使气垫船前方的弹性波波形存在一些差异。但总体而言，150 m 曲线和 200 m 曲线的波形在气垫船附近基本一致，这说明气垫船以 7 m/s 的速度行驶距离超过 100 m 之后，冰层的位移变形基本趋于稳定。

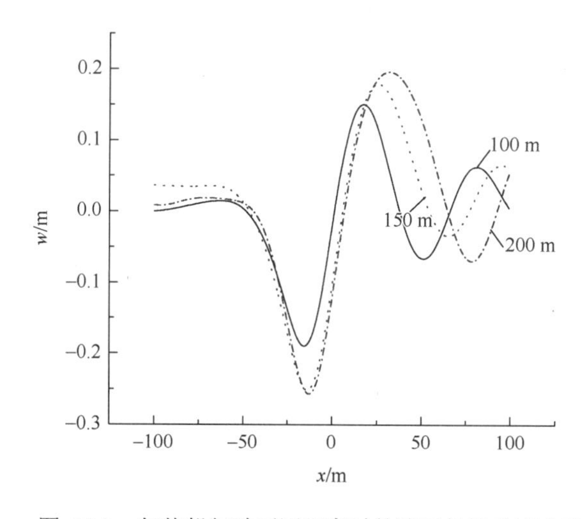

图 6.3.3　气垫船行驶不同距离时的冰层位移响应曲线

通过数值计算，得到气垫船以亚临界速度（3 m/s）、临界速度（7 m/s）、超临界速度（11 m/s）航行 100 m 时的冰层垂向位移分布云图和对称面上的纵向位移波形曲线，如图 6.3.4（a）～（c）所示。亚临界速度时，气垫船的速度小于冰水系统波能的传播速度，因此冰层的位移响应与静载荷时的位移响应特征类似，载荷前后波形几乎对称且气垫船中心位置离冰层最大下陷位移处的距离较小（0.93 m），如图 6.3.4（a）所示。临界速度时，气垫船速度与冰水系统波能传播速度相同，气垫船在运动过程中始终推着前方冰峰前行，此时波能不断积聚，波峰不断增强且冰层的最大下陷位移随时间的推移也不断增大，在行驶一定距离后，冰层最大下陷位移趋于稳定，气垫船中心位置离冰层最大下陷位移处的距离明显增大（5.08 m），如图 6.3.4（b）所示。超临界速度时，气垫船的速度大于冰水系统波能的传播速度，波能还来不及累积就被气垫船超越，

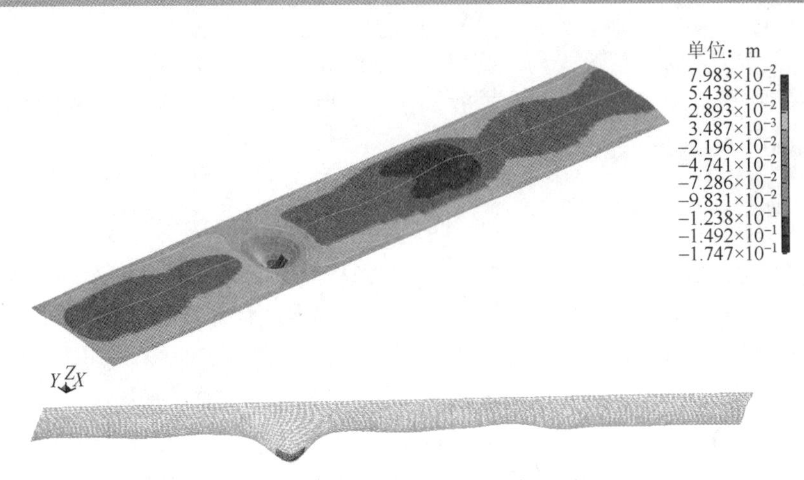

(a) 亚临界速度(3 m/s)时冰层垂向位移云图和对称面波形分布($t = 33.3$ s)

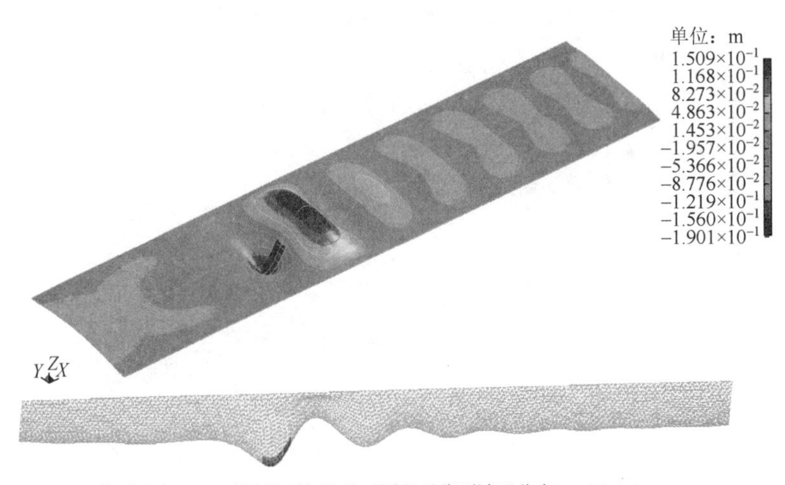

(b) 临界速度(7m/s)时冰层垂向位移云图和对称面波形分布($t = 14.2$ s)

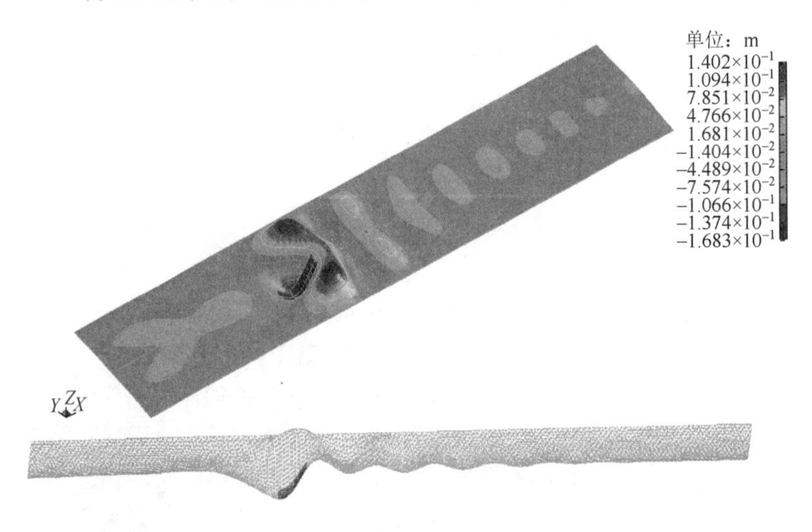

(c) 超临界速度(11m/s)时冰层垂向位移云图和对称面波形分布($t = 9.1$ s)

图 6.3.4　亚临界、临界和超临界航速下矩形航道浮冰层位移响应

因此气垫船在运动一段距离后会碾碎前方的冰峰，前期累积的波能得到释放，载荷后方的重力波趋于消失，载荷前方的弹性波波长变小，在足够大的超临界速度下，冰层最大下陷位移幅值有可能比亚临界速度时更小，而气垫船中心位置离冰层最大下陷位移处的距离继续增大（6.47 m），如图 6.3.4（c）所示。

2. 梯形航道浮冰层位移特性

在其他参数不变的情况下，通过改变 H_f 和 α 的大小可以得到不同截面形状的航道，进一步计算得到矩形截面和梯形截面形状下，载荷强度、冰层厚度以及水底倾斜角度等参数对冰层位移响应特性的影响[4, 7]。

1）载荷强度的影响

图 6.3.5（a）、（b）为矩形截面（$H_f = 50\,\mathrm{m}$，$\alpha = 90°$）及梯形截面（$H_f = 25\,\mathrm{m}$，$\alpha = 10°$）条件下，冰层厚度 $h = 0.5\,\mathrm{m}$ 时，不同载荷强度作用下冰层最大下陷位移 $w_{\max1}$ 随载荷速度 V 变化的关系曲线。由图可见，气垫载荷从 3000 Pa 逐渐增加到 6000 Pa 时，冰层最大下陷位移随气垫船速度变化的趋势基本相同，下陷位移峰值随气垫船速度的增大而增大，并在临界速度附近达到最大值，超过临界速度以后，冰层下陷位移峰值又随气垫船速度的增大而减小。在截面形状相同时，载荷强度的增大对临界速度大小几乎没有影响，而最大下陷位移随载荷强度的增大而增大。以矩形航道截面为例，在临界速度条件下气垫载荷为 3000 Pa、4500 Pa、6000 Pa 时对应的冰层最大下陷位移幅值分别达到 0.13 m、0.19 m 和 0.25 m，说明气垫载荷与最大下陷位移幅值之间的变化近似呈线性关系。当截面形状从矩形变为梯形时，意味着平均水深有所减小，而临界速度和最大下陷位移幅值也有所减小。

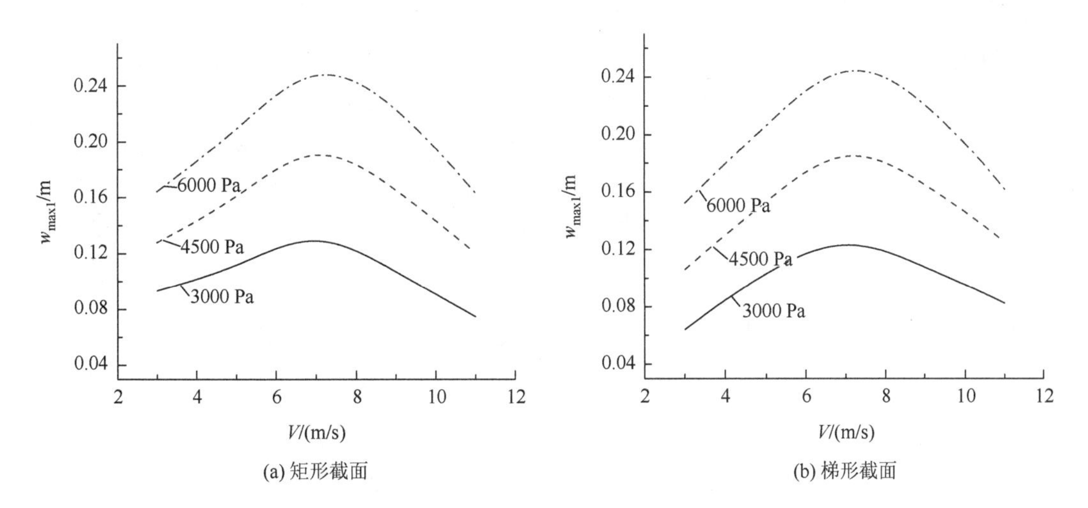

图 6.3.5　不同截面形状下载荷强度对冰层最大下陷位移的影响

2）冰层厚度的影响

图 6.3.6（a）、（b）为矩形截面（$H_f = 50\,\mathrm{m}$，$\alpha = 90°$）及梯形截面（$H_f = 25\,\mathrm{m}$，$\alpha = 10°$）条件下，气垫载荷为 6000 Pa 时，不同厚度的冰层最大下陷位移随载荷速度变化的关系曲线。由图可见，冰层厚度分别从 0.5 m 增加到 0.8 m 和 1 m 时，冰层最大下陷位移随气垫船速度的变化趋势基本相同，即当速度由亚临界速度增加到临界速度附近时，冰层最大下陷位移随速度

的增大而增大，并在临界速度附近达到最大值，超过临界速度以后，冰层最大下陷位移又随速度的增大而减小。同一截面形状下，随着冰层厚度的减小，其最大下陷位移呈非线性增大，并且冰层厚度较大时的临界速度比冰层厚度较小时的临界速度稍小；当航道截面从矩形变为梯形时，临界速度有所减小。此外，梯形截面各速度对应的最大下陷位移幅值也普遍较矩形截面小。

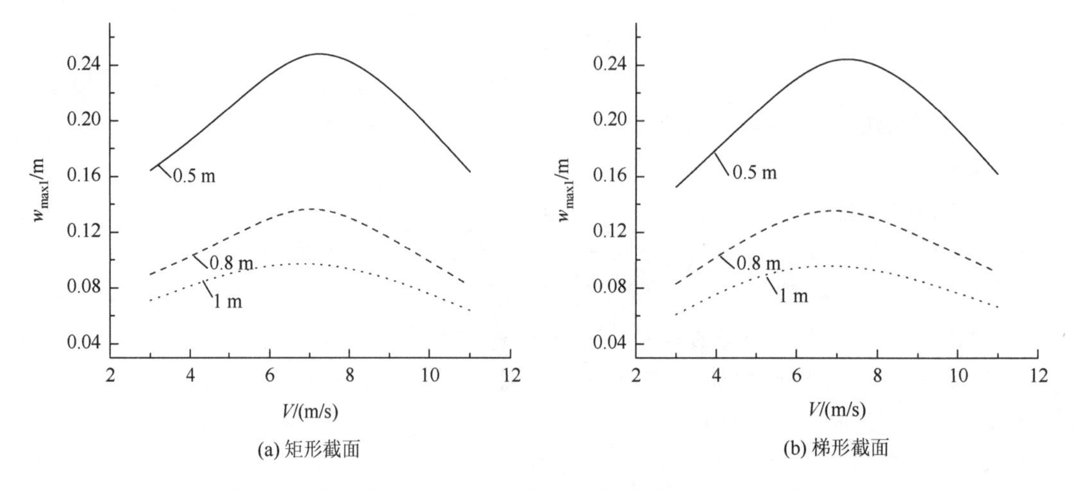

图 6.3.6　不同截面形状下冰层厚度对冰层最大下陷位移的影响

3）截面形状的影响

为研究截面形状对冰层位移响应的影响，保持 H_s 和 H_1 不变，通过改变 α 的大小来改变水底的倾角。当冰层厚度为 0.5 m、气垫载荷为 6000 Pa 时，其余参数保持不变，重新进行数值计算。图 6.3.7 为矩形截面（$\alpha=90°$）和两种梯形截面（$\alpha=10°$、$\alpha=6°$）条件下冰层最大下陷位移随载荷速度变化的关系曲线。由图可见，仅改变水底倾角时，冰层最大下陷位移随气垫船速度变化的趋势一致，即随着载荷速度增大，冰层下陷位移先增大后减小。此外，当水底倾角 α 增大时，冰层位移响应的幅值将增大，且临界速度也有所增大。冰层位移响应幅值增大，因此遭受的拉伸和弯曲应力也增大，导致冰层更容易发生破裂。所以，大的水底倾角更有利于

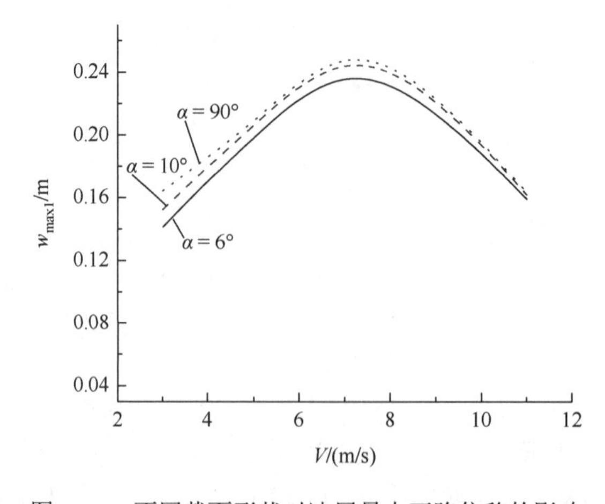

图 6.3.7　不同截面形状对冰层最大下陷位移的影响

气垫船破冰，其原因在于当水底倾角增大时，整个限制水域的体积也随之增大，冰层振动受到水域的限制相对减小，因此冰层位移响应的幅值相对增大。

6.4　变水深航道浮冰层数值模拟

在 6.2 节和 6.3 节的数值计算中，假设气垫船沿前行方向水深是均匀不变的，然而实际水域的水深可能并不恒定，因此有必要对变水深条件下气垫船激励浮冰层位移响应的特性进行分析。本节从水深线性变化入手，讨论线性变深和线性变浅两种情况下冰层的位移响应特性，并分析水深变化对冰层位移响应的影响[4, 6]。

6.4.1　计算参数

在变水深直航道水域中覆盖有浮冰层，冰层厚度为h，冰密度为ρ_1，水密度为ρ_2，空气层厚度为H，冰层距左端边界为s，移动载荷（长为a，宽为b）在冰面上沿航道中心线纵向运动。设航道水深沿载荷运动方向线性变化，将左端水深记为H_1，右端水深记为H_2，水底与水平面夹角的正切值记为k，令$k>0$和$k<0$分别表示气垫船沿航道水深减小和增大的方向运动，则k=0 表示均匀水深情况。建立大地坐标系O-xyz，z轴垂直向上，如图 6.4.1 所示。

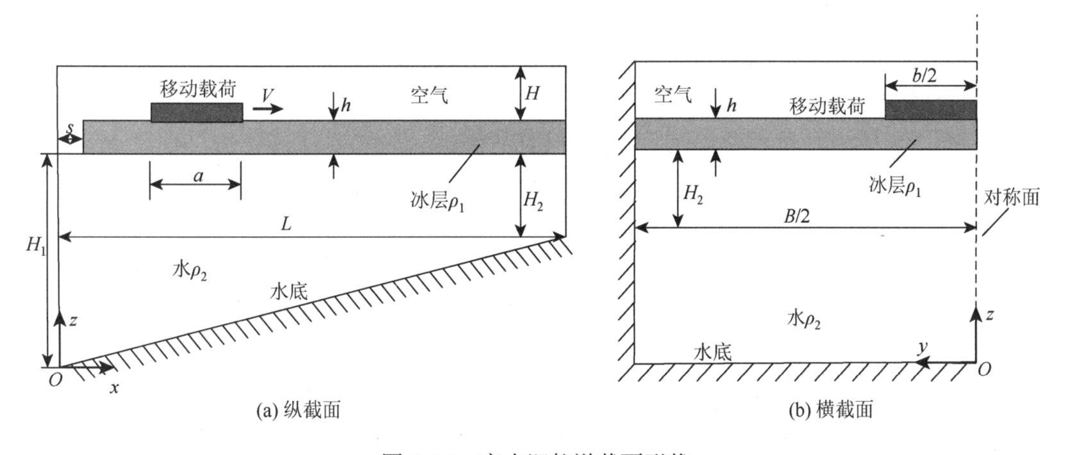

图 6.4.1　变水深航道截面形状

6.4.2　几何模型和网格划分

以气垫船由浅水向深水航行为例，图 6.4.2 为几何模型与网格划分（整体模型的 1/2）。几何模型从上至下依次为空气层、柔性垫、冰层和水层，网格模型采用 SOLID164 实体单元对几何模型进行网格划分得到（为便于观察，空气层网格没有画出）。其中，柔性垫、冰层与水层和空气层的网格存在重合，且空气层与水层的交界面的节点相同，水层网格数为 50100，空气层网格数为 29900，冰层网格数为 19800，柔性垫网格数为 200，总计网格数为 100000。边界条件的设置为：空气层和水层在纵向的左右端，空气层、冰层、水层在横向的左侧表面，以及水底表面施加固壁约束，几何模型的对称面施加对称约束，冰层和柔性垫之间施加接触算法。初始条件的设置为：柔性垫的速度通过关键字“*INITIAL_VELOCITY_GENERATION”进行加载，所有节点的重力加速度则通过关键字“*LOAD_BODY_GENERALIZED”进行加载。

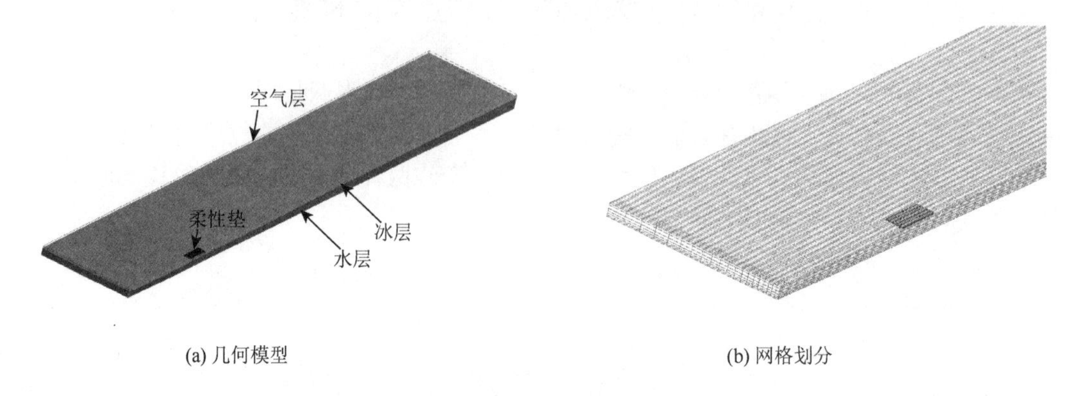

(a) 几何模型　　(b) 网格划分

图 6.4.2　几何模型和网格划分

6.4.3　计算结果与分析

为进一步分析水深变化对浮冰层位移响应特性的影响，考虑三种水深情况：① $k = 0.01$，表示气垫船沿水深线性减小的方向即从水深 5 m 向 1 m 方向运动；② $k = 0$，表示水深均匀恒为 5 m；③ $k = -0.01$，表示气垫船沿水深线性增加的方向即从水深 5 m 向 9 m 方向运动。

针对三种不同水深工况，通过数值计算（其余参数与 6.3.3 节相同），可以得到如图 6.4.3 所示的计算结果，图中三条曲线分别为移动载荷以临界速度运动时航道中心线上浮冰层的垂向位移响应曲线，$x = 0$ 为气垫船所在位置，$x > 0$ 和 $x < 0$ 分别为气垫船运动的前方和后方位置，可见水深变化对气垫船前方的冰层位移波形响应影响更大。计算结果还表明，虽然水深变化有所不同，但冰层最大下陷位移随载荷速度的变化趋势一致，即在临界速度附近时，冰层最大下陷位移达到最大，而在亚临界速度和超临界速度时，冰层最大下陷位移幅值都将减小，且超临

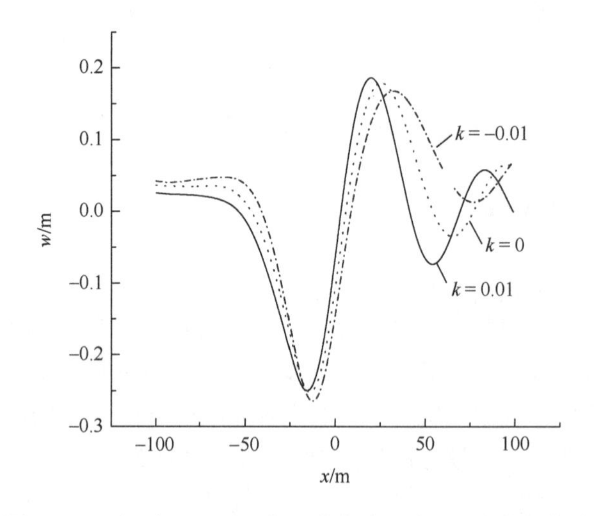

图 6.4.3　不同水深工况下临界速度时浮冰层垂向位移曲线

界速度时冰层最大下陷位移有可能小于亚临界速度情况。此外，当移动载荷沿水深增加（$k=-0.01$）的方向航行时，其临界速度略大于均匀水深情况，且冰层最大下陷位移比均匀水深情况大；当移动载荷沿水深减小（$k=0.01$）的方向航行时，临界速度略小于均匀水深情况，且冰层最大下陷位移也比均匀水深情况略小。

6.5　弯曲航道浮冰层数值模拟

前面讨论的问题都是围绕直航道开展的，而实际水域中的破冰问题可能存在弯曲航道的情况。因此，需要通过进一步的数值计算，掌握弯曲航道条件下气垫船激励浮冰层的位移响应特性，并分析其变化特点和影响因素[4, 7]。

6.5.1　计算参数

取 1/4 圆形弯曲航道进行计算。航道横截面为矩形，宽度为 B，水深为 H，水密度为 ρ_2，冰层厚度为 h，冰密度为 ρ_1，空气层厚度为 H_1。航道中心线曲率半径为 R，气垫船（长度为 a，宽度为 b）沿航道中心线做圆周运动，线速度为 ωR，其中 ω 为旋转角速度。建立大地坐标系 $O\text{-}xyz$，Oxy 与水底重合，原点 O 位于弯曲航道圆心处，z 轴垂直向上，如图 6.5.1 所示。

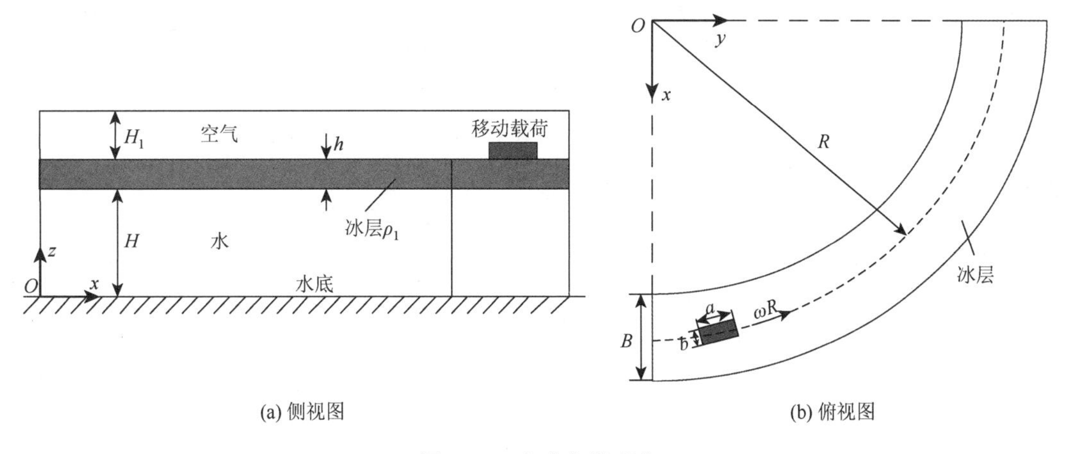

图 6.5.1　弯曲航道形状

6.5.2　几何模型和网格划分

图 6.5.2 为弯曲航道的几何模型与网格划分。几何模型从上至下依次为空气层、柔性垫、冰层和水层，网格模型采用 SOLID164 实体单元对几何模型进行网格划分得到（为方便观察，空气层网格没有画出）。考虑到计算效率，整体网格划分较为稀疏，仅将柔性垫运动区域的部分冰层网格进行加密。其中，柔性垫、冰层与水层和空气层的网格存在重合，且空气层与水层交界面的节点相同，经网格无关性校验并考虑计算精度和速度后，水层网格数确定为 10000，空气层网格数为 8000，冰层网格数为 9200，柔性垫网格数为 8，总计网格数为 27208。边界条件的设置为:

空气层、水层、冰层侧边界及水底表面施加固壁约束，冰层加密区域与柔性垫之间施加接触算法。初始条件的设置为：柔性垫的速度通过关键字“*INITIAL_VELOCITY_GENERATION”进行加载，所有节点的重力加速度则通过关键字“*LOAD_BODY_GENERALIZED”进行加载。

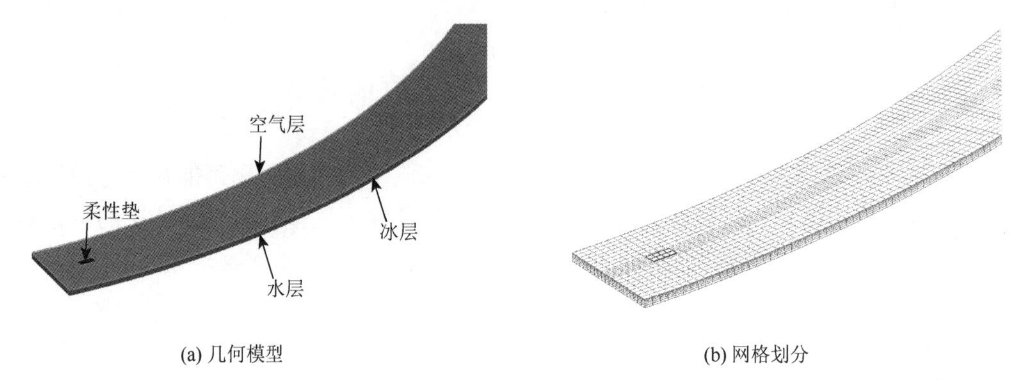

(a) 几何模型　　(b) 网格划分

图 6.5.2　几何模型和网格划分

6.5.3　计算结果与分析

弯曲航道的计算参数为：曲率半径 $R=1000$，航道宽度 $B=100\ \mathrm{m}$，水深 $H=5\ \mathrm{m}$，空气层厚度 $H_1=1.35\ \mathrm{m}$，空气密度 $\rho_1=1.29\ \mathrm{kg/m^3}$，水密度 $\rho_2=1000\ \mathrm{kg/m^3}$。冰层参数：厚度 $h=0.5\ \mathrm{m}$，密度 $\rho_1=900\ \mathrm{kg/m^3}$，剪切弹性模量 $G=5000\ \mathrm{MPa}$，泊松比 $\mu=1/3$。气垫船长 $a=20\ \mathrm{m}$，宽 $b=10\ \mathrm{m}$，高 $h=0.4\ \mathrm{m}$，等效气垫压力为 6000 Pa。取不同的旋转角速度 ω（对应不同的气垫船线速度）进行计算，可以得到如图 6.5.3～图 6.5.5 所示的计算结果。

图 6.5.3 为冰层最大下陷位移随气垫船旋转角速度变化的关系曲线。对于矩形截面的弯曲航道，冰层最大下陷位移随气垫船线速度的变化规律与同样截面的直航道情况类似，冰层最大下陷位移幅值随角速度的增大先增大后减小，即当气垫船运动增加到某一角速度（称为临界角速度）时，冰层下陷位移幅值达到最大，超过临界角速度以后，冰层下陷位移峰值随之减小。

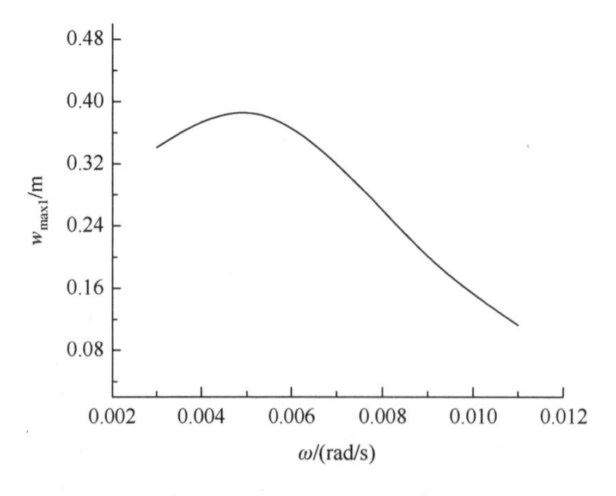

图 6.5.3　冰层最大下陷位移与角速度的关系曲线

在临界角速度约为 0.005 rad/s 时，冰层下陷位移幅值达到最大，对应于该角速度的气垫船线速度为 5 m/s，而对于同样条件下的直航道，采用临界速度浅水计算公式[11]得到的气垫船临界速度约为 7 m/s。由此可见，弯曲航道使气垫船激励浮冰层增幅效应的临界速度变小，另外，直航道情况下临界速度对应的冰层最大下陷位移为 0.25 m（如图 6.3.6 中 0.5 m 曲线所对应的峰值所示），而弯曲航道条件下临界速度对应的冰层最大下陷位移为 0.41 m，增加到 1.6 倍左右，这是因为圆周运动附加的法向加速度加剧了气垫船激励浮冰层的聚能共振增幅效应。

在弯曲航道中，气垫船运动 150 m 的距离后，考察气垫船以临界速度（5 m/s）和超临界速度（7 m/s）运动时浮冰层垂向位移响应的三维波形特征。为便于观察，将垂向位移放大 30 倍，气垫船在不同速度下的冰层垂向位移分布云图如图 6.5.4（a）和（b）所示。当气垫船以临界速度运动时，与直航道情况类似，气垫船在运动过程中可以始终推着前方的冰峰前进，起着推波供能的作用，使冰层位移幅值不断增大，此时冰层最大下陷位移的位置明显滞后于气垫船的位置，如图 6.5.4（a）所示。当气垫船以超临界速度运动时，随着时间增加，气垫船将会超越并碾碎前方的冰峰，使冰层位移幅值不断减小，且气垫船内外两侧的波形也将出现明显的不对称分布，如图 6.5.4（b）所示。

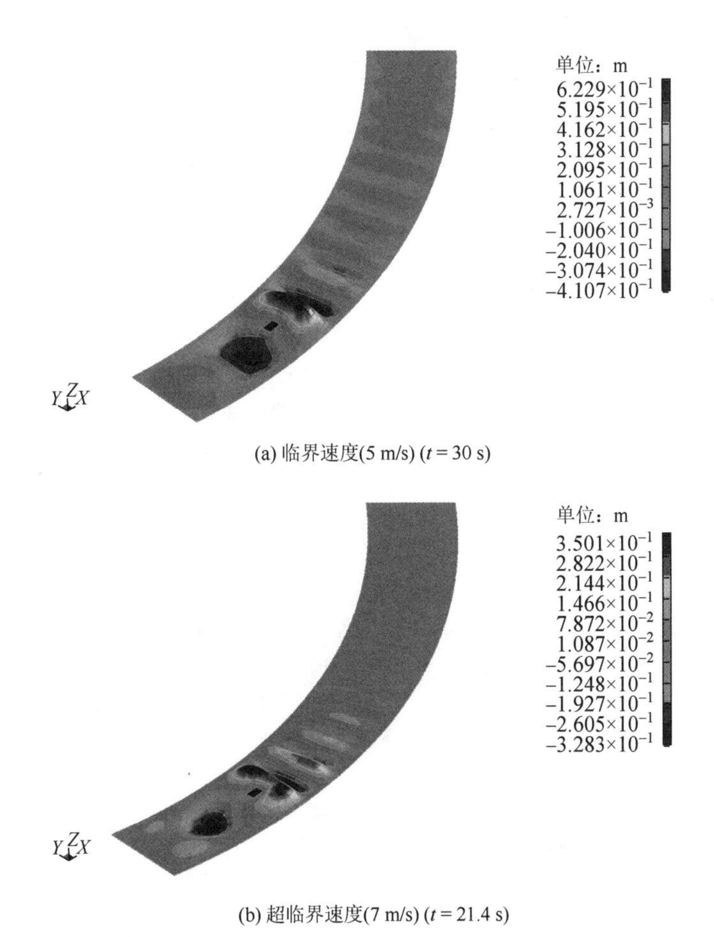

(a) 临界速度(5 m/s) ($t = 30$ s)

(b) 超临界速度(7 m/s) ($t = 21.4$ s)

图 6.5.4　不同速度下冰层垂向位移分布云图

在矩形截面弯曲航道条件下，气垫船做圆周运动且几何边界不对称，因此气垫船两侧的冰层位移分布不对称，这种不对称性在亚临界和临界速度时并不明显，但在超临界速度时，由于离心加速度更大，随着气垫船运动距离的增加，其不对称性将会变得更明显。为反映气垫船内外两侧冰层位移波形的变化特点，以超临界速度为例，令气垫船以角速度 $\omega = 0.007$ rad/s 沿航道中心线运动 150 m 的圆弧距离至 A 点，此时取 A 点作为观测点，并将距 A 点内外侧横向 1 m 处的节点分别记为 B 点和 C 点，分别计算得到 A、B、C 三点的冰层垂向位移随时间 t 的变化曲线，如图 6.5.5 所示。由图可见，气垫船内侧冰层位移的最大波峰幅值大于外侧波峰，而最大波谷幅值的变化规律与此相反。

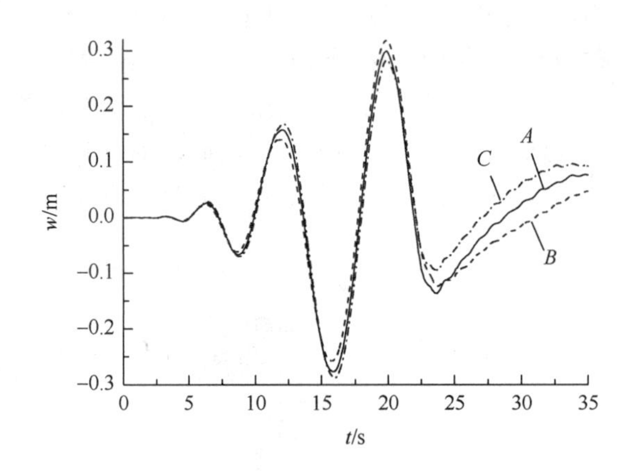

图 6.5.5　不同横向观测点的冰层垂向位移随时间的变化

参 考 文 献

[1] 卢再华，张志宏，胡明勇，等. 全垫升式气垫船破冰过程的数值模拟[J]. 振动与冲击，2012，31（24）：148-154.

[2] 卢再华，张志宏，胡明勇，等. 气垫船破冰机理分析及临界航速估计[J]. 船舶力学，2014，18（8）：916-923.

[3] 卢再华，张志宏，李宇辰. 不同航速和航道水深条件下气垫船冰面兴波数值计算[J]. 中国造船，2017，58（1）：10-18.

[4] 李宇辰. 移动载荷激励冰层聚能共振增幅效应与临界速度研究[D]. 武汉：海军工程大学，2018.

[5] 丁志勇. 移动气垫载荷激励浅水冰层响应的数值模拟研究[D]. 武汉：海军工程大学，2016.

[6] 李宇辰，胡明勇，孟庆昌，等. 均匀及线性变化水深对移动载荷激励冰层响应特性的影响[J]. 海军工程大学学报，2019，31（4）：22-27.

[7] 胡明勇，李宇辰，张志宏. 航道边界形状对移动载荷激励冰层位移响应特性的影响研究[J]. 振动与冲击，2020，39（2）：243-248.

[8] Takizawa T. Deflection of a floating sea ice sheet induced by a moving load[J]. Cold Regions Science and Technology，1985，11（2）：171-180.

[9] Kozin V M，Pogorelova A V. Effect of a shock pulse on a floating ice sheet[J]. Journal of Applied Mechanics and Technical Physics，2004，45（6）：794-798.

[10] Milinazzo F，Shinbrot M，Evans N W. A mathematical analysis of the steady response of floating ice to the uniform motion of a rectangular load[J]. Journal of Fluid Mechanics，1995，287：173-197.

[11] 张志宏，鹿飞飞，丁志勇，等. 匀速移动载荷激励浮冰层大幅响应的临界速度[J]. 华中科技大学学报（自然科学版），2016，44（2）：107-111.

第7章 移动载荷激励仿冰材料位移响应的模型实验

前面介绍了移动载荷激励浮冰层位移响应的理论解和数值解法，特别是通过数值计算获取了移动载荷激励浮冰层大幅变形的临界速度，计算了移动载荷在不同冰面条件下的兴波阻力，以及冰层的位移云图、应力分布和破冰效果，并对不同限制水域条件下的破冰过程进行了数值模拟，揭示了冰层破裂的动态发展过程。除了理论分析和数值计算方法，现场实验也是研究移动载荷激励浮冰层位移响应的重要方法。Takizawa[1-3]在日本沙罗玛（Saroma）等湖开展了小型雪地车行驶时引起的冰层位移实验，Squire 等[4]在挪威的菲蒙德（Femund）湖和南极的麦克默多湾（McMurdo Sound）开展了卡车行驶时引起的冰层应变实验，均发现存在使浮冰层大幅变形的临界速度。Takizawa 和 Squire 等开展的湖、海实冰实验，水深大，冰面开阔，与限制水域水深较浅、存在岸壁因素等影响的情况不尽相同，而且实冰实验的环境参数（如冰层厚度、水深、岸壁条件、移动载荷大小等）不易调整，难以获得冰层变形与这些参数的对应关系。此外，开展现场原型实验，不仅受气候、环境的限制和影响，还需要耗费大量的人力和物力。因此，开展与原型问题相似的模型实验研究，研究仿冰材料的位移响应与载荷强度、移动速度及水深等参数的变化关系，可以系统揭示冰水系统的聚能共振增幅形成机理及移动载荷激励浮冰层的位移响应特性，并可为在实际工况条件下确定气垫船的破冰运行参数提供依据。

7.1 模型实验相似关系

7.1.1 基本方程

利用相似理论和弹性薄冰层振动微分方程，可以建立移动气垫船模型、仿冰材料与气垫船原型及实冰参数之间的相似对应关系，根据几何相似和动力相似要求，针对不同水深、冰层厚度和气垫船吨位、航行速度等实际工况，确定模型实验时的气垫压强载荷幅值、仿冰材料的弹性模量、密度和气垫模型的运动速度等参数，为利用气垫船实施有效破冰提供依据[5]。

设深度为 H 的水面上覆盖有无限大浮冰层，冰层厚度为 h，冰密度为 ρ_1，水密度为 ρ_2。气垫载荷相对压强分布为 p，在冰面上以速度 V 沿水平方向做匀速运动。建立随气垫载荷一起运动的坐标系 $O\text{-}xyz$，Oxy 面与冰层中性面重合，z 轴垂直向上，如图 7.1.1 所示。

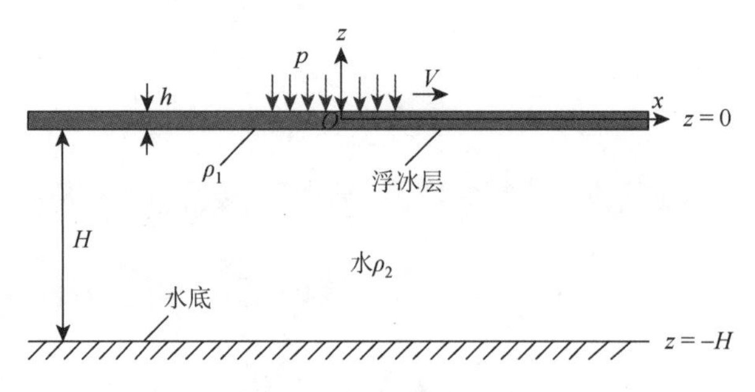

图 7.1.1　浮冰层坐标系

假设浮冰层为各向同性、匀质、厚度均匀的黏弹性薄板，冰层垂向位移幅值与波长相比为小量，水的运动视为理想不可压缩流体做无旋运动，流体运动速度势为Φ。在随气垫载荷匀速移动的动坐标系下，用垂向位移w表示的薄冰层振动微分方程为

$$D\left(1-V\tau\frac{\partial}{\partial x}\right)\nabla^4 w(x,y)+\rho_1 hV^2\frac{\partial^2 w(x,y)}{\partial x^2}+\rho_2 gw(x,y)-\rho_2 V\left.\frac{\partial\Phi(x,y)}{\partial x}\right|_{z=0}=-p(x,y) \quad (7.1.1)$$

式中，D为冰层弯曲刚度，$D=Eh^3/[12(1-\mu^2)]$，E为弹性模量，μ为泊松比；g为重力加速度；∇^4为平面双调和算子，$\nabla^4=(\partial^2/\partial x^2+\partial^2/\partial y^2)^2$；$\tau$为黏弹性冰层的延迟时间，若取$\tau=0$，则式（7.1.1）退化为式（3.2.4）。

原型和模型的相似关系可以通过理论数学模型（控制方程及初边值条件）或利用π定理导出。首先从冰层的振动微分方程式（7.1.1）出发，在$z=0$时，用上标“′”和“″”分别表示原型和模型参数，则对于原型和模型分别有

$$\frac{E'h'^3}{12(1-\mu'^2)}\left(1-V'\tau'\frac{\partial}{\partial x'}\right)\left(\frac{\partial^4}{\partial x'^4}+2\frac{\partial^4}{\partial x'^2\partial y'^2}+\frac{\partial^4}{\partial y'^4}\right)w'+\rho_1'h'V'^2\frac{\partial^2 w'}{\partial x'^2}+\rho_2'g'w'-\rho_2'V'\frac{\partial\Phi'}{\partial x'}=-p'(x',y') \quad (7.1.2)$$

$$\frac{E''h''^3}{12(1-\mu''^2)}\left(1-V''\tau''\frac{\partial}{\partial x''}\right)\left(\frac{\partial^4}{\partial x''^4}+2\frac{\partial^4}{\partial x''^2\partial y''^2}+\frac{\partial^4}{\partial y''^4}\right)w''+\rho_1''h''V''^2\frac{\partial^2 w''}{\partial x''^2}+\rho_2''g''w''-\rho_2''V''\frac{\partial\Phi''}{\partial x''}=-p''(x'',y'') \quad (7.1.3)$$

7.1.2 相似关系

引入原型与模型参数之比的相关比例系数为

$$\begin{gathered}C_E=E'/E'',\quad C_\mu=\mu'/\mu'',\quad C_\tau=\tau'/\tau''\\ C_l=h'/h''=w'/w''=x'/x''=y'/y''=z'/z''\\ C_V=V'/V'',\quad C_{\rho_1}=\rho_1'/\rho_1'',\quad C_{\rho_2}=\rho_2'/\rho_2''\\ C_g=g'/g'',\quad C_p=p'/p'',\quad C_\Phi=\Phi'/\Phi''=C_VC_l\end{gathered} \quad (7.1.4)$$

将式（7.1.4）代入式（7.1.2），得

$$\begin{aligned}&\frac{C_EE''h''^3}{12(1-C_\mu^2\mu''^2)}\left(1-\frac{C_VC_\tau}{C_l}V''\tau''\frac{\partial}{\partial x''}\right)\left(\frac{\partial^4}{\partial x''^4}+2\frac{\partial^4}{\partial x''^2\partial y''^2}+\frac{\partial^4}{\partial y''^4}\right)w''\\&+C_{\rho_1}C_V^2\rho_1''h''V''^2\frac{\partial^2 w''}{\partial x''^2}+C_{\rho_2}C_gC_l\rho_2''g''w''-C_{\rho_2}C_V^2\rho_2''V''\frac{\partial\phi''}{\partial x''}=-C_pp''(x'',y'')\end{aligned} \quad (7.1.5)$$

比较式（7.1.5）和式（7.1.3），模型实验时可进行如下选择，例如，要求

$$C_E = C_{\rho_1}C_V^2 = C_{\rho_2}C_gC_l = C_{\rho_2}C_V^2 = C_p,\quad \frac{C_VC_\tau}{C_l}=1,\quad C_\mu^2=1$$

即

$$\frac{E'}{\rho_2'g'l'}=\frac{E''}{\rho_2''g''l''},\quad \frac{\rho_1'V'^2}{\rho_2'g'l'}=\frac{\rho_1''V''^2}{\rho_2''g''l''},\quad \frac{V'^2}{g'l'}=\frac{V''^2}{g''l''}$$

$$\frac{p'}{\rho_1'g'l'}=\frac{p''}{\rho_2''g''l''},\quad \frac{V'\tau'}{l'}=\frac{V''\tau''}{l''},\quad \mu'=\mu'' \tag{7.1.6}$$

重力加速度和液体密度难以调整或调整幅度有限，为节省经费，通常要求 $g'=g''$，$\rho_2'=\rho_2''$，即在同样的重力场和水环境中安排模型实验。已知长度弗劳德数为 $Fr_{\mathrm{n}}=V/\sqrt{gl}$，施特鲁哈尔数为 $St=V\tau/l$。在几何相似的前提下，气垫模型的拖曳速度可以根据式（7.1.6）中的第三式确定，即需首先满足重力相似或弗劳德数相似准则，所以有

$$V''=V'/\sqrt{C_l} \tag{7.1.7}$$

式中，C_l 为原型与模型的几何尺度比。

另外，还要求

$$E''=E'/C_l,\quad \rho_1''=\rho_1',\quad \tau''=\tau'/\sqrt{C_l},\quad \mu''=\mu',\quad p''=p'/C_l \tag{7.1.8}$$

式（7.1.8）的前四式对模型冰材料的力学性能参数提出了相似要求，最后一式对模型气垫的压强载荷提出了相似要求。在几何相似条件下，为满足原型与模型系统的动力相似，要求模型和原型的气垫运动速度之比为 $1/\sqrt{C_l}$、气垫压强之比为 $1/C_l$，模型冰和原型冰的弹性模量之比为 $1/C_l$、延迟时间之比为 $1/\sqrt{C_l}$，而模型冰和原型冰的密度及泊松比应保持相同。

此外，根据相似理论 π 定理进行分析也可得到相同结论。考察移动气垫载荷作用下浮冰层的垂向位移 w，它与如下变量有关：

$$w=f(E,\rho_1,h,\mu,\rho_2,H,g,V,\tau,p,l) \tag{7.1.9}$$

式中，l 为气垫载荷的几何尺度。

取 ρ_2、g、l 为基本量，则

$$\frac{w}{l}=f_1\left(\frac{E}{\rho_2gl},\frac{\rho_1}{\rho_2},\frac{h}{l},\mu,\frac{H}{l},\frac{V}{\sqrt{gl}},\tau\sqrt{\frac{g}{l}},\frac{p}{\rho_2gl}\right) \tag{7.1.10}$$

在原型系统与模型系统几何相似的基础上，有

$$\frac{w}{l}=f_1\left(\frac{E}{\rho_2gl},\frac{\rho_1}{\rho_2},\mu,\frac{V}{\sqrt{gl}},\tau\sqrt{\frac{g}{l}},\frac{p}{\rho_2gl}\right) \tag{7.1.11}$$

安排模型实验时，显然要求

$$\left(\frac{E}{\rho_2gl}\right)'=\left(\frac{E}{\rho_2gl}\right)'',\quad \left(\frac{\rho_1}{\rho_2}\right)'=\left(\frac{\rho_1}{\rho_2}\right)'',\quad \mu'=\mu''$$

$$\left(\frac{V}{\sqrt{gl}}\right)'=\left(\frac{V}{\sqrt{gl}}\right)'',\quad \left(\tau\sqrt{\frac{g}{l}}\right)'=\left(\tau\sqrt{\frac{g}{l}}\right)'',\quad \left(\frac{p}{\rho_2gl}\right)'=\left(\frac{p}{\rho_2gl}\right)'' \tag{7.1.12}$$

为方便实验，通常选择 $g'=g''$，$\rho_2'=\rho_2''$，所以要求

$$\frac{E'}{E''}=C_l,\quad \rho_1'=\rho_1'',\quad \mu'=\mu'',\quad \left(\frac{V'}{V''}\right)^2=C_l,\quad \frac{\tau'}{\tau''}=\sqrt{C_l},\quad \frac{p'}{p''}=C_l \tag{7.1.13}$$

式中，$C_l=l'/l''$ 为原型与模型的几何尺度比。

根据 π 定理导出的式（7.1.13）与采用弹性薄板振动微分方程导出的式（7.1.7）和式（7.1.8）一致，这是模型冰与原型冰以及模型气垫与原型气垫载荷之间应该满足的实验条件，在此基础上，有 $\left(\frac{w}{l}\right)'=\left(\frac{w}{l}\right)''$，由此可以得到原型冰与模型冰的垂向位移关系为 $w'=C_lw''$。

实验时取 $C_l=100$，则实验所采用的模型冰的弹性模量和气垫压强为原型的 1/100，而气垫模型的运动速度应满足重力相似准则，即为气垫原型速度的 1/10。由此可知，实验除需要保证模型冰与原型冰的密度和泊松比不变外，模型冰的弹性模量、延迟时间，以及气垫模型的压强和运动速度均应降低。若气垫原型质量为 $W'=120\times10^3$ kg，压强 $p'=2000$ Pa，航速 $V'=10$ m/s，根据上述相似关系，可以换算出气垫模型的压强、质量和航速，气垫模型压强 $p''=p'/C_l=20$ Pa，质量 $W''=W'/C_l^3=0.12$ kg，速度 $V''=V'/\sqrt{C_l}=1$ m/s。

7.1.3　模型冰试样

文献[6]针对原型冰的主要物理和力学性能相似要求，研制了基于聚丙烯粒、白水泥和水混合搅拌而成的 DUT-1 型模型冰，并开展了流冰对排桩撞击力的模拟试验研究[7]。实验表明，该模型冰只能适用于模拟面积较小的流冰。为实现移动气垫载荷激励浮冰层位移响应的几何相似和动力相似要求，本节研制了包括纯石蜡、珍珠岩与白水泥、二氧化硅与白水泥、石蜡粉与白水泥等按不同比例与水混合搅拌而成的多种模型冰试样，如图 7.1.2 所示。通过相似分析可知，模型气垫的压强、质量、速度容易与原型气垫实现相似。但是，与原型冰力学性能完全相似的模型冰难以找到[8]。例如，当 $C_l=100$ 时，为满足动力相似，要求模型冰和原型冰的密度及泊松比分别保持相同，模型冰延迟时间是原型冰的 $1/10$，模型冰弹性模量是原型冰的 $1/100$，即模型冰应该比原型冰更软。另外，在几何相似基础上，当原型冰厚度为 1 m 时，模型冰的厚度应为 1 cm。对气垫载荷激励模型冰的实验表明，目前还无法在水槽中铺设弹性模量小、厚度薄、面积大、均匀完整且在水中久泡而不易破损的模型冰，因此完全相似的模型实验在现有条件下难以实现。

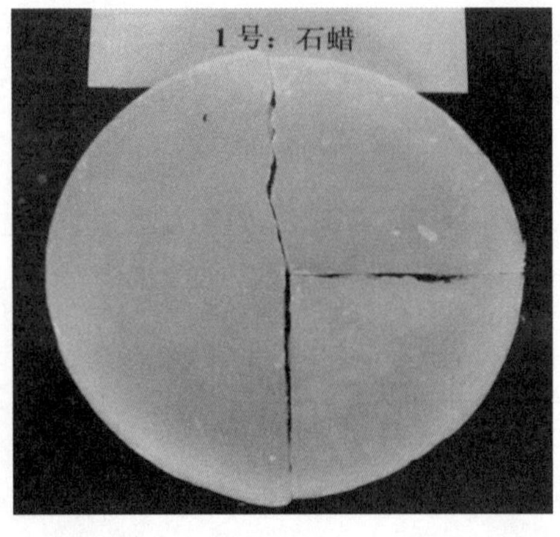

(a) 纯石蜡

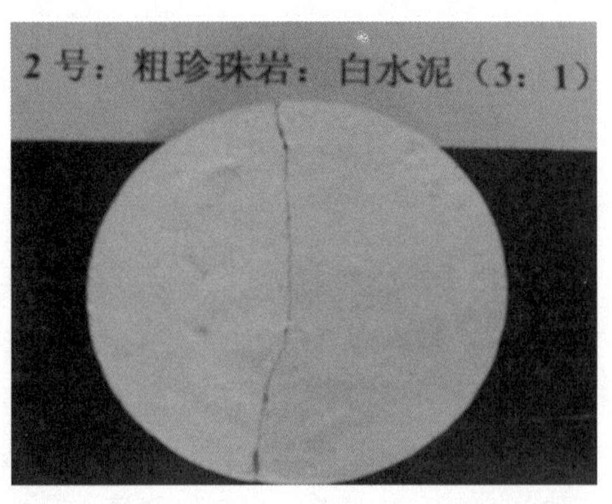

(b) 粗珍珠岩与白水泥 (配比：3：1)

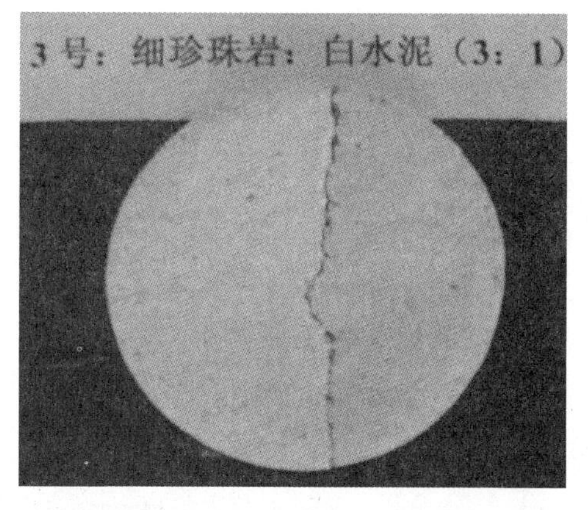

(c) 细珍珠岩与白水泥 (配比：3∶1) (圆形)

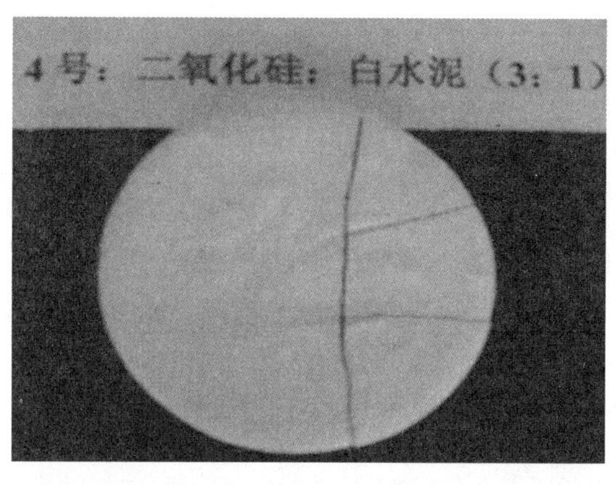

(d) 二氧化硅与白水泥 (配比：3∶1)

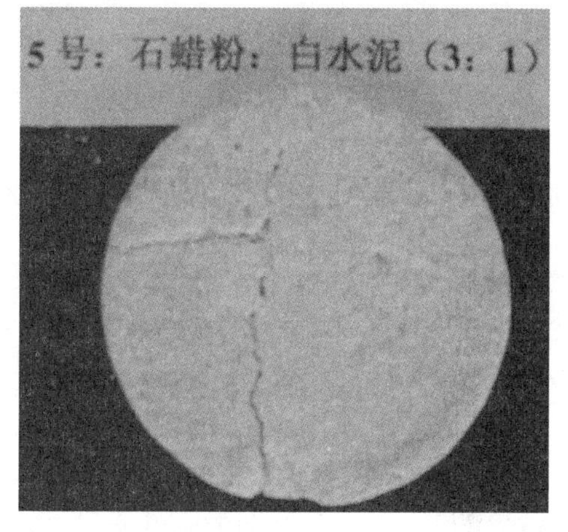

(e) 石蜡粉与白水泥 (配比：3∶1)

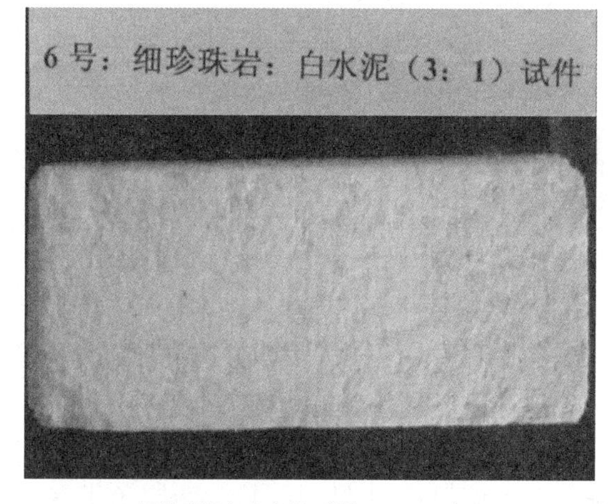

(f) 细珍珠岩与白水泥 (配比：3∶1) (方形)

图 7.1.2　研制的模型冰试样

7.1.4　仿冰材料

1. 聚氨酯软质薄膜材料

与原型冰完全相似的模型冰难以研制应用，因此采用聚氨酯（polyurethane，PU）软质薄膜材料（这里称为仿冰材料）代替模型冰进行实验，该材料具有弹性模量小、厚度薄、面积大、均匀完整、不易吸水、密度小且能自行浮于水面的特点。PU 软质薄膜材料不能实现与原型冰的完全动力相似，因此所进行的模型实验不能反映气垫船破冰的实际动力学过程，但对于揭示移动气垫载荷激励浮冰层的位移响应特性和聚能共振增幅效应，研究移动气垫载荷的临界速度现象及其影响因素等仍然具有实际意义。

移动气垫载荷实验采用的仿冰材料为 PU 薄膜，该薄膜为市面上销售的整卷成品材料，每卷长度为 50 m，宽度为 1 m，厚度为 3.5 mm。经测量，PU 薄膜的密度为18.35 kg/m^3，通过加载法测量 PU 薄膜的应力σ和应变ε后，获取其弹性模量。当沿气垫载荷运动方向对 PU 薄膜加载时，测得应力-应变曲线如图 7.1.3 所示。通过两次加载实验后，得到其纵向弹性模量的平均值为$E=\sigma/\varepsilon=1.47\times10^6$ Pa。类似地，沿垂直于气垫载荷运动方向对 PU 薄膜加载，测得应力-应变曲线如图 7.1.4 所示，进而得到其横向弹性模量的平均值为$E=4.83\times10^5$ Pa。实验结果表明，PU 薄膜纵向弹性模量与横向弹性模量测量结果不一致，出现各向异性特点，纵向弹性模量约为横向弹性模量的 3 倍，即沿横向更易变形。

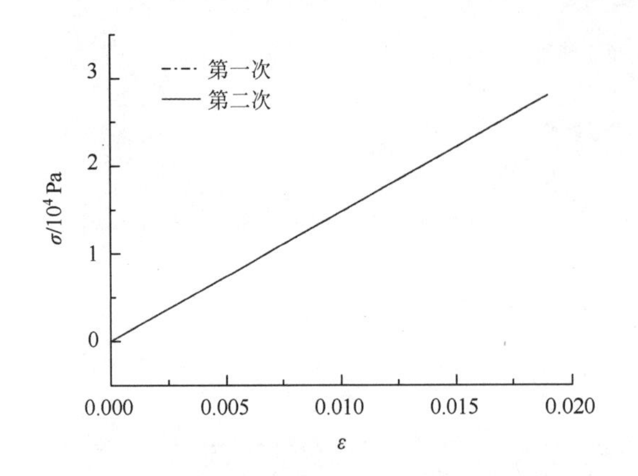

图 7.1.3　PU 薄膜纵向应力-应变曲线

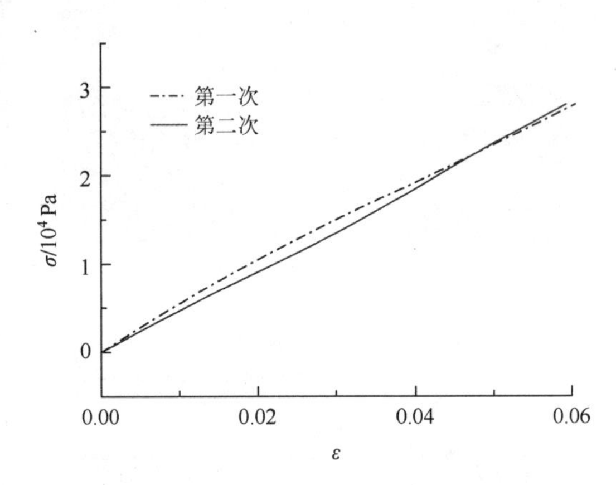

图 7.1.4　PU 薄膜横向应力-应变曲线

2. 聚氯乙烯软质薄膜材料

冲击载荷实验采用的仿冰材料为聚氯乙烯（PVC）薄膜，该薄膜为市面上销售的成品材料。经测量，PVC 薄膜的密度为1.31×10^3 kg/m^3，大于水的密度，因此不能自行浮于水面。类似于 PU 薄膜弹性模量测量方法，测得 PVC 薄膜应力-应变曲线如图 7.1.5 所示，获得其平均弹性模量为$E=1.11\times10^7$ Pa。实验结果表明，PVC 薄膜沿纵向和横向的弹性模量基本一致，且比 PU 薄膜的弹性模量大，因此 PVC 薄膜不易变形，更耐冲击，可以较好地应用于冲击载荷实验。

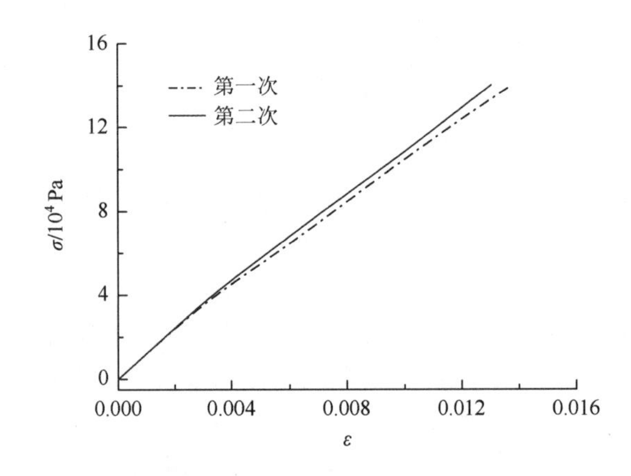

图 7.1.5　PVC 薄膜应力-应变曲线

7.2　模型实验测试系统

为开展移动或冲击载荷激励仿冰材料位移响应的模型实验，本节建立三种实验测试系统，即拖曳水槽测试系统、拖曳水池测试系统和静止水槽冲击载荷测试系统。这些系统主要由气垫载荷（或冲击载荷）、仿冰材料、非接触式激光位移传感器、移动载荷测速定位系统、位移信号数据采集处理系统、水槽（水池）拖车运动控制系统等组成。

7.2.1　实验设备

气垫载荷模型激励仿冰材料位移响应的实验可以在拖曳水槽或拖曳水池中进行。拖曳水槽尺寸较小，可用于一些小尺度气垫载荷的浅水实验，运行控制较方便，利于进行系统性机理实验，但运动速度和匀速段较小。拖曳水池尺寸较大，主要用于大尺度气垫载荷的深水实验，运行控制较复杂，但匀速段较长，且可以消除岸壁影响，也可用于与拖曳水槽的对比性实验。冲击载荷激励仿冰材料位移响应的实验通常可以在不需要拖曳系统的静水槽中进行。

1. 拖曳水槽

拖曳水槽实验段长 11.0 m，宽 0.6 m，水深 0～0.6 m 可调，采用钢化玻璃作为槽体壁面以便于实验观察，聚氨酯（PU）仿冰材料可自行浮于水面之上，如图 7.2.1（a）和（b）所示。作用在 PU 仿冰材料表面上的气垫载荷由吹风机模拟并随拖车一起做水平直线运动，为避免拖车运动引起槽体振动影响测量精度，将拖车安装在水槽外侧并固定于坚实地基的导轨上，拖车运行速度（0～1.0 m/s）通过变频调速器控制。

(a) 拖曳水槽与吹风机

(b) 浮于水面的PU仿冰材料

图 7.2.1　铺设仿冰材料的拖曳水槽和气垫载荷

拖曳水槽的实验布置如图 7.2.2（a）和（b）所示。气垫载荷沿水槽中心线运动，吹风机喷气出口距离浮冰材料的高度为 s，激光位移传感器距离气垫载荷运行轨迹的横向距离为 y。在位移传感器测点附近的水槽外侧，沿拖车运动方向安装有两组测速光电管（A_1、A_2 点）和一组定位触发器（B 点），用于测量气垫载荷的移动速度和对气垫载荷进行准确定位。测速光电管由红外发射管与接收管组成，当气垫载荷随拖车一起运动时，安装于拖车上的遮光片将快速遮挡红外发射管与接收管之间的光路，此时计算机数据采集系统将获得一个脉冲信号，由此确

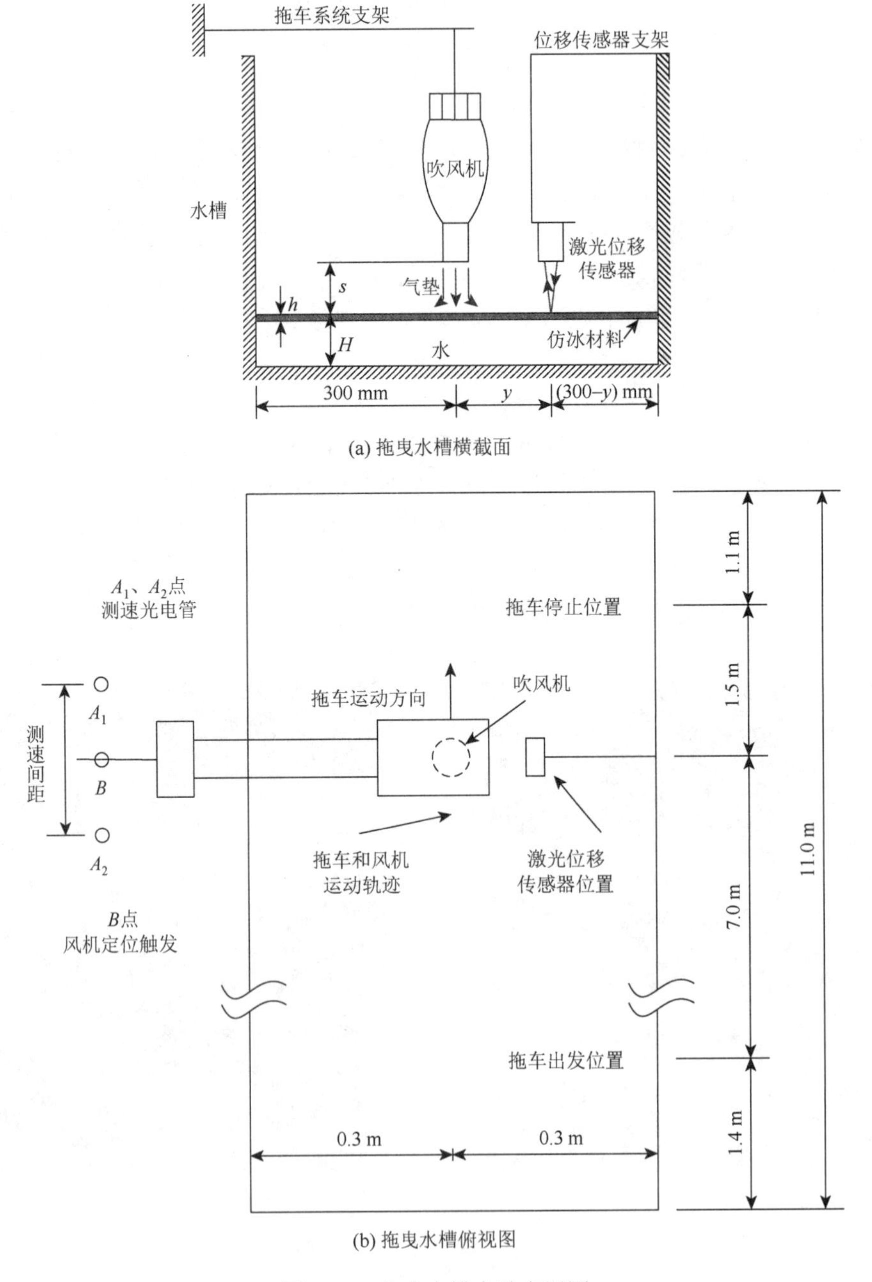

图 7.2.2　拖曳水槽实验布置图

定气垫载荷通过测速光电管的时间。两组测速光电管前后距离已知，通过记录气垫载荷先后经过这两组测速光电管的时间间隔，即可确定气垫载荷通过测点的平均速度。而当气垫载荷正好经过激光位移传感器测点位置时，定位触发器工作，同时计算机数据采集系统获取另一个脉冲信号，用于标示 PU 薄膜变形响应时历曲线中的气垫载荷位置。

2. 拖曳水池

拖曳水池长 37 m，宽 4 m，水深 0～1.5 m 可调，PU 仿冰材料浮于水面之上，如图 7.2.3（a）和（b）所示。拖车速度为 0～3.0 m/s，可由速度反馈系统预先控制设定。拖车安装于水池两侧岸壁导轨上，作用在 PU 仿冰材料表面上的气垫载荷由鼓风机形成并随拖车一起沿水池中心线做水平运动。为形成面积较大的气垫压强，气垫载荷改用鼓风机模拟。由于水池宽度较大，仿冰材料沿宽度方向由多块拼接而成。*B* 点为气垫载荷定位用光电管触发装置。拖曳水池实验布置如图 7.2.4（a）和（b）所示。其余说明与拖曳水槽相同。

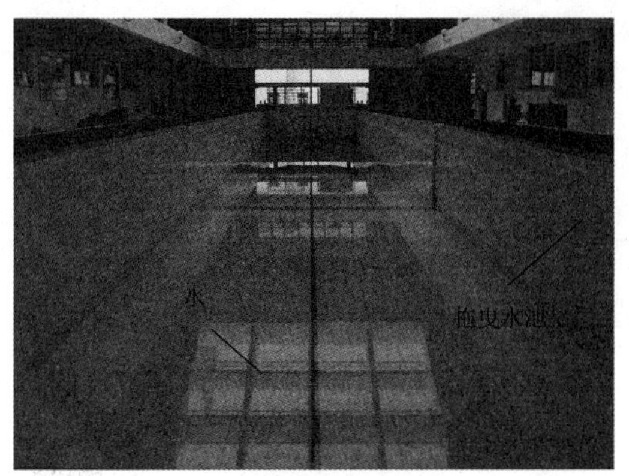

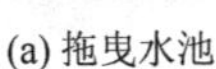
(a) 拖曳水池

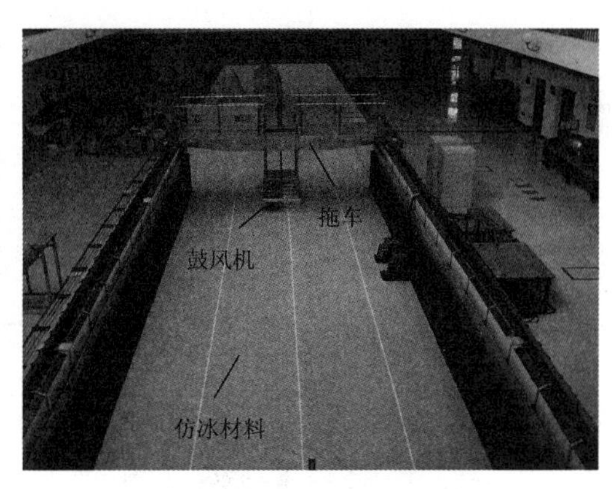

(b) 鼓风机和浮于水面的PU仿冰材料

图 7.2.3　铺设仿冰材料的拖曳水池和气垫载荷

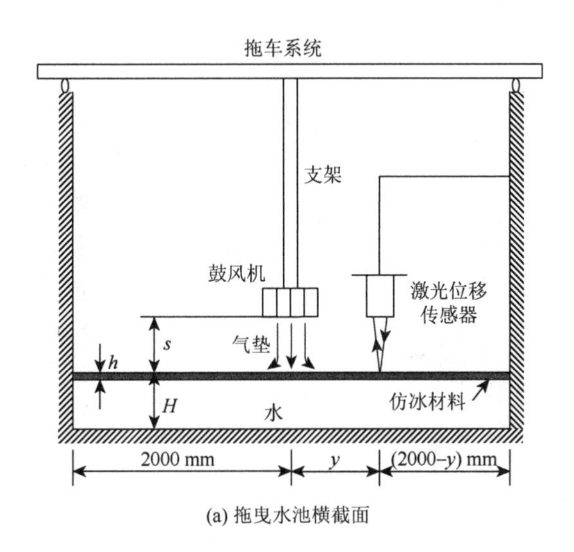

(a) 拖曳水池横截面

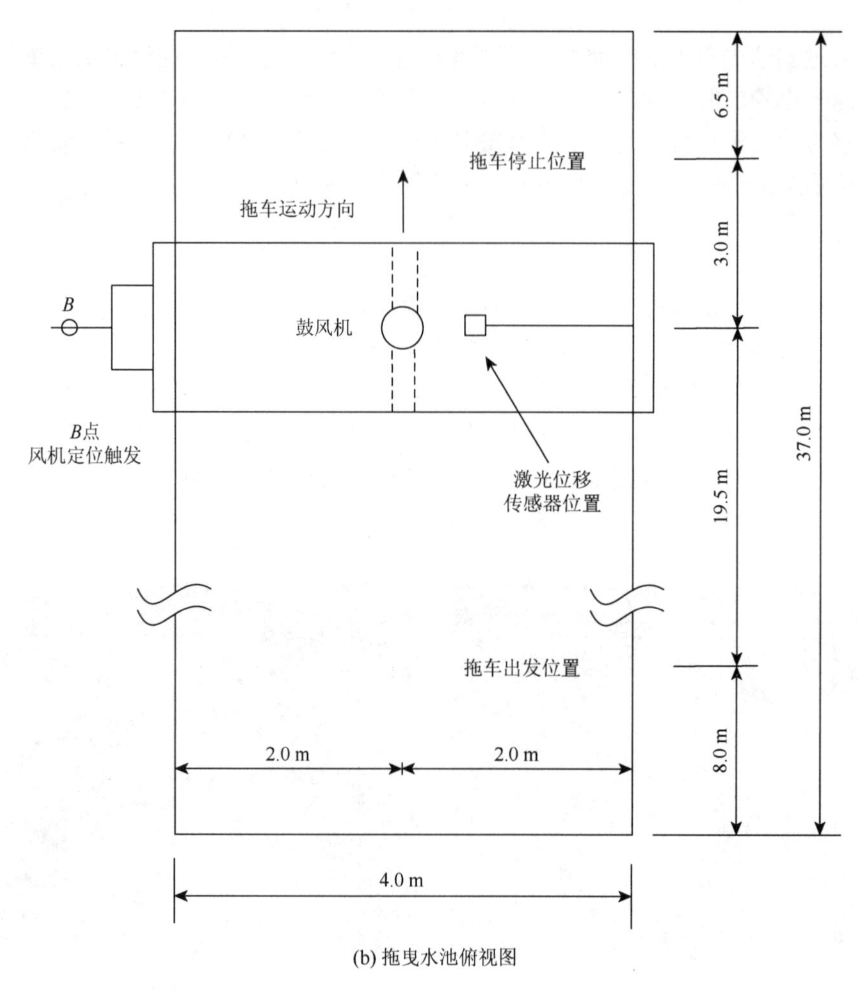

(b) 拖曳水池俯视图

图 7.2.4 拖曳水池实验布置图

3. 静止水槽

静止水槽长 1.7 m，宽 1.0 m，高 0.3 m，采用 314#不锈钢材料制成，水深 0～0.1 m 可调，水面可以铺设不同种类的薄膜材料进行冲击位移响应实验，如图 7.2.5（a）～（c）所示。在水面上利用绷紧的 PVC 软质薄膜作为仿冰材料进行冲击实验，冲击点置于水槽中心，1 号和 2 号为位移响应测量点位置，如图 7.2.6 所示。力锤采用加速度传感器（YFF-1-58 型），实验结果可以反映 Kozin 等[9]的位移响应特性。另外，利用寒冷天气，在水槽表面自然冻结后可以进行浮冰层冲击响应实验，或者利用加热融化的石蜡在水面冷却形成仿冰材料后，进行石蜡仿冰薄层的冲击响应实验。

7.2.2 位移测量

对于移动或冲击载荷激励仿冰材料的位移响应实验，采用 FT50 RLA-20 型激光位移传感器是实验测试系统的核心。激光位移传感器的最大特点是非接触式测量，不会干扰仿冰材料自身的位移振动特性，具有测量精度高（最高可达微米级）、光点直径小（最小可达 0.8 mm）、

(a) 铺设于水面的PVC仿冰材料　　(b) 自然冻结的浮冰层

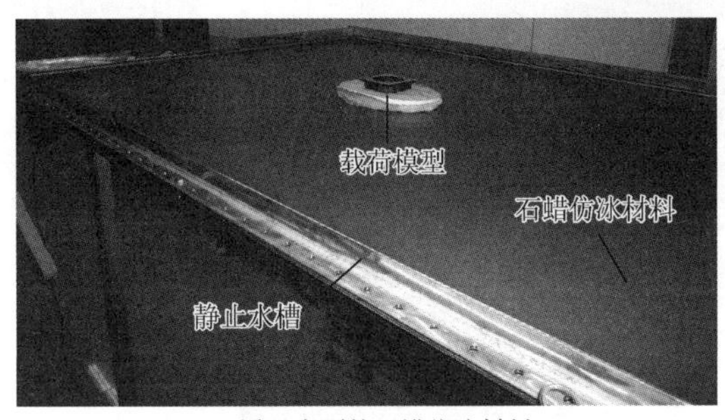

(c) 浮于水面的石蜡仿冰材料

图 7.2.5　静止水槽中的仿冰材料和浮冰层

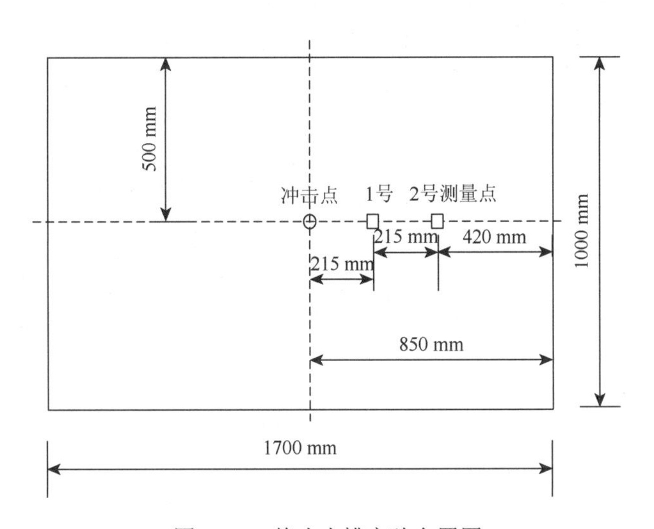

图 7.2.6　静止水槽实验布置图

位移幅度大（最大可达 60 mm）、跟踪响应快、抗干扰能力强、无需放大器等特点，几乎适合所有的检测表面，广泛应用于位置、位移、形状、振动等几何量的测量。激光位移传感器的基本原理是光学三角法，即半导体激光器发射激光被透镜聚焦到被测物体表面上，反射光被透镜收集后投射到线性电荷耦合器件（charge coupled device，CCD）阵列上，信号处理器通过三角函数计算线性 CCD 阵列上的光点位置得到被测物体表面的位移变化。激光位移传感器实物与工作原理如图 7.2.7（a）和（b）所示。

由气垫载荷、仿冰材料、激光位移传感器，以及气垫载荷速度、位置与薄膜位移响应信号数据采集处理仪构成的测试系统如图 7.2.8（a）和（b）所示。

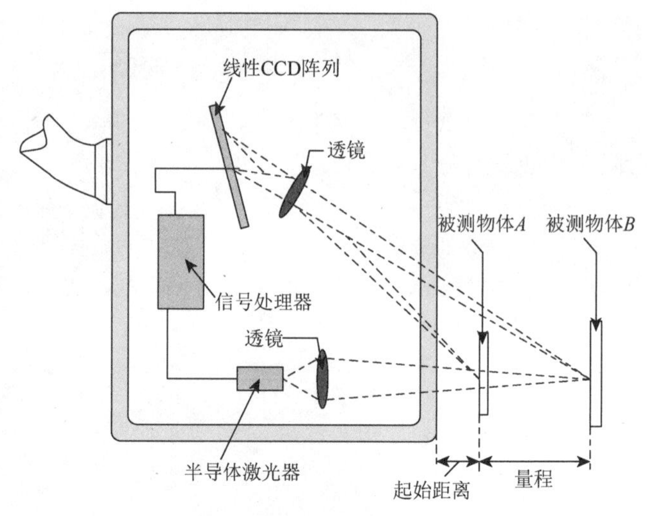

(a) 激光位移传感器实物　　(b) 激光位移传感器工作原理

图 7.2.7　激光位移传感器实物与工作原理

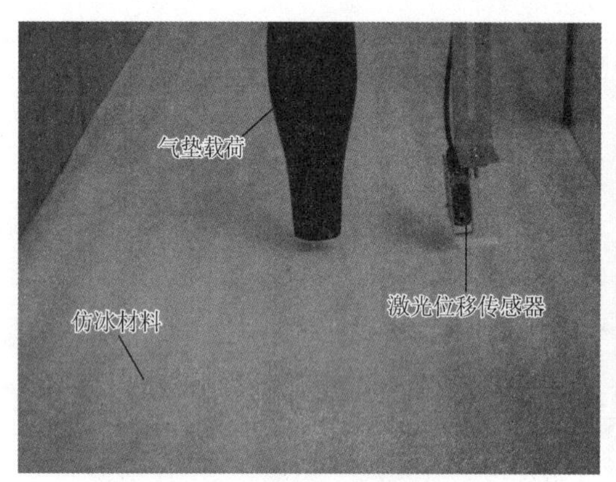

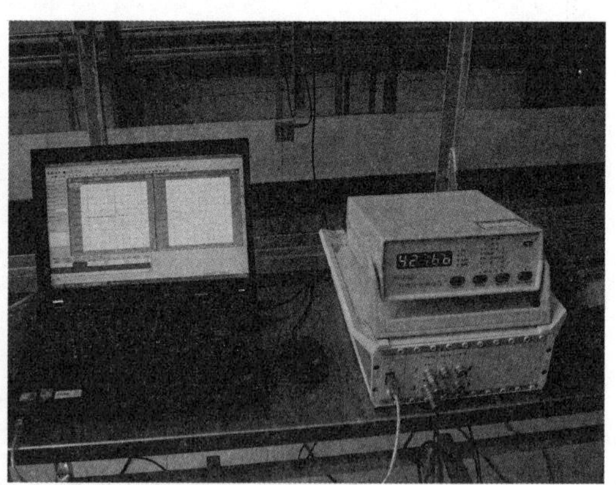

(a) 气垫载荷、激光位移传感器与仿冰材料　　(b) 载荷速度、位置与薄膜位移响应信号数据采集处理仪

图 7.2.8　位移测试系统

7.2.3　气垫载荷

气垫载荷采用两种方式模拟。在拖曳水槽中采用小口径吹风机产生气垫载荷，如图 7.2.1（b）所示。在拖曳水池中采用大口径鼓风机产生气垫载荷，如图 7.2.3（b）所示。

1. 吹风机气垫压强分布

小口径吹风机风速有低速、高速两挡模式，根据风速大小及喷口高度可以调整气垫载荷压强分布。风机喷口半径 $R = 22$ mm，出风口垂直向下。实验前，需要对风机气垫压强沿径向分布进行测定。测定方法是将气垫载荷作用在水平放置的有机玻璃板上，在该板上沿径向垂直开孔并安装内径为 1 mm 的无缝钢管，无缝钢管上端与有机玻璃板的上表面平齐，无缝钢管下端由塑料软管引出连接至微压计，通过微压计可以测量出气垫载荷压强沿径向的分布变化。

在吹风机处于低速和高速条件下，通过改变喷口距离作用面的高度 s ，可以分别得到气垫载荷沿径向的压强分布 p ，如图 7.2.9 和图 7.2.10 所示，图中横坐标 r/R 已用喷口半径做无量纲化处理。结果表明，气垫压强随喷口高度和径向的变化有如下特征：

（1）气垫压强沿径向近似呈梯形分布，喷口下方中心区域维持一个较为稳定的高压区。

（2）喷口高度较小（如 $s=5\text{ mm}$ ）时，气垫压强在 $|r|>0.5R$ 时下降迅速，在 $|r|\geqslant 2R$ 时则基本接近环境压强。

（3）喷口高度较大（如 $s\geqslant 20\text{ mm}$ ）时，气垫压强在 $|r|>0.75R$ 时下降迅速，但作用范围变宽，在 $|r|\geqslant 3R$ 时基本接近环境压强。

（4）压强曲线下的圆形面积分对应于气垫载荷作用力的大小。

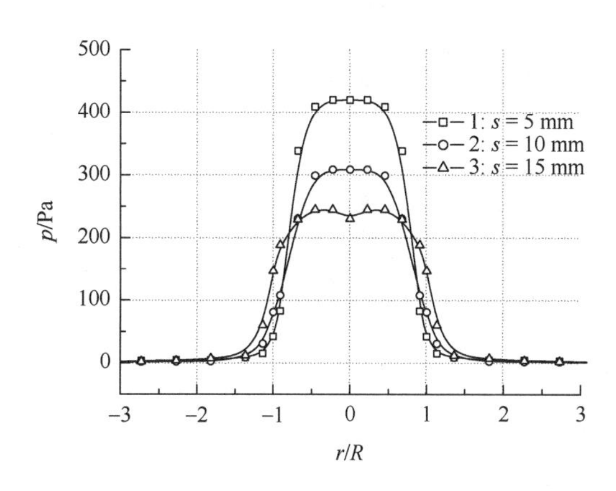

图 7.2.9　低速条件下气垫压强的径向分布图

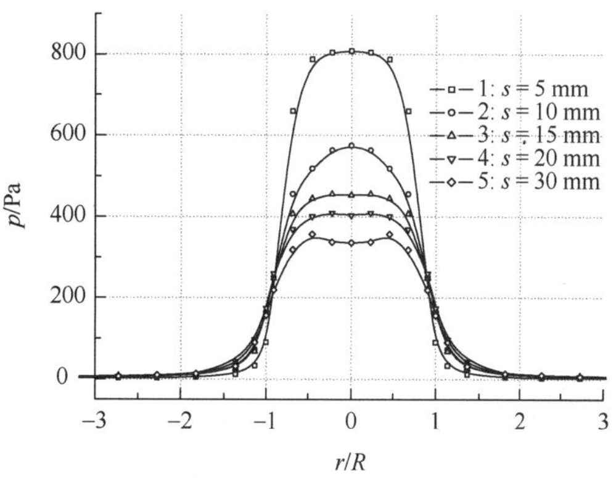

图 7.2.10　高速条件下气垫压强的径向分布

气垫载荷压强峰值 $p_{\max}$ 随风机喷口高度 s 增大而下降，但下降趋势变缓。以风机处于高速条件为例，压强峰值随喷口高度增大呈非线性减小的变化曲线如图 7.2.11 所示。

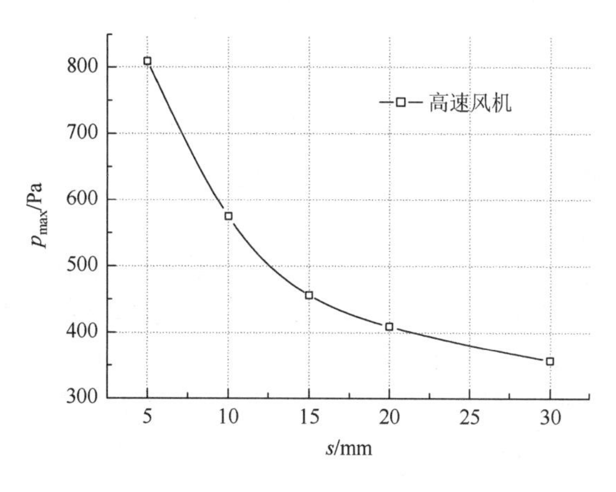

图 7.2.11　气垫压强峰值与喷口高度的关系曲线

2. 鼓风机气垫压强分布

鼓风机采用轴流风机，喷口半径 $R = 130\ \text{mm}$，喷口高度 s 分别为 100 mm 和 200 mm，出风口垂直向下。类似于上述小口径吹风机的压强测量方法，可得鼓风机喷口在不同高度下形成的气垫压强沿径向的分布规律，如图 7.2.12 所示。与图 7.2.9 和图 7.2.10 所示的吹风机形成的梯形压强分布形状不同，鼓风机形成的压强分布随径向的变化近似呈 M 形。在 $|r| = (0.7\sim0.9)R$ 附近，气垫载荷压强达到最大正压。在 $|r| = (0\sim0.2)R$ 附近，气垫载荷压强接近或略低于环境压强，主要原因是，轴流风机中心轴线部分安装有电机，阻挡了气流的下行，使风机中心气流速度降低甚至产生回流，进而导致气垫载荷压强降低。而当 $|r| > 2R$ 时，鼓风机气流速度的影响已较小，气垫载荷压强接近于环境压强。另外，随着喷口高度 s 减小，气垫载荷压强峰值的绝对值变大。

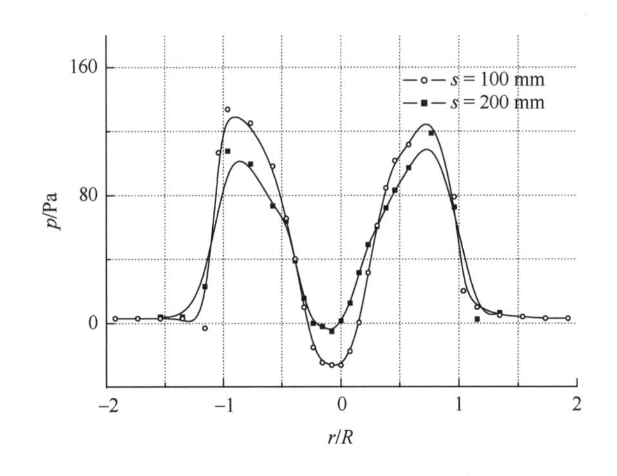

图 7.2.12　喷口高度对气垫压强径向分布的影响

7.3　仿冰材料位移响应实验

通过模型系统实验，测量移动气垫载荷激励 PU 仿冰材料薄膜位移响应的时历曲线，获取移动气垫载荷激励仿冰材料大幅位移变形的临界速度，并进一步分析气垫载荷速度、喷口高度、气垫压强及水深等参数对仿冰材料薄膜位移响应和临界速度的影响。PU 仿冰材料的力学性能参数如 7.1.4 节所述。

气垫载荷激励仿冰材料的垂向位移随时间变化的典型曲线如图 7.3.1 所示。图中，横坐标为时间 t，纵坐标为位移 w，曲线 A 为仿冰材料表面某一测点上的位移随时间的变化，曲线 B 的脉冲尖峰代表气垫载荷中心所在的位置，在载荷 B 左、右两侧的曲线 A 波形，分别代表载荷激励的前、后方的位移变化，$w_{\max 1}$、$w_{\max 2}$ 分别为气垫载荷附近后方的最大下陷位移峰值和前方的最大上凸位移峰值，l 为气垫载荷附近的最大下陷宽度，l_w 为最大下陷峰值滞后于气垫载荷的水平距离。

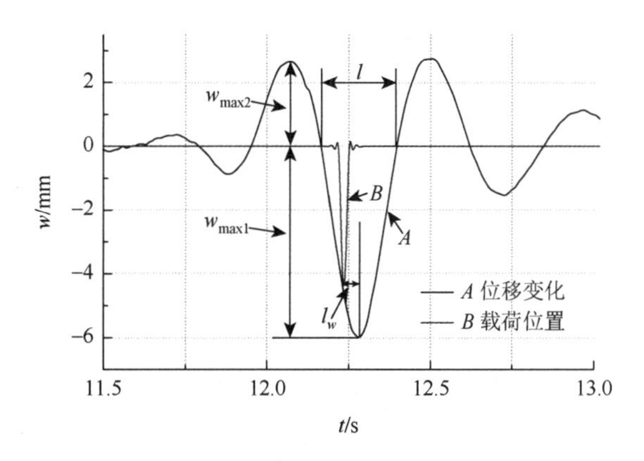

图 7.3.1　气垫载荷激励仿冰材料的典型位移响应曲线（$V = 0.749$ m/s）

7.3.1　拖曳水槽实验

以下实验平台为小尺度拖曳水槽，如图 7.2.2（a）和（b）所示。气垫载荷由吹风机模拟，风机喷口半径 $R = 22\ \text{mm}$，压强分布如图 7.2.9 和图 7.2.10 所示。仿冰材料为 PU 薄膜，厚度 $h = 3.5\ \text{mm}$，测点横距 $y = 60\ \text{mm}$。测点距拖车出发距离为 7.0 m，A_1 至 A_2 用于光电测速的间距为 0.8 m。七种工况条件下气垫载荷激励仿冰材料位移响应的典型实验结果变化规律如下。

1. 工况一

水深 $H = 105\ \text{mm}$，喷口高度 $s = 20\ \text{mm}$，高速吹风机压强 $p_{\max} = 400\ \text{Pa}$，气垫压强径向分布如图 7.2.10 曲线 4 所示。根据实验结果可以总结得到气垫载荷激励仿冰材料的位移下陷峰值、最大下陷宽度以及下陷峰值后移距离随载荷速度的变化规律，如图 7.3.2～图 7.3.4 所示。实验结果表明，最大下陷峰值对应的移动载荷速度为 0.795 m/s，最大下陷峰值与低速载荷的下陷峰值之比达到 16 左右。在临界速度附近，随着载荷速度增加，薄膜变形位移的最大下陷宽度和下陷峰值后移距离均快速增长。

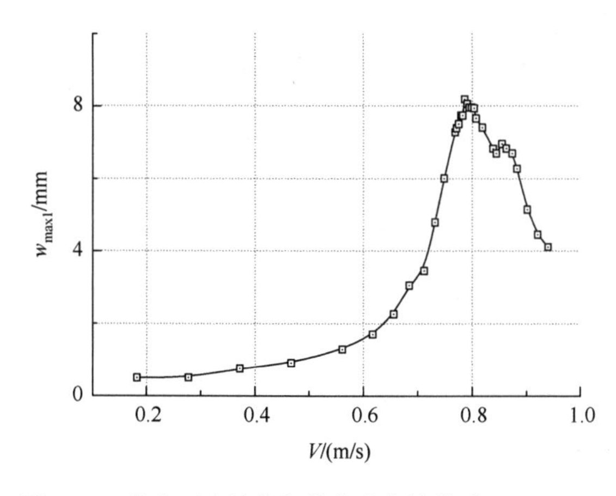

图 7.3.2　位移下陷峰值与载荷速度的关系（工况一）

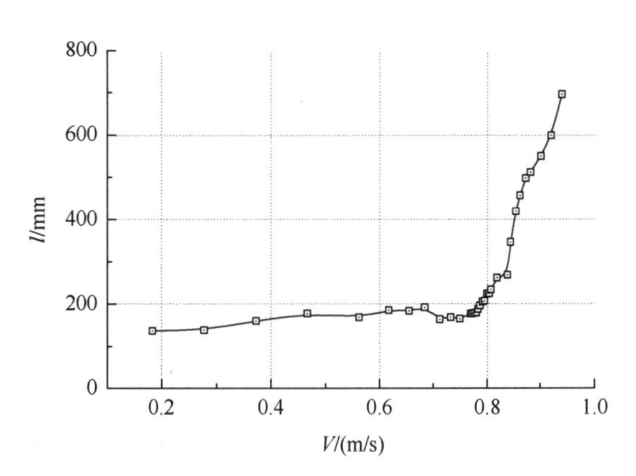

图 7.3.3　最大下陷宽度与载荷速度的关系（工况一）

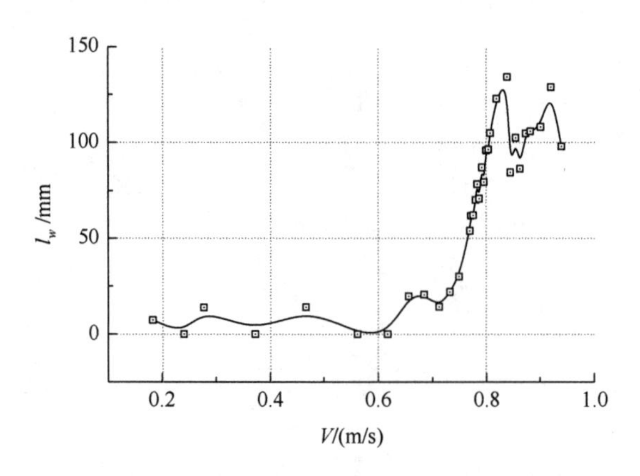

图 7.3.4 下陷峰值后移距离与载荷速度的关系（工况一）

2. 工况二

水深 $H = 105\ \text{mm}$，喷口高度 $s = 5\ \text{mm}$，高速吹风机压强 $p_{\max} = 800\ \text{Pa}$，气垫压强径向分布如图 7.2.10 曲线 1 所示。根据实验结果可以总结得到气垫载荷激励仿冰材料的位移下陷峰值、最大下陷宽度以及下陷峰值后移距离随载荷速度的变化规律，如图 7.3.5～图 7.3.7 所示。实验

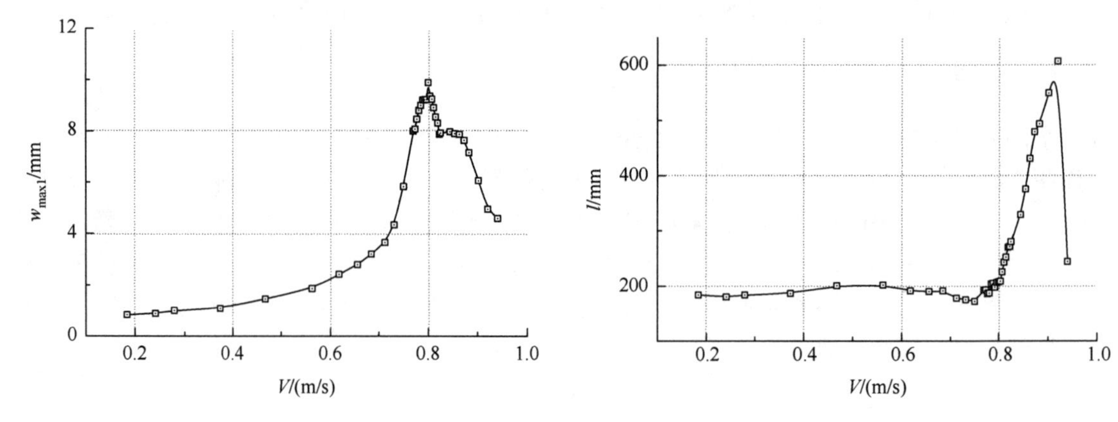

图 7.3.5 位移下陷峰值与载荷速度的关系（工况二） 图 7.3.6 最大下陷宽度与载荷速度的关系（工况二）

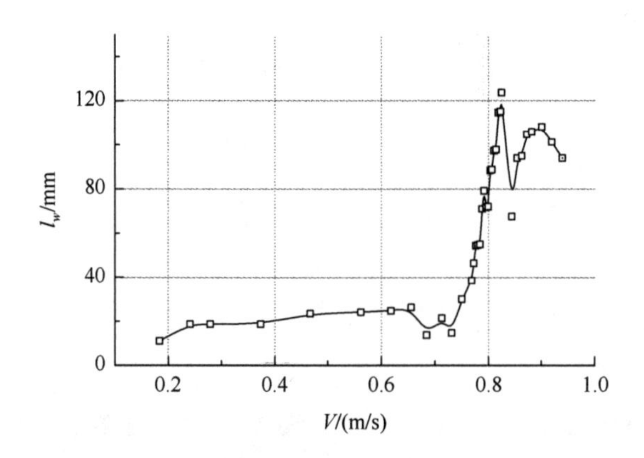

图 7.3.7 下陷峰值后移距离与载荷速度的关系（工况二）

结果表明，最大下陷峰值对应的移动载荷速度约为 0.80 m/s，最大下陷峰值与低速载荷的下陷峰值之比达到 12 左右。

3. 工况三

水深 $H = 105\ \text{mm}$，喷口高度 $s = 5\ \text{mm}$，低速吹风机压强 $p_{\max} = 420\ \text{Pa}$，气垫压强径向分布如图 7.2.9 曲线 1 所示。根据实验结果可以总结得到气垫载荷激励仿冰材料的位移下陷峰值、最大下陷宽度以及下陷峰值后移距离随载荷速度的变化规律，如图 7.3.8～图 7.3.10 所示。实验结果表明，最大下陷峰值对应的移动载荷速度为 0.795 m/s，最大下陷峰值与低速载荷的下陷峰值之比达到 9 左右。

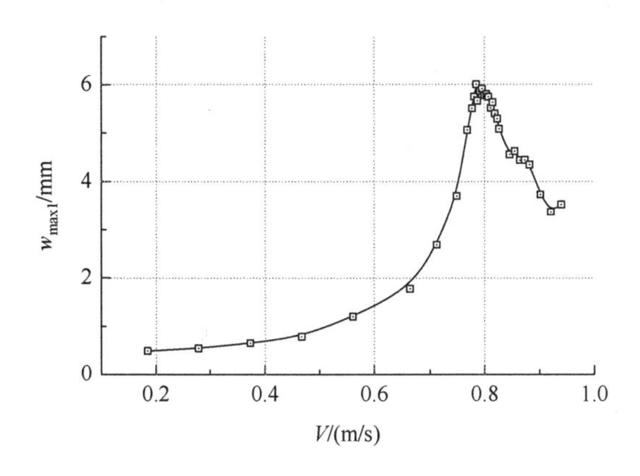

图 7.3.8　位移下陷峰值与载荷速度的关系（工况三）

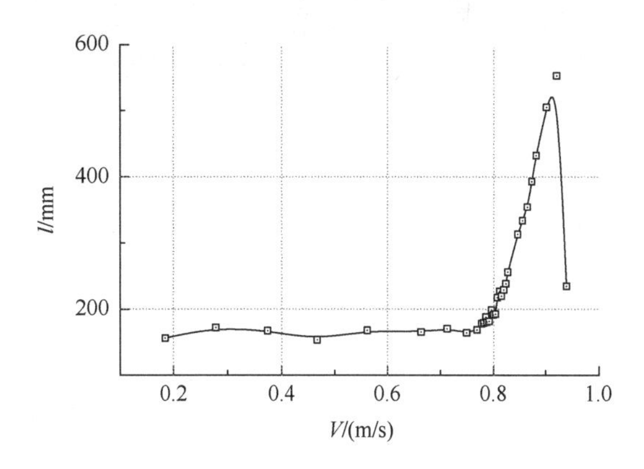

图 7.3.9　最大下陷宽度与载荷速度的关系（工况三）

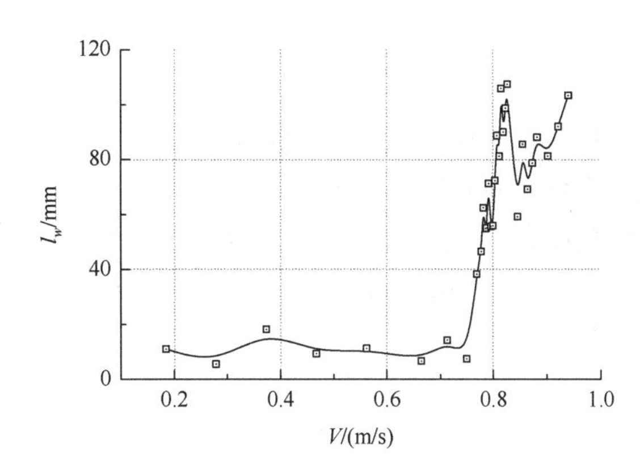

图 7.3.10　下陷峰值后移距离与载荷速度的关系（工况三）

4. 工况四

水深 $H = 52.5\ \text{mm}$，喷口高度 $s = 5\ \text{mm}$，低速吹风机压强 $p_{\max} = 420\ \text{Pa}$，气垫压强径向分布如图 7.2.9 曲线 1 所示。根据实验结果可以总结得到气垫载荷激励仿冰材料的位移下陷峰值、最大下陷宽度以及下陷峰值后移距离随载荷速度的变化规律，如图 7.3.11～图 7.3.13 所示。实验结果表明，最大下陷峰值对应的移动载荷速度为 0.60 m/s，最大下陷峰值与低速载荷的下陷峰值之比达到 12 左右。

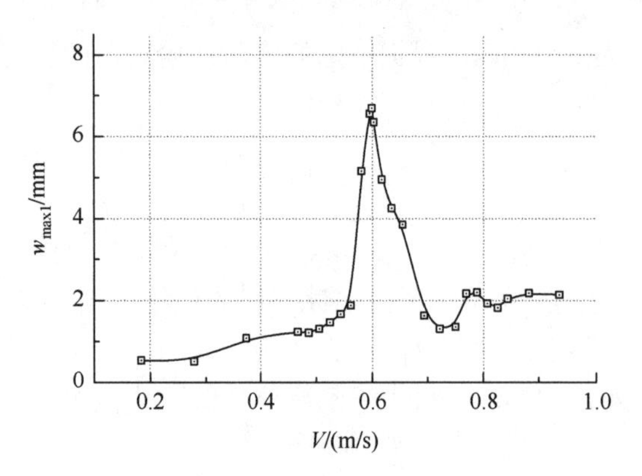

图 7.3.11　位移下陷峰值与载荷速度的关系（工况四）

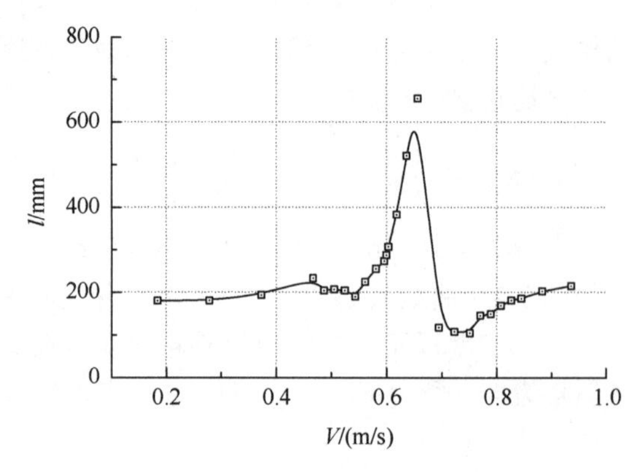

图 7.3.12　最大下陷宽度与载荷速度的关系（工况四）

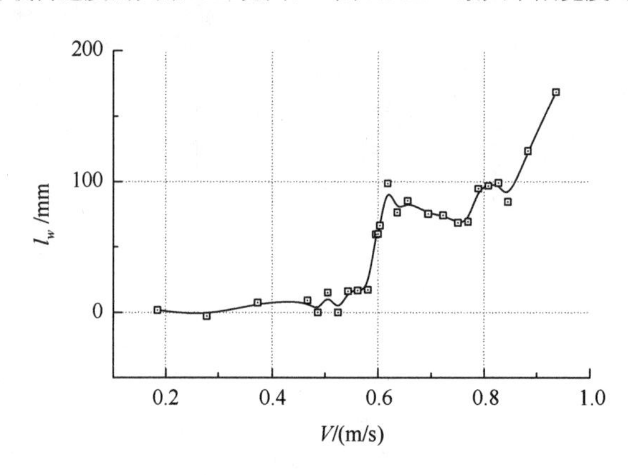

图 7.3.13　下陷峰值后移距离与载荷速度的关系（工况四）

5. 工况五

水深 $H = 52.5\ \mathrm{mm}$，喷口高度 $s = 5\ \mathrm{mm}$，高速吹风机压强 $p_{\max} = 800\ \mathrm{Pa}$，气垫压强径向分布如图 7.2.10 曲线 1 所示。根据实验结果可以总结得到气垫载荷激励仿冰材料的位移下陷峰值、最大下陷宽度以及下陷峰值后移距离随载荷速度的变化规律，如图 7.3.14～图 7.3.16 所示。实验结果表明，最大下陷峰值对应的移动载荷速度为 0.58 m/s，最大下陷峰值与低速载荷的下陷峰值之比达到 14 左右。

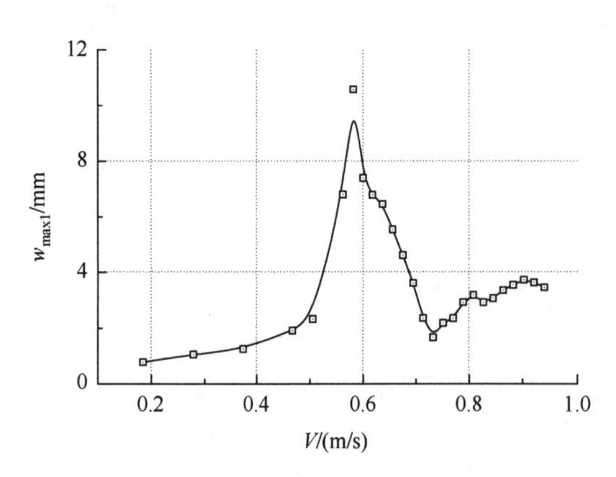

图 7.3.14　位移下陷峰值与载荷速度的关系（工况五）

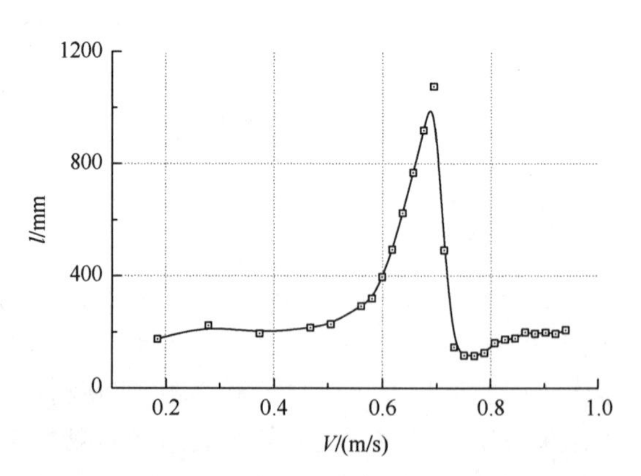

图 7.3.15　最大下陷宽度与载荷速度的关系（工况五）

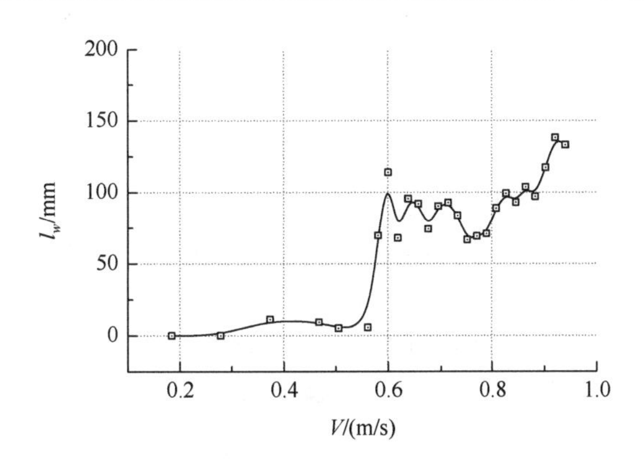

图 7.3.16　下陷峰值后移距离与载荷速度的关系（工况五）

6. 工况六

水深 $H = 35\ \text{mm}$，喷口高度 $s = 5\ \text{mm}$，高速吹风机压强 $p_{\max} = 800\ \text{Pa}$，气垫压强径向分布如图 7.2.10 曲线 1 所示。根据实验结果可以总结得到气垫载荷激励仿冰材料的位移下陷峰值、最大下陷宽度以及下陷峰值后移距离随载荷速度的变化规律，如图 7.3.17～图 7.3.19 所示。实验结果表明，最大下陷峰值对应的移动载荷速度为 0.42 m/s，最大下陷峰值与低速载荷的下陷峰值之比达到 7 左右。

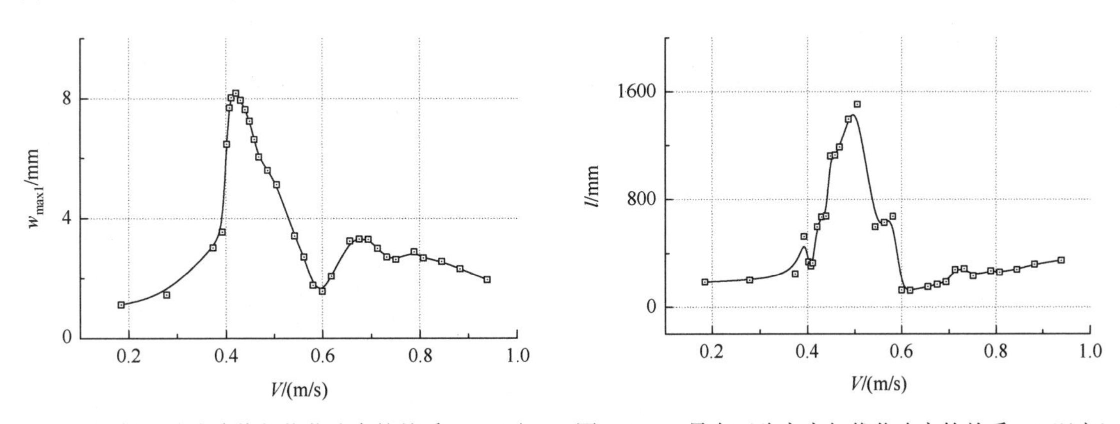

图 7.3.17　位移下陷峰值与载荷速度的关系（工况六）　图 7.3.18　最大下陷宽度与载荷速度的关系（工况六）

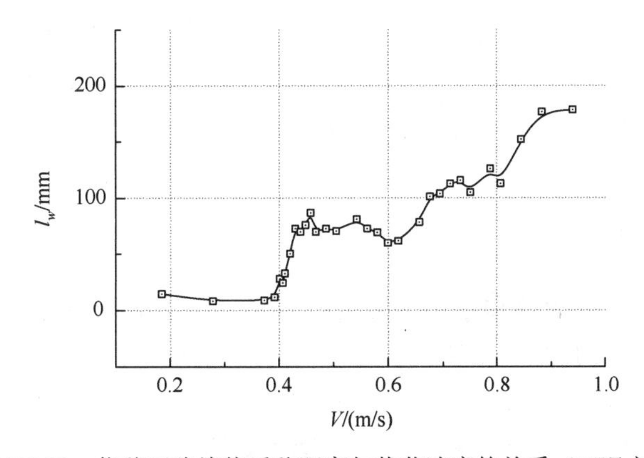

图 7.3.19　位移下陷峰值后移距离与载荷速度的关系（工况六）

7. 工况七

水深 $H = 210\,\mathrm{mm}$，喷口高度 $s = 5\,\mathrm{mm}$，高速吹风机压强 $p_{\max} = 800\,\mathrm{Pa}$，气垫压强径向分布如图 7.2.10 曲线 1 所示。根据实验结果可以总结得到气垫载荷激励仿冰材料的位移下陷峰值、最大下陷宽度以及下陷峰值后移距离随载荷速度的变化规律，如图 7.3.20～图 7.3.22 所示。实验结果表明，在该水深下，出现两个下陷峰值，其中一个下陷峰值对应的移动载荷速度为 0.83 m/s，该下陷峰值与低速载荷的下陷峰值之比达到 10 左右。由于拖车速度限制，另一个下陷峰值无法确定，但可以判断其所对应的临界速度应该大于 0.95 m/s。

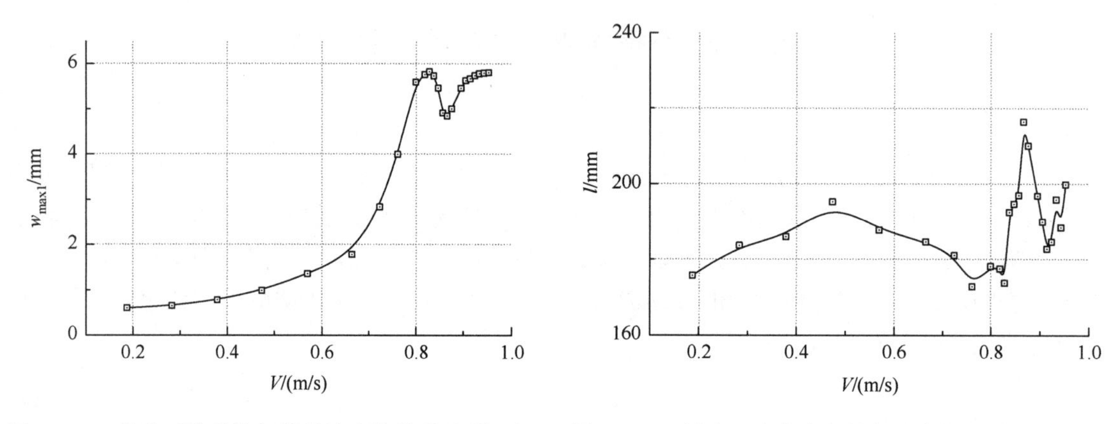

图 7.3.20　位移下陷峰值与载荷速度的关系（工况七）　图 7.3.21　最大下陷宽度与载荷速度的关系（工况七）

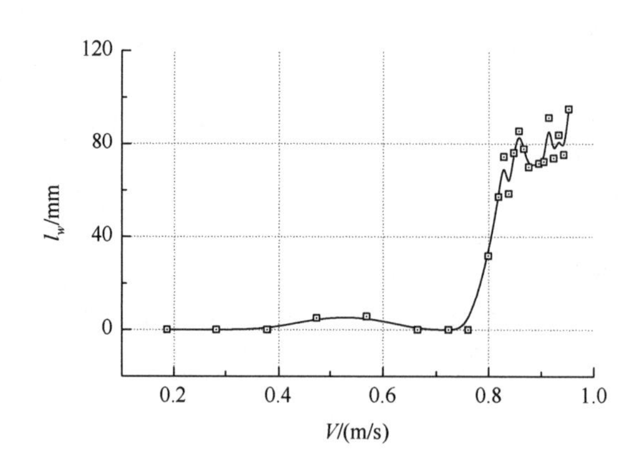

图 7.3.22　下陷峰值后移距离与载荷速度的关系（工况七）

7.3.2　拖曳水池实验

以下实验的平台为大尺度拖曳水池，如图 7.2.4（a）和（b）所示。气垫载荷由鼓风机模拟，喷口半径 $R = 130\,\mathrm{mm}$，压强分布如图 7.2.12 中 $s = 100$ mm 曲线所示。仿冰材料为 PU 薄膜，厚度 $h = 3.5\,\mathrm{mm}$，测点横距 $y = 260\,\mathrm{mm}$。水深 $H = 210\,\mathrm{mm}$，喷口高度 $s = 100\,\mathrm{mm}$。典型工况条件下气垫载荷激励仿冰材料位移响应的实验结果如图 7.3.23～图 7.3.25 所示。根据实验结果，可以总结得到气垫载荷激励仿冰材料的位移下陷峰值、最大下陷宽度以及下陷峰值后移距离随载荷速度的变化规律。实验结果表明，在该水深下，出现两个下陷峰值，对应的移动载荷速度分别为 1.05 m/s 和 1.20 m/s，最大下陷峰值与低速载荷的下陷峰值之比达到 13 左右。

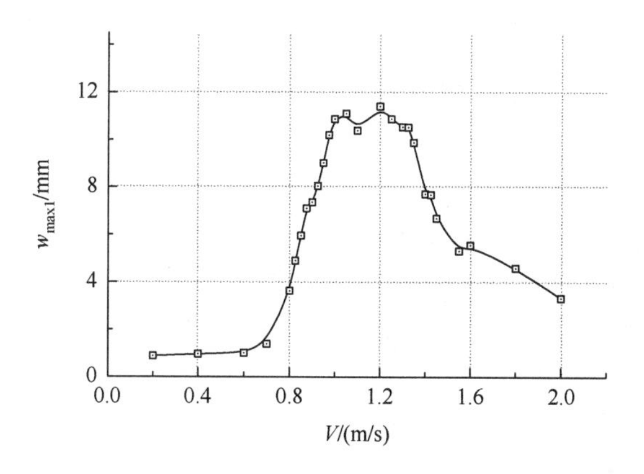

图 7.3.23　位移下陷峰值与载荷速度的关系

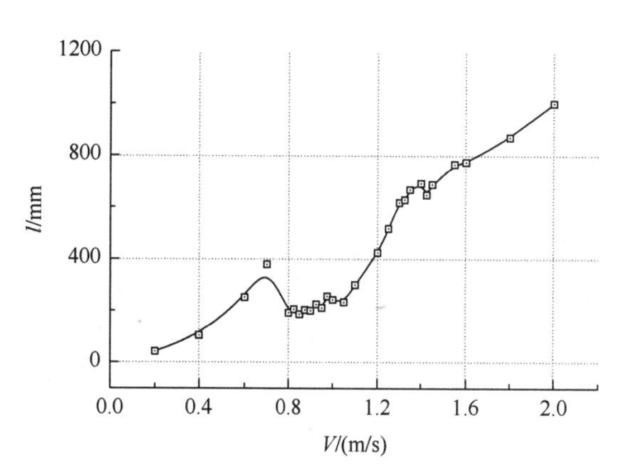

图 7.3.24　最大下陷宽度与载荷速度的关系

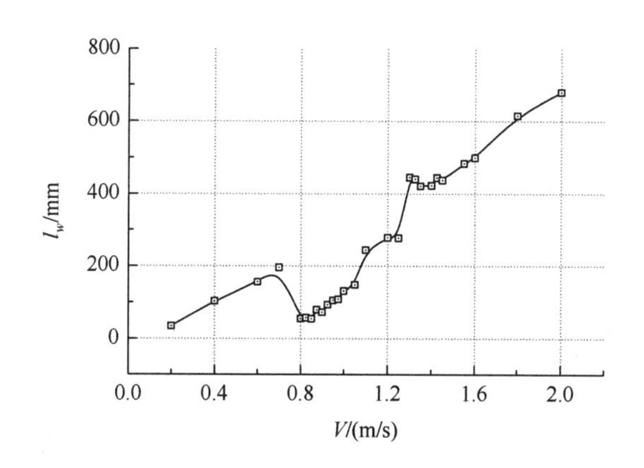

图 7.3.25　下陷峰值后移距离与载荷速度的关系

7.4　实验结果分析与讨论

依据 7.3.1 节中的模型实验工况，测量移动气垫载荷激励 PU 薄膜仿冰材料位移响应的时历曲线，获取移动气垫载荷激励该薄膜大幅位移变形的临界速度，分析气垫速度、启动距离、气垫高度、气垫压强及水深等参数对薄膜位移变形和临界速度的影响。

7.4.1　气垫速度的影响

1. 浅水情况

对应于 7.3.1 节中的工况六（水深 $H = 35\ \text{mm}$），通过改变气垫载荷运动速度，可以得到薄膜位移响应的典型时历曲线，如图 7.4.1（a）～（f）所示，其中 $Fr_{\text{H}} = V / \sqrt{gH}$ 为水深弗劳德数。当载荷运动速度较小时，类似于静载荷特点，薄膜的垂向位移关于载荷中心左右基本对称，下陷峰值和上凸峰值较小，$w_{\max 1}$约为1 mm，$w_{\max 2}$约为0.35 mm，如图 7.4.1（a）所示。随着载荷速度的增大，薄膜位移下陷和上凸峰值均出现先增大后减小的现象，而下陷峰值位置持续偏离载荷中心位置。在$V=0.420$ m/s 时（记为第一临界速度V_{c1}），下陷峰值达到最大，$w_{\max 1}$约为8 mm，如图 7.4.1（c）所示，与低速情况相比，下陷峰值增幅比达到 8 左右。在$V=0.562$ m/s 时（记为第二临界速度V_{c2}），上凸峰值达到最大，$w_{\max 2}$约为5.5 mm，如图 7.4.1（e）所示，与低速情况相比，上凸峰值增幅比达到 15.7 左右。由于水深较浅、水槽宽度较窄，可以看到随着速度的增大，在水深弗劳德数$Fr_{\mathrm{H}} \to 1$时载荷前方孤立波的形成发展过程，且载荷后方的位移波形幅值较小，如图 7.4.1（a）～（e）所示。在速度较大时，在载荷前后方出现两个明显不同的波系，前者波长较小，主要为薄膜的弹性波支配，后者波长较大，主要为水的重力波支配，如图 7.4.1（f）所示。

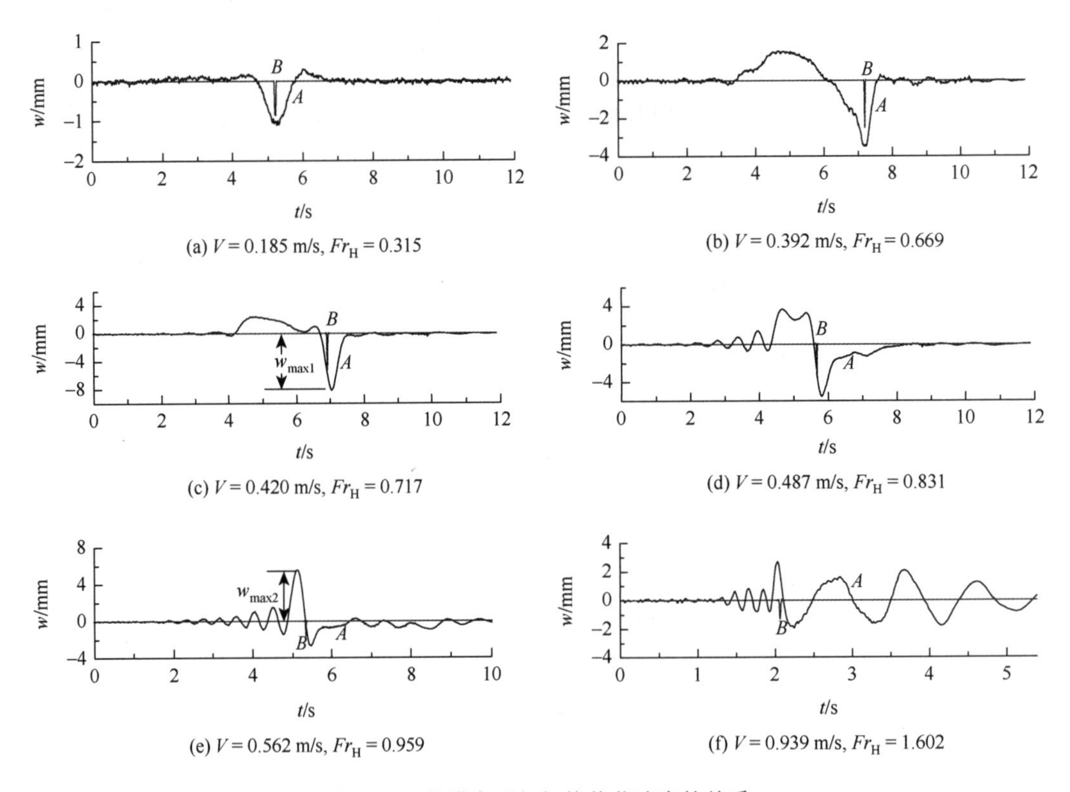

图 7.4.1 薄膜变形与气垫载荷速度的关系

实验数据处理分析表明：

（1）在移动载荷速度$V \ll V_{c1}$和$V \gg V_{c1}$条件下，薄膜表面位移的下陷峰值$w_{\max 1}$要比临界速度$V_{c1}=0.420$ m/s 时的情况小得多，临界速度对应的表面位移下陷峰值是静载荷情况的 8 倍以上。下陷峰值位置通常对应于冰层拉压、弯曲应力变化最大的地方，也是冰层可能首先破裂的地方，因此移动载荷利用临界速度航行有利于实现破冰。

（2）移动载荷前的表面凸起变形最大峰值对应于临界速度$V_{c2}=0.562$ m/s，该速度稍小于浅水长波临界速度$\sqrt{gH}$，即$V_{c2}<\sqrt{gH}=\sqrt{9.81\times 0.035}=0.586$ m/s。当$V \ll V_{c2}$和$V \gg V_{c2}$时，

表面凸起峰值均呈下降趋势。最大凸起峰值一般小于最大下陷峰值，因此通常冰层在移动气垫载荷之后破裂，然后扩展至移动载荷之前[10, 11]。图 7.4.2 反映了移动载荷引起的位移变形下陷峰值和凸起峰值的绝对值之和，即 $w_{\max 1}+w_{\max 2}$。因此，如果两个临界速度值比较靠近，那么表面的下陷和凸起可以带来更大的变形，有利于实现气垫船破冰。

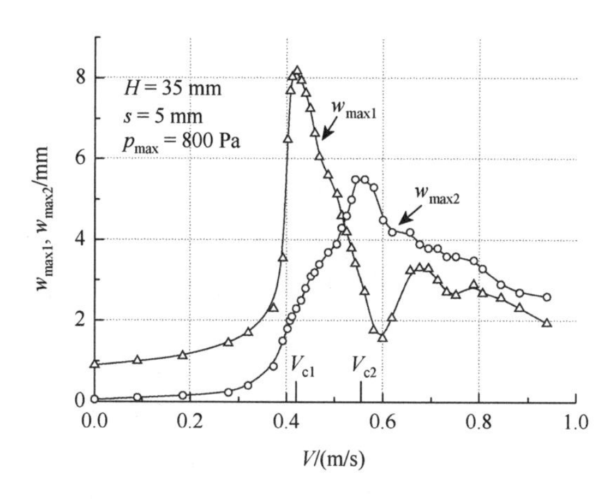

图 7.4.2　下陷和凸起峰值与气垫载荷速度的关系

（3）下陷宽度是下陷峰值附近薄膜表面开始向下变形的最大纵向距离，可以反映冰层变形的范围。当移动气垫载荷速度很小（如 $V \ll V_{c1}$）时，下陷宽度 l 基本维持不变，如图 7.3.18 所示。在两个临界速度范围内（$V_{c1}<V<V_{c2}$），下陷宽度变化剧烈。而在 $V \gg V_{c2}$ 以后，下陷宽度随载荷速度的增大缓慢增长。

（4）当 $V \leqslant V_{c1}$ 时，下陷峰值位置在移动载荷位置稍后处，两者之间的距离 l_w 很小，如图 7.3.19 所示。当 V 接近于 $V_{c1}=0.420\ \mathrm{m/s}$ 时，下陷峰值位置相对于移动载荷位置开始迅速后移，随后在 V 接近于 $V_{c2}=0.562\ \mathrm{m/s}$ 之前，两者之间的距离基本维持不变。在 V 超越 V_{c2} 之后，下陷峰值位置相对于移动载荷位置又有较大的持续后移。下陷峰值位置随速度后移的变化规律有类似于浅水 Kelvin 船波的特点[12]。

工况四与工况五的水深也较浅，分析表明，气垫载荷激励薄膜位移响应的特点与工况六情况类似。

2. 深水情况

对应于 7.3.1 节中的工况二（水深 $H=105\ \mathrm{mm}$），通过改变气垫载荷运动速度，可以得到薄膜位移响应的典型时历曲线，如图 7.4.3（a）～（f）所示。由图 7.3.5 可知，第一临界速度 $V_{c1} \approx 0.80\ \mathrm{m/s}$。当载荷运动速度较小时，类似于静载荷特点，薄膜的垂向位移关于载荷中心左右基本对称，与图 7.4.1（a）特点类似，此时下陷峰值和上凸峰值较小，$w_{\max 1}$ 约为 $0.8\ \mathrm{mm}$，$w_{\max 2}$ 约为 $0.2\ \mathrm{mm}$，如图 7.4.3（a）所示。在载荷速度 $V=0.562\ \mathrm{m/s}$ 时，浅水中的图 7.4.1（e）已对应于第二临界速度，上凸峰值达到最大，但在深水条件时仍处于亚临界速度，因此上凸峰值未达最大，仍处于缓慢增长阶段，如图 7.4.3（b）所示。随着速度进一步增大，下陷峰值和上凸峰值也随之增大，如图 7.4.3（c）和（d）所示，且在 $V=V_{c1} \approx 0.80\ \mathrm{m/s}$ 时下陷峰值达到最大，$w_{\max 1}$ 约为 $9.9\ \mathrm{mm}$，与低速情况相比，此时下陷峰值增幅比达到 12.4 左右。在超临界速度 $V>V_{c1}$

时，上凸峰值继续增大，下陷峰值快速减小，与浅水情况相同，在载荷前后方出现两个波长明显不同的波系，前方短波甚至在原平衡位置上方发生位移变形，而载荷后方下陷位移由 V 形分布逐渐转变为 W 形分布，如图 7.4.3（e）和（f）所示。已知图 7.4.3（f）中的载荷速度 $V=0.940\ \mathrm{m/s}$，该速度小于水波临界速度 $\sqrt{gH}$，即 $V<\sqrt{9.81\times0.105}=1.015\ \mathrm{m/s}$，由于拖车速度限制，可见在实验速度范围内，上凸峰值仍未达到最大。

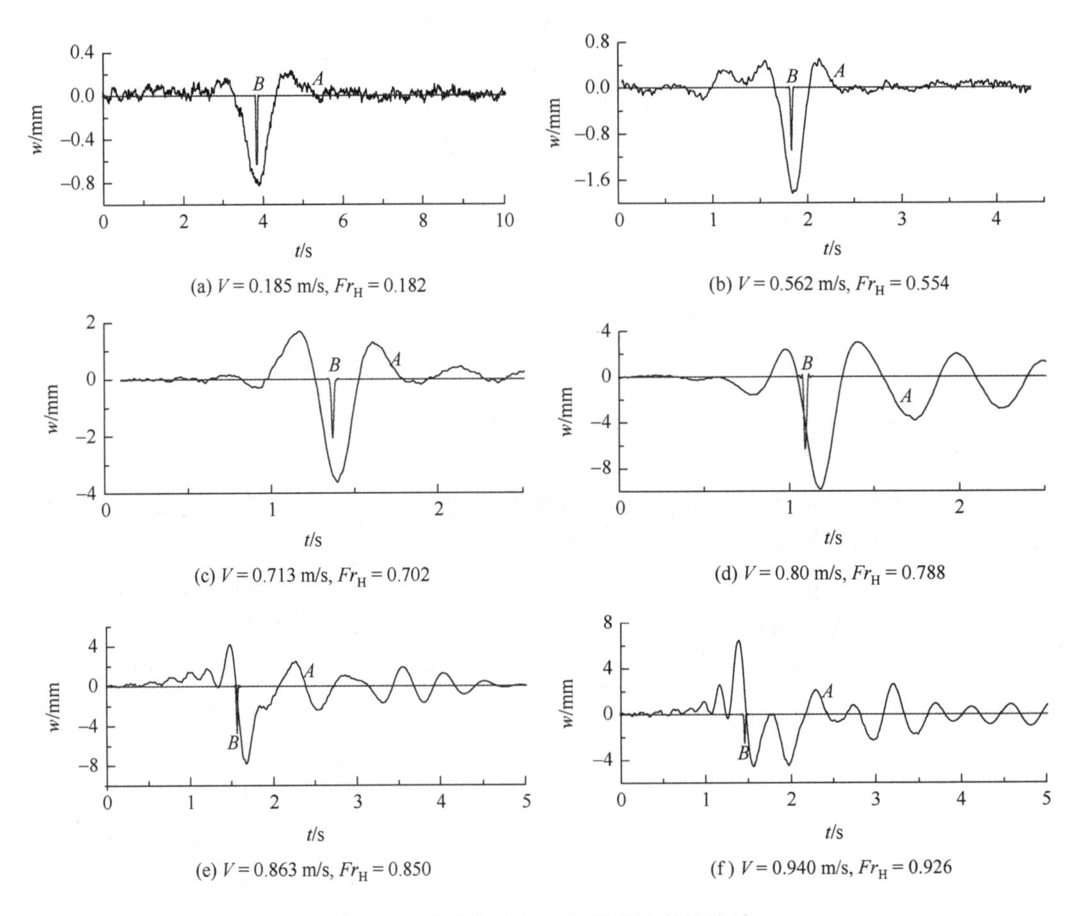

(a) $V=0.185$ m/s, $Fr_{\mathrm{H}}=0.182$

(b) $V=0.562$ m/s, $Fr_{\mathrm{H}}=0.554$

(c) $V=0.713$ m/s, $Fr_{\mathrm{H}}=0.702$

(d) $V=0.80$ m/s, $Fr_{\mathrm{H}}=0.788$

(e) $V=0.863$ m/s, $Fr_{\mathrm{H}}=0.850$

(f) $V=0.940$ m/s, $Fr_{\mathrm{H}}=0.926$

图 7.4.3　薄膜变形与气垫载荷速度的关系

在气垫载荷相同时，与浅水情况相比，随着水深增大，气垫载荷的临界速度将增大。在深水条件下，气垫载荷激励薄膜位移响应的特点，工况一、工况三、工况七与工况二类似。工况一～工况七的模型实验结果表明，无论是浅水情况还是深水情况，都可以发现一个共同的现象，即存在使薄膜下陷位移达到最大的气垫载荷速度（临界速度）。

Takizawa[1-3]将雪地车运动引起的实冰位移波形，根据雪地车速度 V 大小分成五个阶段：

（1）准稳态阶段，当 $0<V/V_{\mathrm{c1}}<0.6$ 时，位移波形类似于静载荷引起，不同之处在于下陷的中心稍滞后于载荷。

（2）早期过渡阶段，当 $0.6\leqslant V/V_{\mathrm{c1}}<0.85$ 时，凹陷逐渐加深变窄。

（3）后期过渡阶段，当 $0.85\leqslant V/V_{\mathrm{c1}}<1$ 时，凹陷迅速加深，滞后大大增加。

（4）双波阶段，当 $1\leqslant V/V_{\mathrm{c1}}<1.5$ 时，在载荷前后方形成波长较短的固体弯曲波和波长较

长的液体重力波，凹陷在速度为V_{c1}时达到最大最窄，而在速度大于V_{c1}时变浅变宽。

（5）拟卸载阶段，当$V/V_{c1}\geqslant 1.5$时，凹陷峰值比静载荷时小，载荷正下方的表面不是凹陷，而是略有升高。

模型实验结果的位移波形与 Takizawa 的实冰实验结果定性上存在类似特点，可以反映气垫载荷激励仿冰材料的聚能共振机理和位移响应特性。

7.4.2　启动距离的影响

实验条件与 7.3.1 节中的工况六相同，即$H=35\ \mathrm{mm}$，$s=5\ \mathrm{mm}$，$p_{\max}=800\ \mathrm{Pa}$，气垫压强分布如图 7.2.10 曲线 1 所示。已知该工况的临界速度为 0.42 m/s。记载荷启动位置与薄膜表面位移测点之间的距离为L_s，该距离可在 1.5～7.0 m 调整变化。在拖车速度保持不变时，仅改变拖车启动位置，分析不同气垫载荷启动位置对薄膜位移产生的影响。

1. 亚临界速度

当气垫载荷以亚临界速度$V=0.278\ \mathrm{m/s}$运动时，薄膜位移下陷峰值基本不随启动距离而变化，这说明气垫载荷激励的位移波形传播速度大于气垫载荷速度，载荷还来不及给仿冰材料的位移变形补充能量，波能就已经耗散，载荷启动距离的增大不会引起仿冰材料中波能的累积，因此薄膜的位移变形基本保持不变，如图 7.4.4 中的曲线A所示。

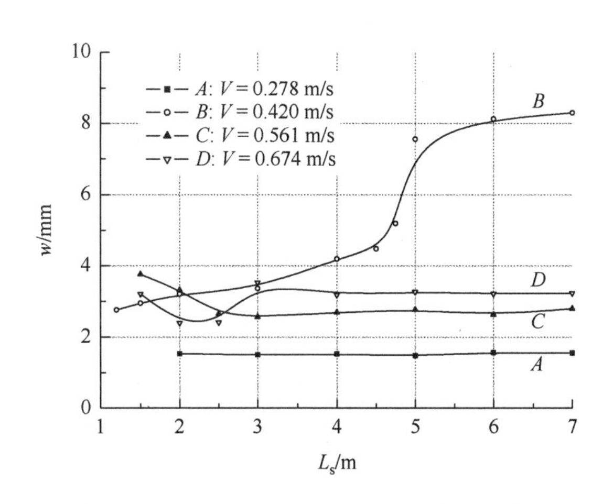

图 7.4.4　下陷峰值与拖车启动距离的关系

2. 临界速度

气垫载荷以临界速度$V=0.420\ \mathrm{m/s}$运动时，说明载荷运动速度与波能传播速度一致。当启动距离较小（$L_s<4.5\ \mathrm{m}$）时，下陷峰值增长比较缓慢，说明波能在逐渐聚积，如图 7.4.4 中的曲线B所示。当启动距离增加至 4.5～6.0 m 时，下陷峰值增长迅速，因此波能和波形持续增大。当载荷启动距离更大（$L_s>6.0\ \mathrm{m}$）时，波能积聚已较充分，下陷峰值逐渐达到最大，说明此时载荷输入的能量与波能传播和耗散的能量相平衡，因此形成了一个比较稳定的状态。由位移响应曲线可以更清楚地看出，在临界速度条件下，载荷处于不同启动位置时对某一固定测点处的位移变形发展过程存在不同影响，如图 7.4.5（a）～（j）所示。随着启动距离的增大，载荷前方的多个孤立波逐渐形成、前移和扩大，而下陷峰值及其与载荷之间的滞后距离也逐渐

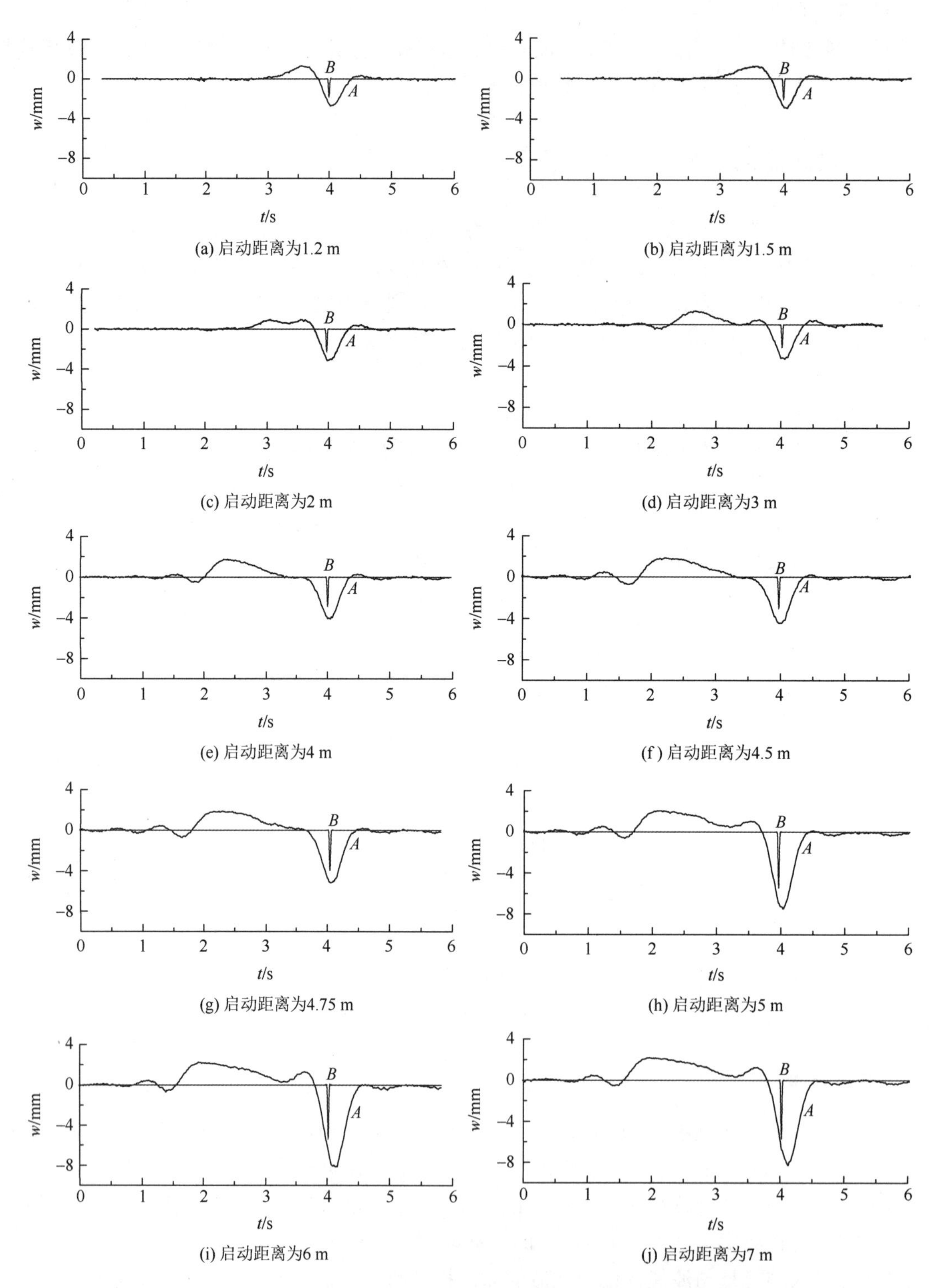

(a) 启动距离为1.2 m

(b) 启动距离为1.5 m

(c) 启动距离为2 m

(d) 启动距离为3 m

(e) 启动距离为4 m

(f) 启动距离为4.5 m

(g) 启动距离为4.75 m

(h) 启动距离为5 m

(i) 启动距离为6 m

(j) 启动距离为7 m

图 7.4.5　临界速度（$V = 0.42$ m/s）条件下载荷启动距离对薄膜位移波形的影响

增大，载荷处于下陷位置左侧，与波形运动方向一致，起着推波注能的作用。由此可见，为使冰面产生大幅位移变形以达到破冰效果，需要移动载荷以临界速度航行一定距离后，才能促使冰水系统的波动能量充分聚积，以实现冰水系统的聚能共振增幅效应。

3. 超临界速度

当载荷以超临界速度 $V = 0.561$ m/s 运动且启动距离小于 3 m 时，载荷刚启动时存在加速度，且定常运动距离不足，因此位移下陷峰值存在小幅波动；当启动距离大于 3 m 时，载荷已有较长距离的定常运动状态，因此位移下陷峰值基本维持不变，且明显小于临界速度的下陷峰值，如图 7.4.4 中的曲线 C 所示。当载荷以更大的超临界速度 $V = 0.674$ m/s 运动时，位移变形存在类似结论，如图 7.4.4 中的曲线 D 所示。这说明当载荷以超临界速度运动时，移动载荷速度大于波能的传播速度，进而导致波动能量无法累积，不能产生聚能共振增幅效应。

7.4.3 气垫高度的影响

以下分析气垫喷口高度 s 变化对薄膜位移响应、下陷峰值和临界速度的影响。在水深 $H = 105$ mm 条件下，保持吹风机喷口速度不变，比较 7.3.1 节中工况一和工况二的典型实验结果。工况一：$s = 20$ mm，$p_{\max} = 400$ Pa。工况二：$s = 5$ mm，$p_{\max} = 800$ Pa。

在亚临界速度（$V = 0.618$ m/s）、临界速度（$V = 0.795$ m/s）和超临界速度（$V = 0.920$ m/s）时，对于工况一和工况二，可以分别比较气垫载荷激励薄膜的位移响应曲线。结果表明，仅改变喷口高度，对气垫载荷所激励的薄膜位移波形的峰谷相位基本无影响，而当喷口高度降低时，薄膜位移的下陷峰值将有所增大，如图 7.4.6（a）～（c）所示。通过系列实验结果整理得到的薄膜变形下陷峰值随速度的变化关系如图 7.4.7 所示，虽然工况二（对应于曲线 A_2）的气垫压强峰值为工况一（对应于曲线 A_1）的 2 倍，但从图中的曲线 A_1 和曲线 A_2 对比可以看出，曲线 A_1 表示的下陷峰值仅略有减小，而移动气垫载荷的临界速度 $V_{c1} = 0.795$ m/s 基本不受喷口高度的影响。

产生上述现象的主要原因为：当 s 增大时，虽然 $p_{\max}$ 减小，但气流作用面积增大。因此，尽管改变了喷口高度，但喷口出流速度保持不变，因此气流冲击力 $F = \rho_a Q v$ 基本保持不变，其中 ρ_a 为气流密度，Q 为喷流流量，v 为喷流平均速度。实际上，s 增加将会引起部分气流泄漏

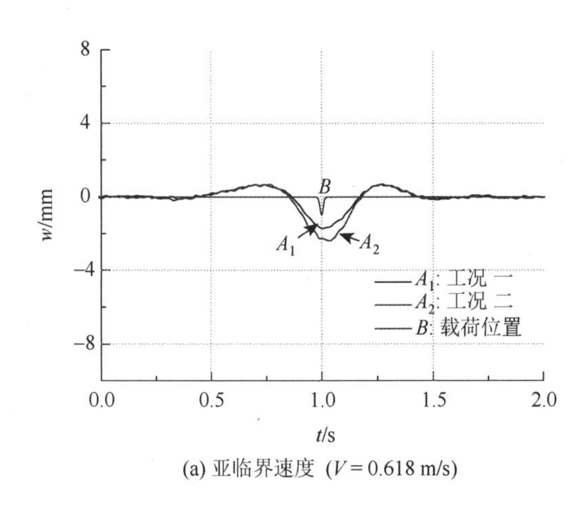

(a) 亚临界速度（$V = 0.618$ m/s）

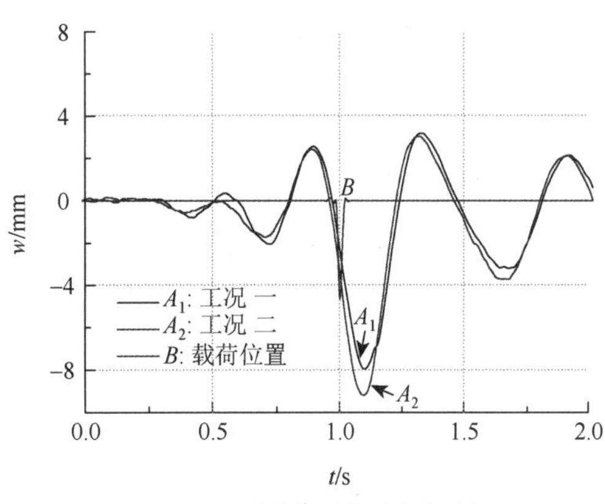

(b) 临界速度（$V = 0.795$ m/s）

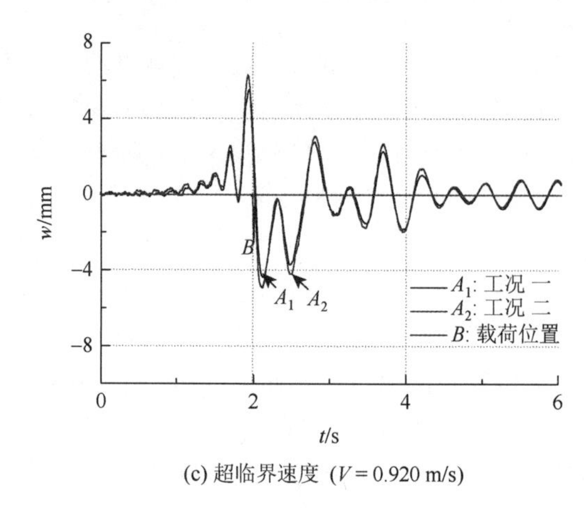

(c) 超临界速度（$V = 0.920$ m/s）

图 7.4.6　喷口高度对薄膜位移响应波形的影响

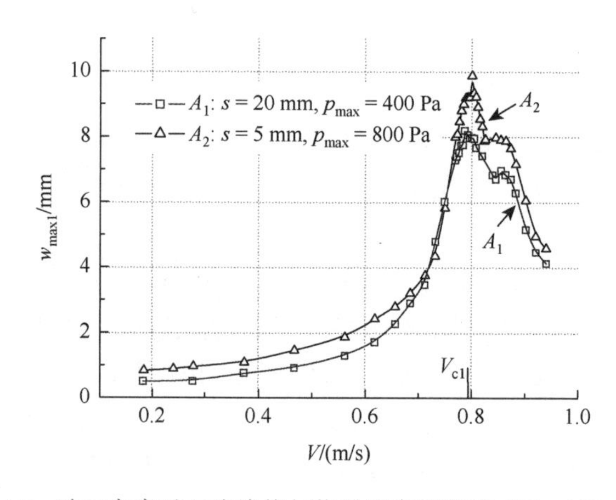

图 7.4.7　喷口高度对下陷峰值与临界速度的影响（$H = 105$ mm）

及摩擦导致的能量损失，因此气流冲击力有所下降，导致下陷峰值有所减小，但差别并不大。因此，可以推断：对于吨位一定的气垫船，当其运行过程中遇到颠簸或气垫高度发生变化时，气垫船引起的冰层位移下陷峰值及气垫船的临界航速并不会发生明显变化，这有利于气垫船实现聚能共振增幅效应，从而达到有效破冰的目的。

7.4.4　气垫压强的影响

保持喷口高度（$s = 5$ mm）和水深（$H = 105$ mm）不变，仅改变喷口气流速度的大小，从而改变喷流作用面上的气垫压强和冲击力大小。比较 7.3.1 节中工况二和工况三的典型实验结果。工况二：气垫最大压强 $p_{max} = 800$ Pa。工况三：气垫最大压强 $p_{max} = 420$ Pa。

在亚临界速度（$V = 0.467$ m/s）、临界速度（$V = 0.80$ m/s）和超临界速度（$V = 0.94$ m/s）时，对于工况二和工况三，可以分别比较气垫载荷激励薄膜的位移响应曲线。结果表明，仅改变气垫压强，对气垫载荷所激励的薄膜位移波形的峰谷相位基本无影响，而当气垫压强增大时，薄膜位移的下陷峰值将明显增大，如图 7.4.8（a）～（c）所示。通过系列实验结果整理得到的薄膜变形下陷峰值随速度的变化关系如图 7.4.9 所示，工况二和工况三分别对应于曲线 A_2 和曲线 A_3，可见在不同的气垫载荷速度下，气垫载荷冲击力不同所引起的表面下陷峰值均有明显不相同，但气垫载荷的临界速度 $V_{c1} \approx 0.80$ m/s 基本保持不变。当加大风机气流速度时，将导致气垫驻点压强升高，喷流冲击力增大，因此薄膜表面下陷深度增大。在临界速度时，高速气流导致的下陷峰值约为低速气流的 1.7 倍，这与高速气垫载荷与低速气垫载荷对薄膜表面的冲击力之比相当。

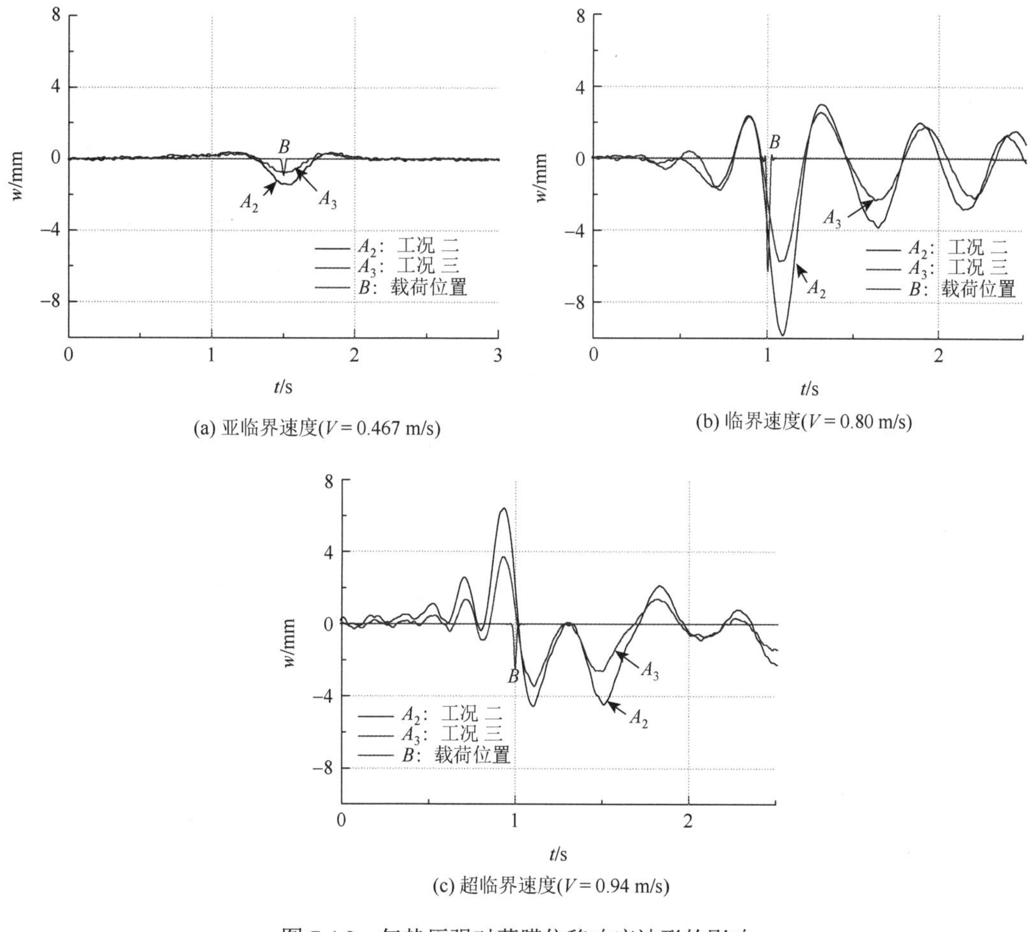

(a) 亚临界速度(V = 0.467 m/s)

(b) 临界速度(V = 0.80 m/s)

(c) 超临界速度(V = 0.94 m/s)

图 7.4.8　气垫压强对薄膜位移响应波形的影响

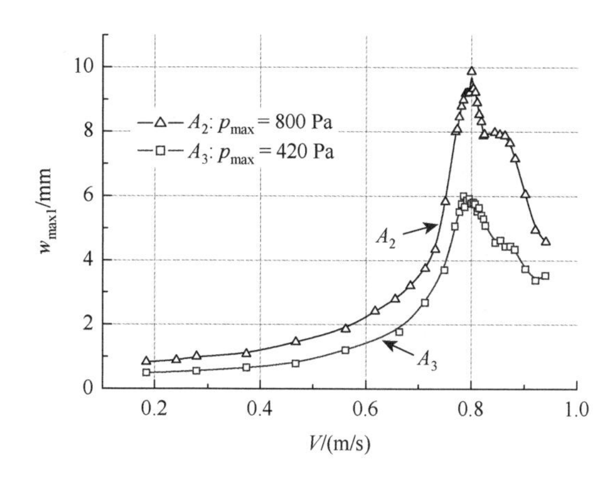

图 7.4.9　气垫压强对下陷峰值与临界速度的影响（H = 105 mm，s = 5 mm）

由此可以推断，当喷流速度不同时，气垫冲击力或气垫船吨位也不同，但它对气垫船的临界速度基本不产生影响。这说明采用临界速度作为气垫船的破冰速度，临界速度只与水层和冰层参数及其边界条件有关，而与气垫船吨位关系不大。气垫船吨位与表面下陷峰值大小呈正相关，气垫船吨位越大，引起的冰层下陷峰值就越大，因此增加气垫船吨位对破冰更有利。

7.4.5 水深的影响

保持喷口高度（$s=5\text{ mm}$）和气垫最大压强（$p_{\max}=420\text{ Pa}$）不变，仅改变水深大小，比较 7.3.1 节中工况三和工况四的典型实验结果。工况三：水深 $H=105\text{ mm}$。工况四：水深 $H=52.5\text{ mm}$。

当气垫载荷以极低速运动时，工况三和工况四均处于低亚临界速度范围，类似于静载荷作用，因此薄膜位移变形基本呈左右对称分布，水深对薄膜的位移变形影响很小，如图 7.4.10（a）所示。当速度进一步增大时，工况三仍处于低亚临界速度，而工况四接近于其高亚临界速度，因此在载荷前方将逐渐形成向前传播的浅水孤立波，且浅水条件下的薄膜位移上凸和下陷峰值增大更快，如图 7.4.10（b）中的曲线 A_4 所示。当速度进一步增大至工况三的临界速度附近时，此时工况三的薄膜位移下陷峰值相比于工况四大幅增长，如图 7.4.10（c）中的曲线 A_3

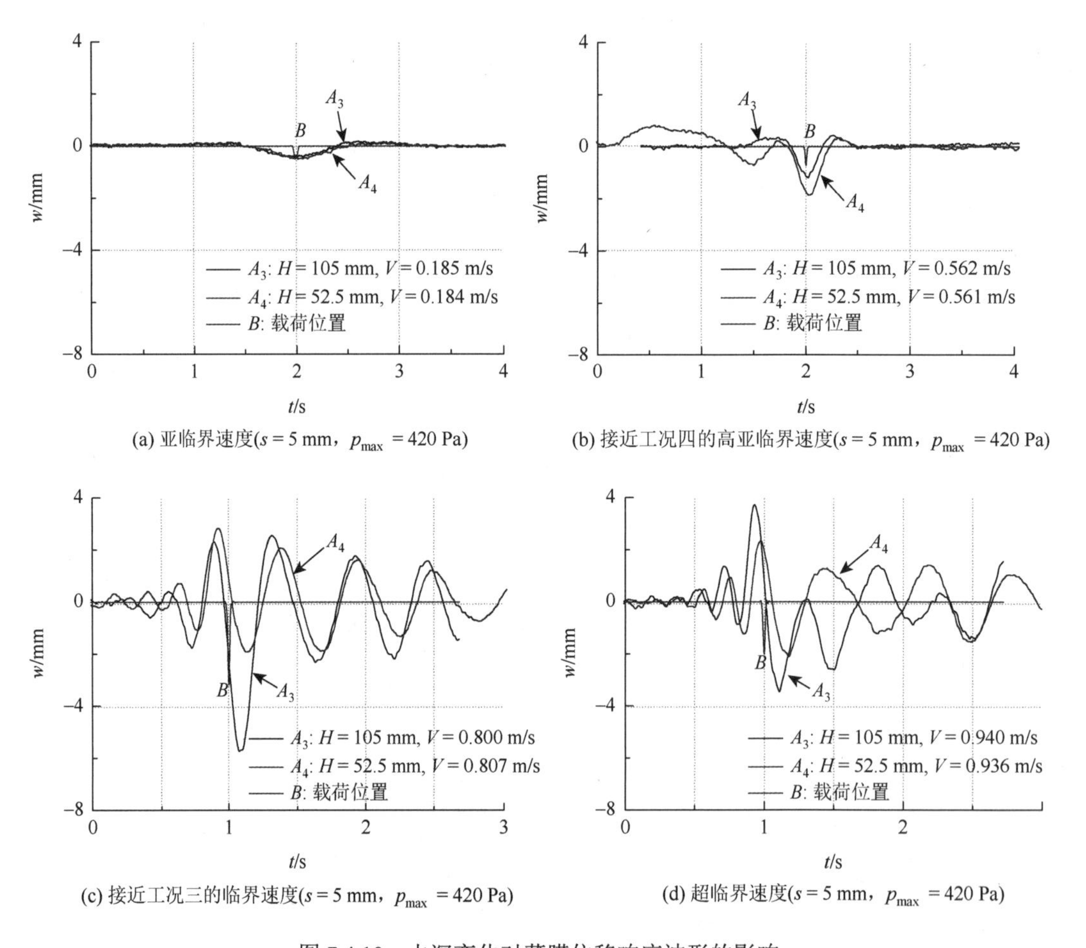

(a) 亚临界速度($s=5$ mm，$p_{\max}=420$ Pa)

(b) 接近工况四的高亚临界速度($s=5$ mm，$p_{\max}=420$ Pa)

(c) 接近工况三的临界速度($s=5$ mm，$p_{\max}=420$ Pa)

(d) 超临界速度($s=5$ mm，$p_{\max}=420$ Pa)

图 7.4.10 水深变化对薄膜位移响应波形的影响

所示，而工况四已处于超临界速度状态，其峰谷位移的相位有所后移。当速度进一步增大至工况三和工况四均为超临界速度时，工况三的薄膜位移下陷峰值大幅减小，而工况四峰谷位移的相位大幅后移，如图 7.4.10（d）所示。

在不同水深条件下，通过系列实验结果整理得到的薄膜变形下陷峰值随速度的变化关系如图 7.4.11 所示。工况三和工况四分别对应曲线 A_3 和曲线 A_4，工况四的最大下陷峰值相比于工况三略有增大，但临界速度范围变窄，且水深对气垫载荷的临界速度有明显影响。工况三的临界速度 $V_{c1} \approx 0.80$ m/s，工况四的临界速度 $V_{c1} \approx 0.60$ m/s，可见在其他参数均保持不变的情况下，水深增大将导致气垫载荷的临界速度增大。因此，可以推断，在气垫船实施破冰时，在更深的水域需要采用更大的临界航速。

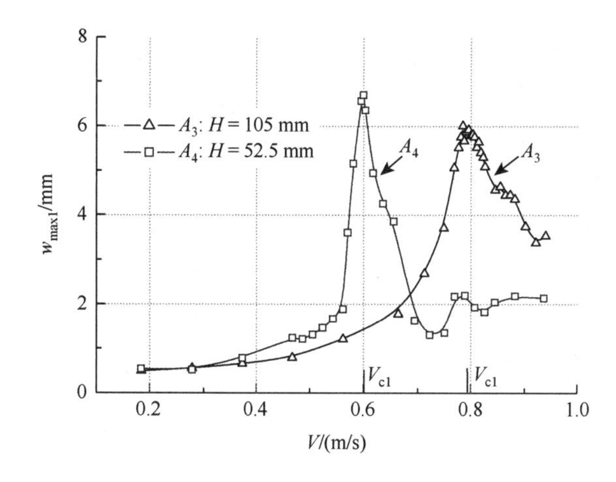

图 7.4.11　水深对下陷峰值和临界速度的影响（$s = 5$ mm，$p_{max} = 420$ Pa）

参 考 文 献

[1] Takizawa T. Deflection of a floating sea ice sheet induced by a moving load[J]. Cold Regions Science and Technology，1985，11（2）：171-180.

[2] Takizawa T. Field studies on response of a floating sea ice sheet to a steadily moving load[J]. Contributions from the Institute of Low Temperature Science A，1987，36：31-76.

[3] Takizawa T. Response of a floating sea ice sheet to a steadily moving load[J]. Journal of Geophysical Research：Oceans，1988，93（C5）：5100-5112.

[4] Squire V A，Robinson W H，Haskell T G，et al. Dynamic strain response of lake and sea ice to moving loads[J]. Cold Regions Science and Technology，1985，11（2）：123-139.

[5] 张志宏，顾建农，王冲，等. 航行气垫船激励浮冰响应的模型实验研究[J]. 力学学报，2014，46（5）：655-664.

[6] 李志军，王永学，李广伟. DUT-1 合成模型冰的弯曲强度和弹性模量实验分析[J]. 水科学进展，2002，13（3）：292-297.

[7] 李志军，贾青，王国玉，等. 流冰对码头排桩撞击力的物理模拟试验研究[J]. 工程力学，2010，27（3）：169-173，197.

[8] 史庆增，徐继祖，宋安. 海冰作用力的模拟实验[J]. 海洋工程，1991，9（1）：16-22.

[9] Kozin V M，Pogorelova A V. Effect of a shock pulse on a floating ice sheet[J]. Journal of Applied Mechanics and Technical Physics，2004，6（45）：794-798.

[10] 刘巨斌，张志宏，张辽远，等. 气垫船兴波破冰问题的数值计算[J]. 华中科技大学学报（自然科学版），2012，40（4）：91-95.

[11] 卢再华，张志宏，胡明勇，等. 全垫升式气垫船破冰过程的数值模拟[J]. 振动与冲击，2012，31（24）：148-154.

[12] 张志宏，顾建农，郑学龄，等. 有限水深船舶水压场的实验研究[J]. 水动力学研究与进展（A 辑），2002，17（6）：720-728.

第 8 章

水下航行潜艇破冰的理论与实验研究

前面已经介绍了移动载荷作用于浮冰层的上表面时所激励的冰层位移响应问题，移动载荷的压力分布容易根据载荷的质量和作用面的大小来确定。当潜艇在水中运动时，潜艇的扰动将使流场压力发生变化，这种流体的压力变化称为潜艇水压场[1]。潜艇水压场的动压载荷作用在冰-水交界面上，也会引起冰层的垂向位移、弯曲变形甚至破裂。建立冰层下运动潜艇水压场的理论计算方法是确定潜艇动压载荷以及冰层位移响应的基础。本章首先介绍确定潜艇动压载荷的理论计算模型，分析潜艇动压载荷的分布特征，在此基础上，介绍俄罗斯 Kozin 团队利用潜艇激励冰-水系统产生弯曲-重力波的理论计算方法和模型实验结果，分析潜艇几何尺度、潜深、运动速度等参数对冰层位移响应的影响，为运动潜艇实现破冰提供研究基础。

8.1 潜艇动压载荷

设冰面下做水平直线运动的潜艇航速为 u，艇长为 L（或 $2l$），水深均匀且为 H，艇体纵轴距冰-水交界面高度为 d，距水底高度为 d'，且有 $H=d+d'$。取动坐标系 $O\text{-}xyz$ 固结于艇体，坐标原点取在潜艇纵轴线的中点上，x 轴正方向指向潜艇运动方向，取 z 轴垂直向上，如图 8.1.1 所示。

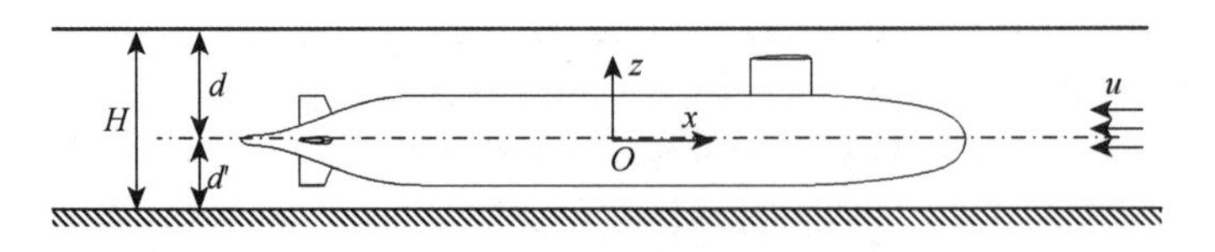

图 8.1.1 潜艇坐标系

8.1.1 细长体理论计算模型

为简化计算，不计围壳、艉翼等附体影响，通常潜艇艇体可视为细长体，设其横截面面积分布为 $S(x)$。将水视为理想不可压缩流体做无旋运动，根据 2.3.3 节的势流分析，可知流体运动的控制方程是拉普拉斯方程，因此可在潜艇轴线上分布源汇来等价潜艇的运动。在动坐标系下，等价于流体绕潜艇反向流动，来流沿 x 轴负方向，速度为 u，速度势为 $-ux$。潜艇运动引起的流场总速度势为 $\Phi=-ux+\phi$，其中 ϕ 为扰动速度势。

在无界流场中，潜艇在场点 (x,y,d) 处引起的扰动速度势为

$$\phi(x,y,d)=-\int_{-l}^{l}\frac{q(\xi)}{4\pi\sqrt{(x-\xi)^2+y^2+d^2}}\mathrm{d}\xi \tag{8.1.1}$$

式中，$(\xi,0,0)$ 为源点坐标；$q(\xi)$ 为源强密度。

对于细长体，为满足潜艇物面不可穿透条件，根据艇体横截面面积分布可得

$$q(\xi)=-u\frac{\mathrm{d}S(\xi)}{\mathrm{d}\xi} \tag{8.1.2}$$

式中，$S(\xi)=\pi r^2(\xi)$，r 为潜艇艇体的横截面半径。

流场中的纵向扰动速度为

$$\phi_x(x,y,d)=-\frac{u}{4\pi}\int_{-l}^{l}\frac{\mathrm{d}S}{\mathrm{d}\xi}\frac{x-\xi}{[(x-\xi)^2+y^2+d^2]^{3/2}}\mathrm{d}\xi$$

定义潜艇运动引起的压力系数为

$$C_p=\frac{\Delta p}{0.5\rho u^2} \tag{8.1.3}$$

式中，Δp 为潜艇运动引起的压力变化，$\Delta p=p-p_\infty$，p 为潜艇运动时的流体压力，p_∞ 为未受潜艇影响时的流体压力；ρ 为水的密度。

进而得无界流场中 (x,y,d) 点处的压力系数为

$$C_p(x,y,d)=\frac{2\phi_x}{u}=-\frac{1}{2\pi}\int_{-l}^{l}\frac{\mathrm{d}S}{\mathrm{d}\xi}\frac{x-\xi}{[(x-\xi)^2+y^2+d^2]^{3/2}}\mathrm{d}\xi \tag{8.1.4}$$

若已知艇体横截面面积分布，则由式（8.1.4）可直接计算出无界流场中 (x,y,d) 点处的压力系数。若仅知潜艇长度和最大横截面面积 $S_{\max}$，则可采用数学艇型近似计算，例如设

$$S(x)=S_{\max}[1-(x/l)^2],\quad -l\leqslant x\leqslant l \tag{8.1.5}$$

则

$$C_p(x,y,d)=\frac{S_{\max}}{\pi l^2}\int_{-l}^{l}\frac{\xi(x-\xi)}{[(x-\xi)^2+y^2+d^2]^{3/2}}\mathrm{d}\xi \tag{8.1.6}$$

潜艇在冰层下运动时，潜艇的动压载荷将在冰-水系统中激励起冰层弯曲变形，冰层位移变形量较小，因此可近似将冰层处理为固壁，且忽略冰层位移变形对潜艇和流场的影响。采用镜像法来满足冰层和水底的固壁不可穿透条件，镜像次数一般取 3 次即可满足精度要求。如果水深很大（$d'\to\infty$），水底的影响可以忽略不计，此时关于冰层取 $n=1$ 进行一次镜像即可。由此得潜艇在冰-水交界面上引起的扰动压力系数为

$$C_p(x,y,d)=\frac{2S_{\max}}{\pi l^2}\sum_{i=1}^{n}\int_{-l}^{l}\frac{\xi(x-\xi)}{[(x-\xi)^2+y^2+d_i^2]^{3/2}}\mathrm{d}\xi \tag{8.1.7}$$

式中，$n=3$；$d_1=d$；$d_2=d+2d'$；$d_3=3d+2d'$。

对式（8.1.7）积分后，得冰-水交界面上压力系数的解析计算公式为

$$C_p(x,y,d)=\frac{2S_{\max}}{\pi l^2}\sum_{i=1}^{n}\left\{\frac{l}{\sqrt{(x+l)^2+y^2+d_i^2}}+\frac{l}{\sqrt{(x-l)^2+y^2+d_i^2}}+\ln\left[\frac{x-l+\sqrt{(x-l)^2+y^2+d_i^2}}{x+l+\sqrt{(x+l)^2+y^2+d_i^2}}\right]\right\} \tag{8.1.8}$$

特别地，在艇体正上方的冰-水交界面 $(0,0,d)$ 处，可得压力系数为

$$C_p(0,0,d)=\frac{4S_{\max}}{\pi l^2}\sum_{i=1}^{n}\left(\frac{l}{\sqrt{l^2+d_i^2}}+\ln\frac{d_i}{\sqrt{l^2+d_i^2}+l}\right) \tag{8.1.9}$$

8.1.2 回转体理论计算模型

回转体模型不需要附加艇体“细长”的限制，因此可以适用于线型更“胖”的潜艇。由于没有“细长”条件，不宜采用式（8.1.2）计算源强密度。为确定回转体艇体纵轴上分布的源强密度 $q(\xi)$，本节采用轴对称体纵向绕流理论，在源汇流场与速度为 u 的均流迭加后，可得流函数为

$$\psi=-\frac{1}{2}ur^2-\frac{1}{4\pi}\int_{-l}^{l}\frac{q(\xi)(x-\xi)}{\sqrt{(x-\xi)^2+r^2}}\mathrm{d}\xi$$

令 $\psi=0$，得回转体轮廓线方程为

$$\int_{-l}^{l}\frac{q(\xi)(x-\xi)}{\sqrt{(x-\xi)^2+r^2}}\mathrm{d}\xi=-2\pi ur^2 \tag{8.1.10}$$

式中，r 为回转体横截面半径。

若回转体轮廓线方程 $r=f(x)$ 已知，则由积分方程式（8.1.10），通过近似计算可求得 $q(\xi)$。将回转体纵轴分为 m 等份，以 q_1, q_2, $\cdots$, q_m 表示每一小段的源强密度，并近似认为各段内源强密度是常数。

采用图 8.1.2 符号记法，对式（8.1.10）离散后得到如下线性代数方程组：

$$\begin{cases}\sum\limits_{i=1}^{m}(\rho_{i-1,1}-\rho_{i,1})q_i=-2\pi ur_1^2\\ \sum\limits_{i=1}^{m}(\rho_{i-1,2}-\rho_{i,2})q_i=-2\pi ur_2^2\\ \qquad\vdots\\ \sum\limits_{i=1}^{m}(\rho_{i-1,n}-\rho_{i,n})q_i=-2\pi ur_n^2\end{cases} \tag{8.1.11}$$

式中，$\rho_{i,j}=\sqrt{(x_j-\xi_i)^2+r_j^2}$。

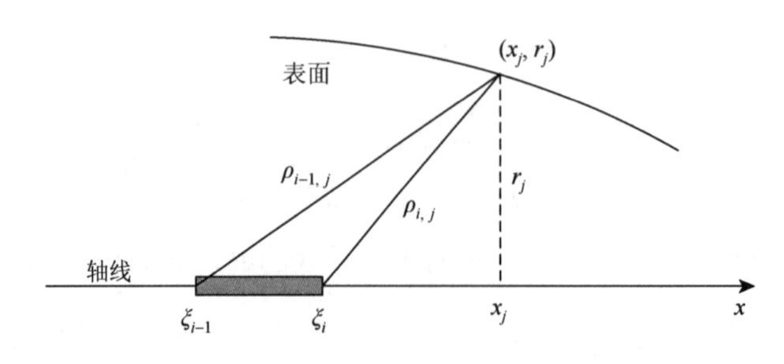

图 8.1.2　源强坐标和物面坐标

若艇体各段横截面面积已知，分别为 S_1，S_2，$\cdots$，S_m，且 $\pi r_j^2=S_j(j=1,2,\cdots,m)$，则由

式（8.1.11）可解出 $q_1, q_2, \cdots, q_m$，然后根据源强密度求出各段线源对水中任一点 (x,y,d) 处的扰动速度势、扰动速度和压力系数。

第 i 段线源上的微元段 $\mathrm{d}\xi$ 在 (x,y,d) 处引起的扰动速度势为

$$\phi_i = -\int_{\xi_{i-1}}^{\xi_i} \frac{q_i \mathrm{d}\xi}{4\pi\sqrt{(x-\xi_i)^2+y^2+d^2}} \tag{8.1.12}$$

纵向扰动速度为

$$\phi_{ix} = \frac{q_i}{4\pi}\left(\frac{1}{R_i}-\frac{1}{R_{i-1}}\right) \tag{8.1.13}$$

式中，$R_i = \sqrt{(x-\xi_i)^2+y^2+d^2}$，符号含义如图 8.1.3 所示。

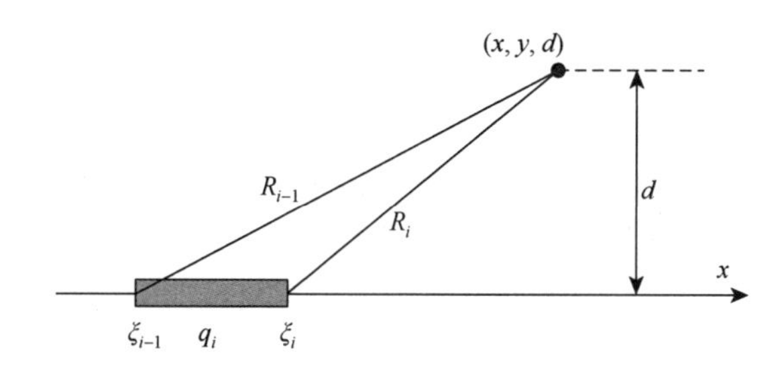

图 8.1.3　源强坐标和场点坐标

整个线源对 (x,y,d) 点引起的纵向扰动速度为

$$\phi_x = \sum_{i=1}^{m}\phi_{ix} = \sum_{i=1}^{m}\frac{q_i}{4\pi}\left(\frac{1}{R_i}-\frac{1}{R_{i-1}}\right) \tag{8.1.14}$$

压力系数为

$$C_p(x,y,d) = \sum_{i=1}^{m}\frac{q_i}{2\pi u}\left(\frac{1}{R_i}-\frac{1}{R_{i-1}}\right) \tag{8.1.15}$$

潜艇坐标系取法与图 8.1.1 相同。对于有限水深，采用 $n=3$ 次镜像以满足冰面和水底固壁不可穿透条件。对于无限水深，采用 $n=1$ 次镜像以满足冰面不可穿透条件。由此可得潜艇在冰-水交界面处引起的扰动压力系数为

$$C_p(x,y,d) = \sum_{j=1}^{n}\sum_{i=1}^{m}\frac{q_i}{\pi u}\left(\frac{1}{R_i'}-\frac{1}{R_{i-1}'}\right) \tag{8.1.16}$$

式中，$R_i' = \sqrt{(x-\xi_i)^2+y^2+d_j{}^2}$，其中 $d_1 = d$，$d_2 = d+2d'$，$d_3 = 3d+2d'$。

以下利用细长体理论模型和回转体理论模型，对潜艇艇体引起的动压载荷进行计算，并与实验结果进行比较分析。

1. 潜艇艇体线型

不计附体影响，仅考虑潜艇艇体，其线型如图 8.1.4 所示。图中，横坐标为无因次艇长，纵坐标为无因次半径，参考长度均采用潜艇长度。这里 $x/L=0.5$ 和 $x/L=-0.5$ 分别对应于艇艏和艇艉的横坐标位置。

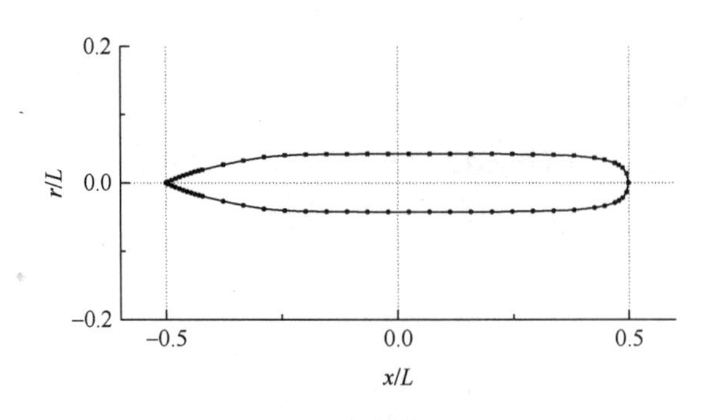

图 8.1.4　潜艇艇体线型

2. 计算结果与实验结果的对比

利用回转体理论计算模型，在水深 $H = 0.83\,L$ 时绘制不同潜深条件下潜艇艇体在冰-水交界面上引起的压力三维分布变化、二维等压线图和横距 $y = 0$ 时的纵向压力变化曲线。由图 8.1.5～图 8.1.9 可以看出，在艇艏、艇艉附近的冰-水交界面上均呈现压力升高变化（称为正压区），艇体上方大部分的冰层区域均呈现压力下降变化（称为负压区），冰层上遭受的正压、负压交替变化，将会加剧冰层的弯曲变形。本节为与实验数据的艇艏、艇艉位置一致，将计算结果的艇艏（FP）、艇艉（AP）位置分别调整为 $x / L = -0.5$ 和 0.5。

在潜深较小（$d \leqslant 0.2\,L$）时，作用在冰层上的负压区呈 W 形分布，从正压峰值到负压峰值或从负压峰值到正压峰值的压力变化迅速，如图 8.1.5（a）和（b）、8.1.6（a）和（b）、图 8.1.7 和图 8.1.8 所示；而在潜深较大时，负压区转呈 U 形（$0.2\,L < d < 0.4\,L$）或 V 形（$d \geqslant 0.4\,L$）分布，正负压力峰值之间的变化趋缓，如图 8.1.5（c）和（d）、图 8.1.6（c）和（d）、图 8.1.9（b）～（d）所示。由图 8.1.7 可清楚看出，当潜深由小逐渐变大时，压力变化纵向曲线的负压区将由 W 形逐渐转为 U 形和 V 形分布。

对破冰而言，关注的重点不是艇体表面上的压力分布，而是距离艇体表面较远的场点，即冰-水交界面上的压力变化，潜艇主尺度的大小是其主要影响因素，因此在艇体轴线上分布源汇进行计算仍有较好的近似。理论计算结果不仅反映了压力分布的三种形状，而且水压纵向变化曲线的计算结果与实验结果之间还具有较好的一致性，如图 8.1.8 和图 8.1.9 所示。计算结果还表明，潜深较小时，压力变化纵向曲线左右不对称，艇艏正压峰值大，艇艉正压峰值小，这与艇体横截面面积分布左右不对称相一致；当潜深较大时，压力变化纵向曲线左右趋于对称，说明艇体横截面面积分布不对称对远场压力变化的影响减小。

由于计算的对象为潜艇艇体，未计及围壳等附体的影响，且属流线型细长体，采用细长体理论模型与采用回转体理论模型计算得到的水压纵向曲线结果非常一致，如图 8.1.8 所示，说明对常规的潜艇线型而言，细长体模型和回转体模型均可应用，但利用细长体模型计算更为简便。若要计及潜艇围壳等附体对流场压力变化的影响，则可采用边界元方法进行数值计算[1-6]。

通过计算冰-水交界面处的压力系数 C_p，利用式（8.1.3）即可得到潜艇运动时冰层的下表面所受的水动压力载荷 Δp，用 Δp 代替式（5.1.12）中冰层的上表面所受的移动气垫载荷 p_{Ae}，则第 5 章的边界元与有限元混合方法完全可以用于冰层下水下运动潜艇的破冰数值计算。

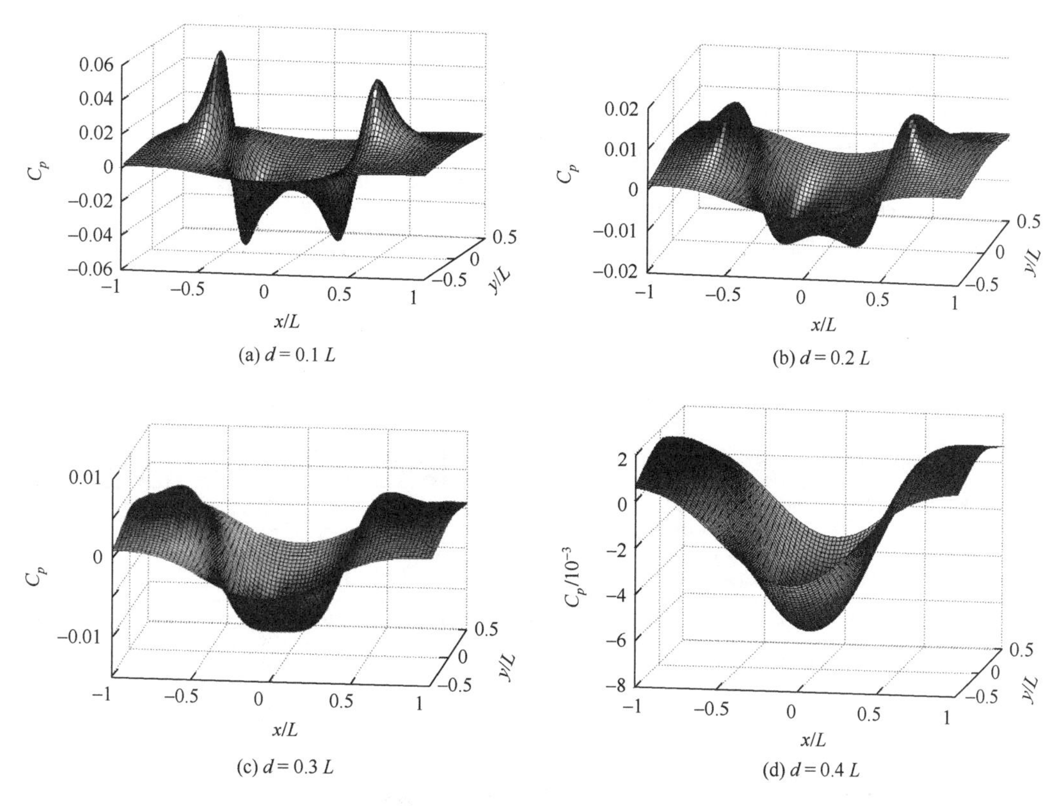

(a) $d = 0.1\,L$　(b) $d = 0.2\,L$

(c) $d = 0.3\,L$　(d) $d = 0.4\,L$

图 8.1.5　冰-水交界面上的压力三维分布变化

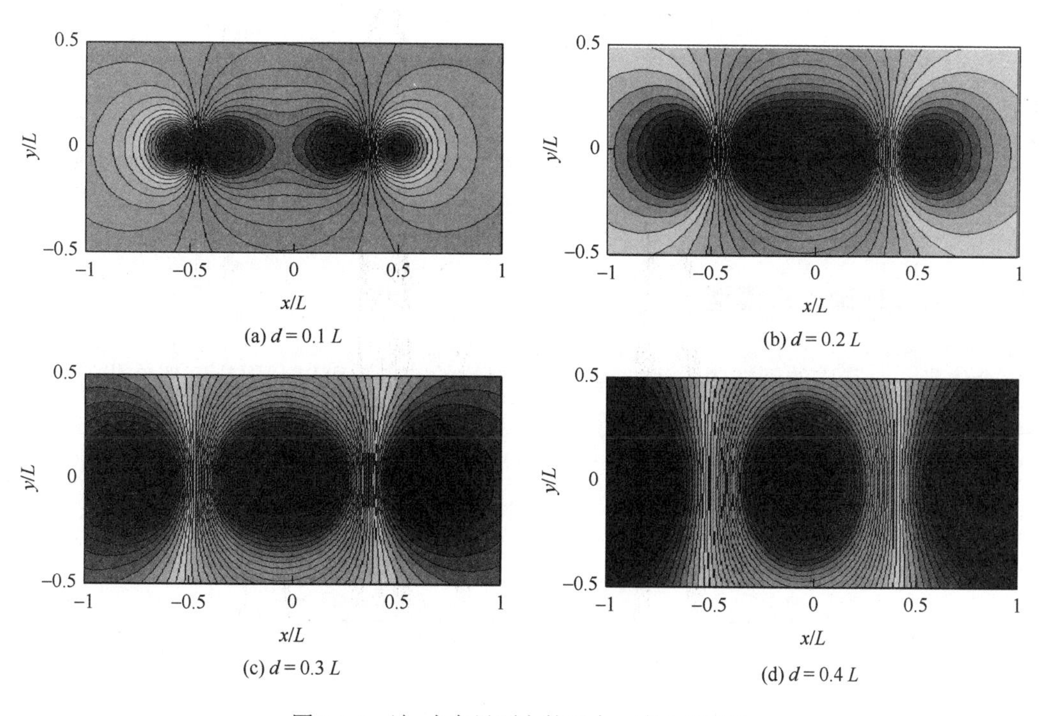

(a) $d = 0.1\,L$　(b) $d = 0.2\,L$

(c) $d = 0.3\,L$　(d) $d = 0.4\,L$

图 8.1.6　冰-水交界面上的压力二维分布变化

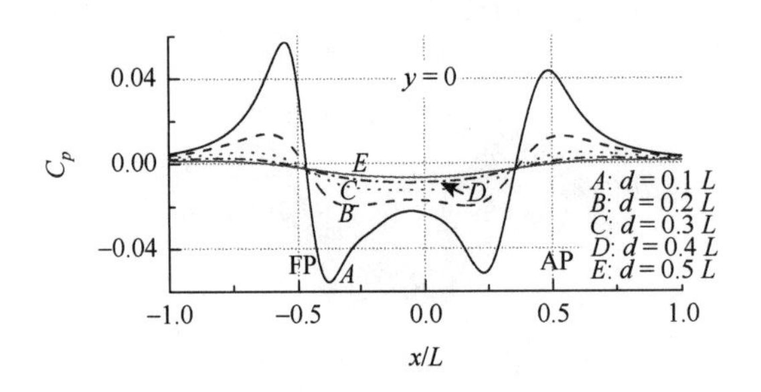

图 8.1.7　不同潜深时的压力纵向变化曲线

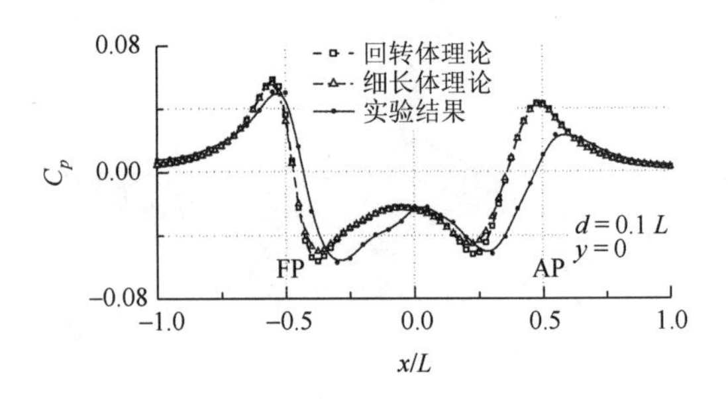

图 8.1.8　两种理论模型与实验结果的比较

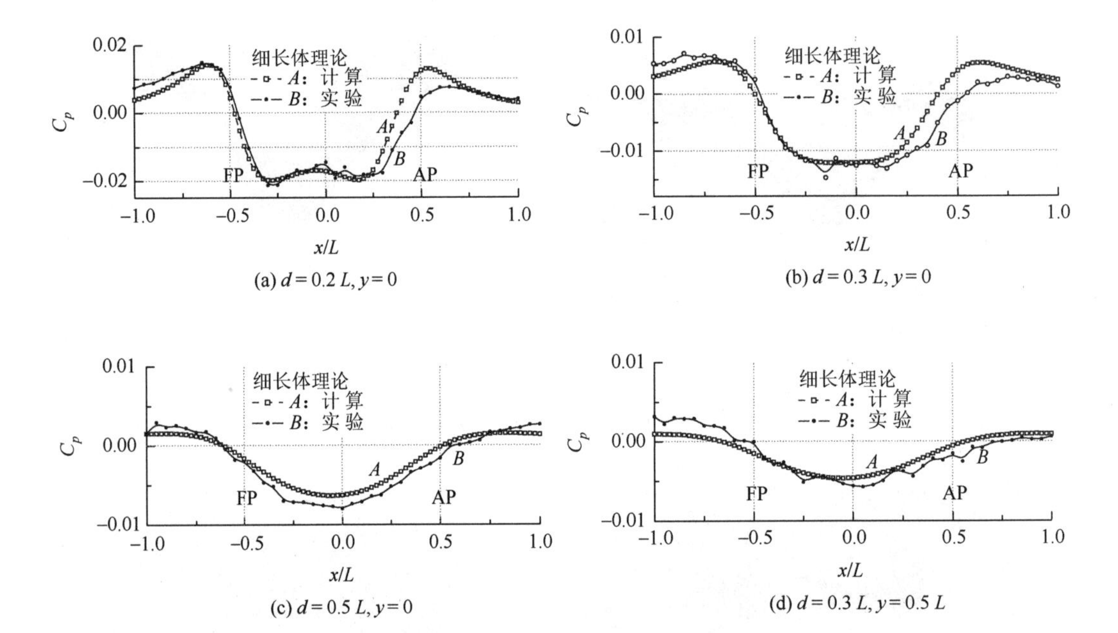

图 8.1.9　不同潜深时细长体模型与实验结果的比较

8.1.3　兰金体理论计算模型

兰金体是一种特殊的回转体，线型具有左右对称的特点，可以利用势流理论获得解析解。设兰金体长度为$2l(=L)$，最大直径为$2R$，水平运动速度恒为u，建立动坐标系$O\text{-}xyz$固结于兰金体上，x轴正方向指向兰金体运动方向，z轴垂直向上，如图 8.1.10 所示。在动坐标系下，

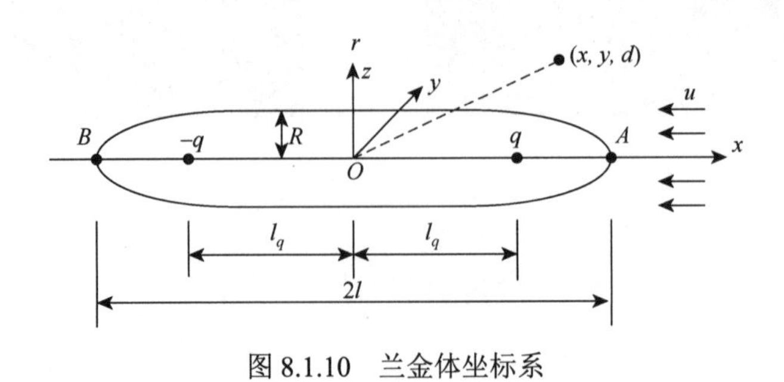

图 8.1.10　兰金体坐标系

将兰金体转换为绕流运动，并可采用均匀来流和一对空间源汇的叠加来模拟，这里设源强为 q，点源坐标为 $(l_q,0,0)$，点汇坐标为 $(-l_q,0,0)$，(x,y,d) 为场点坐标，其中 d 为场点距 Oxy 坐标平面的高度。

当采用柱坐标系 (r,θ,x) 时，兰金体绕流场与 θ 无关，由 2.3.3 节可知，均流和源汇叠加的流函数为

$$\psi=-\frac{1}{2}ur^2-\frac{q(x-l_q)}{4\pi\sqrt{(x-l_q)^2+r^2}}+\frac{q(x+l_q)}{4\pi\sqrt{(x+l_q)^2+r^2}} \tag{8.1.17}$$

在兰金体表面上，令 $\psi(x,r)=0$，得流线方程为

$$\frac{1}{2}ur^2+\frac{q(x-l_q)}{4\pi\sqrt{(x-l_q)^2+r^2}}-\frac{q(x+l_q)}{4\pi\sqrt{(x+l_q)^2+r^2}}=0 \tag{8.1.18}$$

当 $r=0$ 时，式（8.1.18）自动满足，说明有一根流线通过 x 轴。另外，$\psi(x,r)=0$ 中的流线还有解：

$$r^2-\frac{q(x+l_q)}{2\pi u\sqrt{(x+l_q)^2+r^2}}+\frac{q(x-l_q)}{2\pi u\sqrt{(x-l_q)^2+r^2}}=0 \tag{8.1.19}$$

或

$$r^2-\frac{s_1^2(x+l_q)}{\sqrt{(x+l_q)^2+r^2}}+\frac{s_1^2(x-l_q)}{\sqrt{(x-l_q)^2+r^2}}=0 \tag{8.1.20}$$

式中，$s_1^2=q/(2\pi u)$。

因为 $\left|(x+l_q)/\sqrt{(x+l_q)^2+r^2}\right|<1$，$\left|(x-l_q)/\sqrt{(x-l_q)^2+r^2}\right|<1$，所以由式（8.1.20）可知 $r^2<2s_1^2$，这表明还有一封闭分支流线存在，该封闭流线即为兰金体的回转面。利用式(8.1.20)，通过预先给定不同的 x 坐标值，即可计算出兰金体的回转半径 r（兰金体线型）。

根据柱坐标系下的速度分量与流函数的关系，有

$$v_x=\frac{1}{r}\frac{\partial\psi}{\partial r},\quad v_r=-\frac{1}{r}\frac{\partial\psi}{\partial x} \tag{8.1.21}$$

通过式（8.1.17）可以得到兰金体的绕流速度场为

$$v_x=-u+\frac{q}{4\pi}\left\{\frac{x-l_q}{[(x-l_q)^2+r^2]^{3/2}}-\frac{x+l_q}{[(x+l_q)^2+r^2]^{3/2}}\right\} \tag{8.1.22a}$$

$$v_r=\frac{qr}{4\pi}\left\{\frac{1}{[(x-l_q)^2+r^2]^{3/2}}-\frac{1}{[(x+l_q)^2+r^2]^{3/2}}\right\} \tag{8.1.22b}$$

绕流合速度平方为

$$v^2=v_x^2+v_r^2 \tag{8.1.23}$$

根据式（8.1.3），得绕流兰金体的压力系数为

$$C_p=\frac{p-p_\infty}{0.5\rho u^2}=1-\frac{v^2}{u^2} \tag{8.1.24}$$

在前驻点$x=l$、$r=0$处，有$v_x=0$，$v_r=0$。利用$v_x=0$和式（8.1.22a），得

$$(l^2-l_q^2)^2=2s_1^2ll_q \tag{8.1.25}$$

另外，在兰金体物面方程式（8.1.20）中，当$x=0$时，有$r=R$，所以得

$$\frac{R^2}{s_1^2}=\frac{2l_q}{\sqrt{l_q^2+R^2}} \tag{8.1.26}$$

对于细长兰金体，有$l>l_q\gg R$且$l\to l_q$，所以由式（8.1.26）得$2s_1^2\approx R^2$，由式（8.1.25）得$l-l_q\approx R/2$。

在兰金体表面最大半径处（$x=0$、$r=R$），利用式（8.1.22），可以得到该点的速度分量为

$$v_x(0,R)=-u\left[1+\frac{R^2}{2(R^2+l_q^2)}\right],\quad v_r(0,R)=0 \tag{8.1.27}$$

该点流速只有v_x分量，且速度变化达到最大，速度为负值说明流动沿x轴负方向。当$l_q\to0$时，有$v_x\to-3u/2$，此时源汇作用等同于偶极子，为均匀来流绕圆球的流动。当$R\to0$时，有$v_x\to-u$，此时物面趋于与x轴重合，因此可近似视为均匀流动。对于细长兰金体，还有$v_x(0,R)\to-u[1+R^2/(2l_q^2)]\approx-u-q/(2\pi l_q^2)$。

在式（8.1.25）和式（8.1.26）中，有l、R、s_1、l_q四个参数，若预先给定兰金体的长度$2l$和最大直径$2R$，则可求出s_1和l_q。对一般兰金体而言，通常有$0\leqslant l_q\leqslant l$，若$l_q=0$，则为圆球绕流。对细长兰金体而言，通常有$l>l_q\gg R$，利用式（8.1.25）和式（8.1.26）联立求解，可得源点位置为$l_q\approx l-R/2$，若已知来流速度u，则根据式（8.1.26）可以确定出源汇强度$q(=2u\pi s_1^2\approx u\pi R^2)$。利用式（8.1.22）可以计算不同长细比（用$\lambda_1=l/R$表示）下兰金体绕流的速度场，再利用式（8.1.24）计算兰金体绕流的压力场。

1. 兰金体线型的计算

作为算例，设有一兰金体参数为$l=60.375\text{ m}$，$R=5.1\text{ m}$，$u=5\text{ m/s}$。根据式（8.1.25）和式（8.1.26），得

$$(60.375^2-l_q^2)^2=60.375\times2s_1^2l_q,\quad 2s_1^2l_q=5.1^2\sqrt{l_q^2+5.1^2}$$

即

$$(60.375^2-l_q^2)^2=1570.35\sqrt{l_q^2+5.1^2}$$

解得$l_q=57.821$，进一步计算得$s_1=3.613\text{ m}$，$q=2\pi us_1^2=409.89\text{ m}^3/\text{s}$。在此基础上，利用式（8.1.20），可以计算出不同横坐标x下对应的纵坐标r值，即该工况下兰金体的线型，如图 8.1.11 曲线 1 所示。由于该兰金体长细比大，经验算有$l-l_q\approx R/2$，即前驻点和源点之间的距离近似为兰金体最大半径的 1/2，且$R^2\approx2s_1^2$。

保持兰金体的$l=60.375\text{ m}$、$u=5\text{ m/s}$不变，依次改变最大半径R的大小，采用上述计算方法可以得到不同长细比的兰金体线型。在图 8.1.11 中，曲线 1～曲线 5 分别代表长细比λ_1为

11.84、10.00、5.00、2.0、1.0 的兰金体线型，对应的 R 值大小分别为 5.1 m、6.038 m、12.075 m、30.188 m、60.375 m。当长细比 $\lambda_1=1.0$ 时，兰金体转化为圆球。

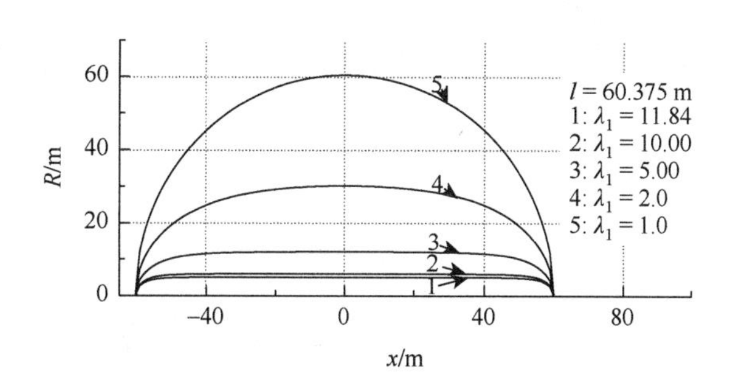

图 8.1.11　不同长细比的兰金体线型

2. 兰金体压力场的计算

取兰金体参数 $l=60.375\,\text{m}$ ，$R=5.1\,\text{m}$ ，$u=5\,\text{m/s}$ ，可由式（8.1.22）～式（8.1.26）计算横距 $y=0$ 时、同一兰金体不同高度处（$d=0.1L$ 、$0.2L$ 、$0.3L$ 、$0.5L$ ）的纵向压力变化曲线，计算结果如图 8.1.12 所示。可见，随着高度增大，压力变化负压区形状由 W 形（通常 $d\leqslant 0.2L$ ）向 U 形（通常 $0.2L<d<0.4L$ ）和 V 形（通常 $d\geqslant 0.4L$ ）转变。

保持参数 $l=60.375\,\text{m}$ 、$u=5\,\text{m/s}$ 、$y=0$ 、$d=0.3L$ 不变，改变兰金体半径分别为 $R=5.1\,\text{m}$ 、$6.038\,\text{m}$ 、$12.075\,\text{m}$ 、$18.113\,\text{m}$ ，对应的长细比分别为 $\lambda=11.84$ 、10 、5 、3.33 ，计算得到不同长细比兰金体的纵向压力变化曲线如图 8.1.13 所示。可见，在兰金体长度一定的情况下，随着兰金体半径增大，其对流场的扰动增大，因此正压和负压峰值也随之增大。由于 $d=0.3L$ ，不同长细比兰金体引起的负压区基本呈 U 形分布。

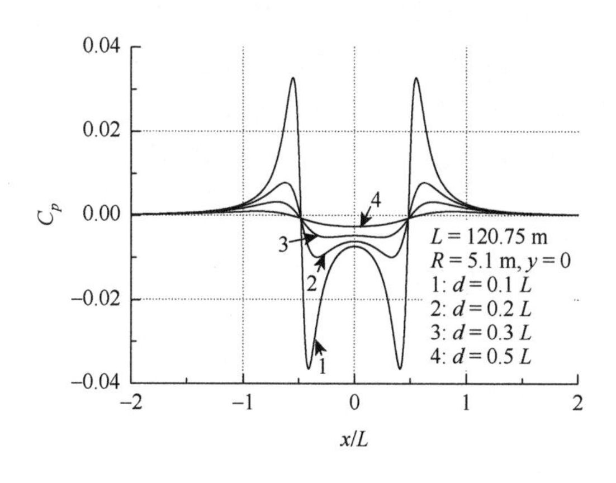

图 8.1.12　不同高度处兰金体的纵向压力变化曲线

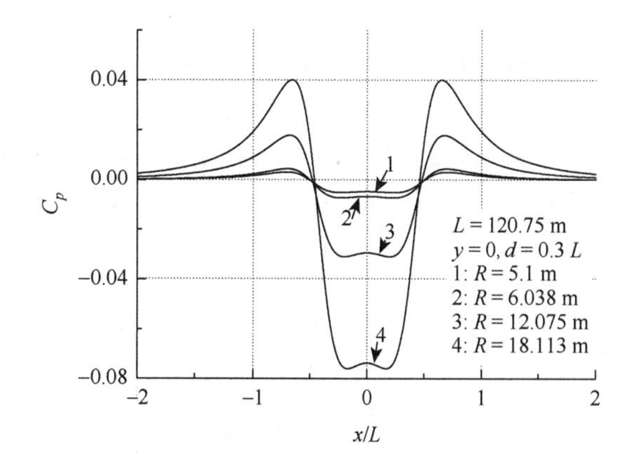

图 8.1.13　不同长细比兰金体的纵向压力变化曲线

3. 兰金体和潜艇艇体线型的影响

在图 8.1.14 中，给出了两种无因次细长体线型，具有相同的长度和最大直径。其中一种是潜艇体线型，艏圆艉尖（曲线 1），另一种是兰金体线型，艏艉对称（曲线 2）。现基于细长体理论模型，对这两种线型物体在不同高度 $d=0.1L$、$0.3L$、$0.5L$ 处引起的压力变化进行计算，结果如图 8.1.15 所示。由图可见，与兰金体情况不同，潜艇体引起的压力变化前后不对称，兰金体与潜艇体引起的压力变化在前端部分符合较好，在尾端部分存在一定差异，而随着高度的增大，这种差异逐渐减小（这里 $x/L=-0.5$ 为艇艏，$x/L=0.5$ 为艇艉）。

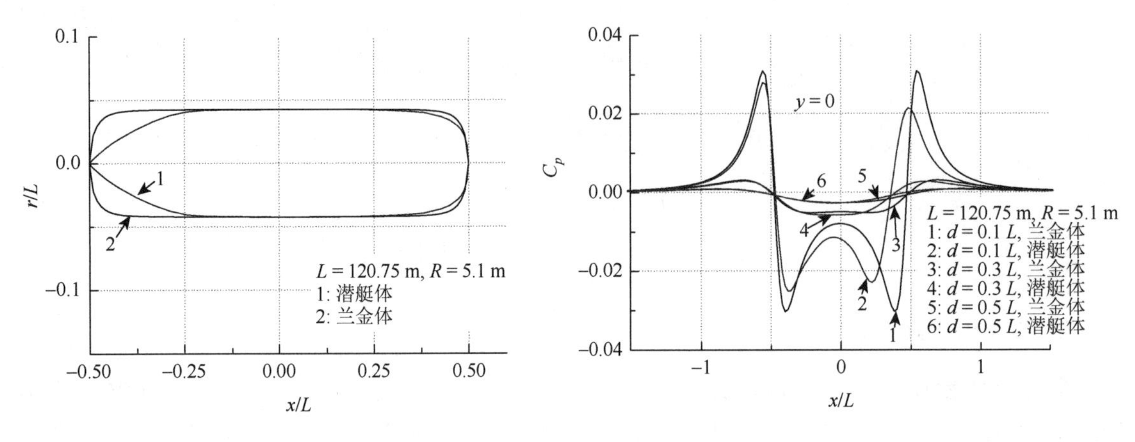

图 8.1.14　兰金体和潜艇体线型　　　图 8.1.15　两种线型对纵向压力变化曲线的影响

兰金体理论模型针对的兰金体线型是前后对称的，由图 8.1.12 和图 8.1.13 可知，其压力场计算结果也前后对称。细长体理论模型可适用于线型前后不对称的潜艇体，但要求其满足细长的假定（通常要求 $\lambda_1 \geqslant 5$）才有足够的精度，由前后线型不对称潜艇体计算得到的压力场通常也是不对称的。

4. 三种理论模型的结果对比

在无界流场中，利用细长体、回转体、兰金体三种理论计算模型，在兰金体的近壁面（$d=R$）附近即误差最大的不利情况下，对四种不同长细比兰金体的压力纵向变化进行了计算。通过比较发现，回转体理论模型计算结果与兰金体理论模型解析结果接近一致，即使线型比较“胖”的兰金体（如圆球）也是如此，回转体理论模型比细长体理论模型的近似解有更高的精度，如图 8.1.16（a）～（d）所示。

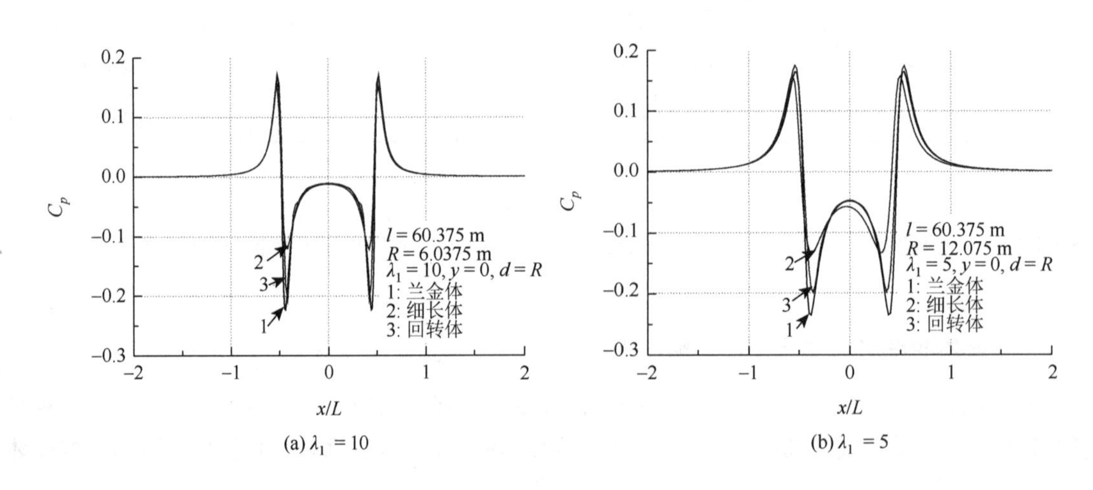

(a) $\lambda_1=10$　　　(b) $\lambda_1=5$

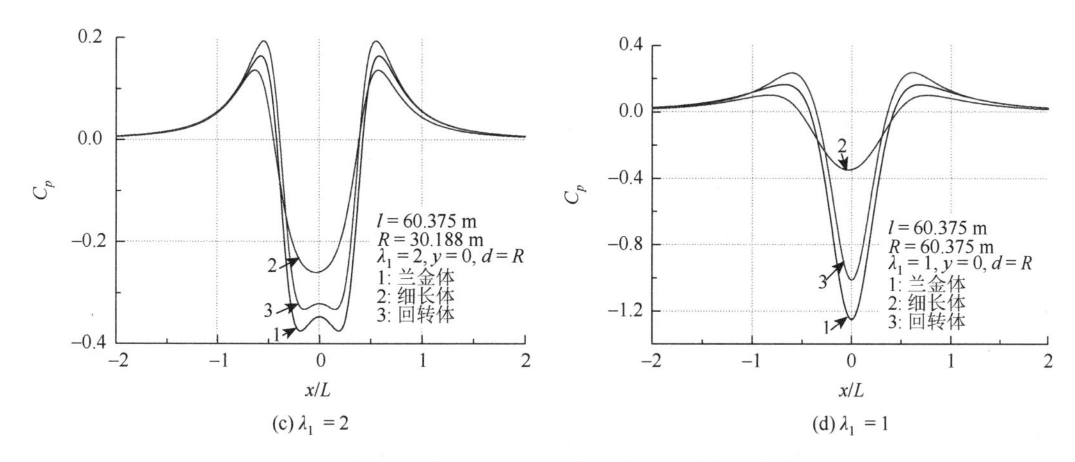

(c) $\lambda_1 = 2$　　　(d) $\lambda_1 = 1$

图 8.1.16　不同长细比下三种理论模型的压力纵向变化曲线比较

当选取的兰金体较为细长（如长细比 $\lambda_1 \geqslant 5$ ）时，回转体、兰金体和细长体三种模型在较近的距离（如 $d = 0.1L$ ）、中等距离（如 $d = 0.3L$ ）和较远的距离（如 $d = 0.5L$ ）下的计算结果均有较好的一致性，如图 8.1.17（a）和（b）所示，即使在壁面附近（ $d = R$ ）的计算结果也符合较好，如图 8.1.16（a）和（b）所示。当兰金体线型较“胖”（如长细比 $\lambda_1 < 5$ ）时，细长体模型计算结果与回转体模型、兰金体模型计算结果存在一定差别，细长体模型计算结果峰值偏小，且当兰金体越“胖”即长细比越小时，这种差别就越大。

当兰金体的长细比为 1 时，兰金体转化为圆球，在壁面附近（ $d = R$ ）利用细长体模型得到的计算结果与回转体模型、兰金体模型的计算结果相差较大，如图 8.1.16（d）所示。即使高度进一步增大，细长体模型计算结果的差别也仍然较大。例如，在 $d = 0.3L$ 时，图 8.1.17（c）中的曲线 3 为细长体模型计算结果，而曲线 1、5 分别为兰金体和回转体模型计算结果，在 $d = 0.5L$ 时，曲线 4 为细长体模型计算结果，而曲线 2、6 分别为兰金体和回转体模型计算结果。

计算分析表明，在潜艇体长细比 $\lambda_1 \geqslant 5$ 时，采用回转体、兰金体和细长体三种理论模型计算潜艇体引起的流场动压载荷误差较小，因此可以采用简化的兰金体线型代替潜艇体线型进行计算。

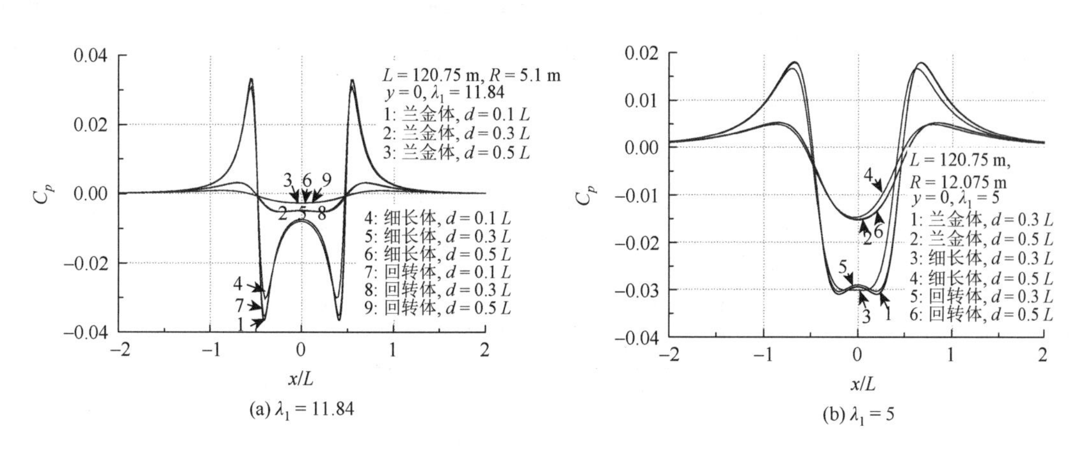

(a) $\lambda_1 = 11.84$　　　(b) $\lambda_1 = 5$

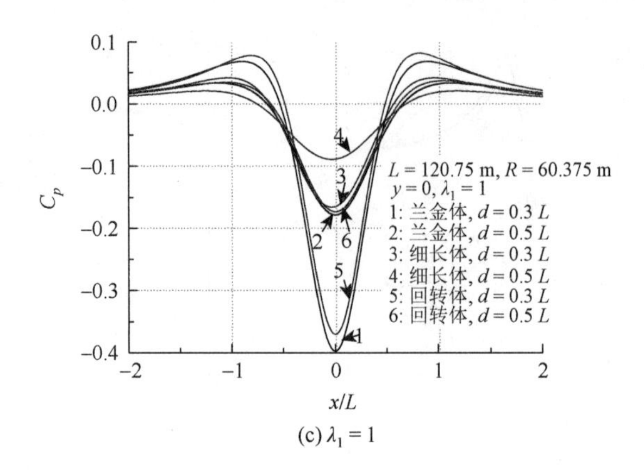

(c) $\lambda_1 = 1$

图 8.1.17　不同长细比下高度对三种理论模型结果的影响

8.2　冰层响应计算方法

目前，除了俄罗斯 Kozin 研究团队以外，对冰层下潜艇运动激励冰层响应的理论研究还很少，对冰-水系统中形成的弯曲-重力波的影响因素研究还不充分。Kozin 等[7]通过模型实验证实了水下运动潜艇破冰的可能性。Kozin 等[8]以潜艇破冰为背景，分析了水中定常运动点源的速度、潜深等参数激励弹性浮板的位移响应问题。Pogorelova 等[9-11]研究了有限水深和无限水深条件下，非定常水平直线运动点源激励弹性浮板的位移响应问题。Pogorelova 等[12, 13]还通过理论和实验研究了无限水深及有限水深条件下潜艇体激励弹性浮板的位移响应问题。下面重点介绍 Pogorelova 等[12]的理论研究工作。

8.2.1　兰金体模型的渐近解

在无界流场中，有一细长体（兰金体）以速度 u 做水平直线运动。细长体长度为 $2l$，最大横截面半径为 R。取坐标系 $O\text{-}xyz$ 固结于细长体上，坐标系原点 O 位于细长体纵轴中点，x 轴正方向指向细长体运动方向，z 轴垂直向上，如图 8.2.1 所示。现假设细长体不动，等价于无穷远处来流以速度 u 绕细长体做反向运动。假设流体是理想不可压缩的且做无旋运动，因此存在速度势。采用源汇和均匀来流叠加的方式模拟细长体的绕流运动，源汇强度分别为 q 和 $-q$，位置分别位于 $(l_q,0,0)$ 和 $(-l_q,0,0)$ 处。

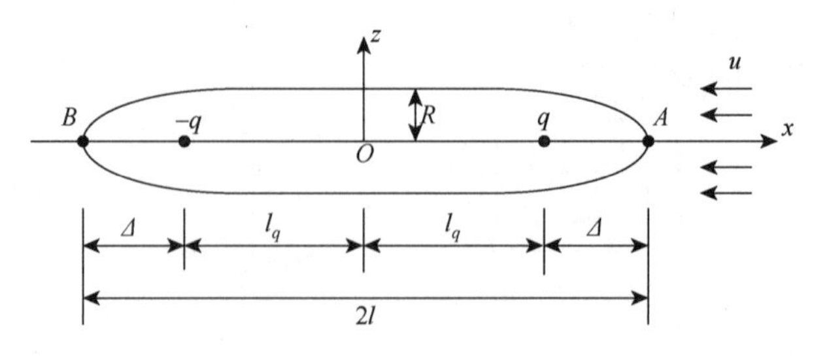

图 8.2.1　细长体坐标系

根据 2.3.3 节，可知在图 8.2.1 所示的均流绕流源汇的流体速度势为

$$\Phi = -ux - \frac{q}{4\pi\sqrt{(x-l_q)^2+y^2+z^2}} + \frac{q}{4\pi\sqrt{(x+l_q)^2+y^2+z^2}}$$

x 方向的速度分量为

$$\Phi_x = -u + \frac{q(x-l_q)}{4\pi[(x-l_q)^2+y^2+z^2]^{3/2}} - \frac{q(x+l_q)}{4\pi[(x+l_q)^2+y^2+z^2]^{3/2}}$$

细长体前缘和尾缘处均为驻点，因此流体速度为零。以前缘点 A 为例，该点坐标值为 $x = l_q + \varDelta, y = 0, z = 0$，此时有 $\Phi_x = 0$，由此可得

$$\frac{q}{4\pi\varDelta^2} - \frac{q}{4\pi(2l_q+\varDelta)^2} = u \tag{8.2.1}$$

利用 $l_q = l - \varDelta$，式（8.2.1）可写为

$$ql(l-\varDelta) = 4\pi u\varDelta^2(l-\varDelta/2)^2 \tag{8.2.2}$$

若源汇之间的距离与物体的直径相比很大，则可认为该物体属于细长体。在细长体最大横截面附近的绕流速度近似为 $(-u,0,0)$，从源至汇通过细长体中心截面的流体流量为 $q \approx u\pi R^2$，由于细长体对流体具有排挤效应，根据式（8.1.27），更精确的流量表达式为

$$q \approx \left(u + \frac{q}{2\pi l_q^2}\right)\pi R^2 \tag{8.2.3}$$

利用 $l_q = l - \varDelta$，式（8.2.3）可写为

$$q\left[1 - \frac{R^2}{2(l-\varDelta)^2}\right] \approx u\pi R^2 \tag{8.2.4}$$

引入无量纲量

$$\bar{\varDelta} = \frac{\varDelta}{l}, \quad \bar{R} = \frac{R}{l} \tag{8.2.5}$$

则式（8.2.2）和式（8.2.4）可转化为

$$q = \frac{4\pi u l^2\bar{\varDelta}^2(1-\bar{\varDelta}/2)^2}{1-\bar{\varDelta}} \tag{8.2.6}$$

$$q\left[1 - \frac{\bar{R}^2}{2(1-\bar{\varDelta})^2}\right] \approx u\pi\bar{R}^2 l^2 \tag{8.2.7}$$

将式（8.2.6）中的 q 代入式（8.2.7），得

$$\bar{R}^2 \approx \frac{4\bar{\varDelta}^2(1-\bar{\varDelta}/2)^2}{1-\bar{\varDelta}}\left[1 - \frac{\bar{R}^2}{2(1-\bar{\varDelta})^2}\right] \tag{8.2.8}$$

对细长体而言，$\bar{R}$ 为小量，由式（8.2.7）和式（8.2.8）可分别写出关于 q 和 $\varDelta$ 的渐近展开式为

$$q \approx u\pi R^2\left(1 + \frac{\bar{R}^2}{2} + \cdots\right) \tag{8.2.9a}$$

$$\varDelta \approx \frac{R}{2}\left(1 + \frac{7\bar{R}^2}{32} + \cdots\right) \tag{8.2.9b}$$

式（8.2.9a）可用于确定源汇强度，式（8.2.9b）可用于确定前缘驻点与源点之间的距离。对现代潜艇而言，通常有$1/11 \leqslant \bar{R} \leqslant 1/8$，因此在无界流场中利用渐近展开式（8.2.9）进行计算引起的误差小于 0.016%。现在考虑有自由表面存在，并将细长体坐标系向上平移至自由表面上，使细长体潜深为$z=-d$。为满足自由表面条件，在$(l_q,0,-d)$和$(-l_q,0,d)$处布置有两个源，在$(l_q,0,d)$和$(-l_q,0,-d)$处布置有两个汇，如图 8.2.2 所示。

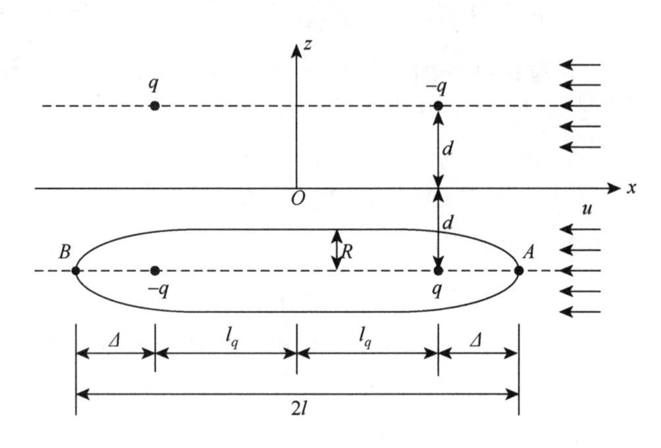

图 8.2.2　自由面坐标系

为避免流体由下面的源往上面的汇方向流动，在来流速度、源强和潜深之间应该满足的条件为$u \gg q/d^2$。针对速度为零的驻点A，考虑四个源汇的作用，类似式（8.2.1）的推导，可以得到

$$\frac{q}{4\pi\varDelta^2}-\frac{q}{4\pi(2l_q+\varDelta)^2}-\frac{q\varDelta}{4\pi(4d^2+\varDelta^2)^{3/2}}+\frac{q(2l_q+\varDelta)}{4\pi[4d^2+(2l_q+\varDelta)^2]^{3/2}}=u \tag{8.2.10}$$

从源至汇通过细长体横截面的流体流量为

$$q \approx \left[u+\frac{q}{2\pi l_q^2}-\frac{ql_q}{2\pi(l_q^2+4d^2)^{3/2}}\right]\pi R^2 \tag{8.2.11}$$

将$l_q=l-\varDelta$代入式（8.2.10）和式（8.2.11），得

$$q\left\{\frac{1}{\varDelta^2}-\frac{1}{(2l-\varDelta)^2}-\frac{\varDelta}{(4d^2+\varDelta^2)^{3/2}}+\frac{2l-\varDelta}{[4d^2+(2l-\varDelta)^2]^{3/2}}\right\}=4\pi u \tag{8.2.12a}$$

$$q\left\{1-\frac{R^2}{2(l-\varDelta)^2}+\frac{(l-\varDelta)R^2}{2[(l-\varDelta)^2+4d^2]^{3/2}}\right\}\approx u\pi R^2 \tag{8.2.12b}$$

利用式（8.2.5），再引入无量纲量$\bar{d}=d/l$，式（8.2.12）可写为

$$q\left\{\frac{1-\bar{\varDelta}}{(1-\bar{\varDelta}/2)^2}-\frac{\bar{\varDelta}^3}{(4\bar{d}^2+\bar{\varDelta}^2)^{3/2}}+\frac{(1-\bar{\varDelta}/2)\bar{\varDelta}^2}{4[\bar{d}^2+(1-\bar{\varDelta}/2)^2]^{3/2}}\right\}=4\pi ul^2\bar{\varDelta}^2 \tag{8.2.13a}$$

$$q\left\{1-\frac{\bar{R}^2}{2(1-\bar{\varDelta})^2}+\frac{(1-\bar{\varDelta})\bar{R}^2}{2[(1-\bar{\varDelta})^2+4\bar{d}^2]^{3/2}}\right\}\approx u\pi l^2\bar{R}^2 \tag{8.2.13b}$$

对于小的$\bar{R}$值，由式（8.2.13b）可得源强为

$$q \approx uq_0 \tag{8.2.14a}$$

式中，$q_0 \approx \pi R^2 \left\{1+\frac{\bar{R}^2}{2}\left[1-\frac{1}{(1+4\bar{d}^2)^{3/2}}\right]+\cdots\right\}$。

将式（8.2.14a）中的q代入式（8.2.13a），得

$$\varDelta \approx \frac{R}{2}\left\{1+\frac{\bar{R}^2}{4}\left[\frac{7}{8}-\frac{1}{(1+4\bar{d}^2)^{3/2}}+\frac{1}{8(1+\bar{d}^2)^{3/2}}\right]+\cdots\right\} \tag{8.2.14b}$$

当潜深$\bar{d}\to\infty$时，自由表面效应可以忽略，等价为无界流场问题，式（8.2.14）退化为式（8.2.9）。当$\bar{R}$减小或潜深$\bar{d}$增大时，采用渐近式（8.2.14）的计算误差将减小。计算结果表明，在$\bar{R}=1/8$、$\bar{d}=0.3$时，计算误差将小于 0.4%。因此，可以采用均匀来流和源汇叠加的方式来模拟细长体的绕流运动。此时源强q与无穷远处来流速度u有关，而源汇之间的距离$2l_q$（其中$l_q=l-\varDelta$）与u无关。q和l_q取决于物体的长度$2l$、最大直径$2R$以及潜深d。在大多数情况下，当$\bar{R}<0.3$和$\bar{d}>\bar{R}$时，式（8.2.14）具有较高的计算精度。

8.2.2　浮冰层下的潜艇运动

将浮冰层视为面积无限大的各向均匀的弹性薄板，该薄板漂浮于深度无限的水域表面上。在潜深为d处，有一潜艇以速度$u(t)$做水平直线运动，其中t为时间。已知潜艇长度为$2l$，最大直径为$2R$，根据 8.2.1 节的分析，可将潜艇视为细长兰金体，并用源汇代替。根据式(8.2.14)，可知源强$q=u(t)q_0$，源汇之间的距离为$2l_q$。将坐标系 O-xyz 置于冰水交界面上，坐标原点 O 位于点源正上方，x正方向指向潜艇运动方向，z轴垂直向上，如图 8.2.3 所示。

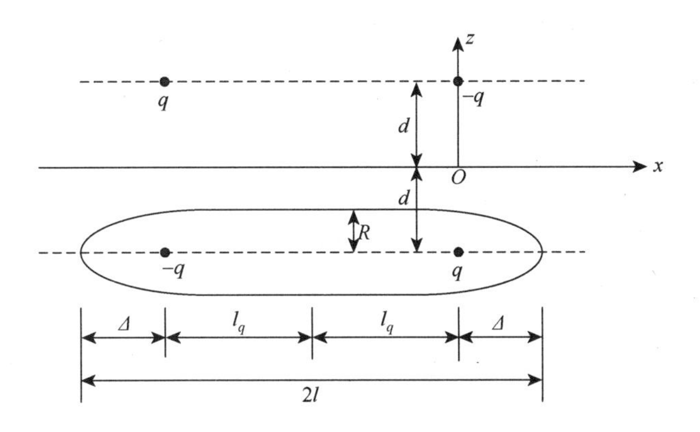

图 8.2.3　随源运动坐标系

假设流体是理想不可压缩的且做无旋运动，因此流动存在速度势。在随源运动坐标系中，速度势$\varPhi$应该满足拉普拉斯方程式（2.3.18）。它包括源$Q_1(0,0,-d)$、汇$Q_2(-2l_q,0,-d)$、镜像汇$Q_3(0,0,d)$、镜像源$Q_4(-2l_q,0,d)$以及流体波动势$\varphi(x,y,z,t)$的贡献，即

$$\varPhi=-\frac{q(t)}{4\pi}\left(\frac{1}{R_1}-\frac{1}{R_2}-\frac{1}{R_3}+\frac{1}{R_4}\right)+\frac{\varphi(x,y,z,t)}{4\pi} \tag{8.2.15}$$

式中，(x,y,z)为场点坐标；$R_1=\sqrt{x^2+y^2+(z+d)^2}$；$R_2=\sqrt{(x+2l_q)^2+y^2+(z+d)^2}$；$R_3=\sqrt{x^2+y^2+(z-d)^2}$；$R_4=\sqrt{(x+2l_q)^2+y^2+(z-d)^2}$。

不计冰层黏性效应，在冰-水交界面上，浮冰层垂向位移 w 应该满足的振动微分方程为

$$D\nabla^4 w+\rho_1 h\left(\frac{\partial^2 w}{\partial t^2}-\frac{\partial u}{\partial t}\frac{\partial w}{\partial x}-2u\frac{\partial^2 w}{\partial t\partial x}+u^2\frac{\partial^2 w}{\partial x^2}\right)+\rho_2 gw+\rho_2\left(\frac{\partial \Phi}{\partial t}-u\frac{\partial \Phi}{\partial x}\right)=0,\quad z=0 \tag{8.2.16}$$

式中，D 为冰层弯曲刚度，$D=Eh^3/[12(1-\mu^2)]$，E 为弹性模量，μ 为泊松比，h 为冰层厚度；ρ_1 为冰密度；ρ_2 为水密度；g 为重力加速度；∇^4 为平面双调和算子，$\nabla^4=(\partial^2/\partial x^2+\partial^2/\partial y^2)^2$。

在冰-水交界面上，线性化的运动学条件为

$$\left.\frac{\partial \Phi}{\partial z}\right|_{z=0}=\frac{\partial w}{\partial t}-u\frac{\partial w}{\partial x} \tag{8.2.17}$$

在 $t=0$ 时，假设潜艇静止，流场不存在扰动，则关于速度势的初始条件为

$$\left.\frac{\partial \Phi}{\partial z}\right|_{z=0,t=0}=0,\quad \left.\left(\frac{\partial \Phi}{\partial t}+\frac{\rho_1 h}{\rho_2}\frac{\partial^2 \Phi}{\partial z\partial t}\right)\right|_{z=0,t=0}=0 \tag{8.2.18}$$

假设潜艇从静止开始做水平直线加速运动，并逐渐接近于恒定速度 u_1，速度随时间变化的关系式为

$$u(t)=u_1\tanh(at) \tag{8.2.19}$$

式中，a 为反映潜艇运动加速快慢的特征参数。

根据式（8.2.19），可以积分得潜艇运动的距离为

$$s(t)=\frac{u_1}{a}\ln[\cosh(at)] \tag{8.2.20}$$

为获得无量纲形式的解析解，引入特征尺度 $l_0=\sqrt{q_0}$，特征速度 $\sqrt{gl_0}$。通过积分变换方法[11]，得到潜艇运动引起的浮冰层垂向位移为

$$w(x,y,t)=w_0(x,y,t)-w_0(x+2l_q,y,t) \tag{8.2.21}$$

其中，

$$w_0(x,y,t)=\frac{1}{8\pi^2}\int_{-\pi}^{\pi}\mathrm{d}\theta\int_0^{\infty}\frac{\exp[-k\gamma+\mathrm{i}k(x\cos\theta+y\sin\theta)]}{1+\kappa k^4}\times\left(\exp(\sigma s)\left\{2\varepsilon\cos(\sqrt{\beta}t)\left.\frac{\partial u}{\partial t}\right|_{t=0}\right.\right.$$

$$\left.\left.-\int_0^t f_1(\tau)\cos\left[\sqrt{\beta}(t-\tau)\right]\mathrm{d}\tau\right\}+2\varepsilon\left(\sigma u^2-\frac{\partial u}{\partial t}\right)\right)k\mathrm{d}k$$

$$\beta=\frac{k(1+\kappa k^4)}{1+k\varepsilon},\quad \kappa=\frac{D}{\rho_2 g l_0^4},\quad \varepsilon=\frac{\rho_1 h}{\rho_2 l_0},\quad \sigma=\mathrm{i}k\cos\theta,\quad \gamma=\frac{d}{l_0}$$

$$f_1(\tau)=-2\exp[-\sigma s(\tau)]\left\{u(\tau)(1+\kappa k^4)+\varepsilon\left[\frac{\partial^2 u(\tau)}{\partial \tau^2}-3\sigma u(\tau)\frac{\partial u(\tau)}{\partial \tau}+\sigma^2 u^3(\tau)\right]\right\}$$

注意，式（8.2.21）中的所有变量、函数、参数均已作无量纲化处理。

8.2.3 数值计算结果

1. 位移响应曲线

对于长度 $2l$、直径 $2R$ 和潜深 d 已知的潜艇，通过式（8.2.14）可以计算得到 q_0 和 $l_q(=l-\Delta)$，然后通过式（8.2.21）计算得到不同参数条件下浮冰层的垂向位移 $w(x,y,t)$，这里取水密度

$\rho_2 = 1000\ \text{kg/m}^3$。计算时变量 w、x、y、t、u、a 和 u_1 均返回到有量纲量。

作为算例，取聚合物板作为仿冰材料，其参数为 $h = 0.002\ \text{m}$，$E = 10^7\ \text{Pa}$，$\rho_1 = 1200\ \text{kg/m}^3$，$\mu = 0.4$。潜艇原型与模型的几何尺度比 $C_l = 500$，潜艇模型长度 $2l = 0.21\ \text{m}$，潜深 $d = 0.04\ \text{m}$。在潜艇模型长度不变时，调整其最大横截面半径，得无量纲半径为 $\bar{R} = 1/8$ 和 $\bar{R} = 1/9$ 两种线型的潜艇模型。取潜艇模型加速运动的特征参数为 $a = 5\ \text{s}^{-1}$，通过数值计算，可得潜艇模型激励仿冰材料的垂向位移 w 与参数 x/u_1 的计算曲线如图 8.2.4（a）～（d）所示。由图可见：①仿冰材料下的水下运动潜艇与仿冰材料上的移动气垫载荷激励的位移响应特点类似；②水下运动潜艇同样存在激励仿冰材料大幅位移变形的临界速度 u_c；③水下运动潜艇前后方存在波长不同的弹性-重力波；④当 $\bar{R}$ 减小即潜艇模型更为细长时，仿冰材料垂向位移的峰谷位置基本不变，但变化幅值随之减小。

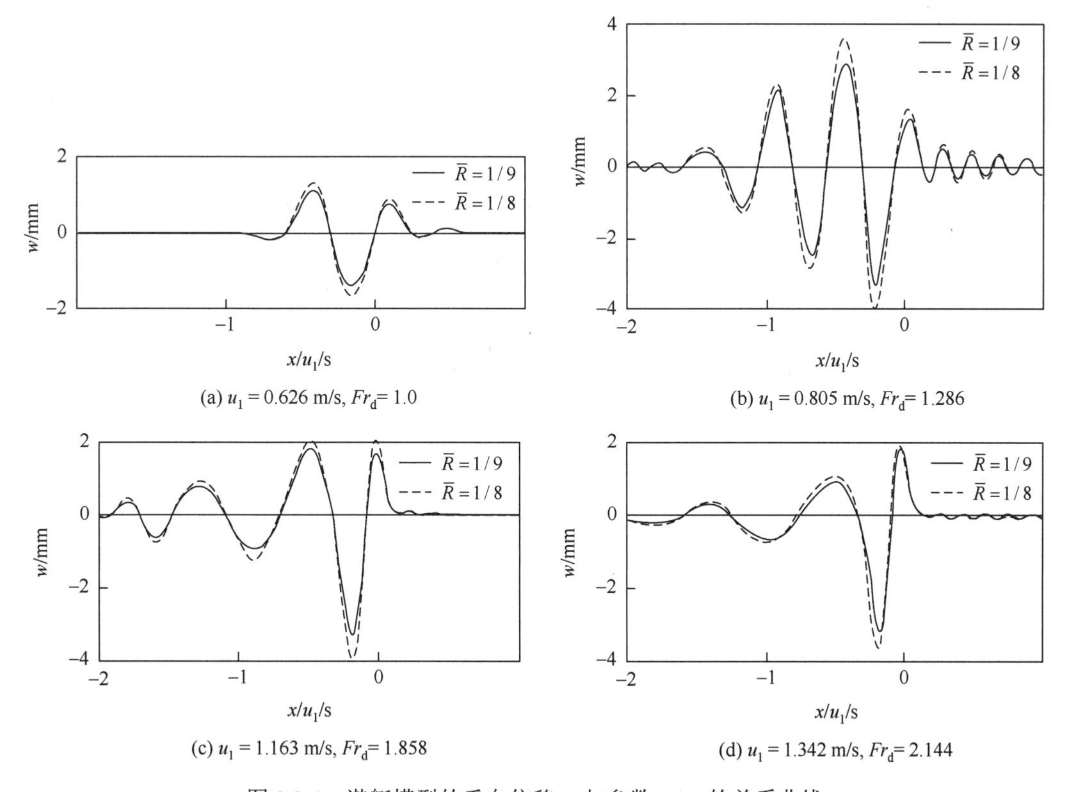

图 8.2.4　潜艇模型的垂向位移 w 与参数 x/u_1 的关系曲线

定义潜深弗劳德数为 $Fr_\text{d} = u_1/\sqrt{gd}$，则对应于图 8.2.4（a）～（d）所示不同速度下潜艇模型的弗劳德数分别为 $Fr_\text{d} = 1.0$、1.286、1.858、2.144。由模型实验的相似关系可知，将模型计算结果换算到实冰情况时，对应实冰的厚度为 $1\ \text{m}\ (=C_l h)$，实冰的弹性模量为 $5\times10^9\ \text{Pa}\ (=C_l E)$，潜艇原型的长度为 $105\ \text{m}(=2lC_l)$，潜深为 $20\ \text{m}(=C_l d)$。潜艇原型的速度根据与模型的潜深弗劳德数相等准则进行换算，则潜艇原型的速度应为图 8.2.4（a）～（d）中潜艇模型速度的 22.36 倍 $(=u_1\sqrt{C_l})$，即潜艇原型速度分别为 14 m/s、18 m/s、26 m/s、30 m/s，而此时潜艇原型激励的实冰垂向位移应为潜艇模型激励的仿冰材料位移的 $C_l w$ 倍。图 8.2.4（a）～（d）反映了潜艇模型的垂向位移 w 与参数 x/u_1 的关系曲线。

2. 位移响应幅值

取实冰参数为：$h=1\,\text{m}$，$E=5\times10^9\ \text{Pa}$，$\rho_1=900\ \text{kg/m}^3$，$\mu=1/3$。水密度为$\rho_2=1000\ \text{kg/m}^3$。潜艇长度为$2l=105\ \text{m}$，最大无量纲半径$\bar{R}=1/9$。潜艇在冰下的运动速度为$u_1$，运动时间取为$t=60\ \text{s}$，加速特征参数取为$a=5\ \text{s}^{-1}$。针对不同潜深进行数值计算，得到浮冰层的最大位移响应幅值$w_{\max}$随潜艇运动速度u_1的关系如图 8.2.5 所示。由图可见：①理论计算结果与实验结果符合较好，最大误差不超过 20%；②当潜深增大时，将导致浮冰层的位移响应幅值减小；③在同一潜深时，存在一个最大的位移响应幅值，该幅值对应于潜艇运动的临界速度u_c；④当潜艇速度低于或高于其临界速度时，冰层的位移响应幅值均减小；⑤随着潜深增大，潜艇的临界速度也增大。

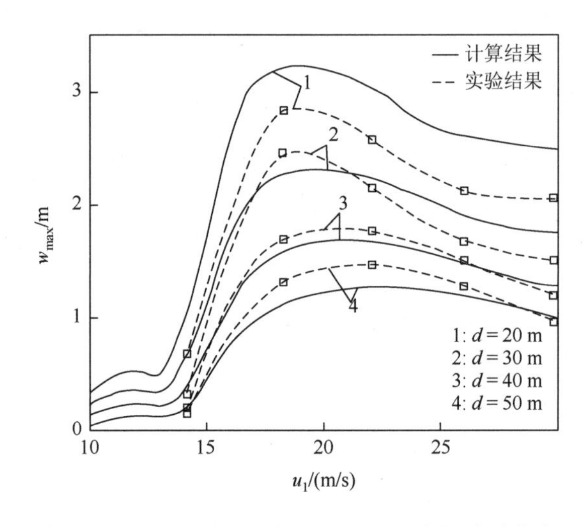

图 8.2.5　冰层最大垂向位移与潜艇速度的关系曲线

3. 位移响应等值线图

取实冰参数为：$h=2\,\text{m}$，$E=5\times10^9\ \text{Pa}$，$\rho_1=900\ \text{kg/m}^3$，$\mu=1/3$。水密度$\rho_2=1000\ \text{kg/m}^3$。潜艇长度$2l=105\ \text{m}$，最大无量纲半径$\bar{R}=1/8$。潜深$d=50\ \text{m}$，潜艇运动时间取为$t=60\ \text{s}$，加速特征参数取为$a=5\ \text{s}^{-1}$。在潜艇运动速度$u_1$不同时，所激励的冰层位移变形等值线如图 8.2.6（a）～（c）所示。由图可见，当潜艇速度$u_1=10\ \text{m/s}$时，冰层位移的变形幅值很小；在$u_1=21\ \text{m/s}$时，该速度接近潜艇的临界速度，引起的冰层位移变形幅值最大、范围最广；$u_1=30\ \text{m/s}$为超临界速度，虽然潜艇速度增大，但引起的冰层位移幅值反而下降。另外，虽然潜艇运动速度不同，但冰层位移峰谷位置随着横距的增大均出现后移特征。

4. 位移曲线斜率

根据 5.3 节中的破冰准则，定义了$\beta=\max|\partial w/\partial x|$，该值的大小反映了冰层位移变形沿潜艇运动方向的最大斜率。当$\beta\geqslant0.04$时，关于气垫船和潜艇等运动载荷的理论和实验结果已经证明可以完成有效破冰。

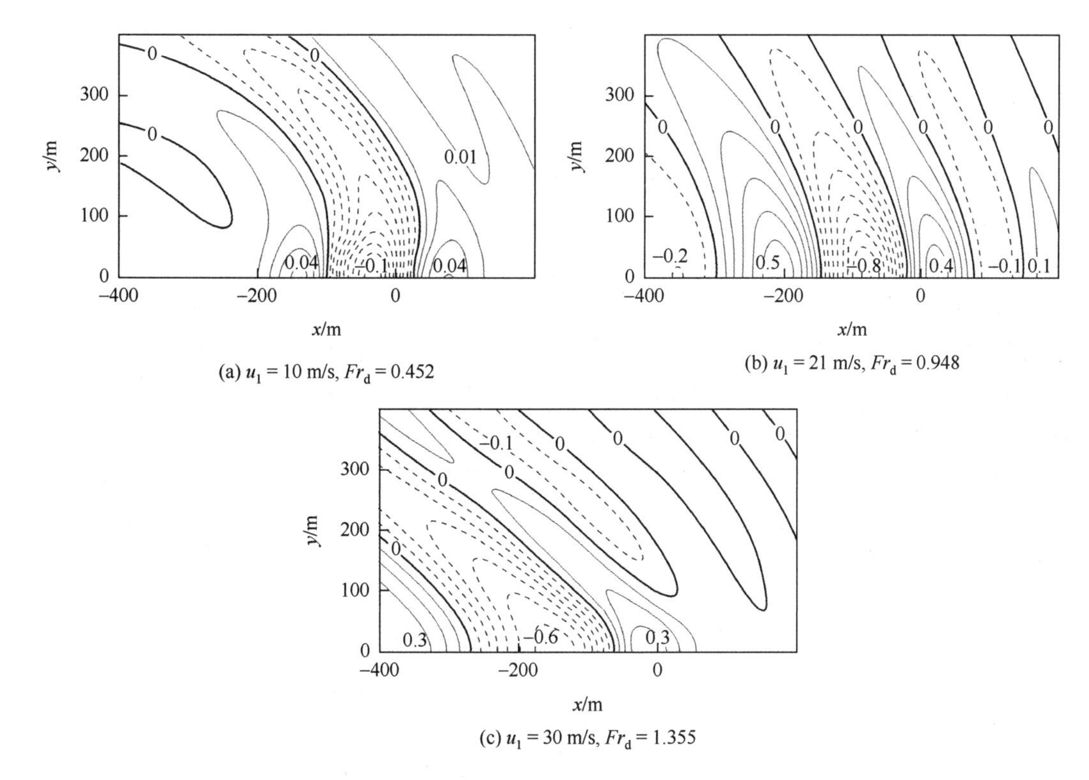

(a) $u_1 = 10$ m/s, $Fr_d = 0.452$

(b) $u_1 = 21$ m/s, $Fr_d = 0.948$

(c) $u_1 = 30$ m/s, $Fr_d = 1.355$

图 8.2.6　冰层位移幅值等值线与潜艇速度的变化关系

已知深水中浮冰层弹性波传播的最小相速度[14]为$u_{\min} = 2\left[\dfrac{Eh^3 g^3}{324\rho_2(1-\mu^2)}\right]^{1/8}$。若取实冰参数$E = 5\times10^9$ Pa，$\rho_1 = 900$ kg/m^3，$\mu = 1/3$，水密度$\rho_2 = 1000$ kg/m^3，则有$u_{\min} = 16\,h^{3/8}$。对应于冰层厚度$h = 1$ m、2 m、3 m 时，分别有$u_{\min} = 16$ m/s、20.7 m/s、24.2 m/s。取潜艇长度$2l = 80$ m，运动时间$t = 60$ s，加速特征参数$a = 5\ \mathrm{s}^{-1}$，横距$y = 0$。通过数值计算，可以得到不同潜深、潜艇半径和冰层厚度条件下冰层位移变形斜率β与潜艇速度u_1的关系，如图 8.2.7 所示。当冰层厚度增

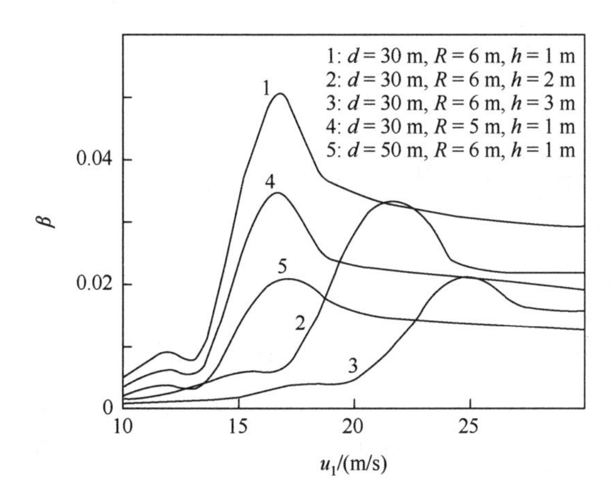

图 8.2.7　不同潜深、潜艇半径和冰层厚度下冰层位移变形斜率与潜艇速度的关系曲线

大时，潜艇临界速度也随之增大，对应于曲线1、2、3，冰层厚度分别为1 m、2 m、3 m，而临界速度u_c约为17 m/s、22 m/s、25 m/s，可见在深水条件下，始终有$u_c > u_{min}$，即潜艇临界速度稍大于浮冰层的最小相速度。当潜艇半径减小或潜深增大时，通过分析曲线 1、4、5 可知，它们对潜艇的临界速度影响很小，但会导致冰层位移的斜率明显减小，进而导致潜艇破冰能力下降。

取实冰物理参数同前，冰层厚度取为$h = 1\,\text{m}$。水密度$\rho_2 = 1\,000\,\text{kg/m}^3$。潜艇直径$2R = 12\,\text{m}$，$t = 60\,\text{s}$，$a = 5\,\text{s}^{-1}$，$y = 0$。通过数值计算，可以得到不同潜艇长度条件下冰层位移变形斜率β与潜艇速度u_1的关系，如图 8.2.8 所示。在潜深$d = 30\,\text{m}$、艇长$2l = 40\,\text{m}$、80 m、120 m较小时，分别对应于曲线1、2、3，冰层位移变形斜率有单个峰值，在艇长$2l = 160\,\text{m}$、200 m较大时，分别对应于曲线 4、5，冰层位移变形斜率有两个峰值，而在潜深增大（$d = 50\,\text{m}$）时，后一个峰值甚至比前一个峰值更大（曲线6）。在曲线1～6中，仅在$2l = 80\,\text{m}$时，冰层位移变形斜率达到最大值（曲线 2）。当$\beta \geqslant 0.04$时，对应于潜艇的有效破冰工况。由图 8.2.7 和图 8.2.8 可知，可以通过改变潜艇尺度、潜深、运动速度等参数，获取潜艇破冰的临界速度和$\beta \geqslant 0.04$的冰层区域，从而实现最佳的破冰效率。

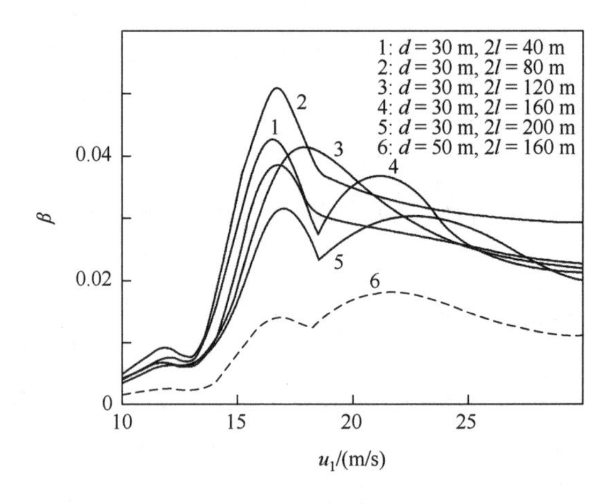

图 8.2.8　不同潜艇长度下冰层位移变形斜率与潜艇速度的关系曲线

5. 位移曲线斜率的最大值

取实冰参数：$E = 5\times10^9\,\text{Pa}$，$\rho_1 = 900\,\text{kg/m}^3$，$\mu = 1/3$。水密度$\rho_2 = 1000\,\text{kg/m}^3$。潜艇运动时间$t = 60\,\text{s}$，加速特征参数$a = 5\,\text{s}^{-1}$，横距$y = 0$。在不同冰层厚度和潜艇线型条件下，通过数值计算，得到位移变形斜率的最大值β_{max}与潜深d的变化关系曲线，如图 8.2.9 所示。图中，实线 1～3 对应于$2l = 105\,\text{m}$、$\bar{R} = 1/8$，图中虚线 6、7 对应于$2l = 170\,\text{m}$、$\bar{R} = 1/13$，注意两者的潜艇长度不同，但最大直径几乎一样。增加潜艇长度（最大直径不变）不会引起β_{max}的明显改变（实线 1、3 分别与虚线 6、7 比较），而增加潜艇最大直径（长度不变）将导致β_{max}明显增大（虚线 6、7 分别与点线 4、5 比较），这说明潜艇的直径对破冰效果的影响更为明显。由图 8.2.7～图 8.2.9 可知，对于一定的冰层厚度和潜深，利用潜艇做水平直线运动完全可以实现有效破冰。例如，图中$\beta_{max} = 0.04$的直线上半区，代表潜艇能够实施有效破冰的几种工况。在无限水深情况下，对于潜艇破冰航速的选择，要求潜艇的临界速度稍大于浮冰层弹性波传播的最小相速度。

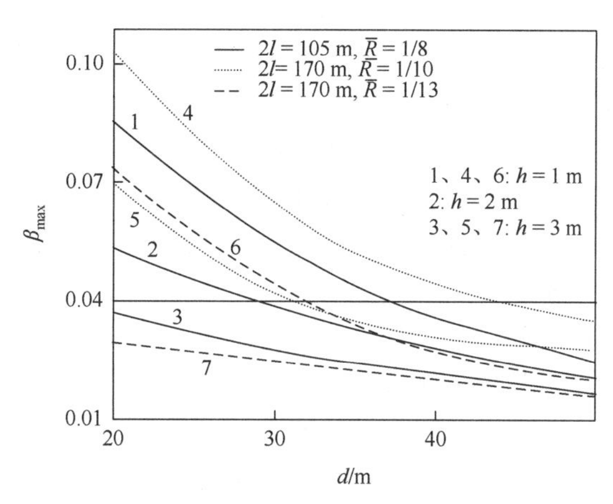

图 8.2.9　位移曲线最大斜率与潜深的关系曲线

8.3　潜艇模型破冰实验

Kozin 等[7]通过在水池中开展仿冰材料（PVC 塑料薄片）模型实验，证实了水下运动潜艇破冰的可能性。其后，Kozin 研究团队中的成员 Zemlyak、Pogorelova 等进一步持续开展了这方面的研究，针对潜艇速度、潜深、潜艇几何特征及其附体结构等因素，分析了其对水下运动潜艇破冰能力的影响。

8.3.1　实验测试系统

Kozin 等[15]建设了一个长 8 m、宽 3 m、深 2.2 m 的户外冰水池，浮冰层通过自然凝结的方式制备，并利用其开展了潜艇模型的破冰能力实验。该实验系统通过重力加载方式来拖曳水下运动的潜艇模型，拖曳速度最高可达 3 m/s。

由于户外实验的局限性，为方便分析潜艇几何形状、水域边界、冰层参数等对潜艇近冰面水下运动破冰效果的影响，Zemlyak 等[16, 17]在俄罗斯阿穆尔肖洛姆-阿莱赫姆国立大学建立的室内冰水池中系统地开展了实验研究，实验系统组成如图 8.3.1 所示。以下主要介绍他们的实验设施和部分实验结果，并进行简要分析。

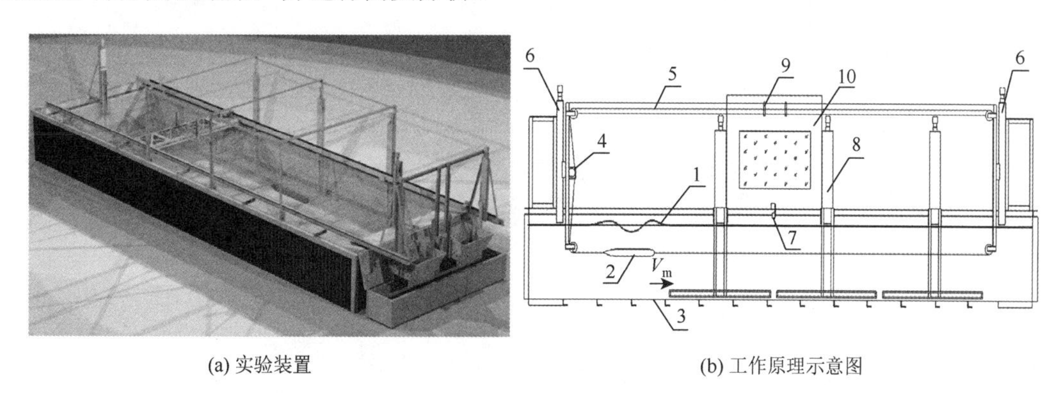

(a) 实验装置　　(b) 工作原理示意图

图 8.3.1　冰水池实验系统

1-模型冰；2-潜艇模型；3-池底；4-驱动装置；5-拖缆；6-调节潜深的装置；7-垂向位移传感器；8-调节池底形状的装置；9-速度传感器；10-控制系统

水池长 10 m（后加长为 14 m），宽 3 m，深 1 m，池壁和池底均装有绝热材料以保证实验时处于恒温状态。采用伺服电机驱动方式调节潜艇模型运动速度（最高可达 2.4 m/s），利用钢丝绳对潜艇模型进行拖曳，以保证在拖曳过程中潜深恒定不变。此外，该实验系统还配置有池底形状调节模块，可以快速改变水池底部形状。潜艇模型加工前需要考虑合适的缩尺比，以减小水池边界对实验数据的影响。利用冬季夜晚的低温环境来制备实验用的浮冰层（自然凝结通常需要 2～2.5 h）。为确保制备的冰层处于完整状态，实验仅在晚 9 点到早 5 点开展，该时间段室内温度波动（1～2 ℃）基本可以忽略不计。通常在冰层表面铺撒一层薄薄的积雪层，以便更清晰地观察实验过程中冰层的破裂情况。该实验系统可用于天然冰的研究，也可用于开展仿冰材料的实验研究。

8.3.2 模型实验结果

1. Zemlyak 等[16, 17]模型实验一

为了探究潜艇附体及其几何特征对水下航行潜艇破冰能力的影响，了解采用简化回转体模型代替真实潜艇模型的合理性，Zemlyak 等[16, 17]开展了相关实验。采用 971、667B、949A 三种型号的潜艇模型（缩尺比为 1∶100，分别对应于 No.1、No.2、No.3 号模型），每种型号潜艇模型均制作了与之对应的两种回转体模型开展实验，三种潜艇模型实体如图 8.3.2（a）所示，潜艇模型与其对应的回转体线型如图 8.3.2（b）～（d）所示。三种潜艇模型主要参数如表 8.3.1 所示。

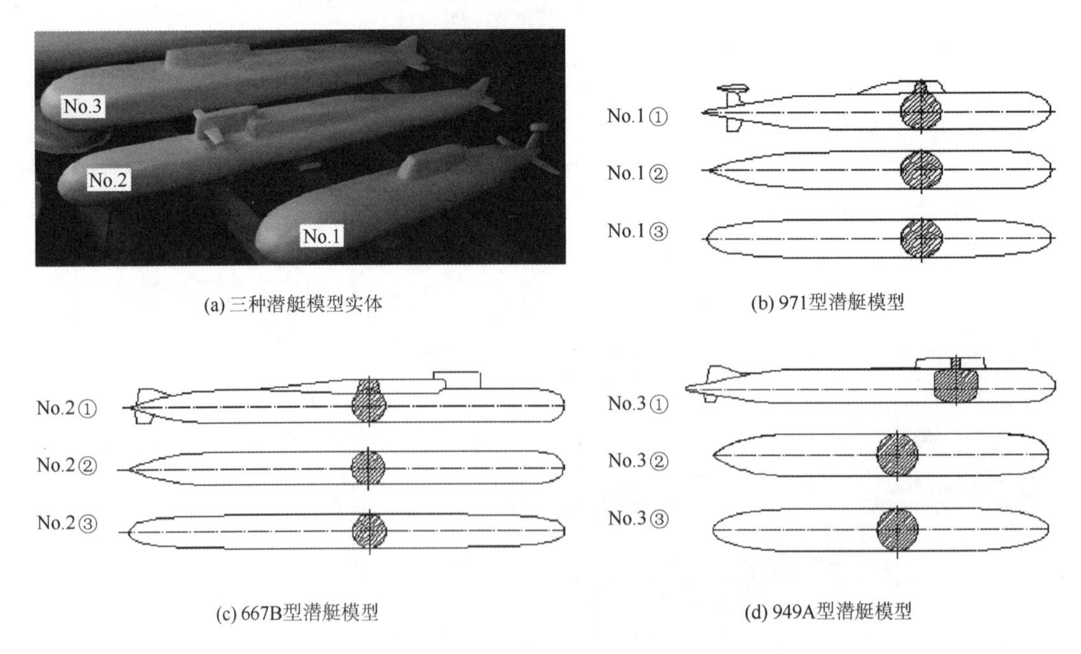

(a) 三种潜艇模型实体　(b) 971型潜艇模型

(c) 667B型潜艇模型　(d) 949A型潜艇模型

图 8.3.2　潜艇模型及与之对应的两种回转体模型

表 8.3.1　潜艇模型主要参数（实验一）

潜艇型号	模型编号	排水量/kg	长度/m	宽度/m	长宽比
971	No.1	12.1	1.11	0.138	8
667B	No.2	18.2	1.56	0.117	13.3
949A	No.3	24	1.53	0.182	8.4

图 8.3.3～图 8.3.5 为上述三种型号潜艇的 9 种模型以不同速度在水下被拖曳运动时，冰层最大下陷位移 w_{max} 及冰层变形斜率 β 随潜艇模型速度 u 的变化关系曲线。实验结果表明，潜艇艇型及附体结构对其临界速度的大小几乎没有影响，如图 8.3.3（a）、图 8.3.4（a）、图 8.3.5（a）所示。将 971 型潜艇模型简化为回转体模型后进行实验，冰层最大下陷位移及其变形斜率接近一致，破冰能力基本不受影响，如图 8.3.3（a）和（b）所示；而将 667B、949A 型潜艇模型简化为回转体模型后进行实验，冰层最大下陷位移及破冰能力出现差异，如图 8.3.4（a）、(b）及 8.3.5（a）、(b）所示；特别是 949A 型潜艇模型，与简化的回转体模型实验数据对比，冰层最

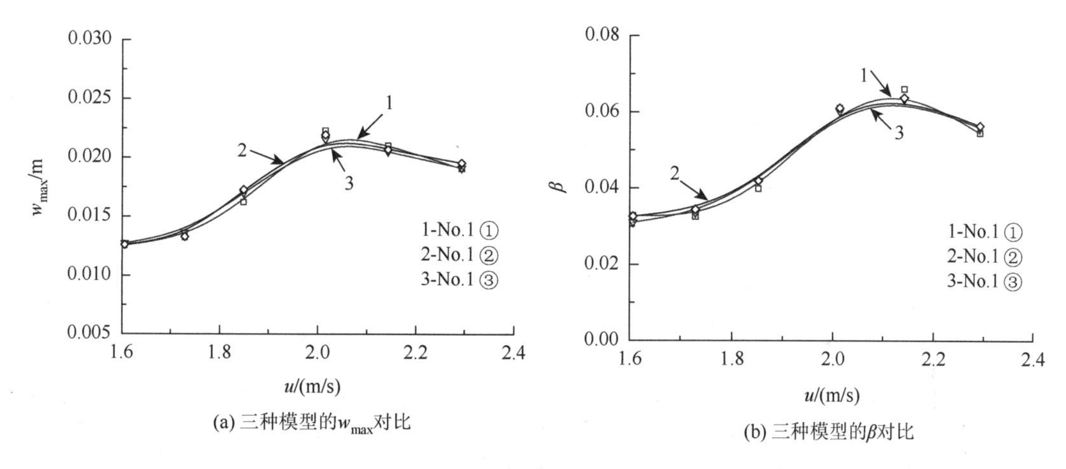

(a) 三种模型的w_{max}对比　(b) 三种模型的β对比

图 8.3.3　冰层最大下陷位移及变形斜率随潜艇模型速度的变化曲线（971 型潜艇模型）

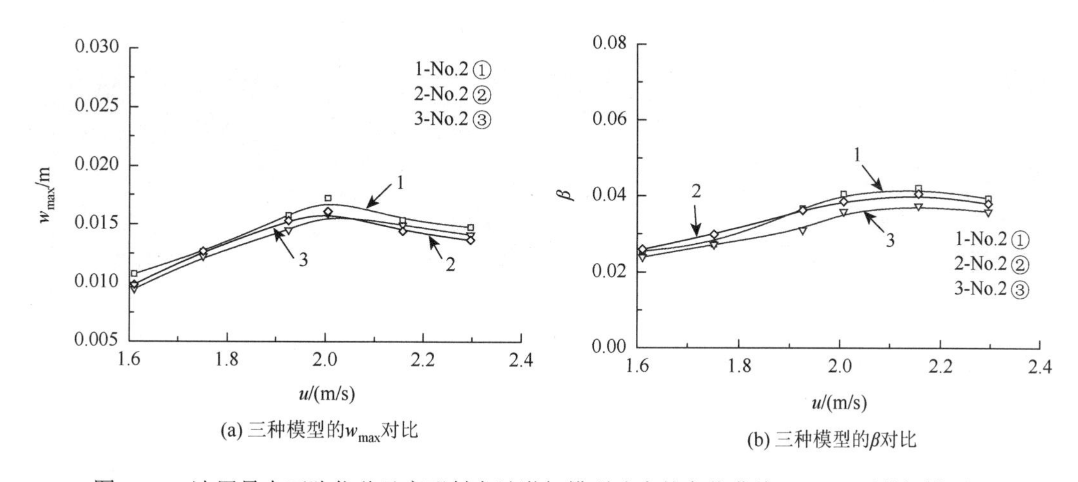

(a) 三种模型的w_{max}对比　(b) 三种模型的β对比

图 8.3.4　冰层最大下陷位移及变形斜率随潜艇模型速度的变化曲线（667B 型潜艇模型）

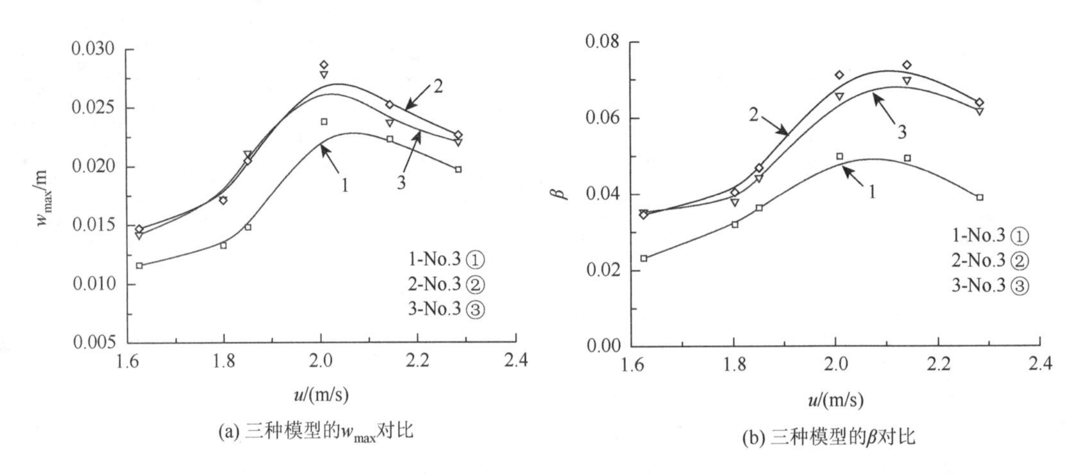

(a) 三种模型的w_{max}对比

(b) 三种模型的β对比

图 8.3.5 冰层最大下陷位移及变形斜率随潜艇模型速度的变化曲线（949A 型潜艇模型）

大下陷位移及破冰能力明显下降，主要原因是该型潜艇的上表面比较平坦，其横截面与回转体的圆形横截面差异较大，如图 8.3.2（d）所示。由此可知，潜艇围壳、尾翼等附体结构的存在对破冰能力的影响较小，除临界速度外，潜艇的线型和主尺度也是影响其破冰能力的主要因素。

针对 No.3 号（即 949A 型）潜艇及其回转体的三种模型，在不同拖曳速度下进行破冰实验，No.3①、No.3②、No.3③模型的破冰效果如图 8.3.6 所示。在临界速度下，No.3①、No.3②、No.3③三种模型均有明显破冰效果，如图 8.3.6（a）～（c）所示。在亚临界速度下，破冰能力下降，破冰面积缩小，如图 8.3.6（d）所示。

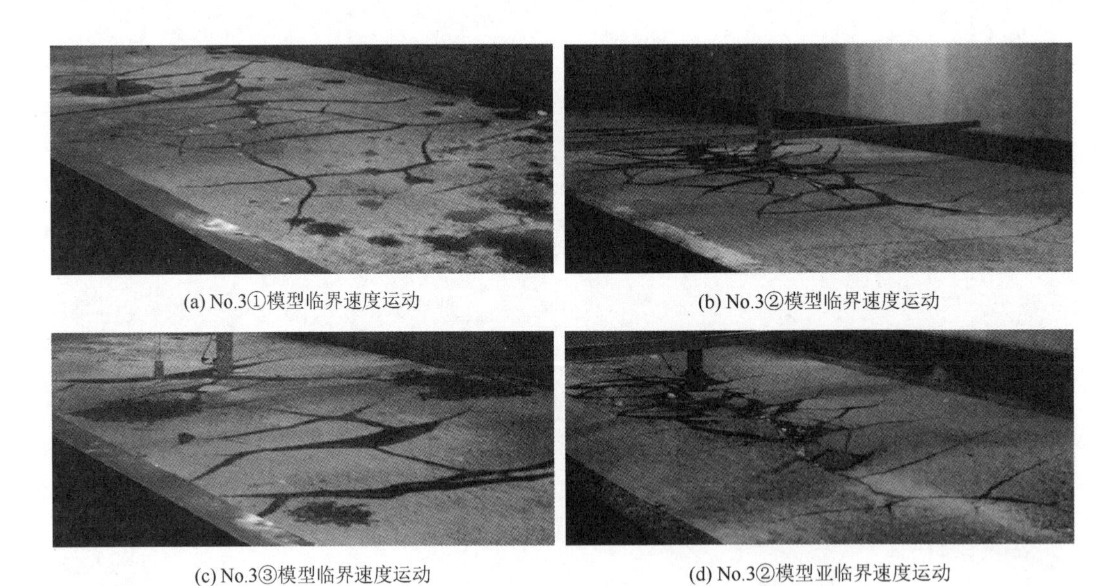

(a) No.3①模型临界速度运动

(b) No.3②模型临界速度运动

(c) No.3③模型临界速度运动

(d) No.3②模型亚临界速度运动

图 8.3.6 949A 型潜艇及其回转体模型在不同速度下的破冰效果

2. Zemlyak 等[18]模型实验二

为进一步了解潜艇几何形状、潜深、速度等因素对冰下运动潜艇破冰能力的影响，Zemlyak 等[18]仍采用型号为 971、949A、667B（这里重新编号为 No.1、No.2、No.3，长宽比逐渐增大）

的三种潜艇模型开展了冰水池实验，不同的是此次实验模型缩尺比为 1∶120。潜艇模型主要参数如表 8.3.2 所示。

表 8.3.2　潜艇模型主要参数（实验二）

潜艇型号	模型编号	排水量/kg	长度/m	宽度/m	长宽比
971	No.1	7.9	0.925	0.115	8
949A	No.2	14.5	1.275	0.152	8.4
667B	No.3	10.5	1.3	0.0975	13.3

图 8.3.7 为 971 型潜艇模型分别在潜深 $d=0.16$ m、0.21 m、0.25 m 时，冰层最大下陷位移 w_{max} 及冰层变形斜率 β 随潜艇模型速度 u 的变化曲线。图 8.3.8 为 971 型潜艇模型在不同潜深以 1.61 m/s 的速度拖曳时，浮冰层的破裂模式。上述实验结果表明，随着潜艇模型潜深的增大，冰层最大下陷位移及其变形斜率大幅减小。从 971 型潜艇模型的实验现象来看，冰层仅在临界速度附近时发生破裂，冰层破裂主要呈现纵向裂缝，但冰层并未完全破碎。

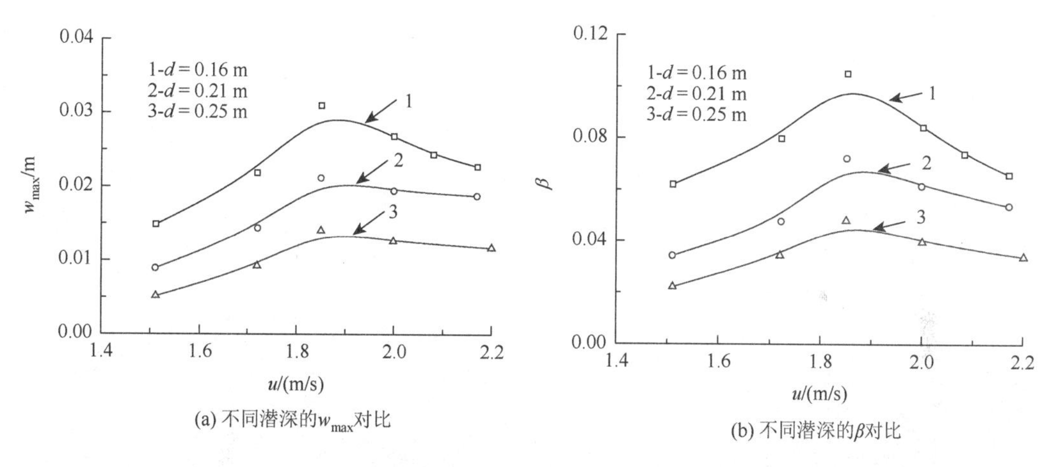

(a) 不同潜深的 w_{max} 对比　　(b) 不同潜深的 β 对比

图 8.3.7　冰层最大下陷位移及变形斜率随潜艇模型速度的变化曲线（971 型潜艇模型）

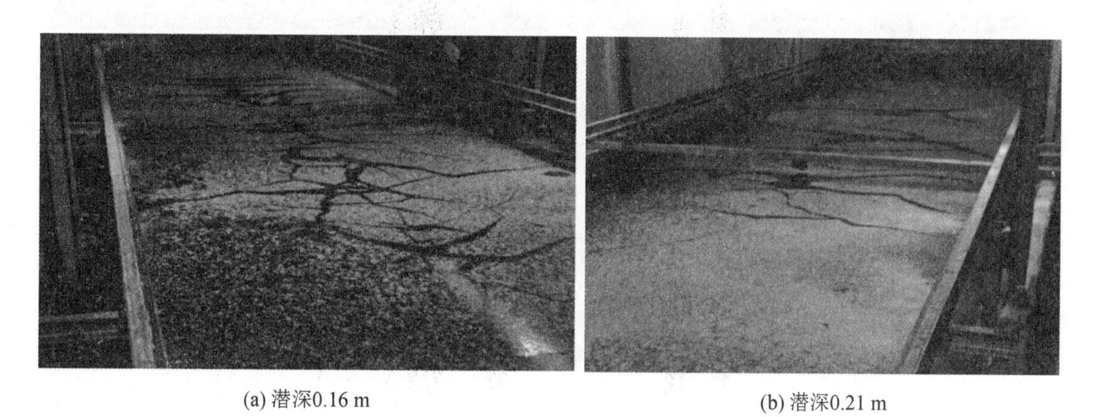

(a) 潜深0.16 m　　(b) 潜深0.21 m

图 8.3.8　971 型潜艇模型在速度为 1.61 m/s 时的冰层破裂模式

图 8.3.9 为 949A 型潜艇模型分别在潜深 0.16 m、0.21 m 和 0.25 m 时，冰层最大下陷位移及冰层变形斜率随潜艇模型速度的变化曲线。图 8.3.10 为 949A 型潜艇模型在水下拖曳运动时浮冰层的典型破裂模式。上述实验结果表明，相比于 971 型潜艇模型，949A 型潜艇模型的线型更容易引起冰层的大幅变形，当潜深为 0.21 m 时，模型在 1.66～2.17 m/s 的速度范围均能使冰层发生大面积解体，而当潜深为 0.25 m 时，冰层仅在临界速度附近时破裂。

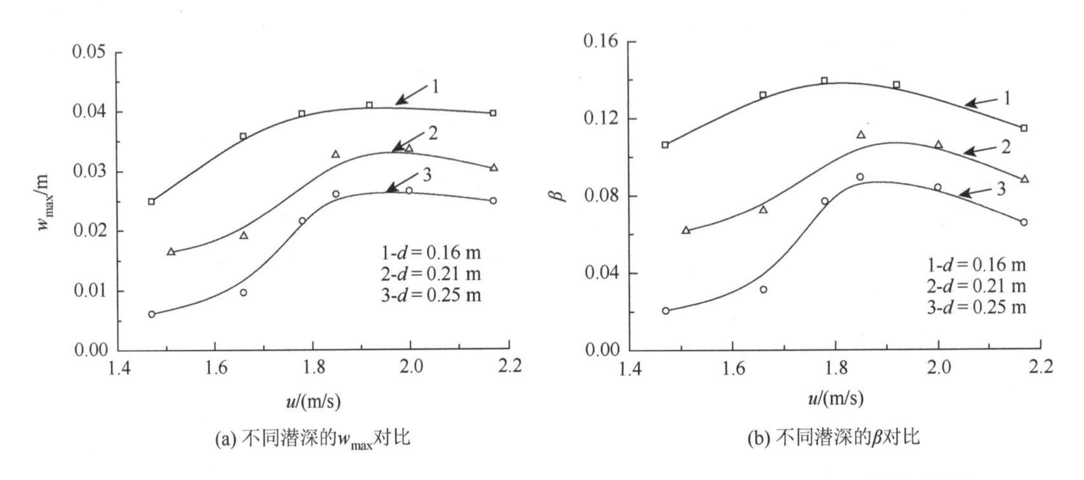

(a) 不同潜深的w_{max}对比　　(b) 不同潜深的β对比

图 8.3.9　冰层最大下陷位移及变形斜率随潜艇模型速度的变化曲线（949A 型潜艇模型）

(a) 速度1.47 m/s，潜深0.16 m　　(b) 速度1.78 m/s，潜深0.21 m

图 8.3.10　949A 型潜艇模型在水下运动时浮冰层的典型破裂模式

667B 型潜艇模型在潜深分别为 0.16 m、0.21 m 和 0.25 m 运动时，由实验结果发现，相比于 971 型潜艇模型和 949A 型潜艇模型，667B 型潜艇模型水下运动时引起的弯曲-重力波幅值、波长等参数都较小，即使在临界速度附近，也没有观察到冰层有明显的破裂，主要原因是 667B 型潜艇模型的长宽比大，其引起冰-水交界面上的动压载荷减小，进而导致破冰能力下降。

Zemlyak 等[19]通过池底调节模块改变水底形状，研究了六种不同水底对弯曲-重力波参数及潜艇水下航行破冰能力的影响。实验数据表明，有的池底形状对冰层最大下陷位移影响较大，与平底实验结果对比，水底形状的改变产生了水压冲击，并导致潜艇激励出的弯曲-重力波曲率急剧增加。池底存在“凸台”致使水深变浅时冰层位移响应幅值增大，冰层更容易破裂，池底存在“凹陷”致使水深增加时冰层位移响应幅值减小。此外，Zemlyak 等[20]通过模型冰水池实验方法，进一步研究了潜艇横截面形状对水下运动潜艇破冰能力的影响。实验结果表明，在圆形、椭圆形和矩形横截面中，圆形横截面的潜艇模型破冰能力最好。

8.3.3　破冰机理分析

潜艇水下运动时，其水压场的动压载荷作用于冰-水交界面上，随着潜艇的持续运动，该载荷也沿着潜艇的运动方向持续作用于冰层下表面，这与利用冰面上的移动载荷破冰的原理类似。随着水下移动动压载荷的持续作用，冰-水系统中的能量将持续积聚，当动压载荷速度达到某一特定值（临界速度）时，冰-水系统中能量的传播速度与临界速度相等，即冰-水系统中积聚的能量将无法离开动压载荷的作用辐射出去，随着能量的持续积聚，冰层将产生大幅变形，当冰层内的拉压应力和弯曲应力超过冰层的极限应力时，冰层将发生断裂。而当潜艇以亚临界速度运动时，冰-水系统中的能量传播速度大于其运动速度，能量先于载荷向外辐射，当潜艇以超临界速度运动时，冰-水系统中的能量还未来得及积聚就被载荷所超越，因此以亚临界和超临界速度运动的潜艇都不利于激励冰层的大幅位移响应达到破冰效果。

从 Kozin 团队的实验研究来看，潜艇速度、线型、潜深、水域边界等因素都会对水下运动潜艇的破冰能力产生影响，具体如下。

（1）对潜艇而言，采用临界速度破冰是最方便的方法，破冰效果也最好，虽然在有些实验中观察到以亚临界和超临界速度航行的潜艇也能破冰，但冰层破裂面积小，解体不完全。

（2）对相同长细比、不同横截面形状的潜艇，圆形横截面潜艇的破冰能力最强；对于长度相同的潜艇，长细比越大，破冰能力越弱。

（3）潜艇附体结构对临界速度几乎没有影响，对潜艇破冰能力的影响也较小。

（4）潜深是影响潜艇破冰能力的重要因素，潜深越大，破冰能力越差，当潜深很大时，即使是临界速度航行的潜艇也无法破冰。

（5）潜艇在有限水深条件下运动时，水底凸起将使潜艇产生的动压载荷增大，导致冰层位移响应幅值增大，冰层更容易破裂，而水底凹陷将使冰层位移响应幅值减小，冰层更不易破裂。

参 考 文 献

[1] 张志宏，顾建农，郑辉. 舰船水压场[M]. 北京：科学出版社，2016.

[2] 王鲁峰. 带附体潜艇水压场特性研究[D]. 武汉：海军工程大学，2012.

[3] 缪涛. 有限水深舰船在规则波中航行的表面波形和水底压力变化研究[D]. 武汉：海军工程大学，2012.

[4] 张志宏，顾建农，郑学龄，等. 水下航行体引起水底压力变化的计算方法[J]. 武汉理工大学学报（交通科学与工程版），2004，28（2）：155-158.

[5] 王鲁峰，张志宏，顾建农，等. 带附体水下航行体近底运动时引起的流场压力变化[J]. 海军工程大学学报，2012，24（6）：58-64.

[6] 金永刚，张志宏，顾建农，等. 大深度水下航行体引起的水底压力变化[J]. 武汉理工大学学报（交通科学与工程版），2013，37（5）：1098-1101.

[7] Kozin V M，Onishchuk A V. Model investigations of wave formation in solid ice cover from the motion of a submarine[J]. Journal of Applied Mechanics and Technical Physics，1994，35（2）：235-238.

[8] Kozin V M，Pogorelova A V. Submarine moving close to ice surface conditions[J]. International Journal of Offshore and Polar

Engineering，2008，18（4）：271-276.

[9] Pogorelova A V，Kozin V M. Flexural-gravity waves due to unsteady motion of point source under a floating plate in fluid of finite depth[J]. Journal of Hydrodynamics，Ser B，2010，22（5）：71-76.

[10] Pogorelova A V，Kozin V M. Unsteady motion of submarine under an ice sheet[C]. International Offshore and Polar Engineering Conference，Beijing，2010：20-25.

[11] Pogorelova A V. Unsteady motion of a source in a fluid under a floating plate[J]. Journal of Applied Mechanics and Technical Physics，2011，52（5）：717-726.

[12] Pogorelova A V，Kozin V M，Zemlyak V L. Motion of a slender body in a fluid under a floating plate[J]. Journal of Applied Mechanics and Technical Physics，2012，53（1）：27-37.

[13] Pogorelova A V，Zemlyak V L，Kozin V M. Moving of a submarine under an ice cover in fluid of finite depth[J]. Journal of Hydrodynamics，2019，31（3）：562-569.

[14] Squire V A，Hosking R J，Kerr A D，et al. Moving Loads on Ice Plates[M]. The Netherlands：Kluwer Academic Publishers，1996.

[15] Kozin V M，Zemlyak V L. Experimental study on ice-breaking capacity of flexural-gravity waves caused by motion of submarine vessel[C]. International Offshore and Polar Engineering Conference，Maui Island，2011：1-4.

[16] Zemlyak V L，Pogorelova A V，Kozin V M. Influence of peculiarities of the form of a submarine vessel on the efficiency of breaking ice cover[C]. The Twenty-third International Offshore and Polar Engineering Conference，Anchorage，2013：217-232.

[17] Zemlyak V L，Kozin V M，Baurin N O，et al. Influence of peculiarities of the form of a submarine vessel on the parameters of generated waves in the ice motion[C]. The Twenty-fourth International Offshore and Polar Engineering Conference，Busan，2014：1135-1140.

[18] Zemlyak V L，Kozin V M，Vasilyev A S. Influence of the shape of a submarine vessel on the ice breaking capacity of flexural-gravity waves[J]. IOP Conference Series：Earth and Environmental Science，2022，988（4）：042040.

[19] Zemlyak V L，Kozin V M，Baurin N O. The research of the ice-breaking capacity of flexural gravity waves caused by motion of submarine vessel under conditions of varying bottom contour[C]. The Twenty-eighth International Offshore and Polar Engineering Conference，Sapporo，2018：1525-1530.

[20] Zemlyak V L，Kozin V M，Vasilyev A S，et al. The influence of the cross-sectional shape of the body on the parameters of flexural-gravity waves during under-ice motion[J]. Journal of Physics：Conference Series，2020，1709（1）：012002.